超低渗透油藏勘探开发技术新进展

超低渗透油藏压裂改造技术

朱天寿　徐永高　著

石油工业出版社

内 容 提 要

本书立足于长庆超低渗透油田开发的实际需要，结合大量的室内研究与矿场试验结果，系统介绍超低渗透油藏压裂岩石力学、压裂材料、压裂优化设计、压裂工艺与工具、压裂配套技术，同时对超低渗透油田压裂技术的发展方向进行了展望。并从提高单井产量目标出发，以提高压裂技术应用效果为视角，明确了需要把握的技术重点、关键参数以及有效方法。对同类油藏的改造具有指导意义和实用参考价值。

本书可供从事压裂酸化研究与应用的工程技术人员借鉴，也可作为石油院校的辅助教材。

图书在版编目（CIP）数据

超低渗透油藏压裂改造技术／朱天寿，徐永高著．
北京：石油工业出版社，2012.2
（超低渗透油藏勘探开发技术新进展）
ISBN 978－7－5021－8769－9

Ⅰ．超…
Ⅱ．①朱…②徐…
Ⅲ．低渗透油气藏－油田开发－压裂－技术改造
Ⅳ．P618.130.2

中国版本图书馆 CIP 数据核字（2011）第 222210 号

出版发行：石油工业出版社
　　　　　（北京安定门外安华里 2 区 1 号　100011）
　　　　　网　　址：www.petropub.com
　　　　　编辑部：（010）64523583　图书营销中心：（010）64523633
经　　销：全国新华书店
印　　刷：北京中石油彩色印刷有限责任公司

2012 年 2 月第 1 版　2018 年 5 月第 2 次印刷
787×1092 毫米　开本：1/16　印张：19.5
字数：500 千字

定价：120.00 元
（如出现印装质量问题，我社图书营销中心负责调换）

版权所有，翻印必究

序

　　超低渗透油藏属于非常规油藏,受技术条件和开采成本制约,长期以来没有得到规模有效开发。近年来随着石油勘探和资源供需形势的巨大变化,超低渗透油藏越来越受到国际石油界的重视。国外致密油气资源(tight oil and gas reservoirs)的划分范围比较宽泛,国内与之对应的划分标准则涵盖了特低渗透、超低渗透和非储层三种类型。中国超低渗透油气资源分布广、储量大,在油气资源勘探和开发中占据着十分重要的地位。鄂尔多斯盆地是中国规模最大的超低渗透油气资源富集区。经过几十年的潜心研究,超低渗透油藏勘探开发理论与技术取得了重大进展,鄂尔多斯盆地超低渗透油藏实现了工业规模开发,为国内外超低渗透油藏勘探、开发和现代油田管理提供了成功范例。鄂尔多斯盆地超低渗透油藏勘探与开发经验证明,油藏勘探开发理论研究和勘探开发新技术的应用,是指导油田勘探和开发方案部署的基础,是超低渗透油藏勘探开发成功的关键所在;观念创新、方法创新和标准化、数字化管理实践,是超低渗透油藏实现低成本开发与生产方式转变的根基。本丛书在大量理论研究和实践基础上,对超低渗透油藏勘探开发理论与技术进行了全面论述和系统总结,不但丰富和发展了传统的油藏形成机理,开拓了油藏勘探开发新领域,创新了现代油藏管理模式,而且对中国乃至世界其他地区超低渗透油藏勘探开发具有重要的指导意义。

　　本套丛书共四册,包括《超低渗透油藏勘探理论与技术》《超低渗透油藏开发理论与技术》《超低渗透油藏压裂改造技术》《超低渗透油藏地面工程技术》。丛书系统介绍了超低渗透油藏勘探、开发、数字化管理技术和方法,包括地震勘探技术、测井技术、井网优化技术、多级加砂和多缝压裂技术、数字化关键技术、地面集输关键设备研发等,并结合长庆油田超低渗透油藏具有的"三低"特点,对上述技术的内容和应用效果进行了详细论述。其中黄土塬复杂地形和地表条件下地震勘探和地球化学勘探技术、低阻油层测井识别技术的应用达到国际先进水平;根据启动压力梯度、最小可流动喉道半径确定生产压差,进行高效合理注水;结合储层物性关系,确定临界注采静压差,建立有效驱替压力系统的评价方法,精细调控注采压力系统,是保持地层压力合理水平的有益尝试;数字化增压橇、智能注水橇和远程控制电磁阀等数字化关键设备的成功研发,使集油站无人值守成为现实,使油田组织管理方式和发展方式发生根本转变。

　　我赞同本丛书的观点,即成功勘探和开发超低渗透油藏得益于科学管理和技术创新。思维方式的转变、管理理念的创新催生了以标准化体系为核心的超低渗透油藏全新管理模式。

如勘探开发一体化就是适合于鄂尔多斯盆地自然条件和地质条件的油藏评价创新举措,一体化的管理模式改变了以往传统的做法,加快了地质认识的步伐,缩短了建设周期,提高了勘探开发的整体效益;具有自主知识产权的多级压裂工艺和先进适用技术的集成与应用,助推了低成本发展的步伐,其产生的技术经济效益是显而易见的。

  总之,本套丛书是生产和科研相结合的成果,集中反映了中国近年来在超低渗透油藏勘探开发方面的最新进展,代表了超低渗透油藏勘探开发、地面集输系统标准化设计与油田数字化建设的先进水平,也是一套国际上少有的针对性和实用性非常强的系列专著,值得我们学习和研究。我相信,这套丛书的出版,不仅对发展超低渗透油藏勘探开发理论和技术具有重要的启发作用,更重要的是对中国目前和今后油气勘探开发具有重要的指导意义。为此,在本套丛书出版之际,我谨向作者和致力于超低渗透油藏勘探开发工作的有识之士致以衷心的祝贺!希望你们继续努力,为鄂尔多斯盆地能源化工基地建设和中国经济社会发展做出更大的贡献!

(中国工程院院士)

2012 年 1 月

前 言

进入21世纪，低渗透油气藏已成为勘探开发最重要的领域之一，据资料表明，中国低渗透油气藏已占到当年油气探明储量的25％以上。美国、加拿大、俄罗斯、澳大利亚等为数不多的几个开发低渗透油气藏的国家，目前开发的低渗透储层的渗透率下限基本在1.0mD。中国低渗透油藏开发走过了100年的历程，从1907年延长钻成第一口油井起，到目前中国现已探明的低渗透油气田有285个，广泛分布在全国各含油气盆地的21个油区。

国内外的实践经验表明，"水力压裂是现阶段开采低渗油藏无可取代的技术"，是低渗透油气田经济有效开发的关键技术，是提高单井产量的杀手锏，压裂技术的进步，为增加储量和提高产量提供了强有力的技术支撑。长庆油田压裂改造技术的不断发展，成功实现了安塞、靖安、西峰、姬塬等多个特低渗透油田的经济高效开发，目前正致力于华庆超低渗油田的开发实践。

开发实践经验表明，压裂技术作为核心技术之一支撑着油田的快速发展，长庆油田数十年来通过开展压裂新工艺、新技术攻关与试验，大幅度地提高了单井产量，压裂技术的进步已经成为长庆油田不同发展阶段的鲜明特征。在压裂技术研究方面，建立了"压前地质评价—室内理论研究—压裂液、支撑剂优选—压裂优化设计—裂缝实时监测—压后评估"的完备技术路线；在压裂理念上，实现了从单井压裂到整体压裂、从单级压裂到多级压裂、从面积压裂到体积压裂、从线状到网状缝的发展；在压裂工艺体系上，形成了以开发压裂为主体、不同油层类型特色技术为辅助的多个配套技术系列。

本书立足超低渗透油田开发的实际，结合大量的室内研究和矿场试验结果，通过总结超低渗透油藏压裂改造新技术，较为全面地阐述了超低渗透油藏压裂改造理论成果和成功经验。全书共分九章，系统介绍了国内外低渗透油藏水力压裂技术的现状、低渗透油藏岩石力学与地应力、压裂优化设计、压裂材料的优选、压裂配套技术、压裂设备与工具，同时对致密储层压裂改造技术的发展方向进行了展望。在编写方式上，力求反映近年来在超低渗透储层改造方面所取得的新理论、新进展、新技术和新方法。

书中所阐述的近年来超低渗透油藏储层改造理论认识和工程实践经验包含了众多专家的智慧与心血。本书在编写过程中得到了油田资深专家的热忱帮助，使之顺利付梓。

中国石油大学（北京）张士诚、陈勉及刘兴慧等对书稿进行了认真修改和充实，谨向诸位学者表示诚挚的谢意！

向从事超低渗透油藏工程技术研究的同志们表示敬意！

向关心和支持长庆油田实现年产油气当量4000万吨的热心读者表示感谢！

目 录

第一章 绪论 (1)
第一节 低渗透油藏类型及地质特点 (2)
第二节 水力压裂工艺增产机理综述 (6)
第三节 水力压裂技术发展综述 (16)
第四节 国内外致密油藏开发现状 (18)
第五节 超低渗透油藏实现规模开发综述 (23)

第二章 岩石力学与地应力 (26)
第一节 地应力对水力压裂的影响 (26)
第二节 岩石力学参数及测试方法 (34)
第三节 地应力及测试方法 (42)
第四节 超前注水动态地应力场研究 (51)

第三章 压裂优化设计 (56)
第一节 超低渗透油田压裂优化设计思路 (56)
第二节 整体开发压裂优化设计 (64)
第三节 单井压裂优化设计 (85)

第四章 压裂液 (101)
第一节 超低渗透油田对压裂液性能的要求 (101)
第二节 低渗致密储层压裂液伤害机理研究 (105)
第三节 压裂液综合性能及评价方法 (114)
第四节 低伤害压裂液体系 (122)

第五章 支撑剂 (144)
第一节 超低渗透油藏压裂支撑剂选择及应用 (144)
第二节 支撑剂物理性能及评价方法 (154)
第三节 支撑剂导流能力及评价方法 (159)

第四节　支撑剂现场试验 …………………………………………………… (163)

第六章　特色技术 ………………………………………………………………… (170)
　　第一节　多级加砂压裂工艺技术 …………………………………………… (170)
　　第二节　前置酸加砂压裂技术 ……………………………………………… (177)
　　第三节　定向射孔压裂技术 ………………………………………………… (182)
　　第四节　控缝高压裂技术 …………………………………………………… (196)
　　第五节　水平井水力喷砂压裂技术 ………………………………………… (204)

第七章　压裂装备及工具 ………………………………………………………… (215)
　　第一节　压裂装备 …………………………………………………………… (216)
　　第二节　压裂井口及防喷设备 ……………………………………………… (230)
　　第三节　常用压裂管柱 ……………………………………………………… (235)
　　第四节　关键压裂工具 ……………………………………………………… (240)

第八章　裂缝测试技术 …………………………………………………………… (244)
　　第一节　裂缝测试方法概述 ………………………………………………… (244)
　　第二节　井下微地震裂缝监测技术 ………………………………………… (247)
　　第三节　示踪剂裂缝监测技术 ……………………………………………… (261)
　　第四节　测井技术在压裂中的应用 ………………………………………… (264)

第九章　致密油气藏储层改造新技术展望 ……………………………………… (269)
　　第一节　体积压裂 …………………………………………………………… (269)
　　第二节　水平井多段压裂技术 ……………………………………………… (276)
　　第三节　直井多层连续分压技术 …………………………………………… (285)
　　第四节　压裂液新技术 ……………………………………………………… (291)
　　第五节　致密油藏开发前景展望 …………………………………………… (296)

参考文献 …………………………………………………………………………… (301)

单位换算表 ………………………………………………………………………… (303)

第一章 绪 论

低渗透油气藏一般是指储层孔隙度低、渗透性差、单井产能低、勘探开发难度大的一类油气藏。随着勘探开发程度的不断深入和工程技术的飞速发展,从世界范围看,低渗透油气田已成为勘探开发最重要的领域之一。低渗透油气资源十分丰富,分布范围非常广泛,在北美、中亚、东亚和东南亚、北非、北欧等地区都有广泛的分布(图1-1)。据资料表明,中国低渗透油气藏已占到当年油气探明储量的25%以上,美国、加拿大、俄罗斯、澳大利亚等是除中国以外世界上为数不多的几个开发低渗透油气藏的国家,目前这些国家开发的低渗透储层的渗透率下限为1.0mD。

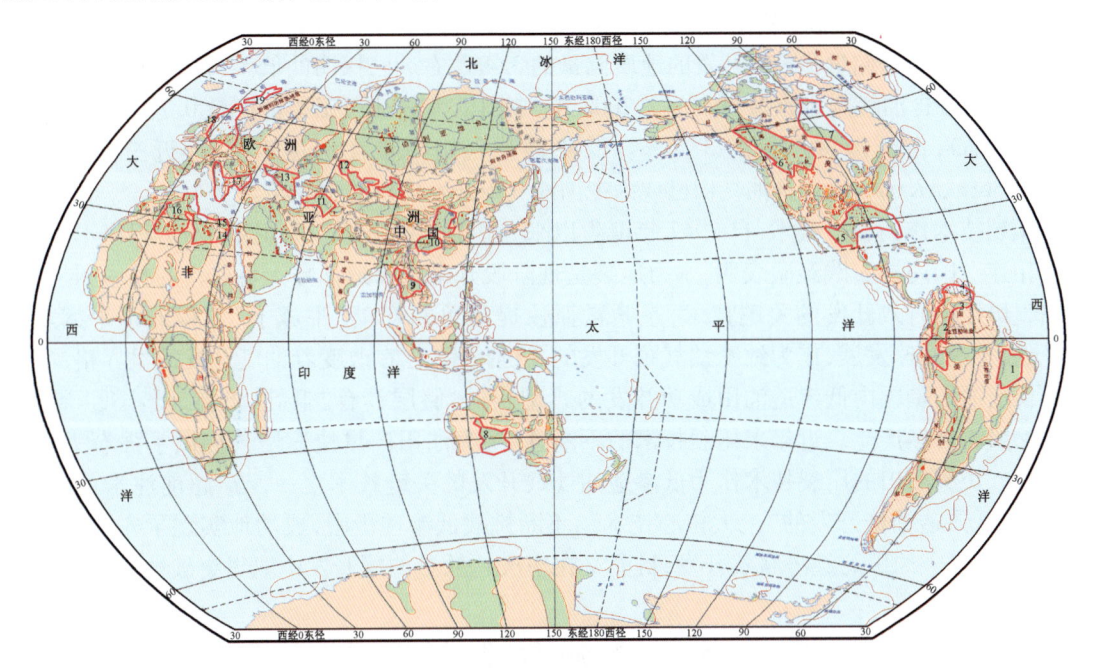

图1-1 世界低渗透油藏分布图

根据新版低渗透油层上限和下限的分类标准,结合实际生产特征,按照油层平均渗透率把低渗透油田分为下列三类。

第一类为一般低渗透油田,油层平均渗透率为1.0~10mD。这类油层接近正常油层,油井能够达到工业油流标准。但产量太低,需采取压裂措施提高生产能力,才能取得较好的开发效果和经济效益。

第二类为特低渗透油田,油层平均渗透率为0.5~1.0mD。这类油层与正常油层差别比较明显,一般束缚水饱和度增高,测井电阻率降低,正常测试达不到工业油流标准,必须采取较大型的压裂改造和其他相应措施,才能有效地投入工业开发。例如,长庆安塞油田、大庆榆树林油田、吉林新民油田等。

第三类为超低渗透油田,油层平均渗透率小于0.5mD。这类油层非常致密,束缚水饱和度很高,基本没有自然产能,一般不具备工业开采价值。但如果其他方面条件具备,如油层较厚、埋藏较浅、原油性质比较好等,同时采取既能提高油井产能,又能减少投资、降低成本的集成技术和有力措施,可以进行工业开采,并取得规模经济效益,如长庆华庆超低渗透油田,这也是本书研究的重点对象。

中国低渗透油田开发经历了100多年的漫长历程,从1907年延长油矿钻第一口井就开始开发低渗透油层。1997年在鄂尔多斯盆地建成中国第一个年产百万吨低渗透油田——安塞特低渗透油田,到2008年年产量300×10^4t,成为国内外低渗透油田成功开发的典型范例。自20世纪80年代以来,国内油气勘探陆续在鄂尔多斯、松辽、四川、准噶尔、塔里木等盆地发现了一大批地质储量超亿吨当量的低渗透油气田。根据中国2004年开展的第三次油气资源评价结果,低渗透油气资源广泛分布在各大盆地,低渗透油、气远景资源量分别为537×10^8t和24×10^{12}m³,分别占全国油、气远景资源总量的49%和42.8%。当前中国随着石油勘探和开发程度的延伸,低渗透原油储量的比例越来越高,探明低渗透油气地质储量占中国探明油气资源地质储量的1/3以上,占"九五"以来新增储量和投入开发的地质储量的3/4左右。已探明的低渗透油气田有285个,广泛分布在各含油气盆地的21个油区。2008年,中国低渗透油气田原油产量0.71×10^8t(包括低渗透稠油),占全国总产量的37.6%。低渗透油气田产量比例逐年上升,近三年分别为34.8%、36%、37.6%,低渗透油气田已成为中国油气田开发建设的主战场。

压裂技术作为增产技术,自1947年诞生以来,就与低渗透油气田勘探开发历程密不可分,血脉相连。国内外实践经验表明,水力压裂是现阶段开采低渗透油藏无可取代的技术,是低渗透油气田经济有效开发的关键技术,是紧紧抓住提高单井产量"牛鼻子"工程的杀手锏。当前,压裂技术飞速发展,作为致密油气藏开发的关键技术,正在改变着油气开发的世界格局。

长庆油田是国内低渗透油田成功开发的典型实例,储层具有"低孔、低渗、低丰度"特征,单井一般无自然产能。近年来压裂技术的不断进步,为油田产量快速增长提供了强有力的技术支撑。长庆油田的压裂技术作为低渗透油气藏开发的关键技术之一,与"超前注水、井网优化"构成低渗透油藏开发的"三大核心技术",不断挑战低渗透极限,成功地实现了安塞、靖安、西峰、姬塬多个油田的经济高效开发,目前又在华庆超低渗油藏开发中取得突破性进展。

第一节 低渗透油藏类型及地质特点

储层作为压裂改造的对象,认真认识低渗透油藏地质特点,研究低渗透油藏微观特征与规律,在差异性研究基础上认真剖析压裂改造的难点与重点,是研究与应用压裂技术的出发点和落脚点。多年来的研究实践表明,在充分认识低渗透油藏技术难点的同时,更应关注低渗透油藏的开发优势和提高单井产量的潜力所在。压前地质评价是压裂技术研究与应用的基础,需重点研究以下几个方面。

一、油藏类型

低渗透油藏类型较多,有岩性砂岩油藏、海相碳酸盐岩油藏等。对于岩性油藏,沉积类型大多为河流相沉积,砂体平面分布广,延伸距离远,储量规模大,勘探开发潜力巨大。近年来,长庆、吉林、大庆、新疆等油田相继成功地开发了多个储量亿吨级规模油田。从长庆油田开发低渗透油藏的实践看,在压裂技术研究方法上,需立足油藏整体与油藏工程相结合,树立整体压裂、开发压裂理念,重视压裂技术政策研究与落实;在增产目标设置上,更加重视区块整体单井产量的提高和长期稳产效果,而不仅仅是以一口单井的产量高低来评判效果的好坏。

二、地质特征

一般条件下,研究储层纵向非均质性,对于优化射孔位置、射开程度十分重要;储隔层应力特征控制了人工裂缝空间扩展形态,通过岩石力学参数研究,确定纵向地应力分布规律;同时对于注水开发油田,超前注水和生产压力变化会引起平面和纵向地应力变化,动态地应力场变化规律的研究与认识就显得越来越重要。

压裂新技术、新工艺的不断创新与探索,对于助推长庆低渗透油气田快速发展发挥的重要作用毋庸置疑。经多年实践经验总结表明,大力开展新技术攻关寻求突破后,以钻采工程方案为载体,实现技术研发—技术集成—快速应用的快节奏、高效率,是低渗透油田开发的一条成功经验。

(1)储层普遍具有低孔、低渗特点,储层微观特征复杂。

鄂尔多斯盆地主要开发的主力层系为三叠系延长组油层,孔隙度一般为8% ~14%(图1-2),渗透率为0.1~2.0mD(图1-3)。

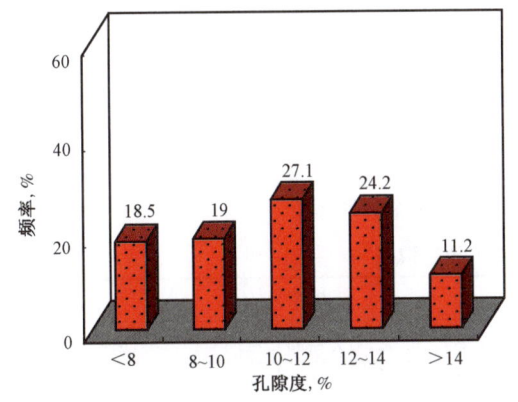

图1-2 鄂尔多斯盆地主力层系孔隙度分布 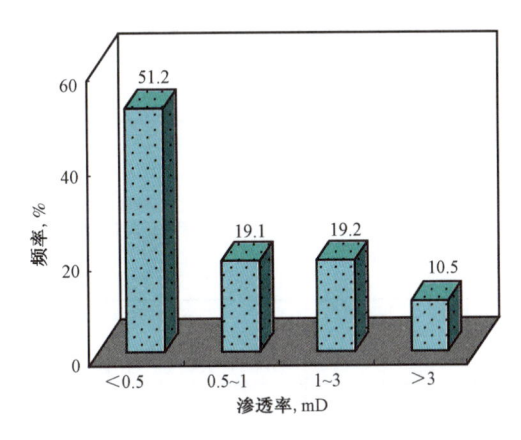　　图1-3 鄂尔多斯盆地主力层系渗透率分布

储层微观特征渗流规律(图1-4)研究表明,孔喉半径小,非达西流特征明显,随着渗透率降低,启动压力增大(图1-5)。

因此压裂应立足于大幅度增加改造半径、扩大泄流面积,有利于建立有效压力驱替系统,提高单井产量和稳产水平。同时要评估压裂液进入地层能否返排和对油气流动是否产生负面影响。

(2)岩矿成分复杂,黏土含量高,压裂液对伤害性能要求相对高。

多个油田岩矿成分分析资料表明,填隙物中一般含有高岭石、云母、绿泥石等多种敏感性矿物,参见表1-1。黏土膨胀、颗粒运移、水锁伤害是压裂液伤害的重要因素。对于低渗透油藏,压裂液滤液在地层内造成的伤害相比裂缝内伤害更加重要,在加强敏感性实验基础上,需加强对储层微观伤害机理与压裂液伤害性能的评价。

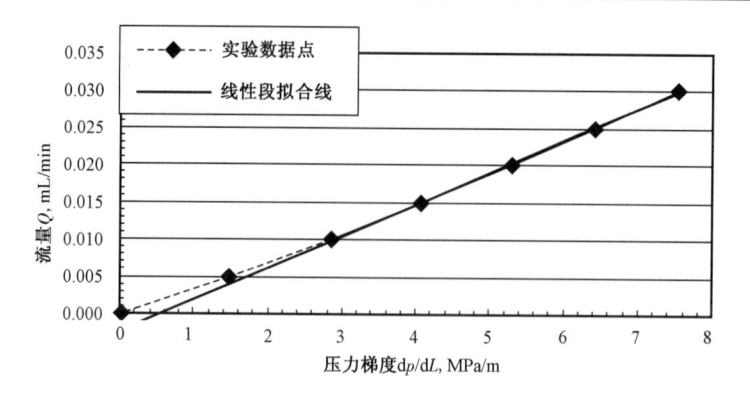

图 1-4 启动压力测试曲线

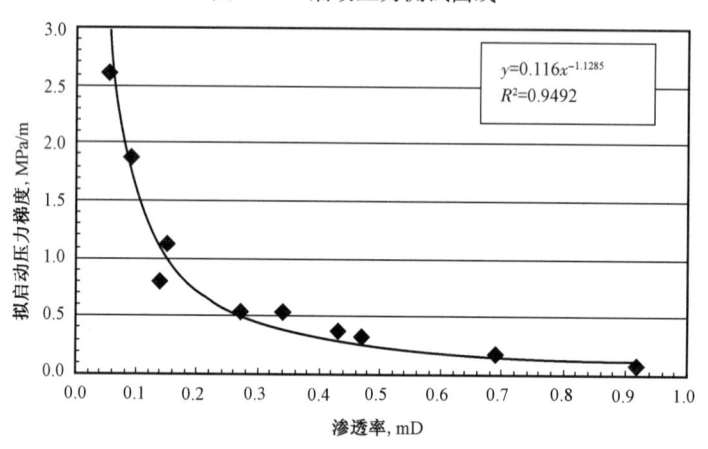

图 1-5 拟启动压力梯度与渗透率关系

表 1-1 典型区块岩矿分析数据

区块	岩性	碎屑,%				填隙物,%							
		石英	长石	岩屑	其他	高岭石	水云母	绿泥石	方解石	硅质	白云母	浊沸石	其他
1	细—中粒长石岩屑砂岩	32.6	28.9	26.8	2.8	0.5	0.2	1.9	0.5	1.9			
2	粉—细岩屑砂岩	39.5	24.3	18.4	3.9	0	6.4	3.2	0.1	0.5	0	0	3.7
3	长石砂岩	37.0	45.8	7.2	4.6	0.8	2.3	2.7	3.4	0.1	0.6	0.2	
4	极细—细粒长石砂岩	23.4	39.8	10.5	11.6	0	0.2	4.8	3.1	1.5			5.4

(3)产量初期递减快,稳产周期长。

根据对低渗透油藏单井生产特征的研究表明,新井投产后呈现出初期产量递减快,但稳产能力强、生产周期长的规律,能够在5%递减率保持较长时间稳产,累计产油较高,经济效益好(图1-6)。进行压裂优化设计时,在考虑尽量提高初始单井产量的同时,应一并考虑保持长期稳产的原则(图1-7)。

(4)油气藏压力系数普遍偏低,一般为0.62~0.9。

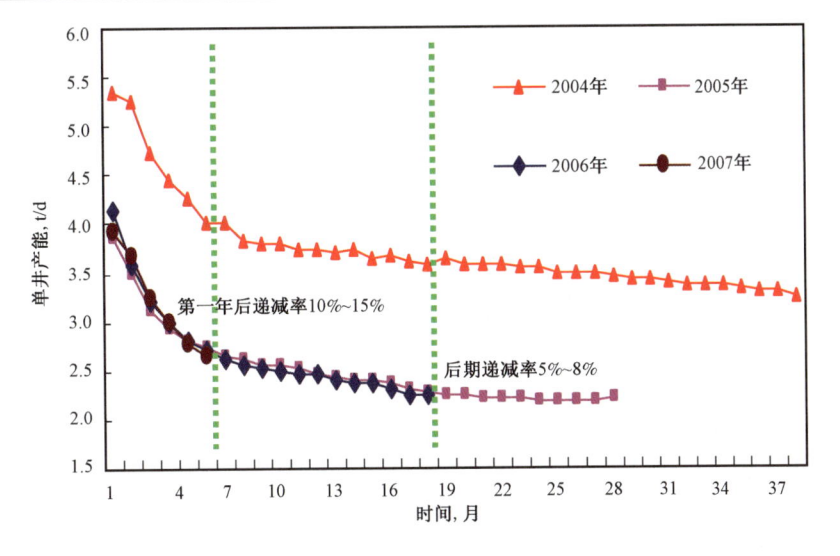

图 1-6 低渗透油藏生产特征变化趋势

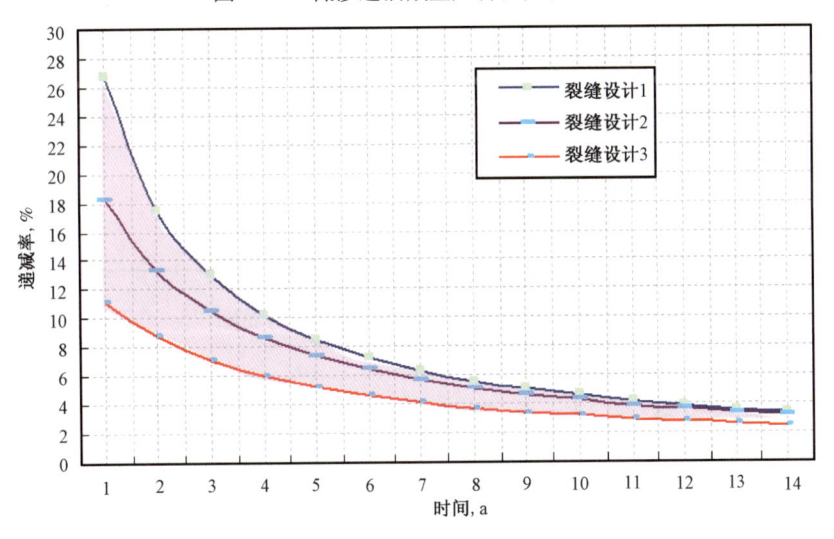

图 1-7 低渗透油藏典型产量递减规律

一方面需要优化超前注水政策;另一方面从压裂角度出发,在考虑储层保护的前提下,需要认真评价压裂后液体返排能力,优化层内助排的快速返排技术,同时需要优化压裂时机,最大程度地减少压裂液伤害造成油井低产。

(5)天然微裂缝存在与发育程度。

天然微裂缝存在与发育程度对于低渗透油藏开发具有重要影响,需要重点研究储层微裂缝发育对油气渗流能力和吸水能力的影响、储层孔隙与微裂缝的搭配关系、天然裂缝与人工裂缝的耦合配置关系。

经过对安塞油田等长期生产动态的研究表明,受储层非均质性与裂缝两方面双重控制,压力分布及见水呈明显方向性(图1-8),裂缝系统与井网系统能否实现合理配置,对于低渗透油田整体开发效果和采收率有关键影响。

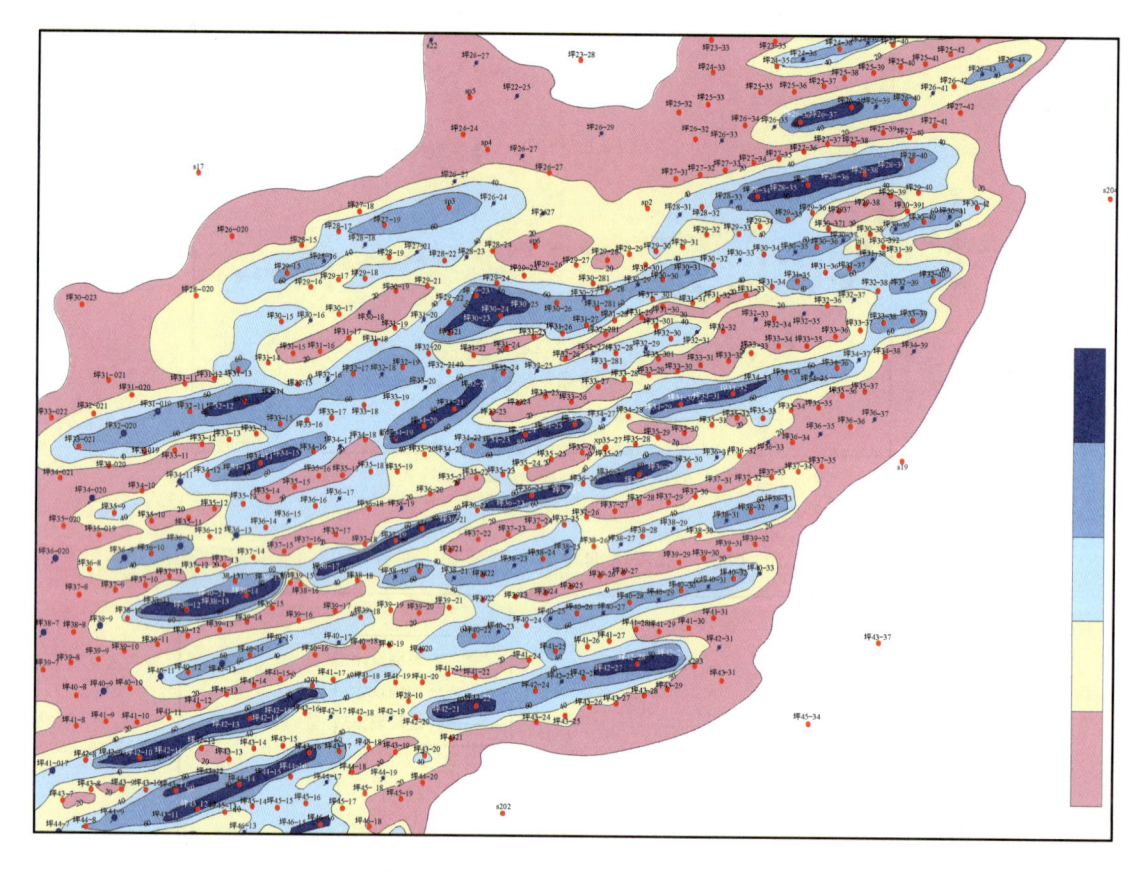

图1-8　典型油田开发生产压力分布图

第二节　水力压裂工艺增产机理综述

水力压裂作为低渗透油气田提高单井产量的主要技术手段,其增产机理及增产潜力评价非常重要,无论对于压裂技术工作者还是油藏工程学者,一直是重点关注并长期研究的重要课题。伴随压裂技术理论和油藏工程相关学科的不断创新,对于压裂增产机理的认识随之加深并取得实质性的突破。通过对相关代表性理论的简述,加深对水力压裂增产机理的理解,对于提高低渗透油藏压裂技术水平有重要指导意义。

一、井筒有效半径的扩大

油井经压裂后实现了有效井筒半径的增大,Prats(1961)通过研究稳态径向流条件下井底流入动态,提出了无量纲有效井筒半径 r'_{wD} 和相对流动能力 a 参数,并给出了如图1-9所示的两者关系曲线。

$$q = \frac{Kh\Delta p}{141.2B\mu\left(\ln\dfrac{r_e}{r_w} + S_f\right)} \quad (1-1)$$

$$r'_{wD} = \frac{r'_w}{X_f} = \frac{r_w e^{-S_f}}{X_f} \tag{1-2}$$

$$a = \frac{\pi K X_f}{2 K_f W} \tag{1-3}$$

式中 q——流量,bbl/d;
　　　K——油层渗透率,mD;
　　　h——产层净厚度,ft;
　　　Δp——压差,psi;
　　　B——流体压缩系数;
　　　μ——流体黏度,mPa·s;
　　　r_e——井筒半径,ft;
　　　r_w——有效井筒半径,ft;
　　　S_f——表皮系数。
　　　X_f——裂缝半长,ft;
　　　K_f——缝内渗透率,mD;
　　　W——裂缝宽度,ft。

1981年,Cinco-Ley 与 V. Samaniego 对拟径向流条件进行了改进,引入无量纲导流能力($C_{fD} = \pi/2a$),并给出了如图1-10所示的关系曲线。通过当量表皮系数 S_f 来反映压裂井增产能力,当量表皮系数压裂一般为负值,其量值越大表示压裂效果越好。

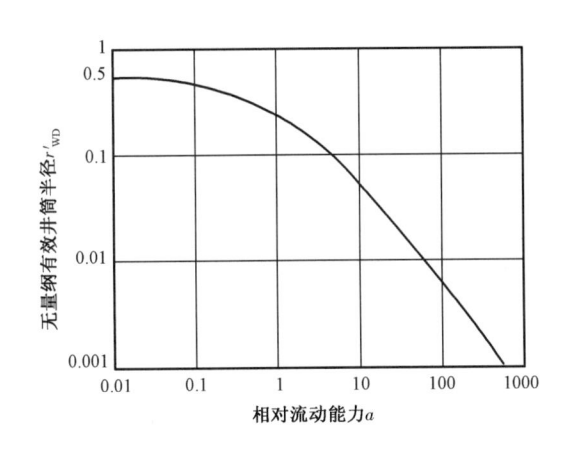

图1-9 压裂井有效井筒半径

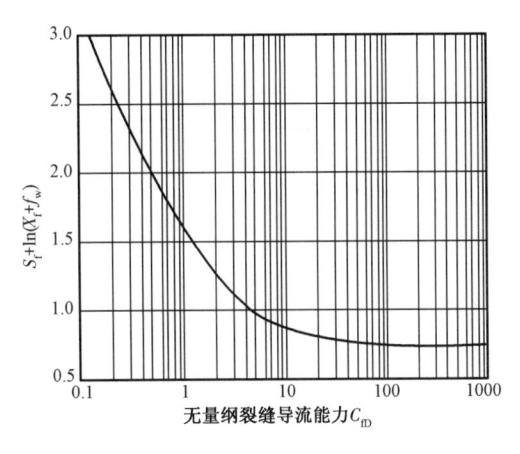

图1-10 表皮系数与导流能力关系

二、利用试井方法进行压后评价

采用压力不稳定试井和生产历史拟合方法,可以评价压裂井生产特性及压后效果。早在1937年 Muskat 就提出稳态流条件下垂直压裂井的压力不稳定解析模型,Dyes(1958)、Prats(1962)、Russell 及 Truitt(1964)研究并给出垂直裂缝在非稳态流动情况下压力不稳定模型,而后 Gringarten 和 Ramey(1973,1974)得出无限导流能力垂直裂缝稳定流和水平裂缝非稳定流解析模型，直到 1978 年，Cinco-Ley 等人得出有限导流垂直裂缝的压力不稳定解析解，为垂直裂缝井压后评估提供了理论基础。图 1-11 为理想垂直裂缝井几何模型。

后来 Cinco-Ley 与 V. Samaniego 进一步提出压裂井生产后可能存在四种流动形态：裂缝线性流、双线性流、地层线性流（图 1-12）和拟径向流。其提出的分析方法已作为工业标准应用。

在均质储层、流体微可压缩、流动符合达西定律条件下，定义无量纲时间 t_D 和无量纲压力 p_{wD} 为：

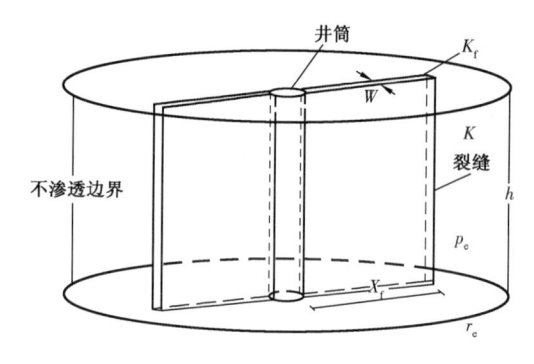

图 1-11 理想垂直裂缝井几何模型

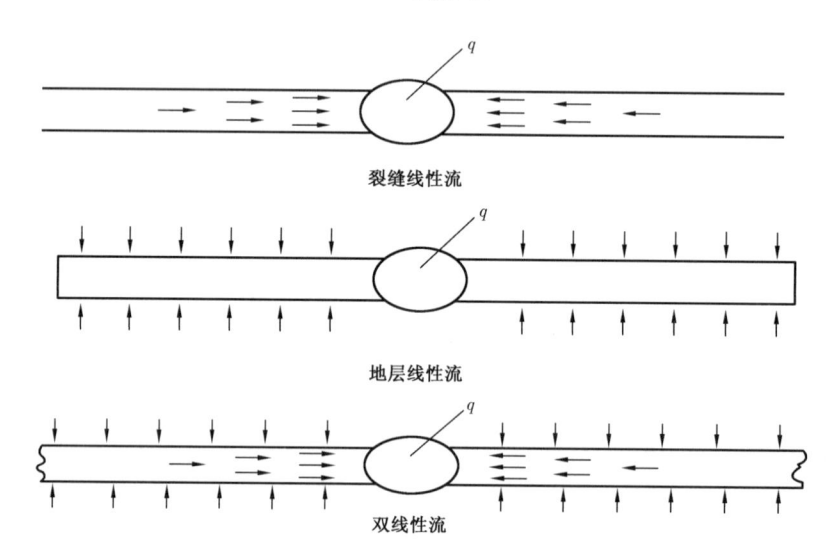

图 1-12 有限导流垂直裂缝三种流动方式

$$t_D = \frac{0.000264Kt}{\phi \mu C_t X_f^2} \tag{1-4}$$

$$p_{wD} = \frac{Kh(p_i - p_{wfs})}{141.2q\mu B} \tag{1-5}$$

式中 h——产层净厚度，ft；
　　　q——流量，bbl/d；
　　　B——流体压缩系数；
　　　p_i——原始地层压力，psi；
　　　p_{wfs}——井底流压，psi；
　　　ϕ——孔隙度，%；
　　　C_t——导流能力，mD·ft。

并定义无量纲裂缝渗透率 K_{fD}、缝宽 b_{fD}、缝高 h_{fD}、水力扩散系数 η_{fD} 和导流能力 C_{fD}：

$$K_{fD} = \frac{K_f}{K} \qquad (1-6)$$

$$b_{fD} = \frac{W}{X_f} \qquad (1-7)$$

$$h_{fD} = \frac{h_f}{h} \qquad (1-8)$$

$$\eta_{fD} = \frac{K_f \phi C_t}{K \phi_f C_{tf}} \qquad (1-9)$$

$$C_{fD} = K_{fD} b_{fD} = \frac{K_f W}{K X_f} \qquad (1-10)$$

考虑流动全过程，可划分为六个流动阶段进行分析。

(一) 井筒储存现象

井筒储存效应的时间，主要取决于井筒内流体的压缩性和井筒体积，可用压力和压力导数的双对数曲线单位斜率来表征，常采用井底关井方法测试来减小井筒效应的影响。

(二) 裂缝线性流

裂缝线性流通常持续时间很短，可用压力变化 Δp 与时间变化 Δt 双对数曲线时间半幅度斜率来表征，其间无量纲压力 p_{wD} 是无量纲导流能力、水力扩散系数、缝高和时间的函数：

$$p_{wD} = \frac{2}{C_{fD} h_{fD}} \sqrt{\pi \eta_{fD} t_D} \qquad (1-11)$$

该阶段终止无量纲时间 t_{Df1} 是无量纲裂缝参数的函数：

$$t_{Df1} = \frac{0.01(C_{fD} h_{fD})^2}{\eta_{fD}^2} \qquad (1-12)$$

(三) 裂缝双线性流

双线性流阶段，压力不稳定特性可用下式表达：

$$p_{wD} = \frac{2.45083 t_D^{1/4}}{\sqrt{C_{fD} h_{fD}}} \qquad (1-13)$$

由于该阶段流动主要受裂缝导流能力控制，可用 Δp 相对于时间 4 次方根关系曲线斜率判断裂缝导流能力，如图 1-13 所示，若 Δp 截距不为零，正负值分别代表导流能力伤害和过强；当 C_{fD} 大于 1.6

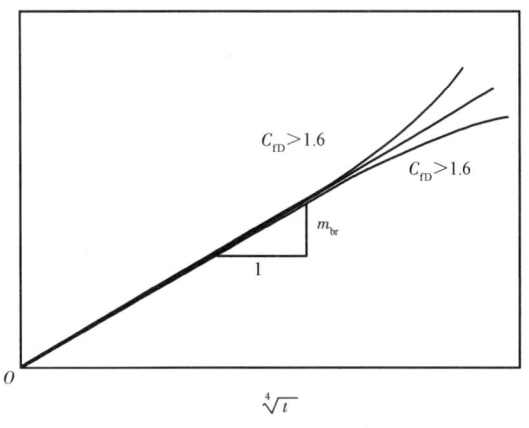

图 1-13 双线性流动 Δp 与 $\sqrt[4]{t}$ 关系

时,曲线尾部上翘,反之则向下弯曲,以此可以判断导流能力范围。

双线性流结束时间可用下式判断:

$$t_{\text{Debf}} = \begin{cases} \dfrac{0.1}{(C_{\text{fD}}h_{\text{fD}})^2} & C_{\text{fD}}h_{\text{fD}} \geqslant 3 \\ 0.0205[(C_{\text{fD}}h_{\text{fD}}) - 1.5]^{-1.53} & 1.6 \leqslant C_{\text{fD}}h_{\text{fD}} < 3 \\ \left(\dfrac{4.55}{\sqrt{C_{\text{fD}}h_{\text{fD}}}} - 2.5\right)^{-4} & C_{\text{fD}}h_{\text{fD}} < 1.6 \end{cases} \quad (1-14)$$

(四)地层线性流

当无量纲导流能力不小于80,地层线性流压力特性及对应的起始时间由式(1-16)确定;而当无量纲导流能力小于80时,则地层线性流不存在。

$$p_{\text{wD}} = \sqrt{\pi t_{\text{D}}} \quad (1-15)$$

$$t_{\text{Dblf}} = \frac{100}{(C_{\text{fD}}h_{\text{fD}})^2} \quad (1-16)$$

$$t_{\text{Delf}} = 0.016 \quad (1-17)$$

(五)拟径向流

在压力响应扩展到边界之前处于拟径向流阶段,可将压裂井等效于井筒有效半径扩大的未压裂井处理,无量纲压力及相对应无量纲时间可用下式表示:

$$p_{\text{wD}} = \frac{1}{2}(\ln t_{\text{D}}r_{\text{w}}^2 + 0.8091) \quad (1-18)$$

$$t'_{\text{Dr}_{\text{w}}} = \frac{0.000264Kt}{\phi\mu C'_t r_{\text{w}}'^2} \quad (1-19)$$

$$r'_{\text{w}} = r_{\text{w}}e^{-S} \quad (1-20)$$

式中 r_{w}——井筒半径;

S——视表皮系数。

图1-14给出有限导流裂缝在不同流动阶段压力响应特征。在拟径向流阶段初期,流量不稳定,表皮系数是C_{fD}和时间的函数。当无量纲时间约为3时,全面进入拟径向流阶段,其起始时间是C_{fD}的函数,当$C_{\text{fD}} = \pi/10$时约为2,当$C_{\text{fD}} = 100\pi$时约为5。

(六)拟稳态流

当压力反应扩展到边界后,压力反应与泄流区域形状、大小及井位置、地层参数及时间相关,在压力和压力导数双对数曲线上表征为单斜率直线,无量纲压力及相对应无量纲时间可用下式表示:

$$p_{\text{wD}} = 2\pi t_{\text{DA}} + \ln\left(\frac{X_{\text{e}}}{X_{\text{f}}}\right) + \frac{1}{2}\ln\left(\frac{2.25}{C_{\text{A}}}\right) \quad (1-21)$$

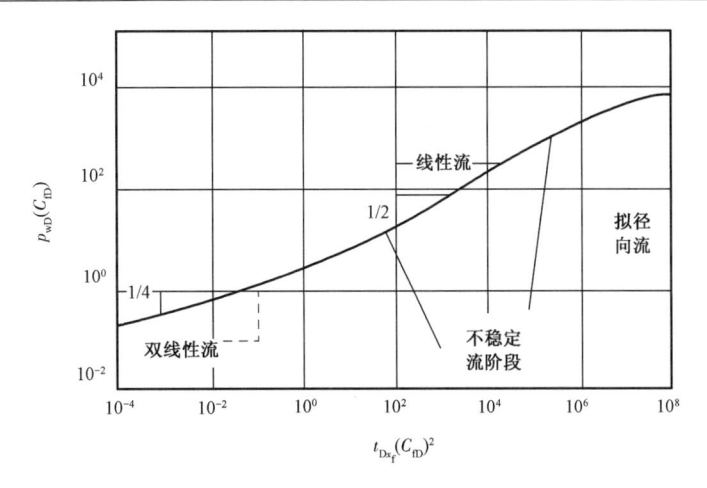

图 1-14　不同阶段压力与时间双对数特征

$$t_{\text{Delf}} = \frac{0.000264Kt}{\phi\mu C_A} \tag{1-22}$$

式中　t_{DA}——拟无量纲时间；
　　　X_e——有效裂缝半长；
　　　X_f——裂缝半长；
　　　C_A——拟导流能力。

多个专家又针对非达西流、非线性流体、非均质储层、裂缝形态变化、双重介质等复杂情况进行研究，发展和完善不稳定试井评价压裂方法。在矿场应用方面，常结合生产历史拟合进行压裂效果评价，经多年应用表明，对于相对高渗透储层压裂井，该方法具有较好适应性；但对低渗透储层（$K<10\text{mD}$），由于测试时间长及复杂因素影响，该方法应用受限。

三、利用油藏数值模拟方法

20 世纪末，数值模拟技术快速发展并在石油行业广泛应用，压裂技术与油藏工程结合的理念深入人心，对压裂效果评价不再仅仅以单井为研究对象，同时不再局限于压后评价，随着低渗透油藏开发压裂技术的发展，在井网设计优化的同时，立足提高油藏整体单井产量和采收率，将人工裂缝纳入油藏数值模型，通过开展多方案的优化，实现裂缝系统与井网系统的优化配置及裂缝参数的最优化设计。

Eclipse 数值模拟软件是一个多功能、集成化的大型数值模拟软件，目前在国际油藏数模领域的应用比例占到近 60%。水力压裂裂缝是通过模型中局部网格加密和"等效导流能力"的方法实现的。"等效导流能力"是指适当地扩大缝宽而同时等比例缩小裂缝渗透率，保持裂缝导流能力即缝宽与缝中渗透率乘积不变的做法处理裂缝。该方法已经证实误差在 3% 以内。一般预测的时间为开发方案的评价周期（15~20 年），通常基本步骤如下：

（1）根据油藏地质及钻井资料建立地质模型（图 1-15）。
（2）采用生产历史拟合完善模型并求取关键储层参数。
（3）采用压裂专业软件确定不同储层条件下裂缝长度、导流能力界限（图 1-16）。
（4）确定井网形式与裂缝布放配置方案，采用正交设计进行井网与裂缝多参数计算方案，参见图 1-17 和图 1-18。

(a) 地层栅状图

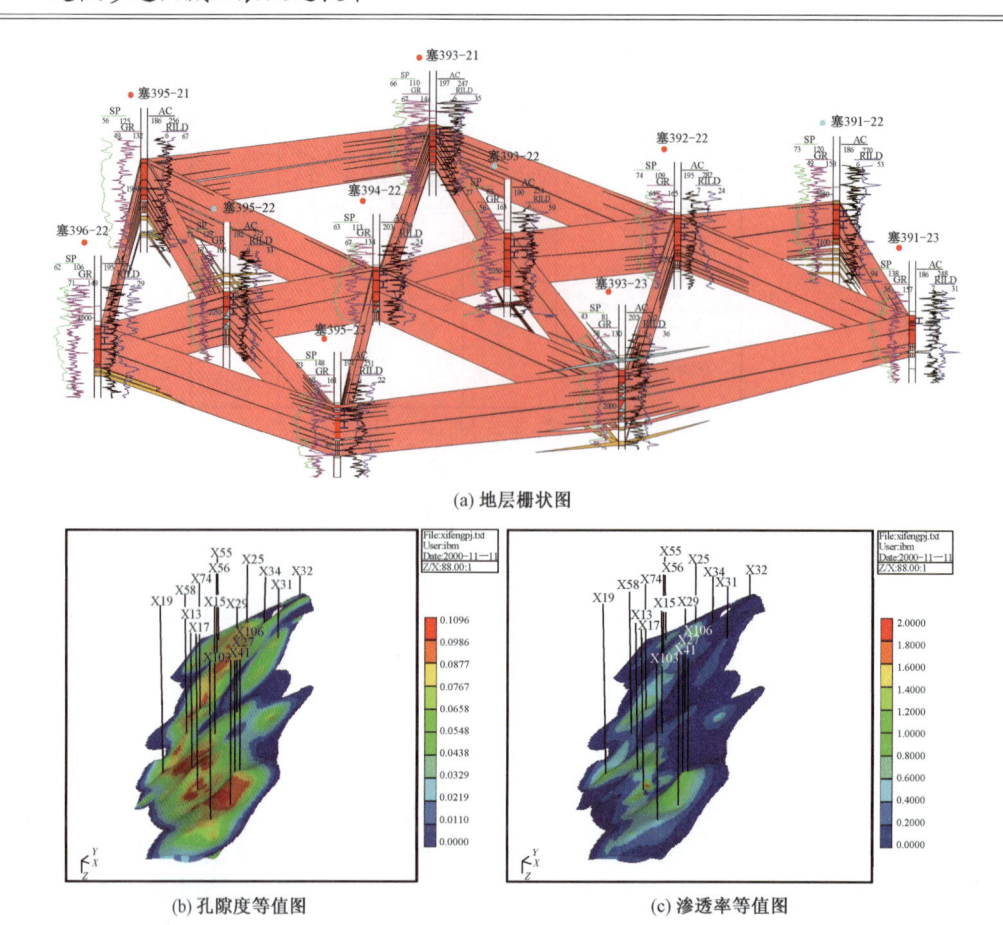

(b) 孔隙度等值图

(c) 渗透率等值图

图 1-15　地质模型的建立

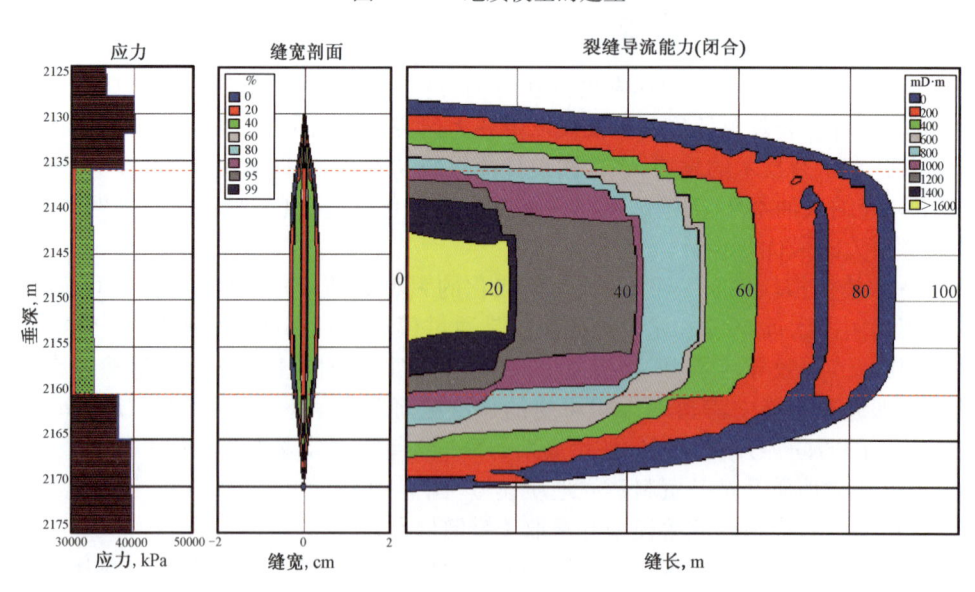

图 1-16　压裂优化设计确定裂缝参数

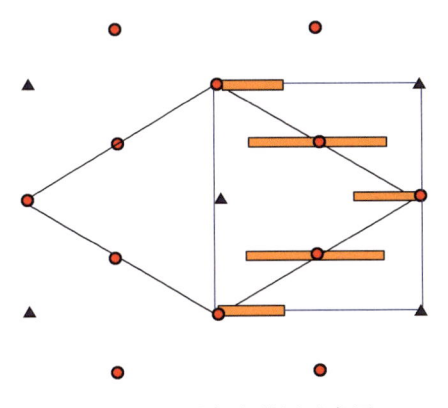

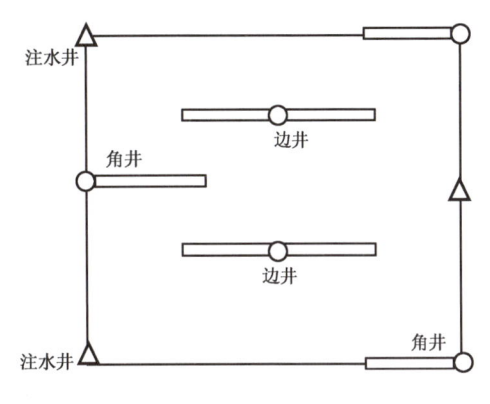

图 1-17　反九点井网示意图　　　　　图 1-18　计算单元示意图

(5)在给定井网条件下,以累计产量、单井产量和含水上升率为目标,优化裂缝参数(图 1-19 和图 1-20)。

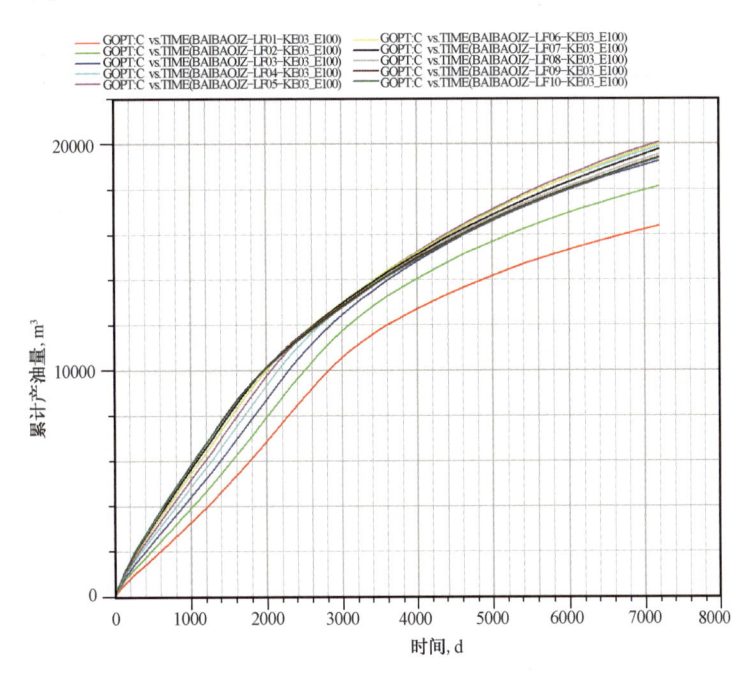

图 1-19　缝长对边井累计产油量的影响

(6)以产能建设地质及钻采工程方案为指导,现场整体部署实施。

(7)油藏整体开发效果和经济后评估。

进入 21 世纪后,国内低渗透油田开发进入快速发展阶段,长庆油田不断挑战低渗透的开发极限,继实现渗透率大于 0.5mD 油藏大规模开发之后,正在进行渗透率小于 0.5mD 超低渗透油藏开发实践。国内研究院所、高等院校许多学者开展超低渗渗流理论研究,通过对低速非达西流特征、启动压力和应力敏感等研究,进一步完善油藏模拟理论与方法,提高优化设计精度。

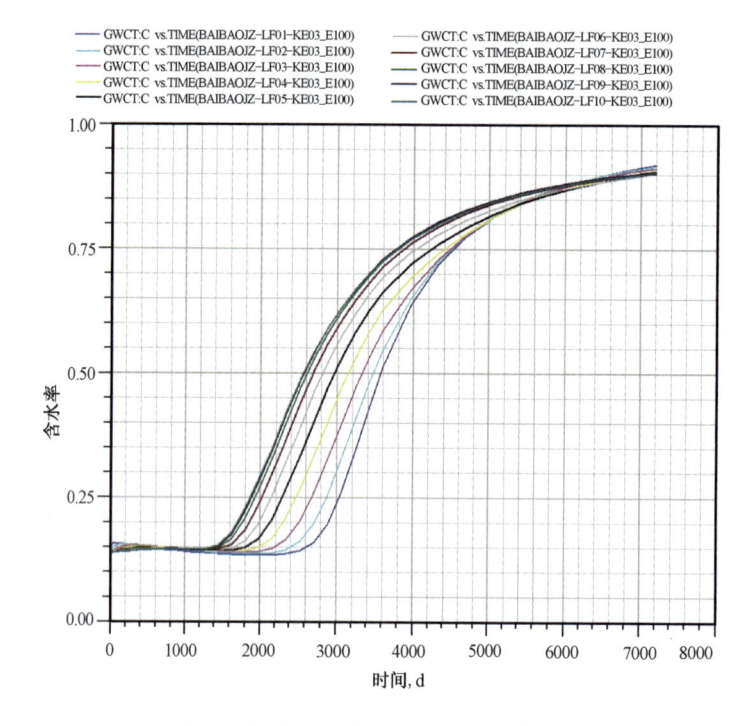

图 1-20　缝长对边井含水上升率的影响

四、利用裂缝动态监测资料的评价方法

当前,以美国为代表的非常规天然气开发快速发展,正在改变着世界天然气开发格局,体积压裂理念的提出,水平井多段压裂和直井多层压裂技术的突破,将对国内压裂技术进步产生重大影响,传统压裂理论及优化评价方法已经存在明显不适应性,专家学者正致力于体积压裂优化设计及油藏工程评价方法新的研究。Schlumberger 和 Pinnacle 公司研究人员引入储层增产体积(stimulated reservoir volume,SRV)概念来描述压裂井的产能。

通过井下微地震对压裂过程进行实时监测发现,对于页岩层,形成的裂缝体与常规砂岩储层形成的以单裂缝为主有着本质不同,参见图 1-21 和图 1-22,微地震事件在常规地层中可以形成规模较大的云结构,但是在页岩层中,压裂人工裂缝与天然裂缝构成大型裂缝体,产生较大云结构。故通过微地震裂缝测试所获得的微地震事件架构,可用于估算致密储层的增产体积 SRV。

通过微地震事件,可以测试出从井底到主裂缝方向最远端的范围,以及页岩剖面顶部与底部之差,然后用等宽度的矩形网格将裂缝形态进行网格化,汇总单个网格体积,即可得到储层增产的总体积,参见图 1-23 和图 1-24。

无论是生产实际验证还是动态模拟都表明,SRV 大小直接决定单井产量的高低。如图 1-25 和图 1-26 给出某 Barnett 页岩区块 SRV 与 6 个月和 3 年累计产量的关系曲线,产量与 SRV 呈正相关关系。

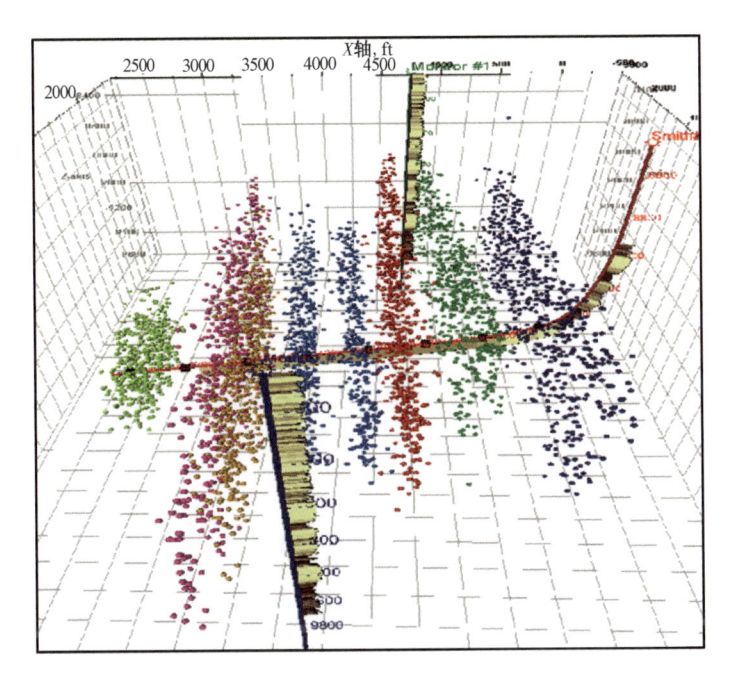

图 1-21　9 段压裂微地震事件

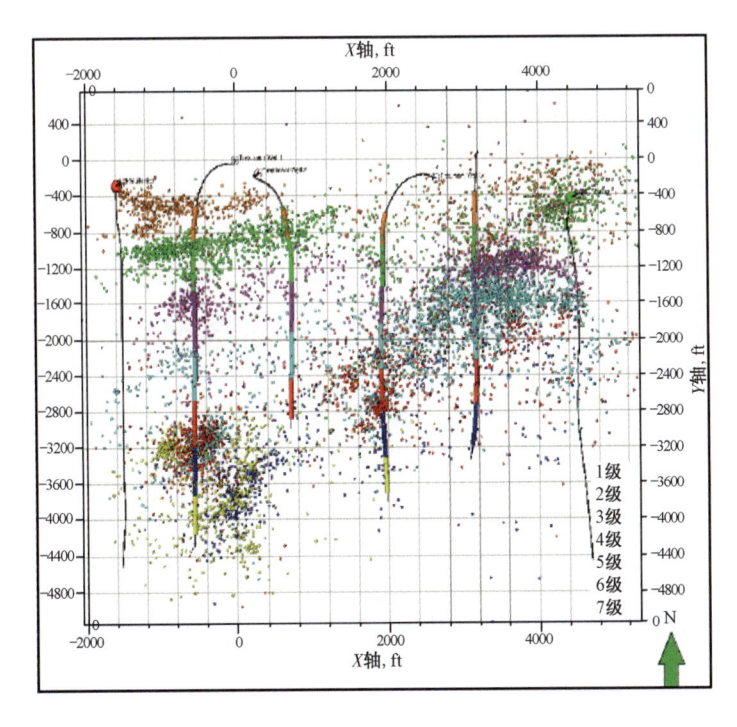

图 1-22　25 段压裂微地震事件

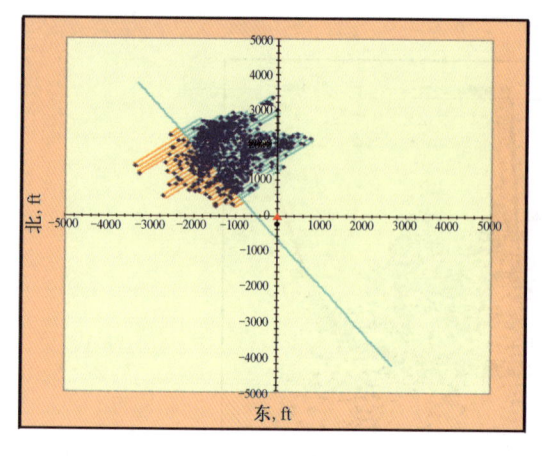

图 1-23　平面上构建增产面积

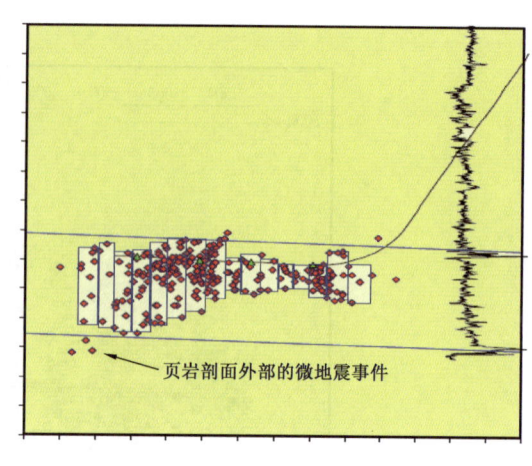

图 1-24　高度计算构建示意图

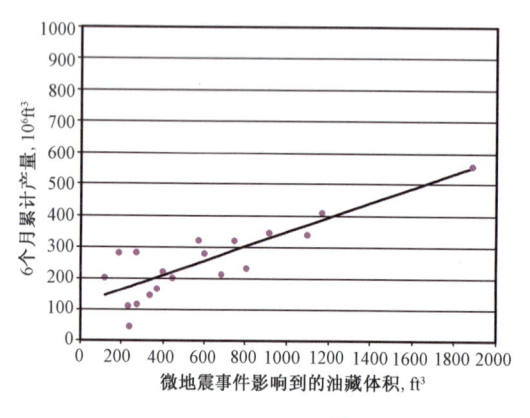

图 1-25　SRV 与 6 个月累计产量的关系

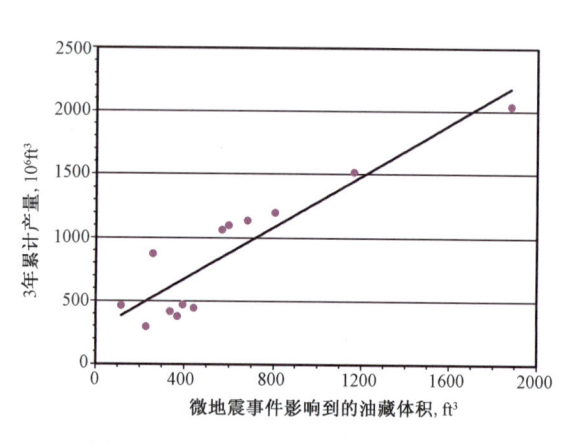

图 1-26　SRV 与 3 年累计产量的关系

第三节　水力压裂技术发展综述

于 1947 年,在 Kansas 的 Houghton 油田的碳酸盐岩地层第一次进行水力压裂试验,接着在东 Teaxs 油田砂岩地层获得极大成功。由于该技术增产潜力极大,长期以来一直是国际大的油公司和服务公司研究与发展的核心技术,同时也是美国能源部作为关系资源战略的技术重点受到关注并支持发展。在 20 世纪 40 年代后期开始试验,50 年代快速发展、60 年代发展定型,80 年代以提高效果为重点发展监测及评价技术,90 年代应用领域不断拓展,发展到 21 世纪初,目前该项技术在非常规天然气开发中发挥巨大作用,发展潜力及价值越来越受到重视。

综观压裂技术发展历程,伴随石油行业的整体发展,可划分四个大的发展阶段:第一阶段从 20 世纪 40 年代后期到 70 年代中期,致力于压裂施工技术发展并规模应用;第二阶段从 70 年代后期到 80 年代,压裂技术理论发展并完善;第三阶段为 90 年代,压裂监测技术快速发展,压裂应用领域不断拓展;第四阶段从进入 21 世纪后至今,水平井压裂技术突破并在非常规天然气开发中突显出更大生命力。

第一阶段:压裂诞生与施工技术发展阶段。压裂改造目的以解除近井地带钻井液伤害为主,压裂规模相对较小,设备施工能力较低。进行过大量有关压裂材料如支撑剂、压裂液及添加剂的开发;开展过应力与裂缝几何形态关系研究,并进行过裂缝扩展规律研究试验;提出压裂设计及评价基本概念(包括裂缝模型、导流能力、双线性流)。压裂成为油田开发的一项重要技术并得以规模应用。

第二阶段:压裂理论完善阶段。以1984年Gidley等人编写的《水力压裂新进展》一书出版为代表,使压裂优化设计理论趋于成熟,压裂被纳入油藏描述框架进行评估,其中Ken Nolte,Michael Economides等人研究成果颇具代表性。以深度改造为目的的大型压裂技术不断发展,压裂工艺技术系列不断拓展,使应用的规模和数量大幅度上升。各大公司对压裂的研究与投入也持续加大,在美国有30%的原油产量是通过压裂获得的。

第三阶段:压裂技术快速发展阶段。压裂与石油地质、油藏工程、测井等相关学科的有机融合成为该阶段明确的特征。压裂不再仅仅作为一项工艺技术,而是作为油田开发的重要技术政策,与井网优化、注水政策有机结合、整体研究。以井下微地震技术为代表的裂缝动态监测新技术的开发应用,为压裂优化设计及提高效果提供了有效手段。压裂对象向低渗透、复杂岩性、深井等领域扩展并取得实质性突破;以低伤害为目标的新型压裂液、支撑剂技术快速发展,压裂施工装备也实现大型化和智能化。

第四阶段:未来新的发展阶段。进入21世纪,水平井多段压裂、直井多层压裂技术获得重大突破,带动了国内外非常规天然气的规模有效开发,正在对石油天然气行业带来深刻变化和重大影响。就压裂技术本身而言,体积压裂理念的提出必将对今后压裂技术进步产生重要的影响。传统的压裂理论面临挑战,压裂与其他学科的结合愈来愈紧密,超大型压裂技术作为提高单井产量的核心技术,将为石油行业的发展发挥更加重要的作用。

长庆低渗透油田的开发实践经验表明,压裂技术作为核心技术之一,支撑着油田的快速发展,数十年来,长庆油田"吃压裂饭,唱压裂歌",大力开展新工艺、新技术攻关与试验,依靠压裂技术进步,把大幅度提高单井产量作为长庆油田发展的永恒主题,在长庆油田发展的不同发展阶段有着鲜明的特征,参见图1-27。安塞油田试验整体压裂技术,单井日产达到5.6t,实现了经济有效开发;靖安油田试验开发压裂技术,单井日产达到4.8t,规模应用整体压裂技术,

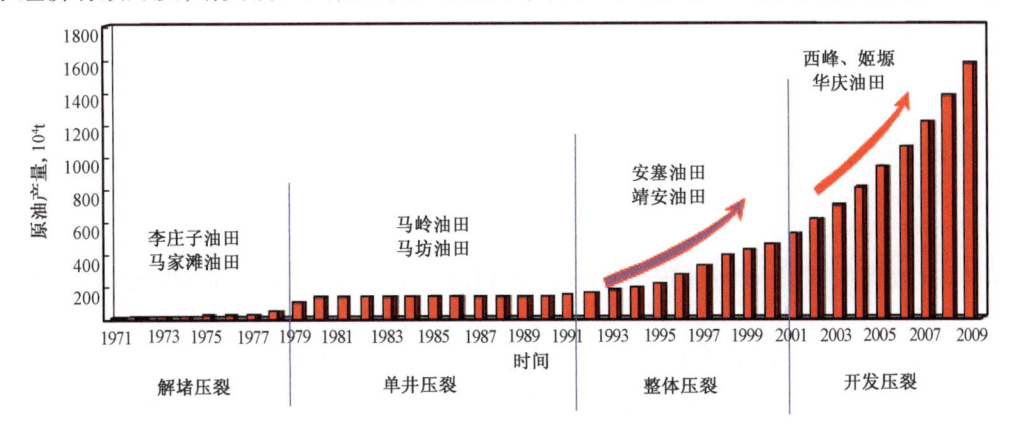

图1-27 长庆油田原油产量与压裂技术发展趋势图

提升了开发效果;西峰油田、姬塬油田全面应用开发压裂,单井日产分别达到6.6t和4.2t,低渗透油田开发水平迈上了新台阶。伴随超低渗透油藏开发,在强化储层微观特征的基础上,引入体积压裂理念,开展水平井多段压裂和定向井多级多缝压裂技术攻关,形成水力喷射多段压裂、定向射孔多缝压裂、前置酸加砂压裂、多级加砂压裂、斜井多段和暂堵多缝压裂的新工艺体系,有效地支撑了长庆油田快速持续高效发展。

多年来,长庆油田高度重视压裂技术研究与试验,创建了"勘探阶段早期介入研发,开发试验阶段工业试验孵化,开发阶段集成应用"的新技术研发机制。在压裂技术研究方面,形成了"压前地质评价—室内理论研究—压裂液、支撑剂优选—压裂优化设计—裂缝实时监测—压后评估"的技术路线;在压裂理念上,实现从单井压裂到整体压裂、从单级压裂到多级压裂、从面积压裂到体积压裂的转变;在压裂液研发方面,从瓜尔胶压裂液体系为主,发展到低分子压裂液、清洁压裂液、醇基压裂液等多种压裂液有机结合的低伤害压裂液体系;在压裂工艺体系上,形成以开发压裂为主体、不同油层类型特色技术为辅助的多个配套技术系列,在水平井多段压裂方面取得突破;在压裂设备方面,实现500型、1000型到目前2000型的跨越,装备水平和施工能力不断提升。压裂工作量逐年增加,2009年历史性达到17000层次以上。

第四节 国内外致密油藏开发现状

非常规油气资源通常泛指地质条件和开采工艺有别于常规、通过常规开采手段不能获得经济产量的油气资源。非常规油藏主要包括致密油藏(含致密砂岩油藏和页岩油藏)、致密气藏(页岩气藏)、煤层气、可燃冰等,目前已成为全球能源结构中的重要角色,在美国、加拿大、澳大利亚等国家煤层气、页岩气、致密油藏都得到了商业性的开发,其中威林斯顿盆地巴肯页岩层系中致密油藏开发进展迅速。

目前致密油藏尚未形成统一定义。以美国Bakken为代表的致密油藏,其地下渗透率为0.01~0.1mD。

按照鄂尔多斯盆地非常规油藏的储层特征及开发现状,可将地面气测渗透率为0.1~0.3mD的非常规油藏定义为致密油藏。

一、国外致密油藏开发现状

国外的致密油藏主要分布于美国、俄罗斯、加拿大、扎伊尔、巴西、爱沙尼亚、澳大利亚等国家(图1-28)。美国致密油藏资源量高达34×10^8t,较典型的Bakken致密油藏是北美致密油藏开采最成熟的储层(图1-29)。

Bakken致密油藏总体储量丰度较低,为$(11.0~14.9)\times10^4$t/km^2;埋藏深度2600~3200m,地层温度115℃;上下段为页岩,中段为砂岩、石灰岩互层,上段页岩为生油层,厚达50m;平面非均质性强,油气局部富集,存在"甜点";储层微裂缝发育;储层物性较差,地下渗透率<0.1mD,地下孔隙度5%;地层能量充足,原始地层压力为37.9MPa,压力系数为1.2~1.5。

Bakken致密油藏多年来以直井开采为主,采用衰竭方式开发,单井产量较低。2008年后

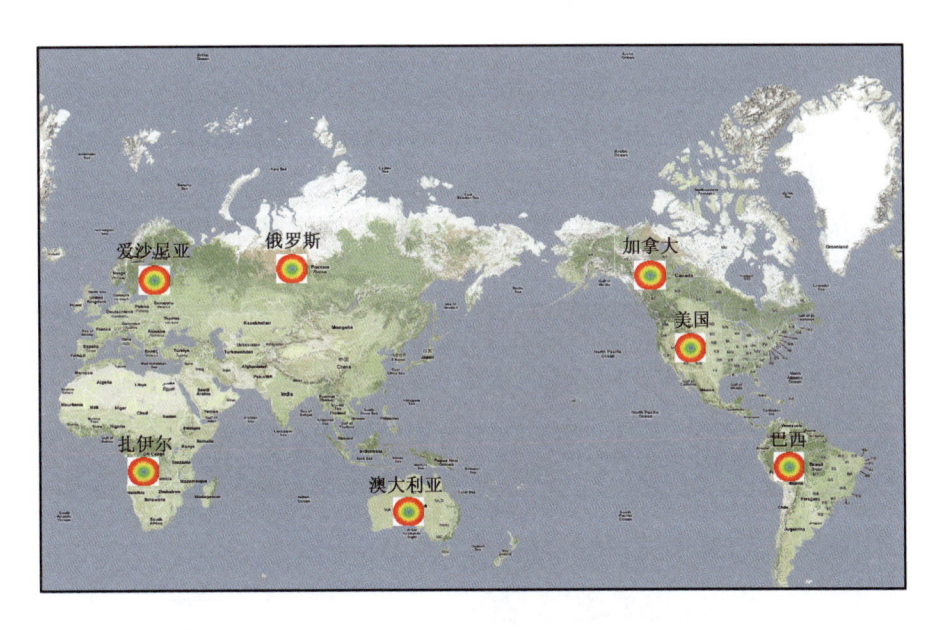

图 1-28 国外致密油藏资源分布概况

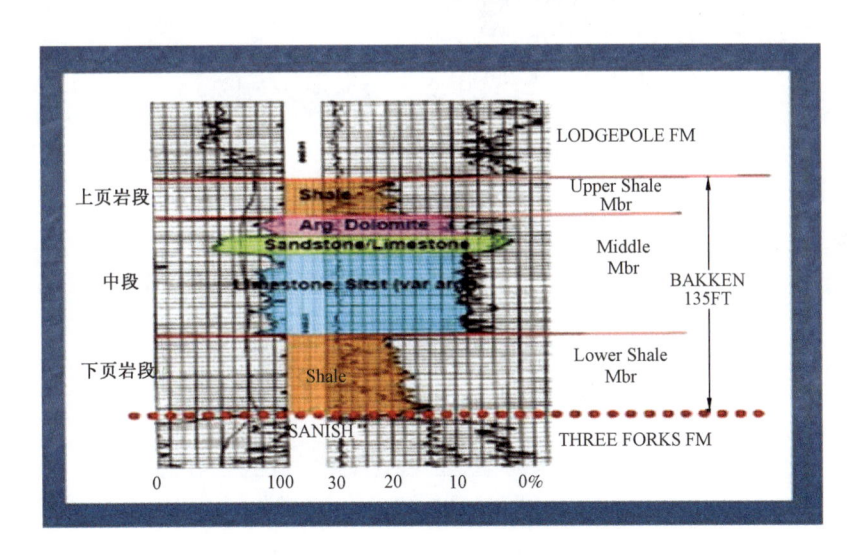

图 1-29 美国 Bakken 致密油藏储层特征

得益于三维地震、精细油藏描述、水平井、体积压裂与监测和"工厂化"作业等技术的综合应用,产量大幅攀升。2010 年,年产油量超过 $1000 \times 10^4 t$,平均单井日产油 12t。

关键技术之一:定量化的油藏描述技术(三项基础研究)。

(1)测井定量判识油层技术:通过研究关键的岩石物性参数,提高美国 Bakken 地层非常规隐蔽性油层的判识率。

(2)全三维地震技术:提高了复杂致密砂岩油藏的精细描述水平,能有效分辨出较薄储层,筛选出相对高孔高渗的"甜点"。

(3)储层定量化描述技术:加强储层的天然裂缝的方位、发育程度、岩石力学特性和地应力测试等物理性质精细描述,提高体积压裂改造的效果。

关键技术之二:水平井+多级分段压裂技术(体积压裂)。

国外致密油藏的有效开发主要依靠体积压裂,且储层特征具备进行体积压裂改造的条件。由于油藏压力系数高,可以采用自然能量开发,压裂改造不受注采井网的限制,通过长水平段分段多簇压裂方式,将储集体"压碎",实现人造"渗透率",提高泄流体积(图1-30)。

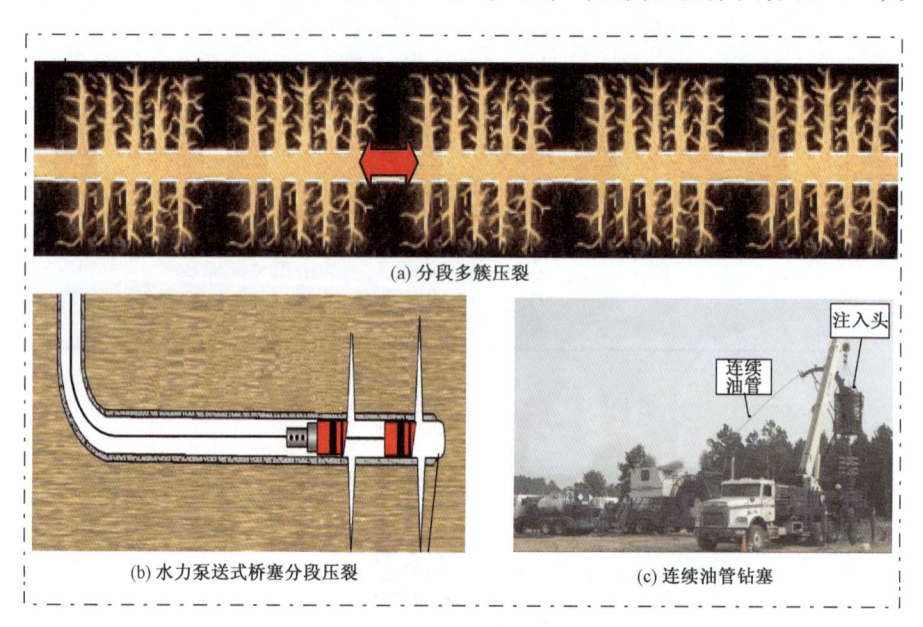

(a) 分段多簇压裂

(b) 水力泵送式桥塞分段压裂

(c) 连续油管钻塞

图1-30 国外分段压裂情况

关键技术之三:大型水力压裂、混合水力压裂是致密储层的主体压裂技术(图1-31)。

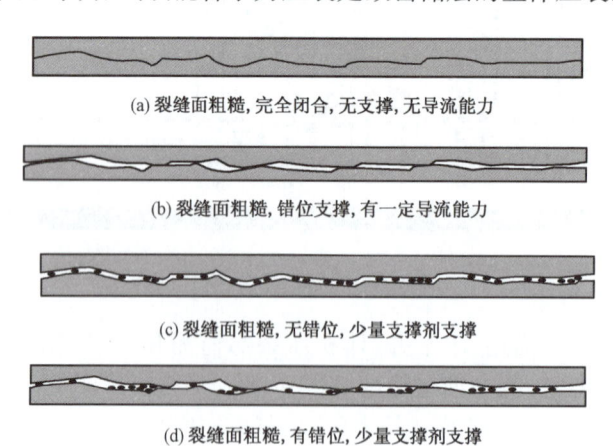

(a) 裂缝面粗糙,完全闭合,无支撑,无导流能力

(b) 裂缝面粗糙,错位支撑,有一定导流能力

(c) 裂缝面粗糙,无错位,少量支撑剂支撑

(d) 裂缝面粗糙,有错位,少量支撑剂支撑

图1-31 大型水力压裂增产机理图

由于岩石脆性指数高、天然裂缝发育,可以通过低黏液体、高排量、大液量有效沟通天然裂缝,形成网缝系统。混合水力压裂是滑溜水与冻胶交替注入,支撑剂先小粒径,后中粒径,提高

裂缝导流能力。

关键技术之四:形成了以快钻桥塞压裂工具、裸眼封隔器压裂工具、TAP压裂工具、可降解纤维压裂液为代表的较为配套完善的水平井压裂工具及材料(图1-32)。

图1-32 快钻桥塞及纤维材料

关键技术之五:形成了以"大规模连续混配压裂技术、压裂液回收处理技术、交叉压裂作业模式"为核心的高效低成本的"工厂化"压裂作业模式(图1-33)。

图1-33 "工厂化"压裂作业模式

二、国内致密油藏开发现状

中国的致密油藏与页岩油藏主要发育于中生界中的陆相泥页岩、泥岩与砂岩、石灰岩互层中,在我国的东部、中部、南方、西部和青藏区都有分布,主要分布在中部的鄂尔多斯盆地和东北部的松辽盆地(图1-34)。页岩油资源量 $476.44 \times 10^8 t$,目前均未得到有效开发。

最新资源评价结果表明,鄂尔多斯盆地致密砂岩油藏资源量达 $20 \times 10^8 t$,主要分布在盆地长7层和湖盆中部长6层。已控制的致密砂岩油藏主要分布在深湖—半深湖相重力流砂体和三角洲前缘砂体中(图1-35)。

以鄂尔多斯盆地长7致密油藏为例,长7油页岩及致密砂岩与国外致密油藏具有相似性,但也存在较大的差异。威林斯顿盆地Bakken组致密油藏主要为上泥盆统—下石炭统浅海相沉积的粉砂岩与油页岩,埋藏深度2593~3203m,厚度1.7~20.0m,油页岩含油率10.0%,

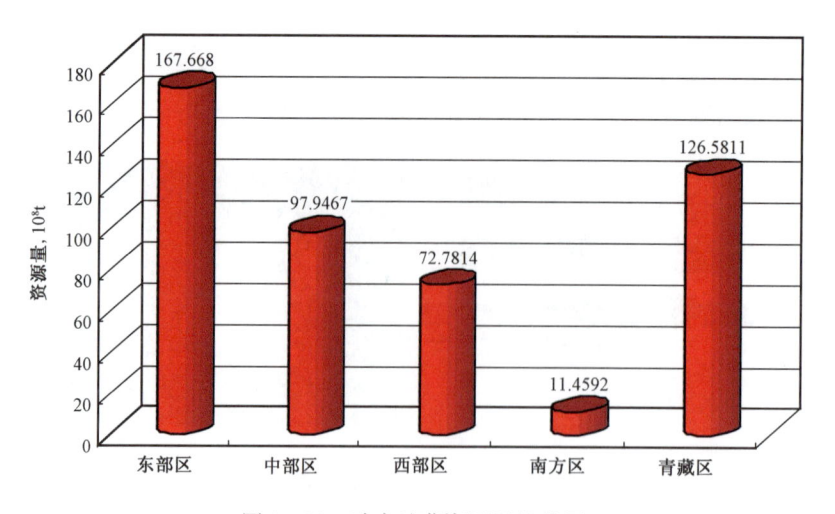

图1-34 致密油藏资源量柱状图

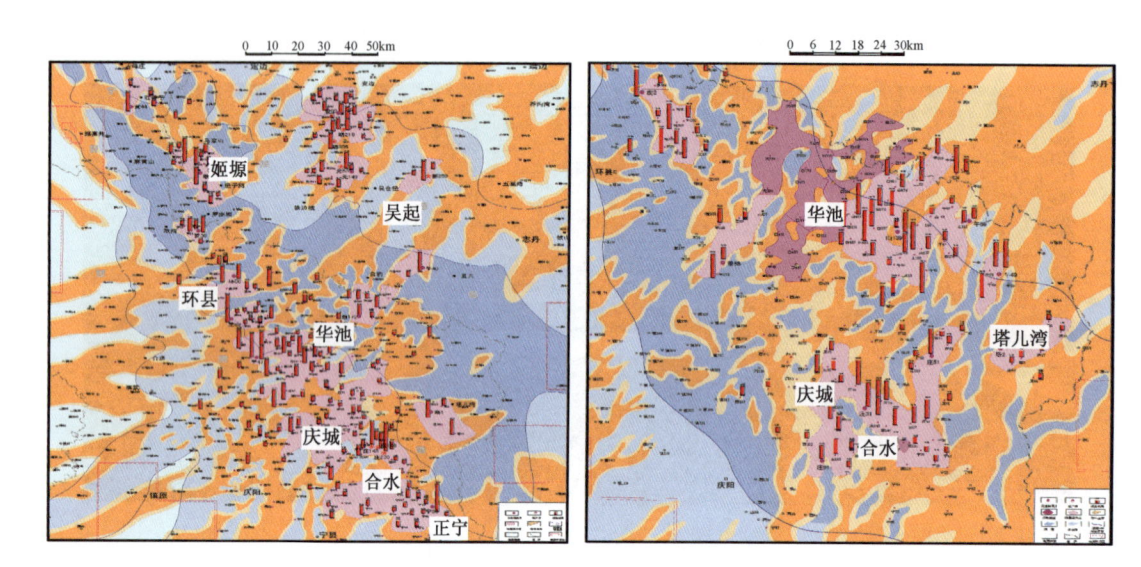

图1-35 鄂尔多斯盆地致密油藏勘探成果图

TOC值为11.3%,成熟度0.7%~1.0%,脆性指数为45~55GPa,地层压力系数1.2~1.5,天然裂缝发育;鄂尔多斯盆地致密油藏主要分布在深湖—半深湖相重力流砂体和三角洲前缘砂体中,主要为粉砂岩与油页岩,埋藏深度1000~2600m,厚度20.0~60.0m,油页岩含油率3.5%~6.0%,TOC值为13.75%,成熟度0.9%~1.16%,脆性指数为40.1GPa,地层压力系数0.75~0.85,天然裂缝较发育(表1-2)。

表1-2 鄂尔多斯盆地致密油藏与威林斯顿盆地Bakken致密油藏特征差异对比表

项　　目	鄂尔多斯盆地致密油藏	威林斯顿盆地Bakken组致密油藏
沉积环境	湖相	浅海相
脆性,GPa	40.1	45~55

续表

项　　目	鄂尔多斯盆地致密油藏	威林斯顿盆地Bakken组致密油藏
天然裂缝	较发育	发育
地层压力系数	0.75~0.85	1.2~1.5
油页岩含油率,%	3.5%~6.0%	10.0
成熟度R_o,%	0.9~1.16	0.7~1.0

鄂尔多斯盆地致密油藏与已开发的特低渗、超低渗油藏存在较大的差异性,岩性更加致密,物性更差,以粉细砂岩、页岩为主,地面气测渗透率小于0.3mD,对于该类油藏的开发国内尚无成功经验。要实现体积压裂,可能面临以下三大技术难点:

(1)盆地致密油藏突出特点是压力系数低,按照国外天然能量开发方式及体积压裂改造可能面临单井产量低、稳产难度大的问题。

(2)天然裂缝发育程度、岩石力学特征等方面与国外致密油藏存在较大差异,难以形成类似于Bakken致密油藏的裂缝形式。

(3)如采用补充能量开发方式,无成熟技术及经验可供借鉴。

第五节　超低渗透油藏实现规模开发综述

鄂尔多斯盆地特低渗、超低渗透油藏分布广泛,资源潜力巨大,三级地质储量已达总储量的37.4%。但超低渗透油藏也属典型的"三低"(低渗、低压、低丰度)油藏,与已规模开发的特低渗透油藏相比(图1-36),具有岩性更致密、孔喉更细微、物性更差、天然裂缝发育等特征,开发难度更大。同时,它也具有油层分布稳定,储量规模较大,原油性质较好,水敏矿物较少,宜于注水开发等有利条件。

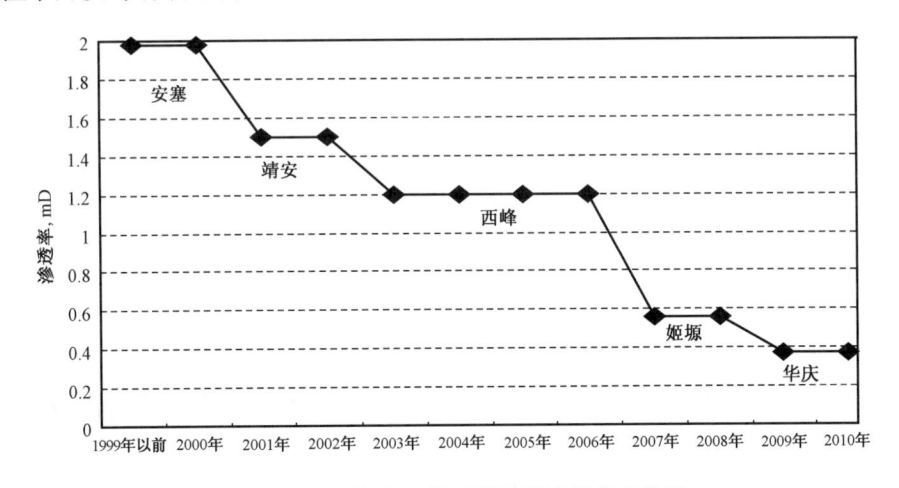

图1-36　近年来有效开发储层渗透率变化图

为了让资源转化为油田快速发展的储量基础,从2008年开始进行超低渗透油藏开发攻关试验。通过攻关创新,深化了对超低渗透油藏的认识,丰富完善了非达西渗流理论,形成了

"六大技术系列",实现了超低渗透Ⅰ+Ⅱ油藏经济有效开发,使油藏开发的渗透率下限不断下移,进一步拓宽了超低渗透油藏经济有效开发的空间,构建了超低渗模式,有效支撑了超低渗透油藏快速增储上产,掀起了长庆油田增储上产的新高潮,为年产 5000×10^4 t 发展规划提供了有力的技术支撑。

一、深化基础研究,完善了超低渗透储层渗流理论

长庆油田针对超低渗透油藏深化基础研究,完善了超低渗透储层渗流理论的研究。

(1)建立了超低渗透储层分类评价新标准:为快速评价储层、储量,筛选有利建产目标区提供了重要依据。

(2)探索了超前注水区地应力场变化规律:为不同类型储层压裂时机的选择提供了理论依据。

(3)深化了压裂液微观伤害机理研究:提出了双元破胶(过硫酸铵+生物酶)低浓度瓜尔胶体系,目前已全面推广应用。

(4)丰富完善了超低渗透储层渗流理论:建立了考虑裂缝、启动压力梯度及应力敏感系数的超低渗透油藏渗流理论模型。

二、持续科技创新,形成了"六大技术系列"

长庆油田形成的"六大技术系列"如图 1-37 所示。

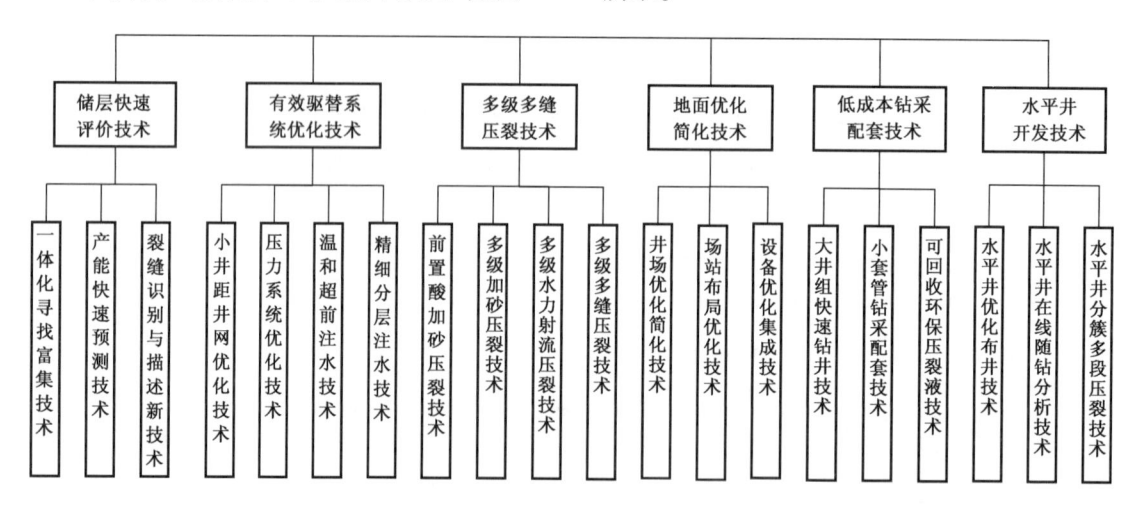

图 1-37 超低渗透油藏"六大技术系列"

创新的多级压裂改造技术已规模化应用,增产效果显著。2008—2010 年已在超低渗透区域累计应用 1559 口井,单井增产 $0.3 \sim 0.5$ t/d,增产效果好,该项工艺技术在国内低渗透率油藏开发处于领先地位。

创新的多缝压裂技术见到良好增产效果。从进一步增加泄油体积的角度出发开展攻关试验,初步形成了斜井多段、多级暂堵多缝及定向射孔多缝三种多缝压裂工艺。2009 年以来,已在现场累计应用 200 余口井,试验井单井增产 $0.4 \sim 0.9$ t/d,已初步形成了超低渗透油藏多缝压裂改造特色技术。

为提高"以华庆长 6 为代表的超低渗透油藏"单井产量,创新实施了"水力喷砂分段多簇压裂",最高压裂 10 段 20 簇,形成了"缝网系统",扩大了泄油体积。已完试 22 口井,平均试排日产油 45m³,5 口井压后自喷,其中庆平 2 井试排日产油高达 105.6m³。投产 16 口井,目前产量为直井的 4.0 倍(图 1-38)。

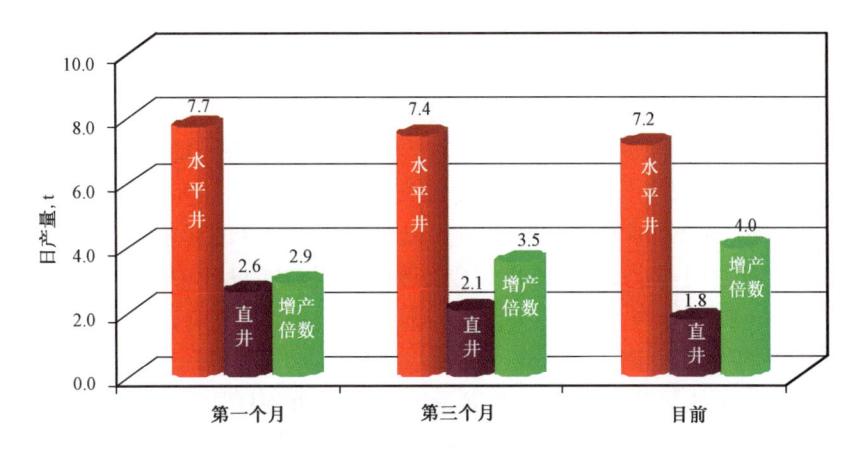

图 1-38 水力喷砂分段多簇压裂效果

三、实现了规模开发

截至 2010 年底,超低渗透油藏动用地质储量 36516×10^4 t,完钻 8549 口井,进尺 1750.83×10^4 m,建成产能 488.8×10^4 t/a,2010 年突破了 400×10^4 t/a。目前单井日产油 2.1t,含水 35.3%,日产油水平 13989t。

第二章 岩石力学与地应力

在石油行业工程技术领域,岩石力学是重要的基础理论之一。美国国家科学院把岩石力学定义为"岩石力学行为的理论与应用科学,它是研究岩石在外部力场作用下响应的力学分支",在地质、钻井、完井、压裂和油气生产等多个领域都需要专题研究与应用。

在储层改造中,裂缝起裂与扩展受地应力场直接控制。岩石力学是压裂理论的力学基础。早在 1957 年,Hubbert 和 Willis 就提出地下应力以及对水力裂缝的影响,他们的研究表明地壳中存在着不断增大的垂向与水平方向的应力差,改变了当时在设计中应力各向同性的传统认识。1982 年,Murphy 研究压裂生产井和注水井周围压力变化的影响,多个学者也研究探讨岩石力学及裂缝扩展的控制因素。

由于三向应力控制压裂几何形态与方位,因此准确把握地层岩石力学特征,构建就地应力场,对于压裂优化设计至关重要。在矿场试验中,通常需采集大量岩心,开展储隔层岩石力学参数和地应力测试研究,也可通过测井、压力注入测试等手段获取相关资料。

对于注水开发的超低渗透油田,近年来研究发现,超前注水和油田生产都会引起地应力场发生变化。在不同压裂时机条件下,实施压裂作业,裂缝形态会发生较大变化,因此,动态地应力场构建对于提高压裂效果非常重要。

近年来,随着石油勘探开发的不断深化,岩石力学在石油工程领域的应用越来越受到重视,在解决油气藏开发中复杂技术问题的同时,也促进了与油气开发相关的岩石力学的飞速发展。目前,岩石力学在降低钻采事故、进行油藏工程研究、制定合理可行的开发方案、提高油气采收率、防止储层破坏和延长油气经济开采年限等领域都得到了广泛应用。

第一节 地应力对水力压裂的影响

地壳或岩石圈中存在的应力,包括由上覆岩体或岩层重力引起的应力和构造运动引起的应力两部分。在漫长的地质时代变迁过程中,地壳运动呈现高活跃性,岩石多次发生变形,造成地下三向应力是不等的,见图 2-1($\sigma_1 > \sigma_2 > \sigma_3$)。因此,研究三向主应力的分布,对于认识裂缝形态与扩展规律十分重要。

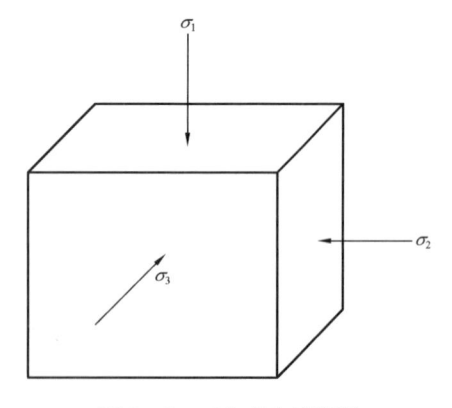

图 2-1 三向应力示意图

一、裂缝方向与形态取决于应力分布

三向应力决定了压裂裂缝的形态,岩石破裂后,压裂裂缝方向总是垂直于最小主应力。Hubbert 和 Willis 研究表明,在构造应力松弛地区(特征为正断层),最小应力是水平应力,形成垂直裂缝;对于构造应力活跃

地区（特征为逆断层），最小主应力应为垂向并且等于垂向应力，形成的裂缝形态为水平裂缝，参见图2-2。

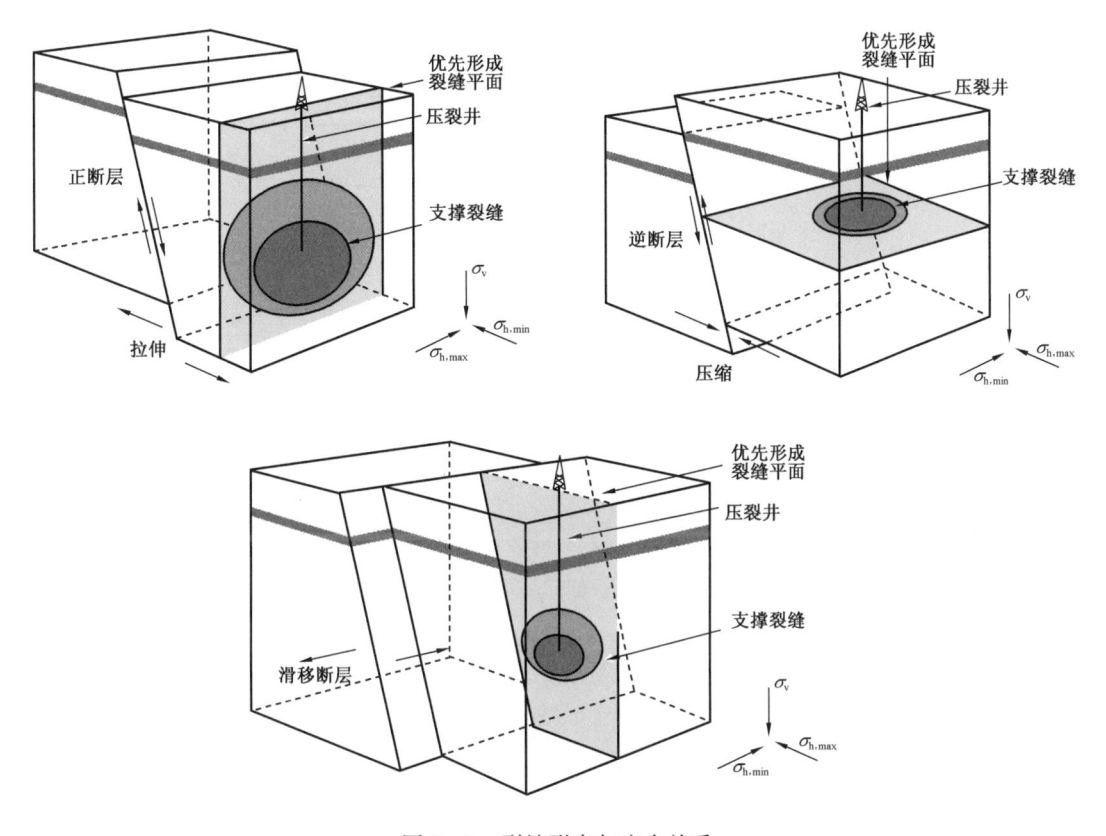

图2-2 裂缝形态与应力关系

矿场中，可以根据压裂时注入压力大致判断裂缝形态类型，注入压力远小于垂向应力，形成的裂缝为垂直裂缝；注入压力大于垂向应力时，裂缝为水平缝。垂向应力来自于上覆岩石重量，对于某一特定深度 H 处垂向应力可用下式表示：

$$\sigma_V = \int_0^H \rho(h)g\mathrm{d}h$$

式中　ρ——上覆岩石密度；
　　　g——重力加速度。

二、储隔层应力差对裂缝高度扩展起控制作用

水力裂缝的扩展以及其几何形态主要受地应力状态控制，对于垂直裂缝，尤其是缝高主要取决于层间应力差。一般情况下，砂岩储层上下遮挡层为泥页岩，其应力大于砂岩储层。当裂缝在砂岩内产生后，根据杠杆原理，裂缝高度到达界面后总是试图向邻近层扩展（图2-3），砂泥岩两者应力差存在阻止裂缝向高应力隔层延伸。只有两者应力差小到不足

以限制裂缝扩展时,其他如沉积面的滑移(Warpinski 等,1993)、断裂韧性(Thiercelin 等,1998)等因素才起作用。

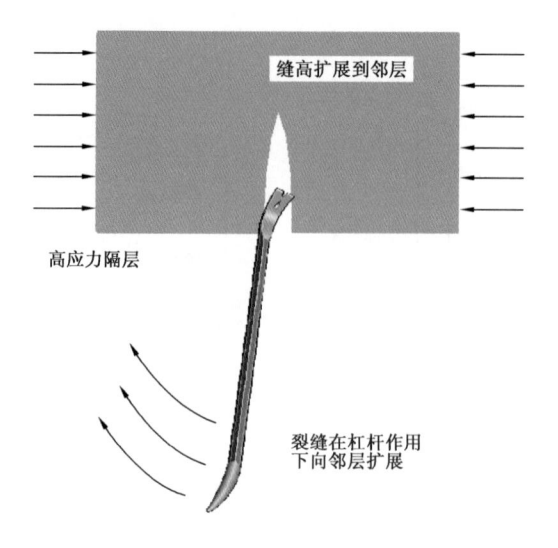

图 2-3 裂缝高度向邻层扩展

1978 年,Simonson 等对裂缝高度进行了研究,如图 2-4 所示,裂缝高度与裂缝内净压力 p_{net} 和储隔层应力差 $\Delta\sigma$ 的比值相关,其中 h_f 和 h_{fo} 分别为缝高和初始缝高。当净压力值远小于储隔层应力差(<50%)时,裂缝可以控制在储层内延伸,并且净压力在裂缝扩展过程中呈增加趋势,见图 2-5(a);当净压力值远大于储隔层应力差时,隔层对裂缝高度难以控制,裂缝呈径向扩展且净压力随之减小,见图 2-5(b)。

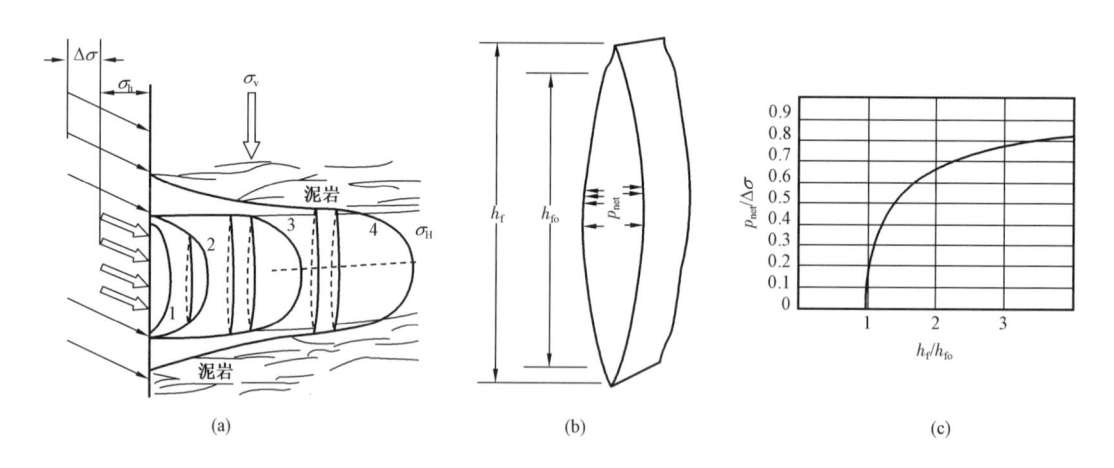

图 2-4 裂缝高度扩展受储隔层应力差控制

对于超低渗透油田,由于储层致密、泥质含量高、胶结强度等因素,随着渗透率的降低,储隔层应力差随之减小。长庆油田与中国石油大学(北京)开展的裂缝高度扩展规律物理模拟实验研究,按照相似准则制备大型试件(图 2-6),模拟现场实际施工条件及流程,研究了不同应力差条件下裂缝高度扩展形态。

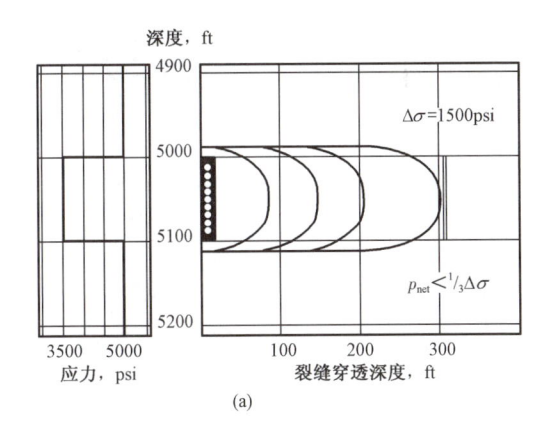

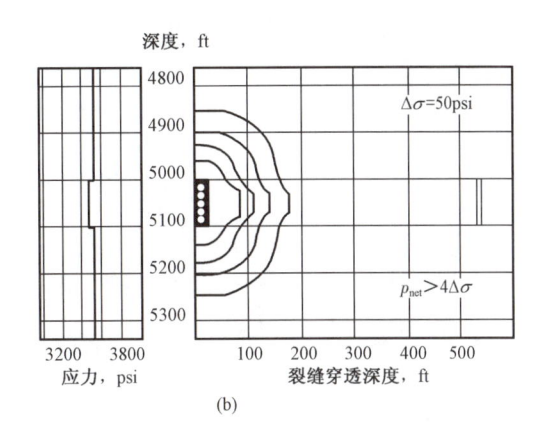

图 2-5　裂缝扩展与净压力及储隔层应力差

图 2-6　物理模拟实验试件

研究表明(注入排量为 $2m^3/min$):当储隔层应力差≥6MPa 时,泥岩控制缝高能力强;当储隔层应力差为 3~5MPa 时,需要一定厚度的泥岩对缝高才能实现有效遮挡;当储隔层应力差≤2MPa 时,泥岩对缝高控制作用很弱,参见图 2-7。

三、水平两向应力控制了垂直裂缝方位

在埋藏深度很浅或在构造应力异常条件下以及储层异常高压时,上覆岩石应力可能是最小应力,水力裂缝为水平缝。但在一般情况下,最小主应力是水平的,可根据最大主应力方向确定垂直裂缝的方位。

对于注水开发的超低渗透油田,准确判断水力裂缝的方位是十分关键的,也是开发压裂技术的重要参数之一。图 2-8 给出了两种井网条件下裂缝方位与井网示意图。如果裂缝方位判断失误,会造成井网与裂缝系统不匹配,导致井网失效,并严重影响开发效果。研究表明,对于菱形反九点井网,当裂缝方位误差大于 15°时,将对开发效果产生较大影响(图 2-9)。表 2-1 给出了菱形反九点井网条件下,不同裂缝方位模拟影响实例结果。

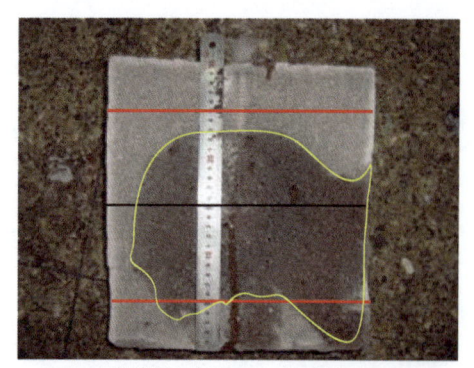

(a) 储隔层应力差6MPa，厚度比4∶1

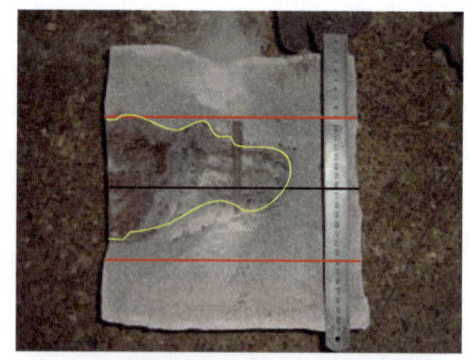

(b) 储隔层应力差7MPa，厚度比2∶1

(c) 储隔层应力差4MPa，厚度比1∶1

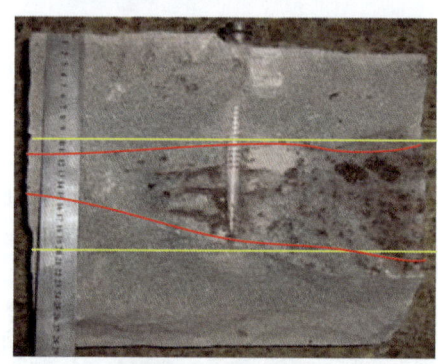

(d) 储隔层应力差5MPa，厚度比1∶1

(e) 储隔层应力差3MPa，厚度比1∶1

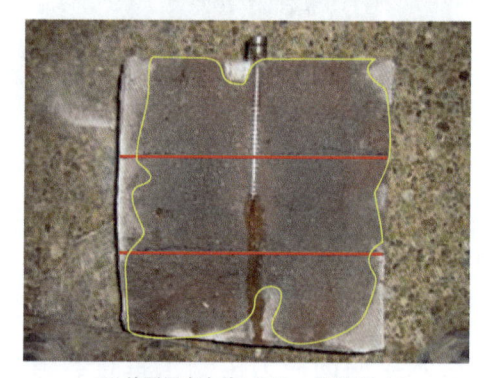

(f) 储隔层应力差2.5MPa，厚度比1∶1

图2-7　不同应力差及厚度比下裂缝形态

表2-1　不同裂缝方位的单元累计产油比较(15年)

裂缝方位	累计产油，m³					
	0.05mD	0.1mD	0.3mD	0.5mD	1mD
裂缝方位1	20454	29473	59433	73433	90823
裂缝方位2	5544	9761	29454	41581	61438
裂缝方位3	8251	17806	46837	59619	77357

注：裂缝方位1为裂缝方位与角井对角线平行；裂缝方位2为裂缝方位与角井对角线成小角度；裂缝方位3为裂缝方位与角井对角线成较大角度。

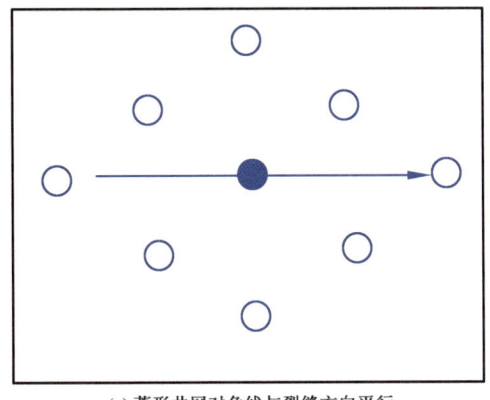

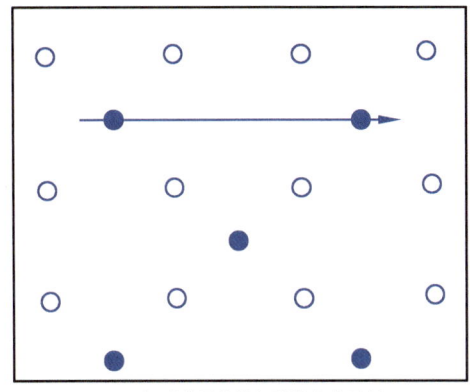

(a) 菱形井网对角线与裂缝方向平行

(b) 矩形井网井排与裂缝方向平行

图 2-8　井网形式与裂缝方位关系

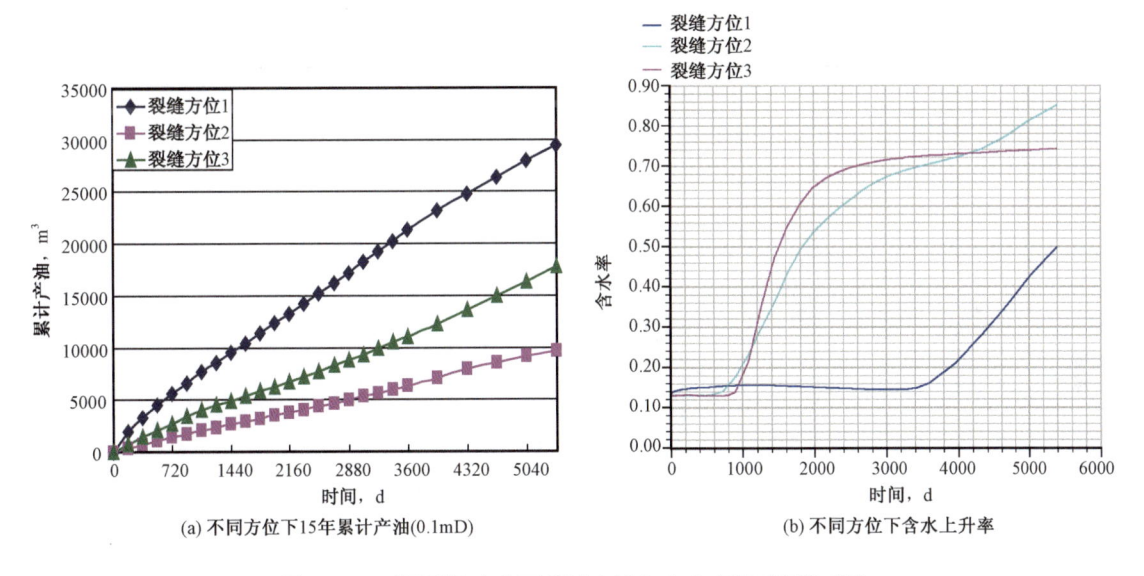

(a) 不同方位下15年累计产油(0.1mD)

(b) 不同方位下含水上升率

图 2-9　不同裂缝方位下累计产油与含水率随时间的变化

矿场中,可采用室内岩心测试、特殊测井和压裂实时监测手段来确定裂缝方位,图 2-10 给出某一区块多种方法进行裂缝方位测试的实例。

四、闭合应力用于裂缝延伸判断及支撑剂选择

对于垂直裂缝,最小水平主应力(闭合应力)的确定对优化压裂设计和指导支撑剂优选十分重要(图 2-11)。

对于低孔低渗砂岩、页岩和碳酸盐岩地层,可用下式计算闭合应力(最小主应力 σ_h):

$$\sigma_s = \frac{\nu}{1-\nu}(\sigma_v - \alpha p) + \alpha p \tag{2-1}$$

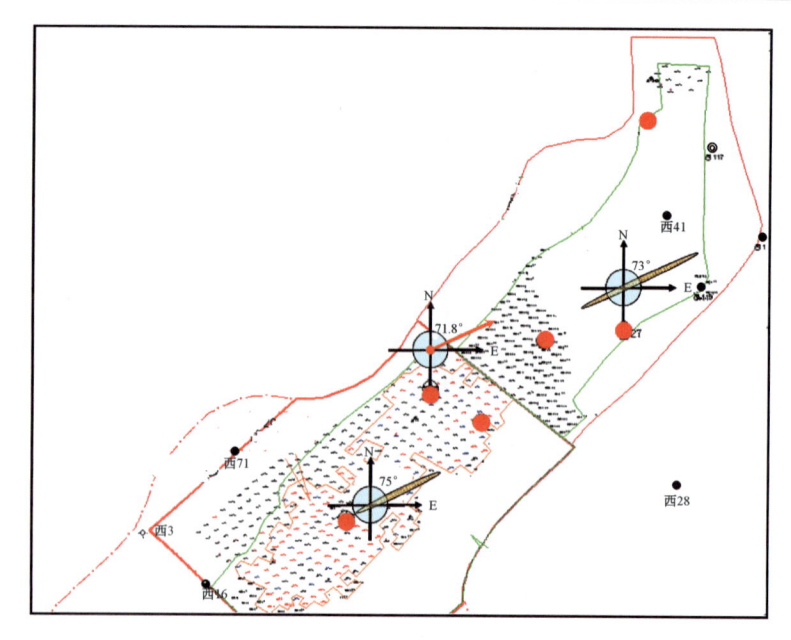

图 2-10 某一区块裂缝方位实测结果

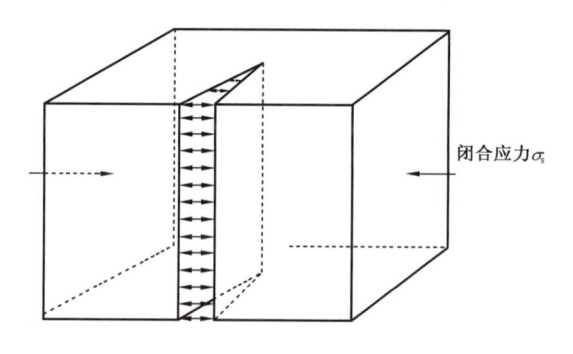

图 2-11 裂缝闭合应力示意图

式中　σ_v——垂向应力；
　　　ν——泊松比；
　　　α——毕奥特系数；
　　　p——孔隙压力。

矿场中，常采用岩心室内测定、小型压裂测试等手段确定最小主应力。

五、应力纵向非均质性使裂缝扩展复杂化

即使在同一层内，由于储层纵向非均质性原因，纵向应力分布变化较大，需要认真研究应力纵向分布特征，图 2-12 是长庆油田某区块采用零污染示踪剂进行裂缝高度测试的结果，反映出实际压裂过程中裂缝扩展的复杂性。矿场中，研究纵向应力剖面的有效方法是采用测井方法。

六、超前注水使裂缝扩展形态趋于复杂化

对于低压、超低渗透油田，采用超前注水、同步注水或后期注水，保持地层能量，建立有效

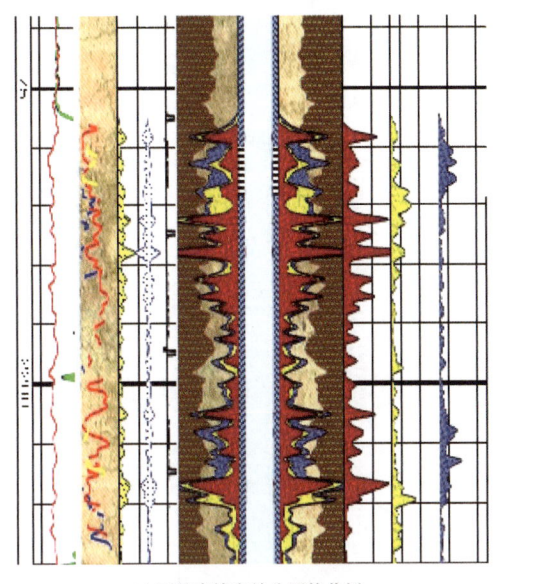

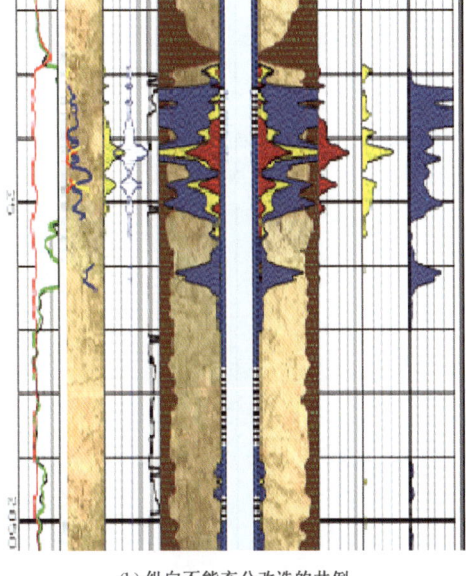

(a) 不能实施有效分压的井例　　　　　　　(b) 纵向不能充分改造的井例

图 2-12　纵向裂缝扩展的复杂性

压力驱替系统是保证开发效果的重要手段。大量研究表明,注水使得孔隙压力发生变化,从而影响地应力场发生变化,引起裂缝方位发生变化,参见图 2-13。

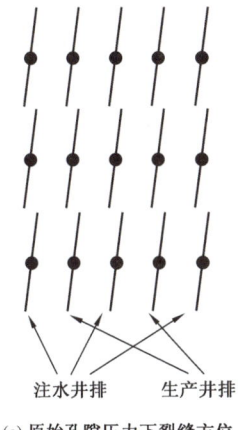

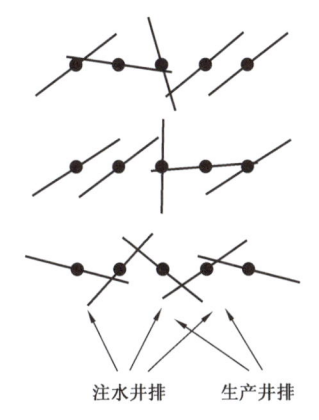

(a) 原始孔隙压力下裂缝方位　　　(b) 因注水使孔隙压力变化,造成裂缝方位发生变化

图 2-13　应力场变化引起裂缝方位发生变化

在 0.3mD 储层技术攻关试验中,试验区在超前注水后,根据两口井采用井下微地震裂缝实时监测资料,因应力场变化使裂缝纵向上大幅扩展到非生产层,造成压裂作业失败(图 2-14)。由此引起对超前注水压裂时机优化的思考。通过深化研究,使开发压裂技术理念有了进一步发展。

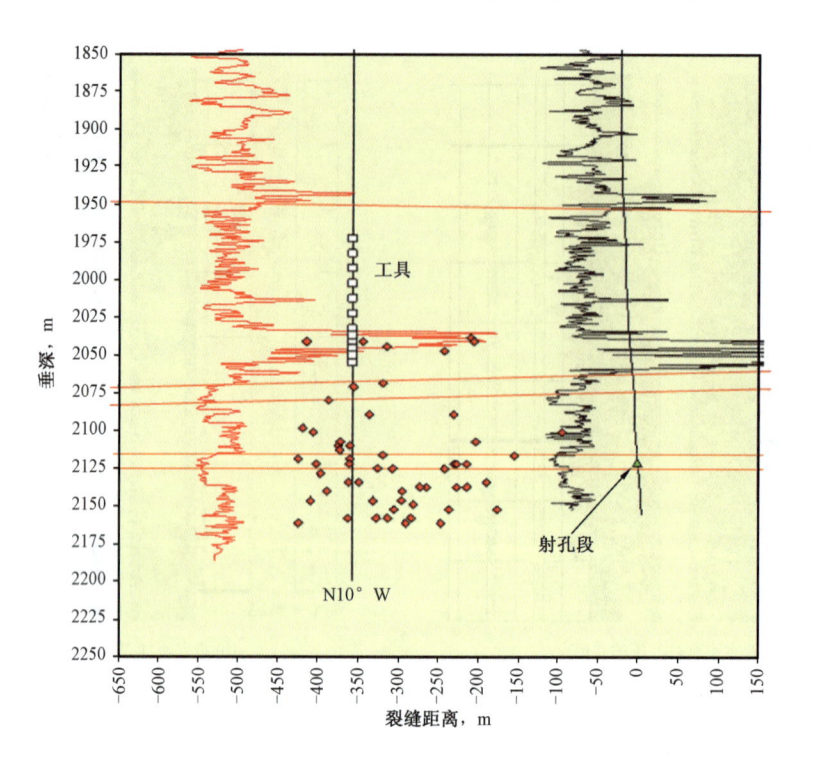

图 2-14 某井裂缝高度失控的井间微震监测实例

第二节 岩石力学参数及测试方法

水力压裂中,岩石的力学性质对研究岩石的破裂、水力裂缝延伸过程中裂缝宽度的变化以及确定最终的裂缝几何形状是极为重要的。岩石力学参数是压裂优化设计中关键的输入参数之一。

一、与水力压裂相关的重要岩石力学参数

(一)弹性模量

岩石的弹性模量 E 是指岩石在单轴压缩条件下,轴向应力与轴向应变增量之比,见下式:

$$E = \frac{\Delta\sigma_z}{\Delta\varepsilon_z} \tag{2-2}$$

式中 E——弹性模量,为应力—应变曲线的斜率,即单轴应力时,应力相对应变的变化率;

$\Delta\sigma_z, \Delta\varepsilon_z$——轴向应力、应变的增量。

其对造缝宽度及压裂压力有较大影响。在裂缝高度假设为恒定的二维模型中,对牛顿流体,裂缝宽度与弹性模量的1/4次幂成反比,即 $W \propto 1/E^{1/4}$;对非牛顿流体,裂缝宽度与弹性模量的关系是 $W \propto 1/E^{\frac{1}{2n'+2}}$,式中 n' 为非牛顿流体幂率指数。无论是二维模型还是三维模型,通

过计算可以反映出当岩石的弹性模量增加,造缝宽度将减小。

根据二维裂缝模型,对牛顿流体,压裂施工中净压力和弹性模量的3/4次幂成比例,即 $\Delta p(t) \propto E^{3/4}$;对非牛顿流体,压力和弹性模量的关系是 $\Delta p(t) \propto E^{(2n'+1)/(2n'+2)}$。当弹性模量增加,施工的净压力也将提高。

(二)泊松比

岩石的泊松比是指岩石在单轴压缩条件下的横向应变与轴向应变之比。

$$\nu = -\frac{\varepsilon_r}{\varepsilon_z} \tag{2-3}$$

泊松比是决定水平地应力的一个重要参数。一般情况下,由于岩石的横向应变和轴向应变的关系,以及轴向应变和轴向应力的关系多数为曲线形式,即岩石泊松比随轴向应力的增加而增大,常取应力与应变曲线的直线段作为计算依据。

岩块的变形模量和泊松比受岩石矿物组成、结构构造、风化程度、孔隙性、含水率、微结构面及其与荷载方向的关系等多种因素的影响,变化较大。表2-2列出了常见岩石的变形模量和泊松比的经验值。

表2-2 常见岩石的变形模量和泊松比值

岩石名称	变形模量,GPa 初始	变形模量,GPa 弹性	泊松比	岩石名称	变形模量,GPa 初始	变形模量,GPa 弹性	泊松比
花岗岩	20~40	50~100	0.2~0.3	千枚岩、片岩	2~50	10~80	0.2~0.4
流纹岩	20~80	50~100	0.1~0.25	板岩	20~50	20~80	0.2~0.3
闪长岩	70~100	70~150	0.1~0.3	页岩	10~35	20~80	0.2~0.4
安山岩	50~100	50~120	0.2~0.3	砂岩	5~80	10~100	0.2~0.3
辉长岩	70~150	70~150	0.12~0.2	砾岩	5~80	20~80	0.2~0.35
辉绿岩	80~100	80~150	0.1~0.3	石灰岩	10~80	50~190	0.2~0.35
玄武岩	60~100	60~120	0.1~0.35	白云岩	40~80	40~80	0.2~0.35
石英岩	60~200	60~200	0.1~0.5	大理岩	10~90	10~90	0.2~0.35
片麻岩	10~80	10~100	0.22~0.35				

(三)岩石的剪切模量

剪切模量是材料在剪切应力作用下,在弹性变形比例极限范围内,切应力与应变的比值,又称切变模量或刚性模量。剪切模量是材料的力学性能指标之一,表征材料抵抗切应变的能力。模量大,则表示材料的刚性强,岩石越难发生剪切变形;当岩石剪切模量无穷大时,岩石就变成刚体。剪切模量的倒数称为剪切柔量,是单位剪切力作用下发生切应变的量度,可表示材料剪切变形的难易程度。

岩石的剪切模量 G 与弹性模量 E 和泊松比 ν 之间有如下关系:

$$G = \frac{E}{2(1+\nu)} \tag{2-4}$$

（四）岩石抗压强度

即岩石试件在单轴压力下达到破坏的极限强度，数值上等于破坏时的最大轴向应力，通常用 σ_c 表示：

$$\sigma_c = \frac{P}{A} \tag{2-5}$$

式中　P——破坏时所加的荷载，称为破坏荷载；
　　　A——原始横断面积。

（五）断裂韧性

断裂韧性是指材料阻止宏观裂纹失稳扩展的能力，也是材料抵抗脆性破坏的韧性参数，是度量材料韧性的一个定量指标。它和裂纹本身的大小、形状及外加应力大小无关，是材料固有的特性，只与材料本身、热处理及加工工艺有关。在加载速度和温度一定的条件下，对某种材料而言，它是一个常数。当裂纹尺寸一定时，材料的断裂韧性值愈大，其裂纹失稳扩展所需的临界应力就愈大；当给定外力时，若材料的断裂韧性值愈高，其裂纹达到失稳扩展时的临界尺寸就愈大。韧性材料因具有大的断裂伸长值，所以有较大的断裂韧性，而脆性材料一般断裂韧性较小。

Griffith（1921，1924）建立了断裂力学基础，并从能量角度研究影响裂缝扩展的因素。Iriwin（1957）又研究裂缝扩展的另一种方法，对于线弹性材料，裂缝周围区域应力（σ_{ij}）和缝端宽度（W）是应力集中因子的函数，可用下式表达：

$$\sigma_{ij} = -\frac{K_\mathrm{I}}{\sqrt{2\pi r}} f_{ij}(\theta) + \cdots \tag{2-6}$$

$$W = \frac{8(1-\nu^2)}{E} K_\mathrm{I} \sqrt{\frac{r}{2\pi}} \tag{2-7}$$

式中　K_I——张开裂缝的应力集中因子；
　　　f_{ij}——与裂缝面所成角度 θ 有关的有界函数；
　　　r——距缝端的距离。

当应力强度因子增大到某一临界值时，岩石的裂缝将发生急剧的不稳定扩展，此时应力强度因子的临界值称为岩石的断裂韧性 K_IC。断裂韧性反映岩石阻止裂缝扩展的能力，它与岩石抗张强度 T_0 的关系见下式：

$$T_0 = \frac{K_\mathrm{IC}}{\sqrt{\pi a_c}} \tag{2-8}$$

式中　a_c——岩石长度特征（缺陷或颗粒尺寸）。

对于非弹性材料，应力集中因子与应变能释放速率 G_e 关系为：

$$G_e = \frac{1-\nu^2}{E} E_1^2 \tag{2-9}$$

水力压裂裂缝扩展过程中,净压力 p_net 与 K_IC 关系为:

$$p_\text{net} = p_\text{f} - \sigma_3 = \frac{K_\text{IC}}{\sqrt{\pi L}} \qquad (2-10)$$

式中　p_f——缝内压力;
　　　L——半缝长。

二、室内岩心岩石力学参数测试方法

在岩石力学研究中,常用的方法是单轴和三轴应力试验方法,主要区别在于是否存在围压。岩样制备是非常重要的步骤,岩心直径一般为 25mm,按标准要求,长度要大于直径 2 倍,为 50mm。试验设备常采用 MTS 等专用设备(图 2-15),国际岩石力学协会 1981 年给出了相应推荐做法。

图 2-15　岩石力学参数测试仪器

(一)单轴压缩试验

单轴压缩试验也称无侧向围压压缩试验,是最常用的岩石强度试验,通过测量轴向应力及轴向和径向变形,可以测定抗压强度、弹性模量和泊松比。图 2-16 为单轴试件加载示意图,图 2-17 为应力—应变曲线。

(1)初始模量,是应力—应变曲线在原点切线的斜率,即:

$$E_\text{初}(0) = \left.\frac{\text{d}\sigma}{\text{d}\varepsilon}\right|_{\varepsilon=0} \qquad (2-11)$$

(2)切线模量,是对应于曲线上某一点 M 切线的斜率,即:

$$E_\text{切}(\varepsilon_M) = E_\text{tan}(\varepsilon_M) = \left.\frac{\text{d}\sigma}{\text{d}\varepsilon}\right|_{\varepsilon=\varepsilon_M} \qquad (2-12)$$

图 2-16 单轴试件加载示意图　　图 2-17 应力—应变曲线

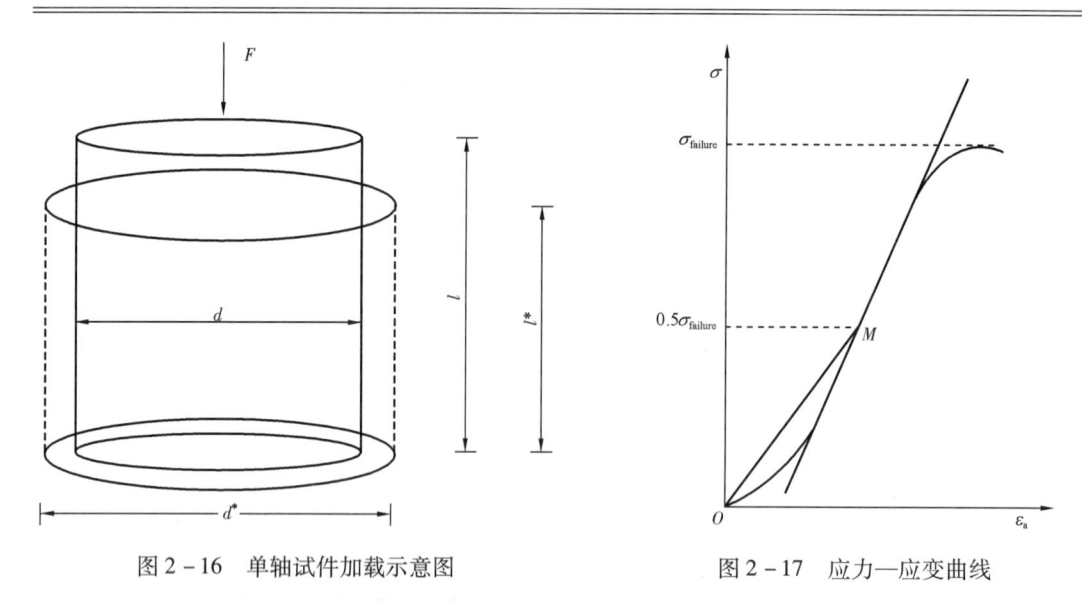

(3)割线模量,是曲线上某一点 M 与坐标原点连线的斜率,即:

$$E_{割}(\varepsilon_M) = E_{\sec}(\varepsilon_M) = \frac{\sigma_M}{\varepsilon_M} \qquad (2-13)$$

割线模量与切线模量的关系为:

$$E_{割}(\varepsilon) = \frac{1}{\varepsilon}\int_0^\varepsilon E_{切}(\varepsilon)\mathrm{d}\varepsilon \qquad (2-14)$$

$$\nu = -\frac{\varepsilon_\mathrm{r}}{\varepsilon_\mathrm{z}} \qquad (2-15)$$

泊松比可以计算轴向应变与径向应变的比值获得。在单轴抗压破坏试验中,大多数岩石表现为脆性破坏。因此,可以直接测得抗压强度 σ_f。但是由于应力—应变曲线通常是非线性的,所以 E 和 ν 的值会随轴向应力值的不同而不同。在实际工作中,通常在 $\frac{1}{2}\sigma_\mathrm{f}$ 处取定 E 和 ν 值。

(二)岩石三轴抗压试验

在油藏条件下,岩石处于各向异性应力场中,即受到三轴应力作用,对岩石力学性能的测定就不能仅靠简单的单轴压缩试验方法,而必须在一定的围压下(必要时还要考虑温度的作用)进行试验测定,通常采用的是三轴抗压试验。它通常分为常规三轴试验和真三轴试验(又称岩石三轴不等应力试验)。常规三轴试验指试件受应力 σ_1、σ_2、σ_3 作用,其中有两个相等,如 $\sigma_2 = \sigma_3$。真三轴试验是岩石在三个彼此正交方向上受不同的力,使获得的应力状态 $\sigma_1 > \sigma_2 > \sigma_3$。虽能研究中间主应力 σ_2 对岩石试件力学性能的影响,但十分复杂,很难做岩石抗压强度、抗剪强度方面的试验,真三轴岩石力学试验大多是用来模拟油藏的水力压裂过程,研究水力压裂机理,为油藏压裂提供可靠参数。

在常规三轴抗压试验中,试件制作要求与单轴抗压强度试验的试件要求相同。加载方式是使岩样的轴向应力 σ_z 和径向围压 σ_r 等值增加到规定围压值后,保持 σ_r 不变,而继续增加 σ_z 直至岩石破坏。其中作用于柱形岩样长轴方向的最大主应力由压机施加,而相等的最小主应力由流体围压通过不透水的金属或橡皮保护套作用在试样的外围面上。在峰值荷载时,应力状态 $\sigma_z = \dfrac{P}{A}$ 和 $\sigma_r = p$(最大围压一般对应着远离井眼的最小有效主应力),其中 P 是圆柱体能承受的与其轴线平行的最大荷载,p 是侧向介质中的压力。在不同围压下做若干次试验,可以得到一组 $(\sigma_z - \sigma_r)$—ε_z 曲线(图2-18)。可以看出:当围压增大时,不但岩石的强度增大、峰值应力增加,同时塑性也增大(破坏前的应变加大)。

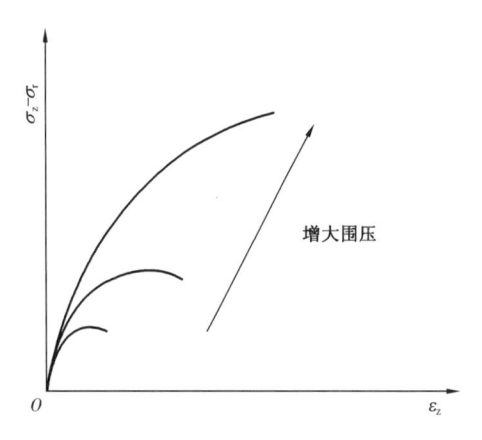

图2-18 三轴试验:不同围压应力差(轴向应力减去围压)—轴向应变曲线

前面的讨论只涉及无孔隙流体的三轴试验,还可做饱和试样的三轴试验,其中有的带孔隙压力(不排水试验)、有的为零孔隙压力(排水试验)。一般地,岩石的弹性性能和强度取决于有效应力 σ_e,即:

$$\sigma_e = \sigma - p_0 \tag{2-16}$$

式中　σ——正应力;
　　　p_0——孔隙压力。

在排水试验中,可以根据轴向应力—应变曲线的斜率得出弹性模量$\left(E = \dfrac{\sigma}{\varepsilon}\right)$,并根据径向、轴向应变比得出泊松比$\left(\nu = \dfrac{\varepsilon_r}{\varepsilon_z}\right)$。同样可以通过最大剪切应力$\left(\tau = \dfrac{\sigma_z - \sigma_r}{2}\right)$与应变差 $\varepsilon_z - \varepsilon_r$ 的关系曲线的斜率,进而得到剪切模量 $G\left[G = \dfrac{\sigma_z - \sigma_r}{2(\varepsilon_z - \varepsilon_r)}\right]$。剪应力峰值$\left(\tau_c = \dfrac{\sigma_{z,\max} - \sigma_r}{2}\right)$代表剪切强度。当岩石由脆性转为韧性时,就很难定义其破裂点了,因为破裂点可能是应力—应变曲线斜率的微小变化点。岩石破裂后的行为是非常重要的,因为它可以表征岩石的残余强度的大小。因此,必须强调三轴抗压试验要在位移可控的荷载框架上进行。

对于页岩,一般建议采用固结不排水试验。在此试验中,首先在排水情况下施加静液压外荷载,使孔隙压力保持一个恒定值。试验的三轴阶段是在不排水条件下进行的,在整个试验过程中要监测孔隙压力。

(三)断裂韧性测试

岩石断裂韧性大小可以通过带有已知缝长的岩样,测量裂缝重新扩展时临界应力集中系数进行实验,岩石力学协会给出试行实验方法(1988,1995)。如图2-19所示,用一单位厚度的长条样品,在中心部位有一长度为 $2L$ 的裂缝,假设裂缝长度与样品宽度和长度相比很小,则应力集中系数可由下式计算:

$$K_{\mathrm{I}} = \frac{F}{2b} \sqrt{\pi L} \left(1 - \frac{L}{2b}\right) \left(1 - \frac{L}{b}\right)^{-1/2} \qquad (2-17)$$

当载荷逐渐增加到裂缝开始扩展时,载荷称为临界载荷,此时应力集中系数 K_{I} 可用式(2-17)计算。

图 2-19 中 OAB 的面积与裂缝从 2L 扩展到 (2L+2ΔL) 所需能量 $\mathrm{d}W_{\mathrm{s}}$ 相对应,应变能释放率 G_{e} 可用下式计算:

$$G_{\mathrm{e}} = \frac{\mathrm{d}W_{\mathrm{s}}}{2\Delta L} \qquad (2-18)$$

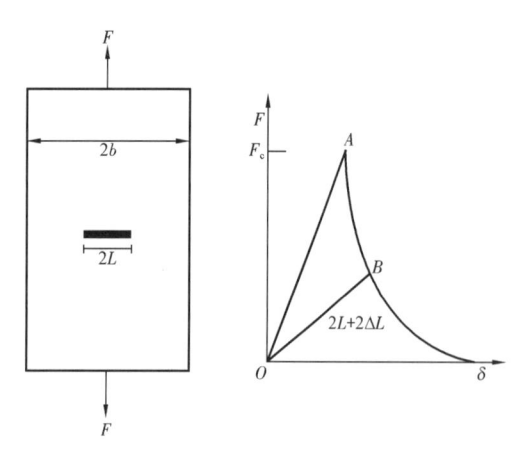

图 2-19 断裂韧性测试

(四)抗拉强度测试

由于岩石本身脆性作用,在室内用直接拉伸实验较为困难(图 2-20),通常岩石的抗拉强度可通过巴西实验间接测量(图 2-21)。其实验原理为:在长度为 7~9mm 圆柱体的径向轴线上对称地加上一线性载荷 F,受力处将受拉应力 σ_{t},当达到岩石的抗拉强度时,柱体沿受载轴线发生拉伸破裂。

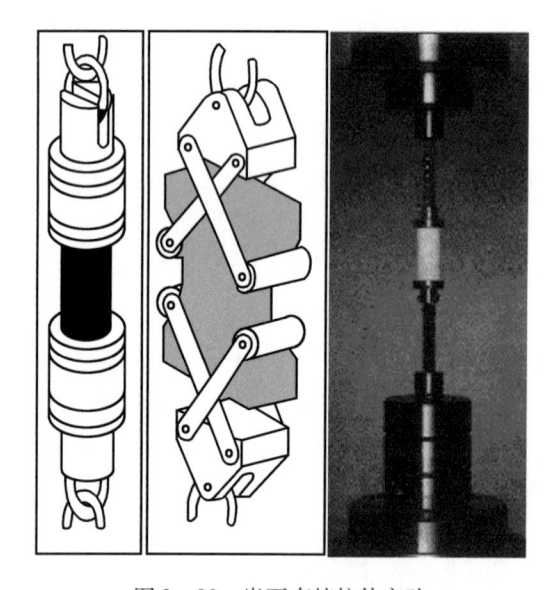

图 2-20 岩石直接拉伸实验

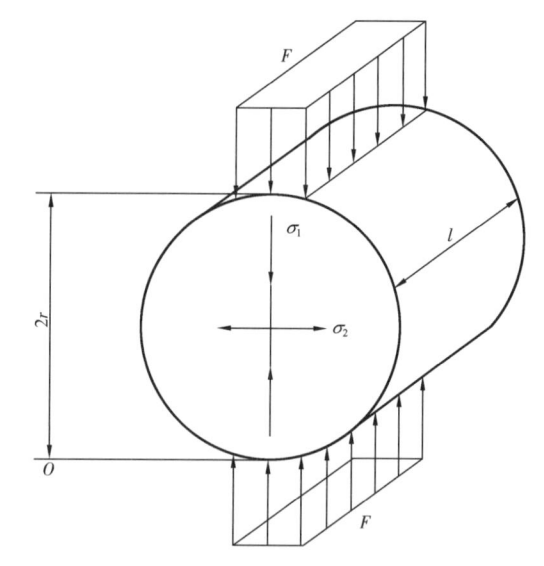

图 2-21 巴西实验方法

$$\sigma_{\mathrm{t}} = \frac{F}{\pi r l} \qquad (2-19)$$

式中　F——线性载荷;
　　　r——岩心柱面半径;
　　　l——岩心柱长度。

三、应用实例

岩石力学参数是压裂优化设计必备参数,在矿场中对于新开发区块,需要选取大量岩心进行岩石力学参数测试。表 2-3 是某区块典型的超低渗储层砂泥岩测试结果。

表 2-3 长庆油田长 8 储层岩样三轴岩石力学试验结果

岩样	层位	围压,MPa	孔压,MPa	杨氏模量,MPa	泊松比	孔隙弹性系数	抗压强度,MPa
1#	砂层	34	18	13860	0.20	0.66	152.8
	下隔层	34	—	39000	0.24	—	273
2#	上隔层	34	—	22880	0.25	—	259
	砂层	34	18	25060	0.37	0.80	216
	下隔层	34	—	29830	0.24	—	269
3#	砂层	34	18	21680	0.35	0.86	196
	下隔层	34	—	18450	0.25	—	212
4#	砂层	34	18	18330	0.27	0.86	158
	下隔层	34	—	28010	0.28	—	263
5#	砂层	34	18	17010	0.20	0.74	77.46
	下隔层	34	—	22130	0.25	—	247

在超低渗透油藏压裂技术研究过程中发现,随着储层进一步致密化以及泥质含量的上升,岩石力学性质差异性研究对于揭示压裂裂缝扩展规律和精细优化设计十分重要。为此开展岩石力学性质与岩石矿物及填隙物成分专题研究,参见图 2-22。研究表明,随着石英含量增

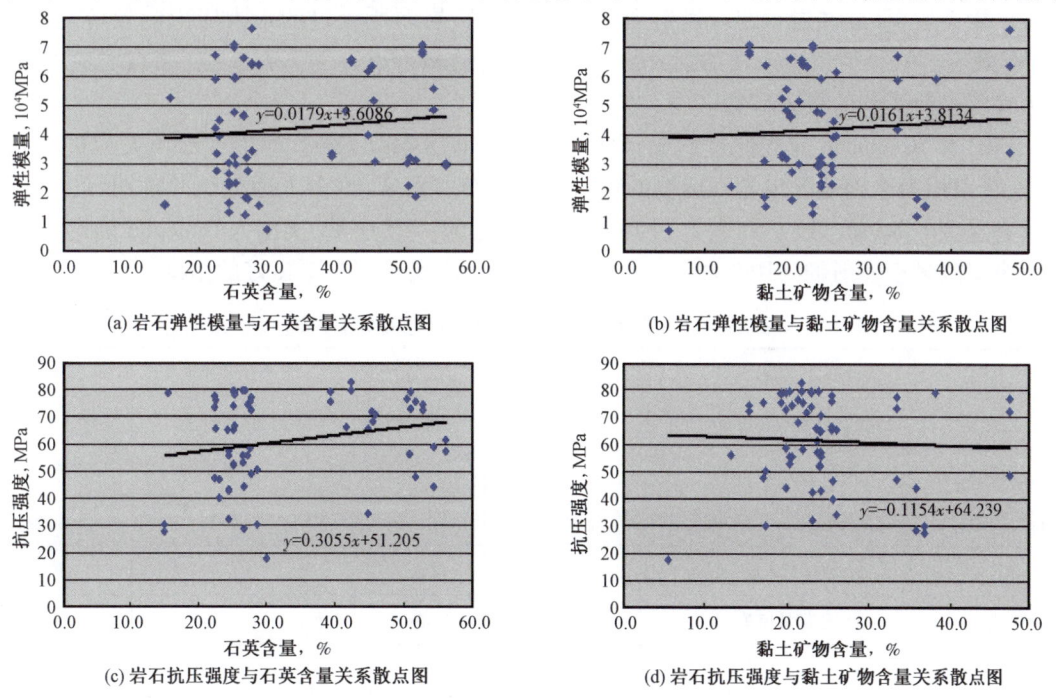

(a) 岩石弹性模量与石英含量关系散点图

(b) 岩石弹性模量与黏土矿物含量关系散点图

(c) 岩石抗压强度与石英含量关系散点图

(d) 岩石抗压强度与黏土矿物含量关系散点图

图 2-22 岩石力学性质与矿物成分关系

加,岩石的弹性模量、抗压强度均增加;随着黏土含量增加,弹性模量增加,而抗压强度下降;随着钾长石、斜长石含量增加,岩石的弹性模量和抗压强度均减小;随着方解石含量的增加,弹性模量和抗压强度均增加;随着白云石含量的增加,弹性模量增加,而抗压强度减小;随着铁白云石和菱铁矿含量的增加,弹性模量和抗压强度均减小。

第三节　地应力及测试方法

石油行业研究地应力方法大致分为三类:一是岩心室内测试分析方法;二是采用特殊测井方法确定应力方向和大小,纵向上反映为地应力剖面;三是通过小型压裂测试与监测技术,确定地应力的大小和方向。通过大量研究发现,单一方法受控于测试数量、测量精度的限制,无法满足现场试验应用的需要。因此,采用三种方法相互比对验证是必然的选择。

一、岩心测量方法

在室内采用岩心测定地应力方法较多,目前国内较具代表性的有两种:一种是以中国石油大学为代表的采用声发射(Kaiser 效应)测定方法;另一种是以中国石油勘探开发研究院廊坊分院为代表的差应变分析方法。

(一) 声发射 Kaiser 效应测定地应力

1950 年,德国人 J. Kaiser 发现多晶金属的应力从其历史最高水平释放后,再重新加载,当应力未达到先前最大应力值时,很少有声发射产生;而当应力达到和超过历史最高水平后,则大量产生声发射,这种岩石的声发射活动能够"记忆"岩石所受过的最大应力的效应,被称为 Kaiser 效应。从很少产生声发射到大量产生声发射的转折点称为 Kaiser 点,该点对应的应力即为材料先前受到的最大应力。

1963 年,Goodman 首先通过试验证实岩石也具有 Kaiser 效应,利用这种声发射的 Kaiser 效应,可以相当准确地测出岩石历史的三向应力分布。后来,许多人通过试验证明,许多岩石也具有显著的 Kaiser 效应,如表 2 - 4 所示。20 世纪 60 年代中期,美国人 Dunegun 确定用超声频率窗口测量声发射的实用阶段,这为声发射技术走出实验室打下良好的基础。

表 2 - 4　具有 Kaiser 效应的材料(修森等,1990)

闪岩	片麻岩	变质火山岩	安山岩	云母片岩	石灰岩
安山岩	花岗岩(Lacdu Bonnet)	石英	水泥砂浆	泥岩	大理岩
混凝土	花岗岩(Sudbury)	石英岩(Elliot)	砾岩	氢氧化钾	钢
霏细状片麻岩	石灰岩(Owen Sound)	流纹岩	铜	砂岩	凝灰岩
辉长岩	辉绿岩(Matchewan)	砂岩(Berea)	白云大理岩	页岩	锌
铝	云母片麻岩	铅	白云岩	泥岩	

Kaiser 效应为测量岩石应力提供了一个途径,即如果从原岩中取回定向的岩石试件,通过对加工不同方向的岩石试件进行加载声发射试验,测定 Kaiser 点,即可找出每个试件以前所曾

受到的最大应力,进而求出取样点的原始(历史)三维应力状态。

用声发射 Kaiser 效应测定岩体地应力的基本原理为:对取自地层中任一深度、经受过地应力作用的岩石,经实验室加工后,利用岩石具有记忆残余应力的特性进行单轴压缩试验,再根据其 Kaiser 效应推算出测定地层某一方向的单向应力值,最后根据弹性理论求其主应力的大小和方向。岩石的 Kaiser 效应具有方向独立性,也就是说岩石在不同方向载荷作用下,声发射 Kaiser 效应互相独立,各自记忆相应方向的应力历史。这也是 Kaiser 效应估测地应力的理论基础之一。

声发射监测技术的方法是用灵敏的仪器来接收和处理材料中发出的声发射信号,并通过分析和研究声发射源特征参数,推断出材料或结构内部活动缺陷的位置、状态变化程度和发展趋势。声发射监测技术基本原理见图 2-23。

由于声发射与弹性波传播有关,所以高强度的脆性岩石有较明显的声发射 Kaiser 效应出现,而多孔隙低强度及塑性岩体的 Kaiser 效应不明显,所以不能用声发射法测定比较软弱疏松岩体中的应力。

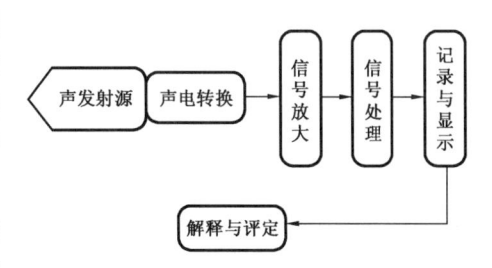

图 2-23 声发射监测技术基本原理

声发射 Kaiser 效应法测定地应力的过程,是将取自现场的岩心在室内加载,用声发射仪接收岩石受载过程中岩石所发出的声波信号。在 MTS 电液伺服系统以某一加载速率均匀地给岩样施加轴向载荷,声发射探头牢固地贴在岩心侧面上,接收受载过程中岩石的声发射信号,岩样所受的载荷及声信号同时输入 Locan AT-14ch 声发射仪进行处理、记录,给出岩样的声发射信号随载荷变化和关系曲线(图 2-24)。在声发射信号曲线图上找出突然明显增加处声发射信号,记录下此处载荷大小,即为岩石在地下该方向上所受的地应力。据此,可求得试验岩石在深部地层所受的主地应力。

如果岩石标本是沿垂向主应力方向钻取的,可在与钻孔轴线垂直的水平面内,增量为 45° 的方向钻取 3 块岩样,测出 3 个方向的正应力,而后求出水平最大、最小主应力,参见图 2-25。

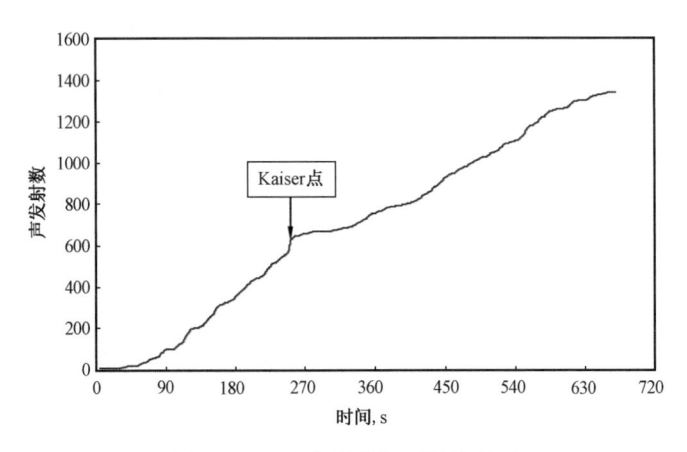

图 2-24 声发射数与时间的关系

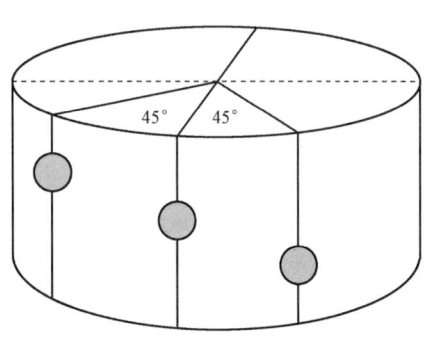

图 2-25 声发射试验岩样制备示意图

由下式计算出该水平面内的最大、最小水平主应力及其方向：

$$\begin{cases} \sigma_{0°} = \dfrac{\sigma_H + \sigma_h}{2} - \dfrac{\sigma_H - \sigma_h}{2}\cos2\theta \\ \sigma_{45°} = \dfrac{\sigma_H + \sigma_h}{2} + \dfrac{\sigma_H - \sigma_h}{2}\sin2\theta \\ \sigma_{90°} = \dfrac{\sigma_H + \sigma_h}{2} + \dfrac{\sigma_H - \sigma_h}{2}\cos2\theta \end{cases} \quad (2-20)$$

式中 σ_H, σ_h——最大、最小水平主应力；

θ——$\sigma_{0°}$ 与最小水平主应力方向的夹角，θ 的旋转方向应使最小水平主应力轴和 $\sigma_{0°}$、$\sigma_{45°}$、$\sigma_{90°}$ 中的最小者有最小夹角；

$\sigma_{0°}, \sigma_{45°}, \sigma_{90°}$——由 Kaiser 效应实际得到的结果。

由式(2-20)可得：

$$\begin{cases} \sigma_{0°} + \sigma_{90°} - 2\sigma_{45°} = (\sigma_H - \sigma_h)\sin2\theta \\ \sigma_{0°} - \sigma_{90°} = (\sigma_H - \sigma_h)\cos2\theta \end{cases} \quad (2-21)$$

将式(2-21)两边分别相除：

$$\tan2\theta = \dfrac{\sigma_{0°} + \sigma_{90°} - 2\sigma_{45°}}{\sigma_{0°} - \sigma_{90°}} \quad (2-22)$$

把式(2-22)求出的角代入式(2-20)中的任意两式中，如第1、第3式，即可求得最小、最大水平主应力值：

$$\sigma_H = \dfrac{\sigma_{0°} + \sigma_{90°}}{2} + \dfrac{\sigma_{0°} - \sigma_{90°}}{2}(1 + \tan^22\theta)^{\frac{1}{2}} \quad (2-23)$$

$$\sigma_h = \dfrac{\sigma_{0°} + \sigma_{90°}}{2} - \dfrac{\sigma_{0°} - \sigma_{90°}}{2}(1 + \tan^22\theta)^{\frac{1}{2}} \quad (2-24)$$

如果岩石在野外是定向的，即可由 Kaiser 效应确定最大、最小水平主应力值大小和水平主应力方向。

(二) Mohr – Coulomb 准则确定最小主应力

室内选取全直径岩心沿垂直于层理方向钻取直径为25mm、长度为50mm的实验样品，要求在同一深度并行钻取3块岩心。两个端面尽量切平行，在经过研磨后达到美国材料试验学会(ASTM)和国际岩石力学学会(ISRM)的标准。

根据不同应力条件下的岩石抗压强度，可绘出摩尔包络圆(图2-26)，可用数学方法表示为：

$$\sigma_t = \sigma_0(1 + a_s p_e^{b_s}) \quad (2-25)$$

式中 σ_t——有效应力(围压)条件下的抗压强度；

σ_0——单轴条件下的抗张强度；

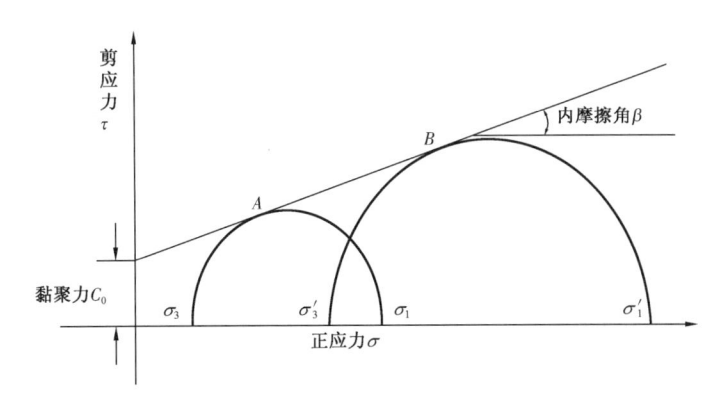

p_e——围压；

a_s，b_s——系数。

图 2-26 摩尔包络圆

用摩尔破裂包络理论获得不同岩性就地应力的方法如下：

$$\sigma_h = K_0(\sigma_v - p_0) + p_0 \tag{2-26}$$

式中 K_0——无构造应力条件下的系数；

σ_v——上覆应力。

K_0 的获得： $K_0 = 1 - \sin\beta$ （砂岩）

$K_0 = 0.9(1 - \sin\beta)$ （泥岩、页岩）

式中 β——岩石内摩擦角。

(三) 差应变分析与古地磁结合确定地应力方向

差应变分析(DSA)是一种通过室内岩心实验确定就地应力方向的方法。取自深钻孔中的均质、无天然裂隙的岩心，由于在就地条件下三向主应力一般不等，钻取岩心时不同方向卸载程度不同，原地应力的释放产生与卸载程度成比例的微裂隙性应变，重新用静水压加载时，不同方向的恢复应变也有所区别，最大应变的方向是岩心原来受到最大主应力作用的方向。

将岩心加工制成边长为 60mm 的正方体，把标志线移到正方体的侧面上，并作为坐标系的一个轴，依据标志线选定坐标系，在正方体的三个相互垂直的面上贴应变片，并依次对每个应变片编号（如图 2-27），共贴三组应变片，并按一定方向对应变片编号，然后将导线焊在应变片上。岩样用聚四氟乙烯套套住，然后将调制好的硅胶注入塑料套内，硅胶固结后就可以做 DSA 的实验。

将上述制备好的岩样放入岩石力学测试系统的压力舱内，加静水压力到超过岩样所在地层的水平应力，对应每一应变变化可得到如图 2-28 所示的三个不同方向三条应变与压力的变化关系曲线。用线性回归的方法，从图上可求得两段曲线的斜率，分别为 θ_i 与 ξ_i，令 $\varepsilon_i = \theta_i - \xi_i (i = 1, 2, \cdots, 9)$，即为微裂缝闭合引起的应变变化。根据得到的 ε_i 可计算相应于固结在岩心坐标系上的六个应变分量：ε_x、ε_y、ε_z、ε_{xy}、ε_{yz}、ε_{zx}。

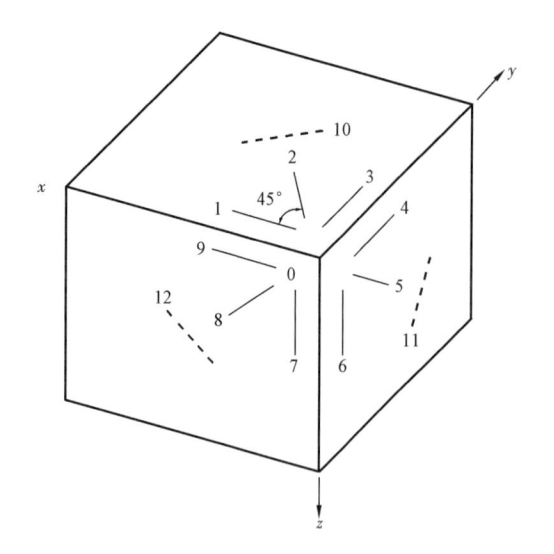

图 2-27 DSA 岩样及应变片布置 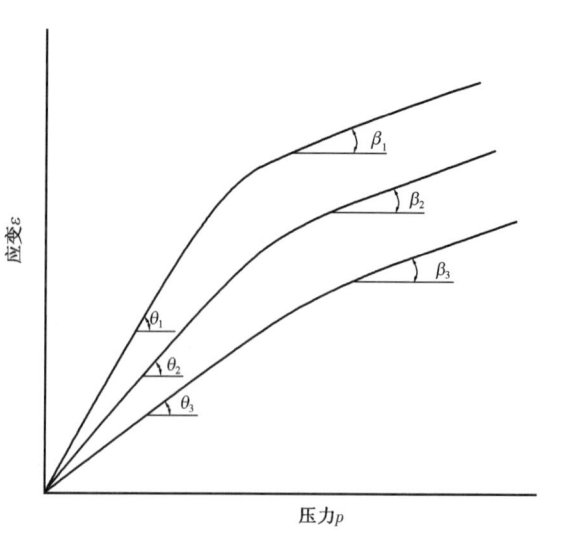　　图 2-28 每组应变载荷与应变关系

$$\begin{cases} \varepsilon_x = \dfrac{1}{2}(\varepsilon_1 + \varepsilon_9) \\ \varepsilon_y = \dfrac{1}{2}(\varepsilon_3 + \varepsilon_4) \\ \varepsilon_z = \dfrac{1}{2}(\varepsilon_6 + \varepsilon_7) \\ \varepsilon_{xy} = 2\varepsilon_2 - \varepsilon_1 - \varepsilon_3 \\ \varepsilon_{yz} = 2\varepsilon_5 - \varepsilon_4 - \varepsilon_6 \\ \varepsilon_{zx} = 2\varepsilon_8 - \varepsilon_7 - \varepsilon_9 \end{cases} \quad (2-27)$$

式中　$\varepsilon_x, \varepsilon_y, \varepsilon_z$——$x, y, z$ 方向的正应变；

$\varepsilon_{xy}, \varepsilon_{yz}, \varepsilon_{zx}$——平面上的剪应变。

三个主应变的大小是下列三次方程的三个根：

$$\varepsilon^3 - I_1 \varepsilon^2 + I_2 \varepsilon - I_3 = 0 \quad (2-28)$$

式中：
$$\begin{cases} I_1 = \varepsilon_x + \varepsilon_y + \varepsilon_z \\ I_2 = \varepsilon_y \varepsilon_z + \varepsilon_z \varepsilon_x + \varepsilon_x \varepsilon_y - \dfrac{1}{4}(\varepsilon_{yz}^2 + \varepsilon_{zx}^2 + \varepsilon_{xy}^2) \\ I_3 = \varepsilon_x \varepsilon_y \varepsilon_z - \dfrac{1}{4}(\varepsilon_x \varepsilon_{yz}^2 + \varepsilon_y \varepsilon_{zx}^2 + \varepsilon_z \varepsilon_{xy}^2) + \dfrac{1}{4}\varepsilon_{yz}\varepsilon_{zx}\varepsilon_{xy} \end{cases} \quad (2-29)$$

解出三个根 ε_{11}、ε_{22}、ε_{33}，即为主应变大小。

可利用下列方程组求出与主应变 ε_{ii} 相应的方向余弦 l_i、m_i、n_i。

$$\begin{cases} (\varepsilon_x - \varepsilon_{ii})l_i + \frac{1}{2}\varepsilon_{xy}m_i + \frac{1}{2}\varepsilon_{xz}n_i = 0 \\ \frac{1}{2}\varepsilon_{xy}l_i + (\varepsilon_y - \varepsilon_{ii})m_i + \frac{1}{2}\varepsilon_{yz}n_i = 0 \end{cases} \tag{2-30}$$

利用 $l_i^2 + m_i^2 + n_i^2 = 1$，最后可解得：

$$\begin{cases} n_i = \dfrac{1}{\pm\sqrt{\left(\dfrac{l_i}{n_i}\right)^2 + \left(\dfrac{m_i}{n_i}\right)^2 + 1}} \\ l_i = n_i \cdot \dfrac{\Delta_1^i}{\Delta^i} \\ m_i = n_i \cdot \dfrac{\Delta_2^i}{\Delta^i} \end{cases} \tag{2-31}$$

式中：

$$\begin{cases} \Delta^i = \begin{vmatrix} \varepsilon_x - \varepsilon_{ii} & \frac{1}{2}\varepsilon_{xy} \\ \frac{1}{2}\varepsilon_{xy} & \varepsilon_y - \varepsilon_{ii} \end{vmatrix} \\ \Delta_1^i = \begin{vmatrix} -\frac{1}{2}\varepsilon_{xz} & \frac{1}{2}\varepsilon_{xy} \\ -\frac{1}{2}\varepsilon_{yz} & \varepsilon_y - \varepsilon_{ii} \end{vmatrix} \\ \Delta_2^i = \begin{vmatrix} \varepsilon_x - \varepsilon_{ii} & \frac{1}{2}\varepsilon_{xz} \\ \frac{1}{2}\varepsilon_{xy} & -\frac{1}{2}\varepsilon_{yz} \end{vmatrix} \end{cases} \tag{2-32}$$

上述方程求得的 $l_i、m_i、n_i(i=1,2,3)$ 是三个主应变的方向余弦，由此可求得三个主应变方向与固结在岩样上坐标系 x 轴、y 轴、z 轴（即相对于标志线）的夹角 $\alpha_i、\beta_i、\gamma_i(i=1,2,3)$，再结合古地磁法求出的标志线相对于地理北极的方向，便可得到实际的地应力方向。

（四）古地磁定向岩心方位

古地磁岩心定向是一种在实验室中测定岩石磁化时的地磁场方向，通过热退磁和交变退磁及磁力仪，将原生剩余磁性和次生剩余磁性分开，解释这些物理量就能得到岩心相对于当今地理北极的方向，从而确定岩心方位的方法。地磁场是一个通过地球中心的偶极子磁场，磁性矿物颗粒就像一个个小罗盘锁定在岩石生成时的磁场环境中，因而也记录了当时岩石的磁场方向。这种在岩石生成时获得的剩余磁性，称为原生的天然剩余磁性，它可以保存在岩石中数亿年。岩石在形成之后的长期过程中，可能得到另外一些剩余磁性，即所谓次生的天然剩余磁性，或称黏滞剩磁（VRM）。古地磁定岩心方位技术可以利用记录在岩石基质中的这种原生剩磁，也可以利用黏滞剩磁。但黏滞剩磁确定岩心方位是以近代磁极为参考点，不考虑地质年代和地层活动，目前是国内外推崇的一种定向技术，已得到推广应用。

从 DSA 方法中得到的最大主应力方向是相对于固结在岩样上的标志线（即坐标系）。由于取心后，岩心在地下所处的原始空间方向已不清楚，因此利用古地磁方法确定岩样上的标志线相对于地理北极的方位，两者结合得到真正的地应力方向。

先将岩心加工制成 $\phi25mm \times 25mm$ 标准样品。为了样品定向，首先将大岩心的圆柱面标志线延伸并过断面上的圆心划到岩心截面上，然后在截面上绘出平行于标志线的多条线（图 2-29），以保证最终测试样品标志线绘制。将绘制标志线的大岩心放到钻床上，沿轴向钻取小岩心，再切成 $\phi25mm \times 25mm$ 小圆柱体标准样品。将端面上的平行标志线由通过轴心的平行线位置引到圆柱面上，即完成标准样品的制备。

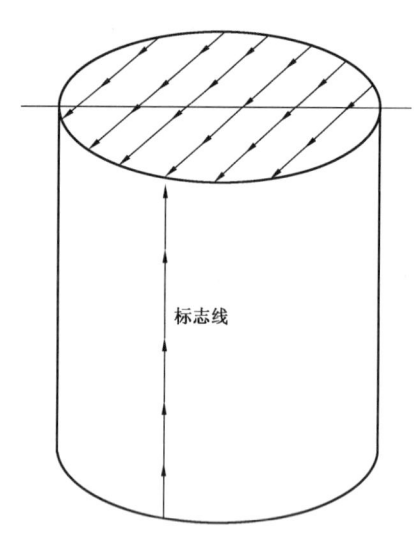

图 2-29 古地磁岩样

然后从测试的标准样品中抽出两三个进行磁化强度和磁清洗初试，取得初步认识后，即可确定测试方案和程序。在测试过程中，由计算机进行程序控制，并把测试结果绘制成各种图件（如退磁过程曲线、单样测试过程所表示的正交投影图及乌尔夫网格图等），由图件可清楚表示单样测试过程的各种剩磁强度和水平方向变化规律。

随后进行矢量计算与 Fisher 统计，从而得到一组样品的测试结果。在 Fisher 统计中，一般采用代数方法求矢量的平均方向。假定从所有样品组成的母体中随机抽取 N 个样品，测得的特征剩磁方向的倾角和偏角分别为 I_i 和 $D_i(i=1,2,3,\cdots,N)$。在直角坐标系中，单位矢量在每个轴的方向余弦为：

$$\begin{cases} X = \cos D \cdot \cos I \\ Y = \sin D \cdot \cos I \\ Z = \sin I \end{cases} \qquad (2-33)$$

将 N 个样品的特征剩磁矢量的方向余弦相加，得到合成矢量的长度和平均方向余弦：

$$R^2 = (\sum_{i=1}^{N} X_i)^2 + (\sum_{i=1}^{N} Y_i)^2 + (\sum_{i=1}^{N} Z_i)^2 \qquad (2-34)$$

$$\bar{l} = \frac{\sum_{i=1}^{N} X_i}{R} \qquad \bar{m} = \frac{\sum_{i=1}^{N} Y_i}{R} \qquad \bar{n} = \frac{\sum_{i=1}^{N} Z_i}{R} \qquad (2-35)$$

该平均方向的偏角和倾角分别为：

$$\bar{D} = \arctan \frac{\bar{m}}{\bar{l}} \qquad \bar{I} = \arcsin \bar{n} \qquad (2-36)$$

得到上述结果后,可用均方根误差和 Fisher 统计估计它们的精度和离散度。对参加统计的一组矢量,Fisher 仿照三维空间的高斯分布,把这些矢量当做单位球面上的点,给出概率度分布 P。

$$P = \frac{K}{4\pi \sinh K}\exp(K\cos\theta) \qquad (2-37)$$

式中　θ——样品的观察方向与密度最大真方向之间的夹角。

K 取最佳估计值($K>3$)时:

$$K = \frac{N-1}{N-R} \qquad (2-38)$$

式中　N——参加统计的样品个数;

R——合矢量长度,一般用 K 衡量平均方向的精度。

平均方向的可靠程度,可通过测定球面上一个圆(置信圆)的半径 α 确定。其圆心在观察到的平均方向上,方向落在该圆内的概率为 $(1-P)$,其 $\alpha_{(1-P)}$ 值为:

$$\alpha_{(1-P)} = \arccos\left[1 - \frac{N-R}{R}(P^{-\frac{1}{N-1}} - 1)\right] \qquad (2-39)$$

通常取概率 $P=0.05$,α_{95} 又称为 95% 置信圆锥半顶角。因此,可用 K 和 α_{95} 两个精度参数来量度一组呈 Fisher 分布的方向或极的平均观察方向的可靠程度。

对于用黏滞剩磁定向,测定的磁偏角 D 可直接转为地理北极方向(在钻取岩心倾角很小情况下),不用考虑地质年代、当地磁偏角。而它的磁倾角(垂直向量)取决于当地的地理纬度。这个纬度与磁倾角简单的关系式如下:

$$\tan I = 2\tan L \qquad (2-40)$$

式中　I——黏滞剩磁磁倾角;

L——就地地理纬度。

因此,如果取样地点纬度已知,就可在相关温度内(低于 350℃),通过筛选向量矢量方法分离黏滞剩磁,其中总有某一个倾角接近于地球中心偶极(GAD)磁场值,然后校正向量偏角,由此确定岩心原始方位。

二、长源距声波与密度测井方法

油田经常用长源距声波测井资料估算相对应力剖面,该方法的理论基础是假设研究区没有受到构造应力的作用,两个水平主应力相等,通过测井取得剖面上变化的岩石纵波速度 v_P 和横波速度 v_S,然后求出岩石泊松比 ν 的纵向变化,利用下列公式求出最小主地应力,即:

$$\sigma_H = \sigma_h = \frac{\nu}{1-\nu}\sigma_z + f \qquad (2-41)$$

$$\sigma_z = S_z - p_0 \tag{2-42}$$

式中 σ_H, σ_h ——最大、最小有效水平主应力；

　　　f ——校正值；

　　　S_z ——岩柱的重量；

　　　p_0 ——孔隙压力。

而泊松比 ν 由纵波、横波波速给出：

$$\nu = \frac{0.5 \times \left(\dfrac{v_P}{v_S}\right)^2 - 1}{\left(\dfrac{v_P}{v_S}\right)^2 - 1} \tag{2-43}$$

式中的纵波波速 v_P、横波波速 v_S 由声波测井资料给出。

由于在同一地区,构造应力的作用大小很相近,f 值可由标准井的水力压裂应力测量结果给出。

在区块开发初期,需选定部分井进行长源距声波测井,建立单井地应力剖面(图2-30),并通过室内测试结果标定,引入压裂软件优化设计。

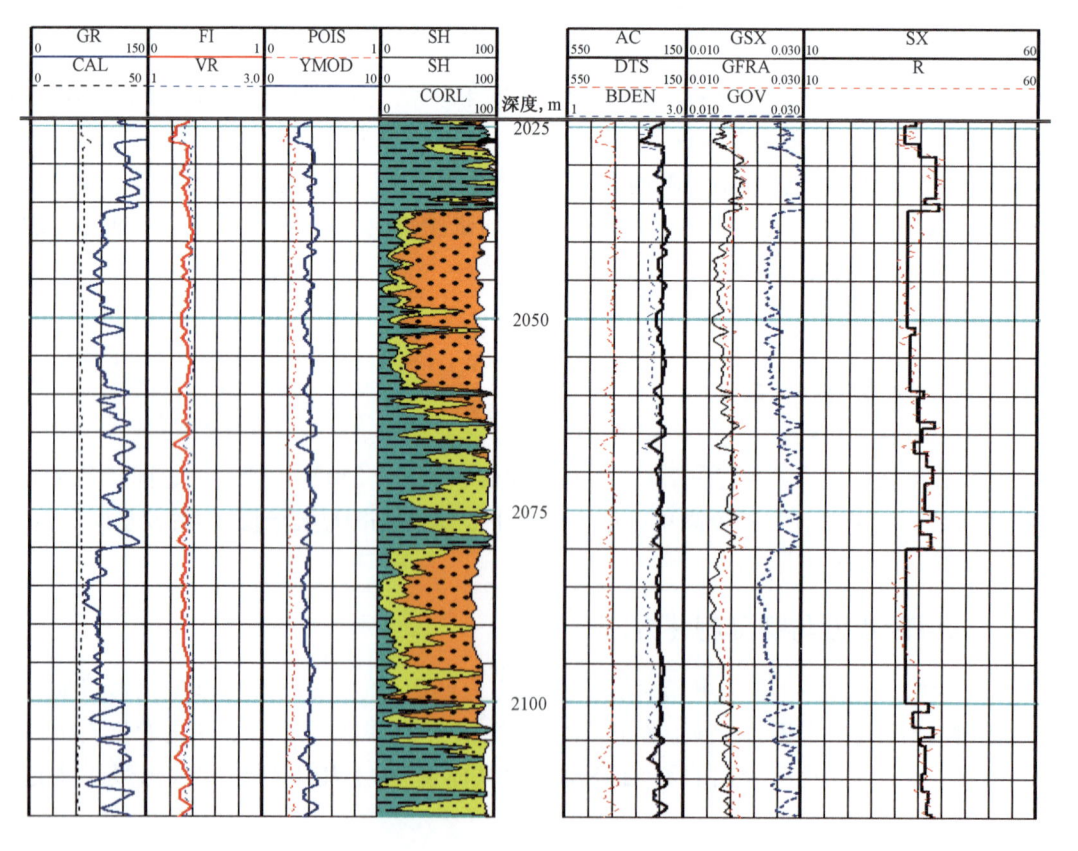

图2-30 地应力剖面实例

第四节 超前注水动态地应力场研究

在油气田开发过程中,因注水、开采引发孔隙压力变化导致地应力场发生动态变化。2001年,Dewi Triarti Hidayati、Her – Yuan Chen 等人深入探讨由于流动所产生的应力场变化,通过对单井组孔隙变化模型计算,提出采注量越高越易诱发地应力方位的改变,渗透率各向异性及油水井位置、生产时间对地应力方位改变会产生影响。Cleary 在 1976 年采用互移理论描述多孔材料形变与孔隙流体扩散之间的耦合关系。Dowell 公司根据地应力模拟和试验研究认为,地层中存在的支撑裂缝将改变井眼附近应力分布。Bruno 和 Nakagawa 用实验证明,因长期生产,孔隙压力的改变也会影响新裂缝的重新定向。Mack 和 Elbel 研究了地层参数各向异性对重复压裂的影响,他们认为水平渗透率各向异性导致了大规模的应力改变,之外发现弹性模量各向异性对应力重新定向的影响。

长庆油田将超前注水技术作为建立有效驱替系统、提高开发效果的关键技术,在超低渗透油田开发中整体应用。多年来,通过研究与试验发现,超前注水会引起地应力场发生动态变化,造成压裂裂缝纵向扩展失控,对整体开发效果会造成大的影响。经长庆油田与中国石油大学研究探索,提出了动态地应力场研究方法与流程(图 2 – 31),并以此作为压裂时机优化的重要依据。

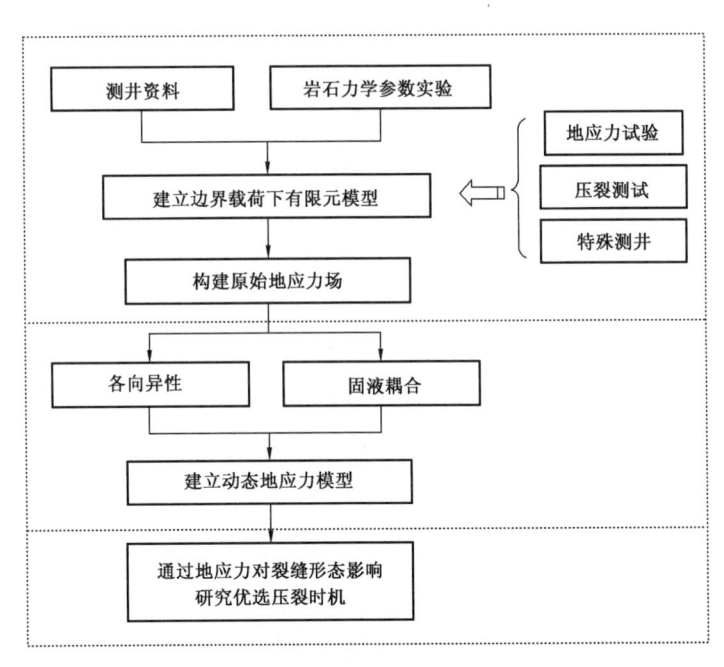

图 2 – 31 动态地应力场研究流程

一、原始地应力场构建

由于油田地层应力的实测数据一般较少,并且不容易测量应力分量,一般只能根据室内实验或水力压裂测量最小水平主应力和最大水平主应力,同时可以根据古地磁、井壁崩落或压裂方位检测获得主应力的方位。在边界调整有限元方法的基础上,同时考虑将岩石力学实验和测井资料相结合,提出一套适合油层地应力场确定的模型和方法。本方法能够充分使用现有资料,克服测点较少的缺点;同时将测量得到的主应力和方位转化为应力分量,使各个边界载荷产生的应力数值能够叠加,充分利用主应力方位的信息;并进一步细分各个应力边界,将一个边界应力划分为若干个小的应力边界,提高应力场的计算精度。

图 2-32 中由岩石力学参数实验和测井资料分析,确定取心井位处油层的岩石力学参数包括弹性模量、泊松比、抗压强度、抗拉强度等,通过插值方法得到整个区域上的参数场分布,作为后续有限元分析的输入条件。

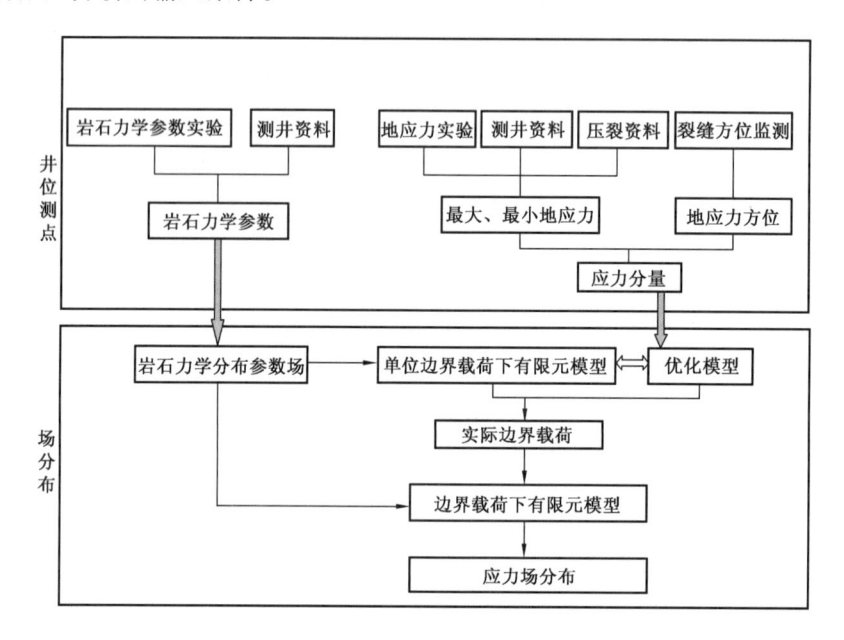

图 2-32 确定原地应力场的步骤

同时根据地应力实验、测井资料、压裂资料分析和裂缝方位监测资料,得到井位处的水平最大、最小地应力数值和方向,求得对应的应力分量的表达形式。

根据应力场的复杂程度,确定研究区域边界载荷的个数和性质,在各个边界上施加相应的单位载荷,采用弹性有限元计算,取出各个测点井位处的应力分量。同时采用优化模型(图2-33),根据最小二乘法,得到实际的边界载荷。保持有限元模型不变化,将求得的边界载荷分析施加到相应的边界上,就可以求得真实的地应力场的分布,包括主应力大小和应力方位。

这种方法不但充分利用了油井的多种资料,而且克服了边界调整法的不足,一次计算即可求得最优的应力场分布,应力场分布越复杂,上述方法越能够显示出优势,大大提高了原地应力场分析的效率和精度。

计算时,建立岩石力学参数分布的插值模型与算法,对区域地层性质变化较大的,进一步分区,采用与等参数单元型函数相同的插值函数,可比较方便地对不规则边界区域进行插值,从而能够研究地层非均质性对地应力场的影响。如图 2-34 所示,通过计算可以构建出原始条件岩石力学参数及地应力分布。

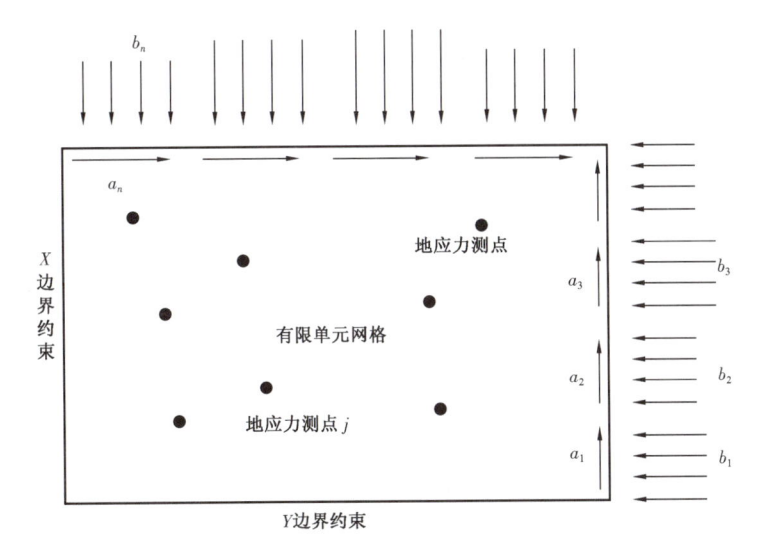

图 2-33 有限元优化模型

(a) 庄19井区弹性模量分布图

(b) 庄19井区泊松比分布图

(c) 庄19井区原始最大地应力分布图

(d) 庄19井区原始最小地应力分布图

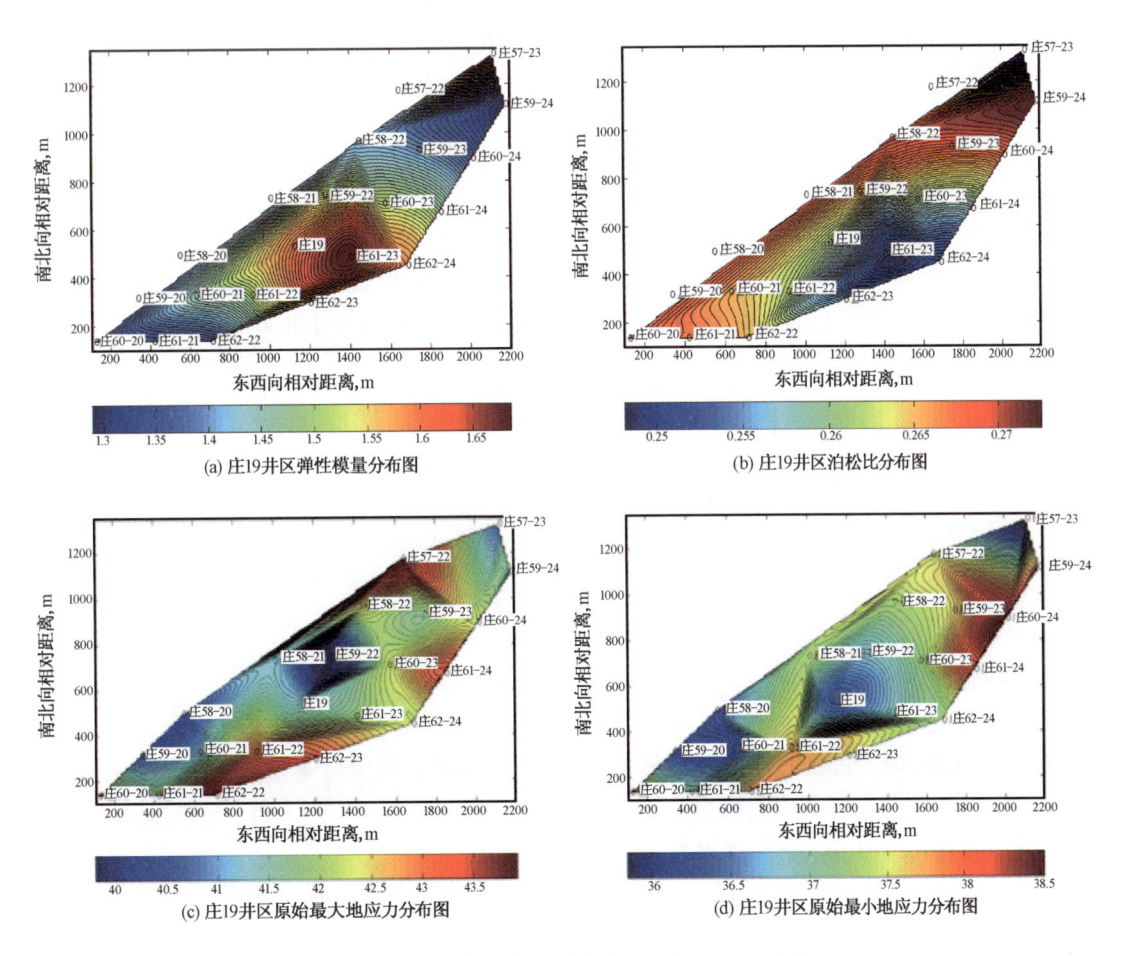

图 2-34 原始条件岩石力学参数及地应力分布

二、建立特低渗裂缝性油层区域动态地应力算法

超前注水和生产过程,实际上是一个地层变形和流体流动的耦合问题。在超前注水和生产过程中,地层中的流体流动使地层压力发生变化,同时会使地层变形,主要表现在两个水平主应力的变化。对于垂向,由于地面没有约束可以自由变形,因而垂向应力一般来说不受超前注水和油井生产的影响。地层的地应力发生变化后,会改变地层渗流参数,如渗透率、孔隙度、压缩系数等,进一步影响流体的流动规律。因此,这两个过程是同时发生的,必须同时考虑。

(1)渗流模型。

区域地应力随着时间的变化规律研究,需要考虑两相流、非线性流动、天然裂缝等实际因素,开发新的模型。

基本假设:油藏为二维油水两相渗流;油藏渗透率各向异性;油藏流体微可压缩,且压缩系数保持不变;油井定压生产,水井定压或定注入量。

数学模型:

$$\frac{\partial}{\partial x}\left[\rho_O \frac{K_x(\sigma_e)K_{rO}}{\mu_O}\frac{\partial p_O}{\partial x} - G_O\right] + \frac{\partial}{\partial y}\left[\rho_O \frac{K_y(\sigma_e)K_{rO}}{\mu_O}\frac{\partial p_O}{\partial y} - G_O\right] = \frac{\partial}{\partial t}[\rho_O \phi(\sigma_e)S_O]$$

$$\frac{\partial}{\partial x}\left[\rho_W \frac{K_x(\sigma_e)K_{rW}}{\mu_W}\frac{\partial p_W}{\partial x}\right] + \frac{\partial}{\partial y}\left[\rho_W \frac{K_y(\sigma_e)K_{rW}}{\mu_W}\frac{\partial p_W}{\partial y}\right] = \frac{\partial}{\partial t}[\rho_W \phi(\sigma_e)S_W] \quad (2-44)$$

(2)考虑有效应力的固体平衡方程。

在油藏注水和开发的过程中,岩层的固体变形和油藏流体的流动相互影响,必须将流体与固体视为相互重叠在一起的连续介质,在不同连续介质之间可以发生相互作用。

$$\begin{cases} \dfrac{\partial(\sigma_{xx}-\alpha p)}{\partial x} + \dfrac{\partial \sigma_{xy}}{\partial y} + \dfrac{\partial \sigma_{xz}}{\partial z} + f_x = 0 \\ \dfrac{\partial \sigma_{xy}}{\partial x} + \dfrac{\partial(\sigma_{yy}-\alpha p)}{\partial y} + \dfrac{\partial \sigma_{yz}}{\partial z} + f_y = 0 \\ \dfrac{\partial \sigma_{xz}}{\partial x} + \dfrac{\partial \sigma_{xy}}{\partial y} + \dfrac{\partial(\sigma_{zz}-\alpha p)}{\partial z} + f_z = 0 \end{cases} \quad (2-45)$$

(3)耦合算法。

在上述理论模型和数值算法中,分别针对固体变形和流体流动采用了有限元方法和有限差分法。实际上,两个过程是同时随着时间发生变化的,即油藏压力变化后影响到地应力的变化,这时就需要一个合理高效的耦合算法。采用时间顺序耦合的方法见图2-35,这样不但能够保证求解的精度,而且求解速度比较快。

(4)结合注水井动态拟合确定给定时间动态地应力场,并通过新钻井岩心测试和测井资料进行标定,参见图2-36。

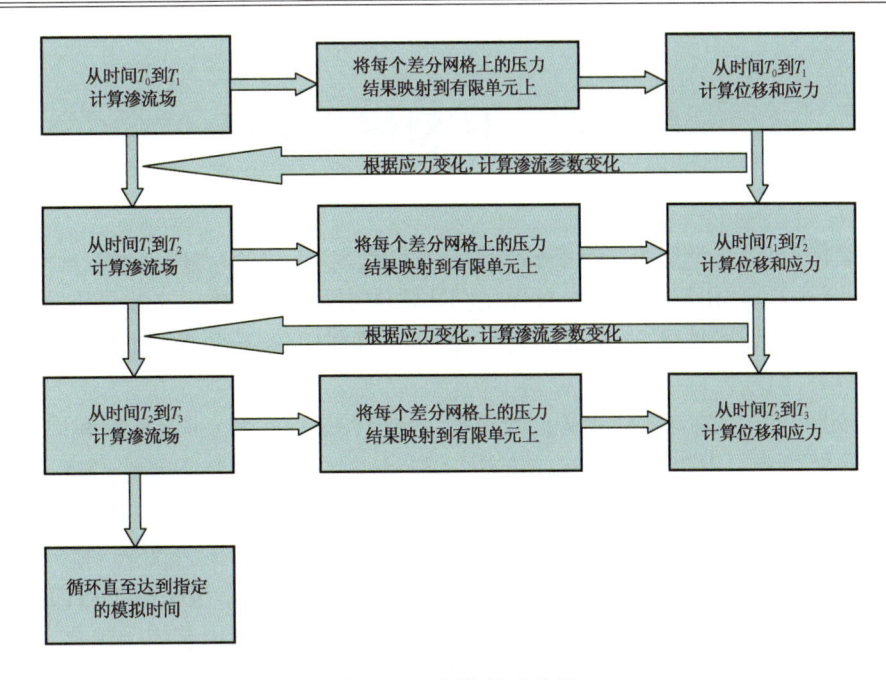

图 2-35　耦合算法流程

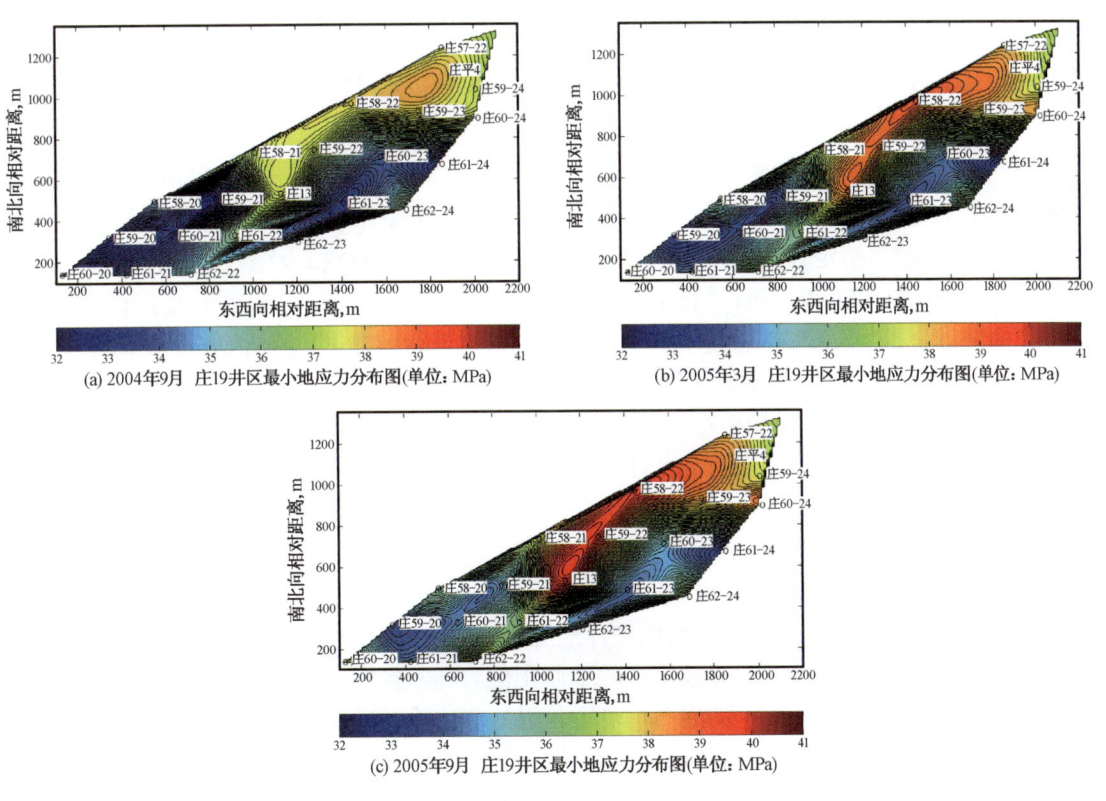

(a) 2004年9月　庄19井区最小地应力分布图(单位: MPa)

(b) 2005年3月　庄19井区最小地应力分布图(单位: MPa)

(c) 2005年9月　庄19井区最小地应力分布图(单位: MPa)

图 2-36　动态地应力场计算实例

第三章 压裂优化设计

水力压裂模拟从20世纪50年代开始提出,发展到80年代,水力压裂模拟理论趋于成熟,从事增产作业的国际公司都开发了专有优化设计软件并商业化应用。主要以单井为对象进行优化模拟,包括人工裂缝扩展、压裂液滤失与流变、支撑剂输送、压后裂缝拟合与诊断、产能评价和经济评价等内容。

20世纪90年代起,随着超低渗透油气田投入规模开发,压裂技术与地质和油藏工程相结合成为一种必然趋势。1998年在长庆靖安油田ZJ60井区采用矩形(960m×360m)注采井网进行开发压裂试验,动用含油面积6km^2、地质储量483×10^{4}t。共建采油井42口、注水井16口。试验区平均单井日产量6.0t,比邻近井区高2.0t,注水见效程度为98%,比邻区高8%~10%,并表现出长期稳产的良好势头。2008年以后,开发压裂已成为超低渗透油田开发的核心技术,压裂优化设计理念也随之演变,研究对象由单井转向以油田整体为单元,优化目标从提高单井产量转变为提高油田整体开发效果,研究重点从单一裂缝转向井网与缝网适配,开发压裂优化设计方法逐步成型并推广应用。

第一节 超低渗透油田压裂优化设计思路

超低渗透油藏开发压裂整体优化设计的思路:以整个油藏为研究对象,以单井产量、采出程度和含水上升率为优化设计目标,以开发压裂为理念,与油藏工程结合开展井网与缝网最优化配置研究,确定出给定井网形式下区块水力压裂裂缝空间分布模式及参数体系,作为开发压裂技术政策纳入钻采工程方案,并付诸实施,具体到每一口单井,按实钻资料,在室内实验、测试压裂的基础上,以实现整体裂缝系统设计目标为原则进行单井优化设计,并开展裂缝实时监测和压后效果评估。优化设计步骤和流程见图3-1。

根据多年来的研究成果和矿场试验表明,一些关键影响因素和参数对超低渗透油藏整体开发压裂设计有重要影响,需要重点关注和研究。

一、储层非均质性

平面非均质性是指控制油层分布、影响流体储集和流动的地质因素在平面上的变化,主要包括砂体几何形态、砂体规模与连续性、砂体连通性、油层微型构造、砂体内孔隙度和渗透率的平面变化及方向性、砂岩厚度和有效厚度的平面变化。鄂尔多斯盆地三叠系延长组长6—长8储层孔隙度、渗透率等在平面上的展布均具有较强的非均质性,级差一般为几十到几百甚至上千,参见图3-2和表3-1。总体上砂岩厚度大的区域,物性好,含油饱和度高,砂层薄的区域则相反。储层平面非均质性受砂体发育程度和沉积微相的控制。以三角洲前缘水下分流河道为主的砂体厚度大,物性好;三角洲前缘河口沙坝及前缘席状砂次之。

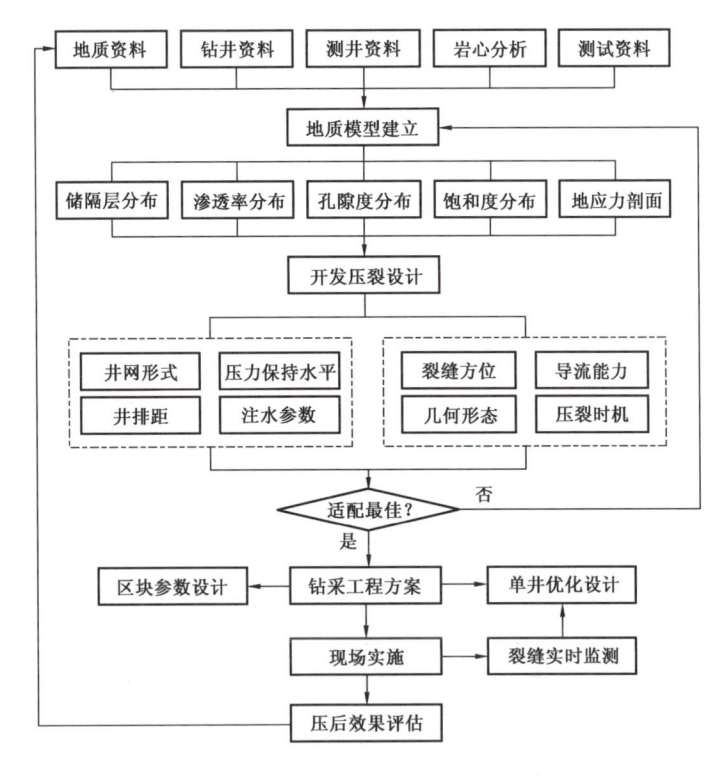

图 3－1　超低渗透油藏压裂优化设计流程

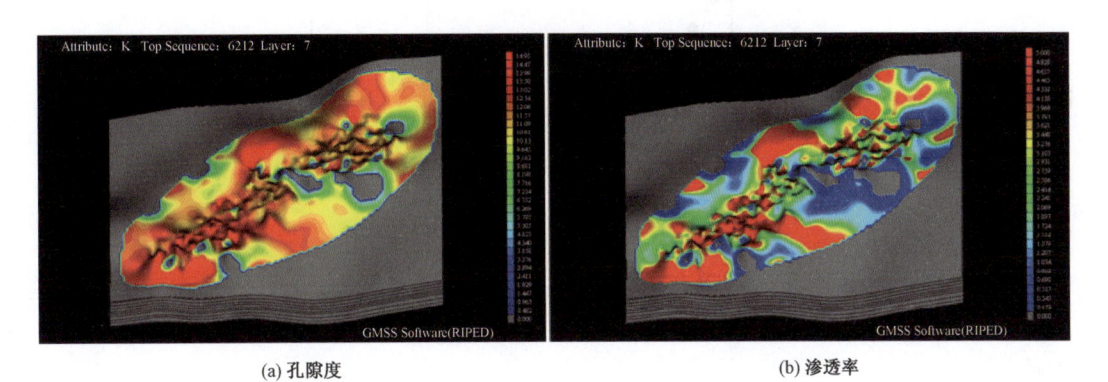

(a) 孔隙度　　　　(b) 渗透率

图 3－2　储层孔隙度、渗透率平面非均质性

表 3－1　典型区块储层层内非均质性

小层	变异系数	突进系数	级差	夹层评价		评价
1	1.06	4.38	108.6	少而厚	分布局限(21%)	严重
2	1.14	4.9	790	多而薄	分布广泛(67.2%)	严重
3	1.18	5.2	622	多而薄	分布广泛(67.2%)	严重
4	1.00	3.9	176	少而厚	分布局限(27.2%)	严重

在油田开发初期,需要进行大量研究与实验,刻画储层平面和纵向非均质性,对优化井网和压裂技术政策的制定都十分重要。

二、启动压力梯度

超低渗透油藏由于油气水赖以流动的通道很细微,渗流阻力很大,渗流规律已经不再符合达西定律,形成低速非线性渗流。其重要特征就是渗流过程中存在启动压力梯度。

油层岩石的渗透率在某种程度上反映岩石孔隙结构的状况,超低渗透多孔介质具有孔隙个体小、喉道细、微孔多、比面大、孔喉比高、孔喉变化频繁的特点。岩石的渗透率越低,岩石孔隙系统的平均孔道半径越小,非均质程度越严重,微小孔道所占孔隙体积的比例越大,孔隙系统中边界流体占的比例越大,将明显地影响液体与固体界面的相互作用,使原油中的极性物质附着在岩石颗粒表面。渗透率越低,这种液固界面的相互作用也就越强。

大量的室内岩心测试资料表明,超低渗透油藏存在启动压力梯度,油气渗流呈非达西特征明显,见图3-3。对于长庆油田而言,当渗透率小于1mD时,在模拟时需考虑启动压力梯度的影响;不同油田,启动压力与渗透率关系有较大差异。

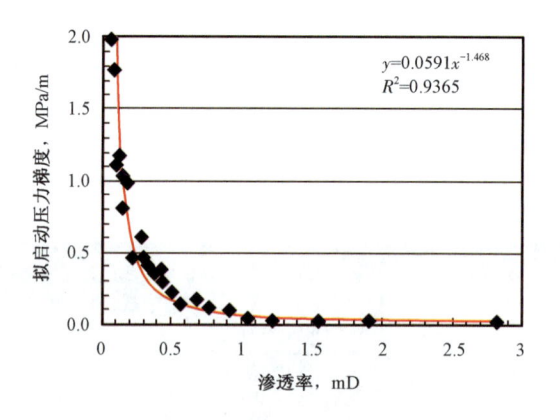

图3-3 室内启动压力梯度岩心测试结果

近年来,国内诸多学者对超低渗透储层非达西流渗流规律进行了大量研究,考虑裂缝、启动压力梯度及应力敏感的影响,建立超低渗透油藏渗流理论模型,使单井产量的预测更加准确。

中国石油大学(北京)程林松等的研究表明,启动压力对于井网优化建立有效驱替系统有重要影响,如图3-4所示,启动压力梯度越大,压力波及的范围越小;近井地带地层压力下降速度比较快,地层压力越低。启动压力梯度越大,油井产量越低。

三、应力敏感性

岩石渗透率体现岩石的综合导流能力,渗透性的好坏决定流体的渗流状况。在油气田开发过程中,油气藏岩石内压力是不断变化的,即随着开发过程的延伸,地层压力逐渐下降,从而造成岩石有效覆压增加。由于有效覆压增加,地层岩石受到压缩,岩石中的微小孔道闭合,从而引起渗透率的降低。而渗透率的变化必然会影响地下渗流能力的变化,进而

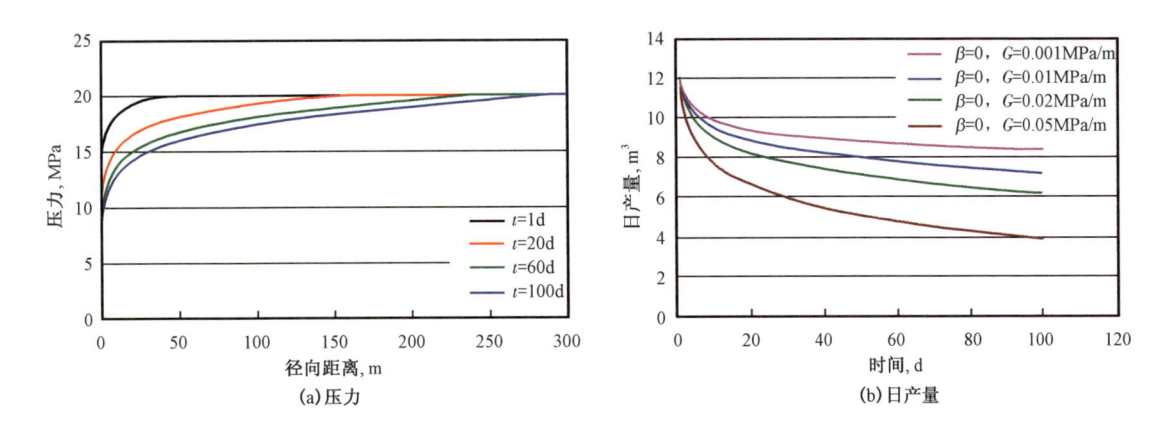

图 3-4 启动压力梯度对生产特征的影响

影响油气井的产能。

岩石孔隙空间的压缩对油气生产有两方面的影响：一方面是由于孔隙缩小而释放出的岩石弹性能是驱使孔隙中油气流动的动力，这是有利的；另一方面，由于孔隙通道变窄造成渗透性变差，流动阻力增大，会导致油气井产量降低，这种影响是负面的。

大量的室内岩心测试资料表明，由于注水和生产原因，存在应力敏感现象，图 3-5 是室内采用增加围压和减小孔隙压力两种方法实测的结果，表明因应力敏感效应，使渗透率伤害不可恢复。

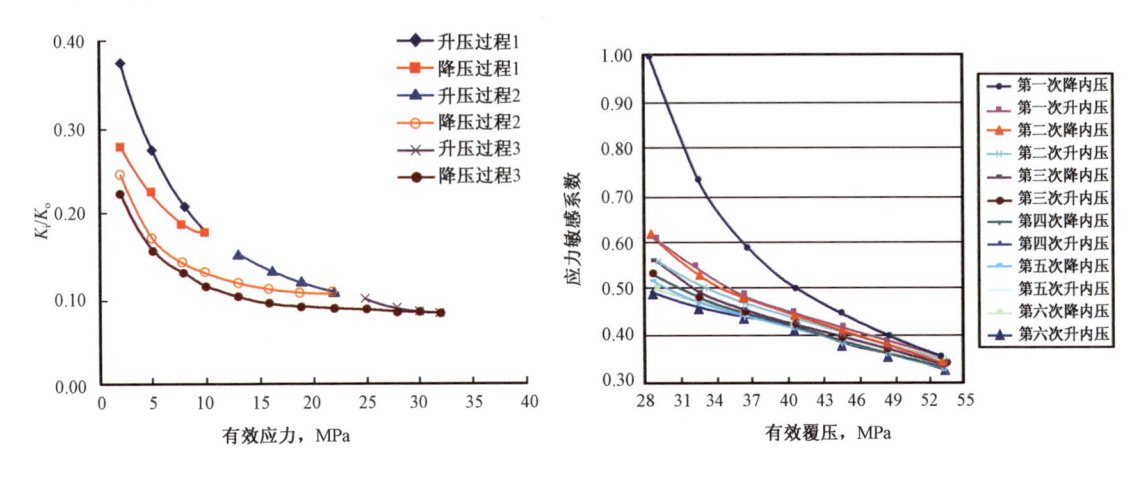

图 3-5 两种方法下应力敏感测试

为了寻求渗透率—有效覆压的合理表达式，中国石油大学（北京）的程林松、罗瑞兰定义了新的应力敏感系数。对实验岩心的渗透率及有效覆压进行无量纲化处理后，得到渗透率—有效覆压关系式为以下乘幂式形式：

$$\frac{K}{K_0} = \alpha \left(\frac{\sigma_{\text{eff}}}{\sigma_{\text{eff0}}} \right)^{-b} \tag{3-1}$$

式中　K, K_0——渗透率；
　　　α——有效应力系数；
　　　σ_{eff}——有效覆压；
　　　σ_{eff0}——覆压。

有效覆压 σ_{eff} 的表达式为：

$$\sigma_{\text{eff}} = \sigma_v - \alpha p_0 \qquad (3-2)$$

式中　σ_v——上覆压力，MPa；
　　　p_0——孔隙压力，MPa；
　　　α——有效应力系数（对特低渗透砂岩岩心来说，取值范围为 0.9~0.98，对于裂缝发育或缝状孔隙的储层，$\alpha \to 1.0$）。

定义新的应力敏感系数为：

$$S = \lg \frac{K}{K_0} \Big/ \lg \frac{\sigma_{\text{eff}}}{\sigma_{\text{eff0}}} \qquad (3-3)$$

通过对数十块低渗透岩心的实验表明，当渗透率小于 1.0mD 以后，应力敏感系数急剧增加（图3-6）。

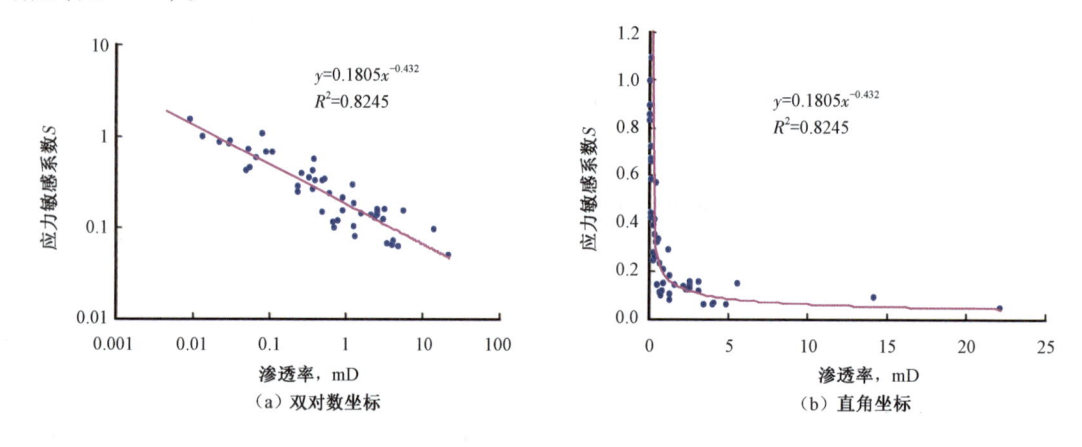

图3-6　岩心初始渗透率与应力敏感系数关系图

低渗、特低渗油层渗透率随压力变化比中高渗油层敏感，尤其是异常高压的低渗油气藏，其地层渗透率对压力的敏感性更为显著，这与低渗、特低渗岩石的结构和骨架特征以及微观渗流尺度下低渗岩石的渗流特征密切相关，在油藏工程模拟和压裂优化设计时需要考虑，如图3-7所示。

四、井网形式

根据多年来的研究和试验，注水开发超低渗透油藏采用的井网形式通常有三种：正方形井网、菱形井网和矩形井网（图3-8）。对于天然微裂缝不发育、平面渗透率各向异性不明显的储层，用正方形反九点面积注水井网，正方形对角线与最大地应力方向平行；对于天然微裂缝发育储层，考虑到油水井数比例及后期调整灵活性，油田常选用菱形井网；对于渗透性差难以建立有效驱替的储层，矩形井网具有一定优势。

(a) 变形介质油藏稳定渗流渗透率变化曲线

(b) 压敏效应对产能的影响

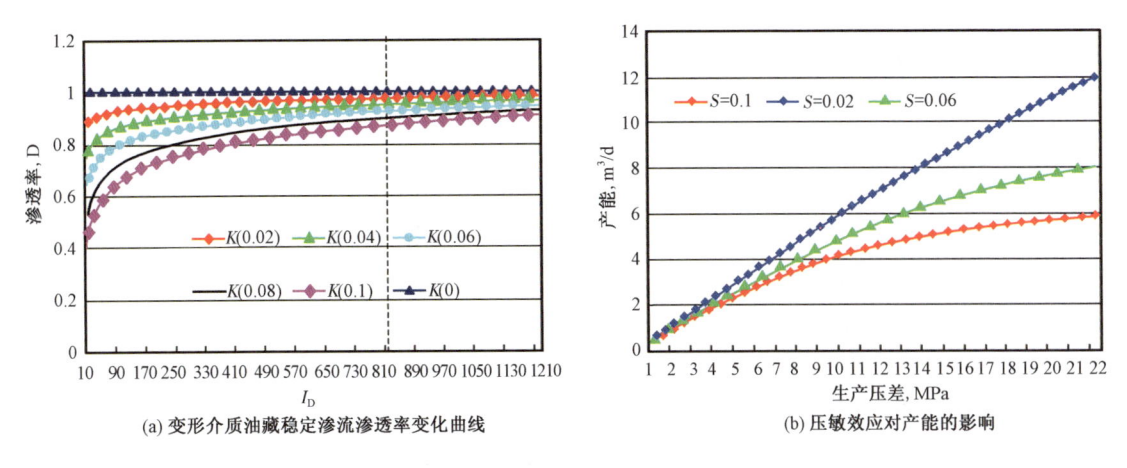

图 3-7 应力敏感对开发效果的影响

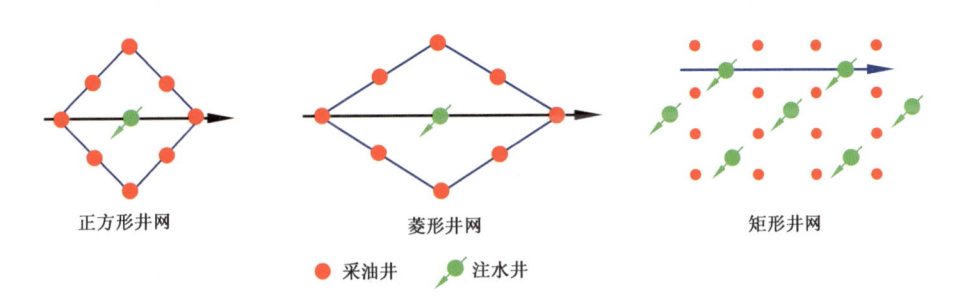

图 3-8 超低渗透油田三种基本井网形式

在压裂优化设计时,往往在给定井网条件下优化裂缝布放方式和几何尺寸,通过井网和缝网耦合优化,确定出不同油藏井网优化和开发压裂技术政策,参见图3-9。

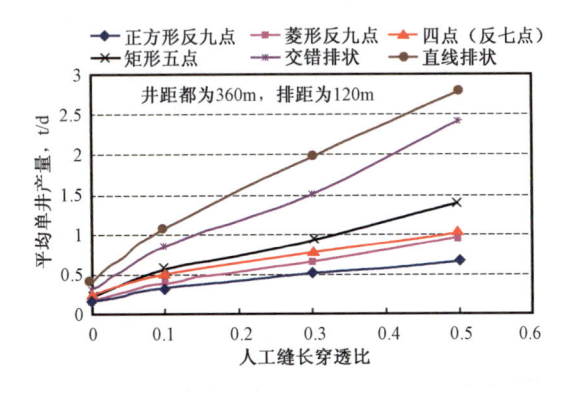

图 3-9 不同井网形式和人工缝长对产量的影响

(一) 裂缝方位

对于超低渗透油田,由于自然产能较低,需要压裂投产,压裂裂缝方位是关系开发效果好坏的最关键因素。一般而言,对于大型岩性油藏,主地应力有一定趋向性,裂缝方向分布相对稳定,在鄂尔多斯盆地,最大主应力方位大致在北东75°左右。但在构造或复杂断块油藏,会出现共轭缝、多向缝,研究难度加大。对于新开发油田,需要利用探井、评价井取心和测井资料研究地应力方向,并通过压裂井实时裂缝监测方法确定裂缝方位。

(二)注水方式与压力保持水平

对于低压低渗透油藏,采用超前注水可以改善基岩渗透率、启动微裂缝系统渗流作用,进而改善水驱油两相渗流特征;避免由于地层压力下降对储层造成不可逆伤害;降低流体渗流启动压力梯度、增大生产压差,可以保持较高的地层压力,进而增大极限注采井距和注入水有效影响范围、建立有效的压力驱替系统;由于低(特低)渗透油田流体渗流具有启动压力梯度,超前注水具有克服水驱油过程中的黏性指进、改善流场角度,进而提高注入水水驱均匀程度,从而改善油田开发效果等作用;还可以防止由于地层压力下降导致原油脱气、增加渗流阻力的问题。图3-10给出了长庆油田某区块实际试验结果。

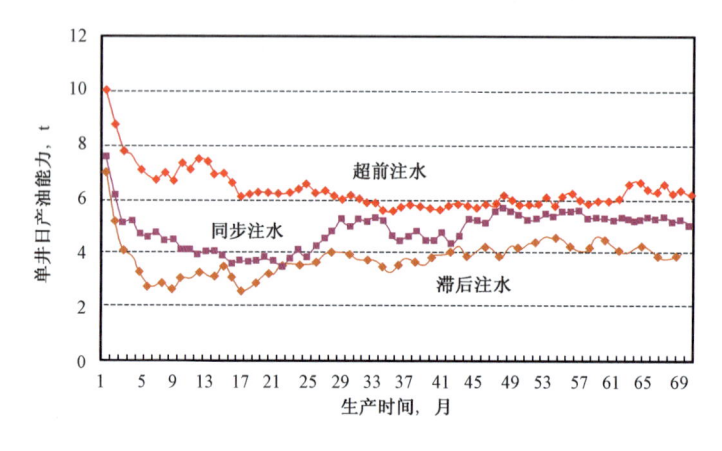

图3-10 不同注水时机对产能的影响

对于特定的储层,在其他条件不变的情况下,改变地层压力和对应的稳定时间,可得到超前注水结束后提高不同幅度压力值时,油井投产后注水井和采油井间的地层压力和压力梯度分布,对应每一渗透率可以确定一个合理的压力值。研究结果表明,长庆超低渗透油藏长3—长8不同物性储层,超前注水时机优选在地层压力上升到原始地层压力的105%~120%较为合理。

在进行井网优化和压裂总体设计时,需要考虑注水方式不同带来的影响,尤其是超前注水后引起地应力场变化对压裂裂缝扩展的影响。

(三)裂缝扩展规律

对于特定油藏,需要认真研究裂缝扩展的控制因素,如储隔层应力差、闭合应力、井筒弯曲效应等,开展测试压裂和裂缝监测,优化设计模型,建立典型井设计模板,实现人工裂缝在储层内的有效延伸(图3-11)。

(四)井形与压裂方式

在直井开发方式下,对生产井和注水井压裂对策需区别对待。采用菱形井网条件下,为避免主向角井过早水淹和纵向吸水剖面,原则上注水井不进行压裂,生产井要合理控制裂缝穿透比;采用矩形井网条件下,注水井和生产井都要进行压裂,采用线性注水、排状驱

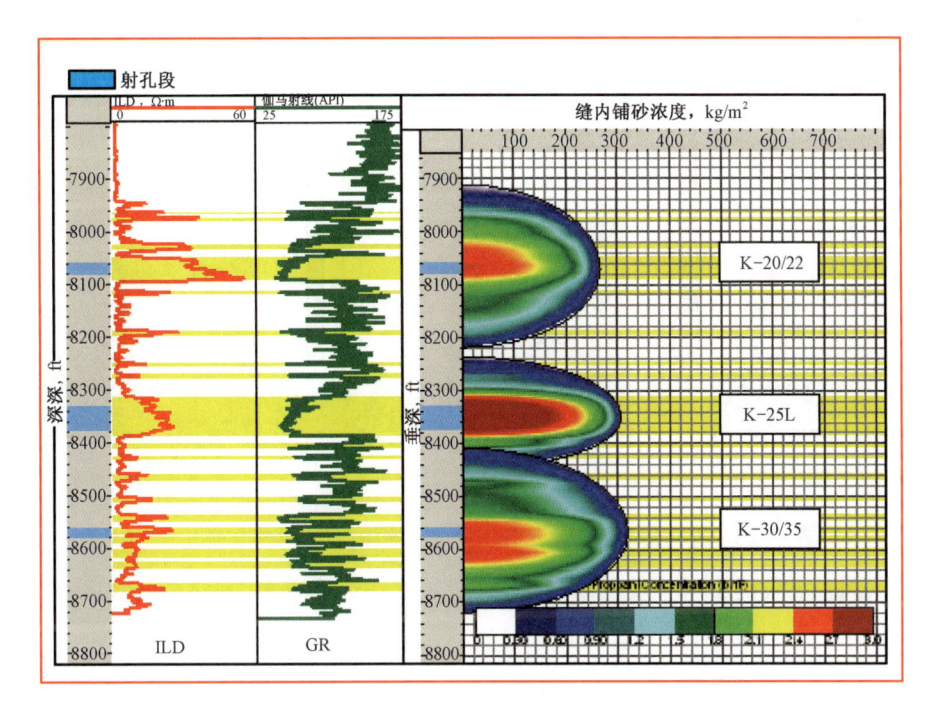

图 3-11　建立与储层特征相适配的优化设计模型

替方式。

随着近年来超低渗透水平井压裂关键技术的突破,水平井在超低渗透油田开发展示出广泛的应用前景,水井井开发井网优化是目前研究的热点、难点课题。

(五)天然微裂缝发育情况

通过实测注水井吸水指示曲线(图 3-12)和岩心观察都证实了天然微裂缝的存在。

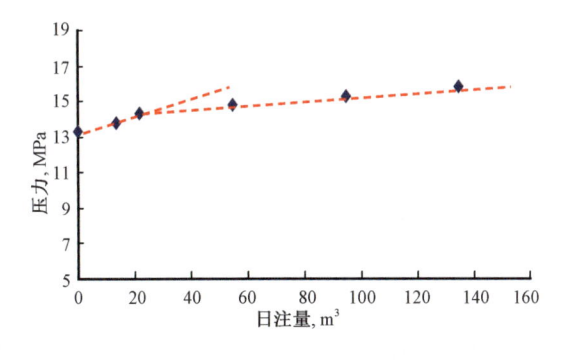

图 3-12　注水井吸水指示曲线

油水井周围存在天然裂缝时(即使不与油井或人工缝连通),有利于解决近井压力梯度高的问题,能在一定程度上提高注水井的注入量和油井的产量,布井时应考虑天然裂缝的位置、方位和裂缝发育情况(图 3-13)。

对于生产井(图 3-14),天然裂缝条数和长度对产量有较大影响,当裂缝数大于 1 条时,

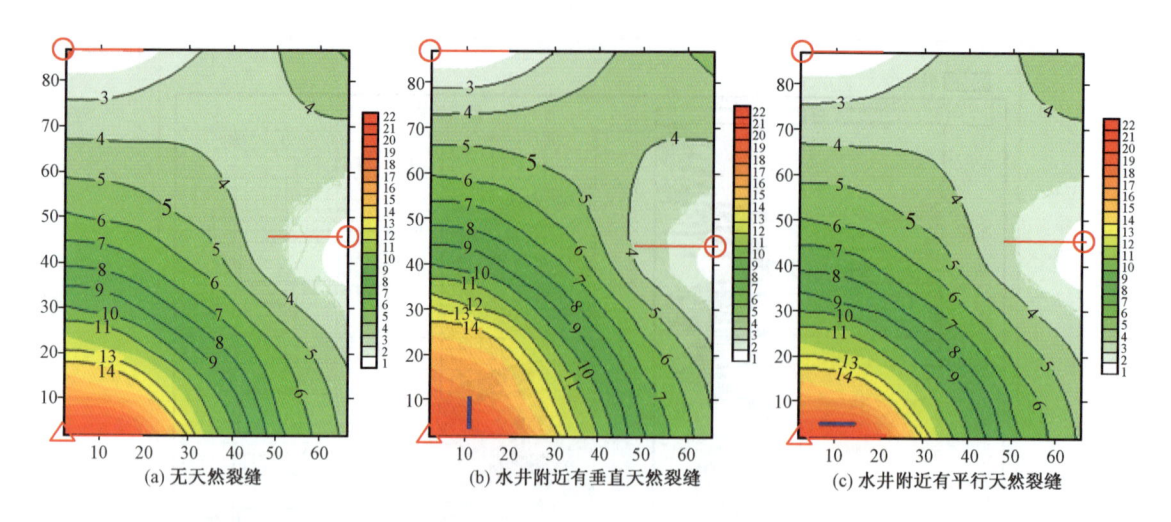

(a) 无天然裂缝　　　　(b) 水井附近有垂直天然裂缝　　　　(c) 水井附近有平行天然裂缝

图 3-13　天然微裂缝对注水井压力分布影响(油水井缝穿透比 0.3)

随裂缝数量增加,压裂的增产幅度越来越小;压裂裂缝穿透比越大,天然裂缝长度越大,增产量越大。

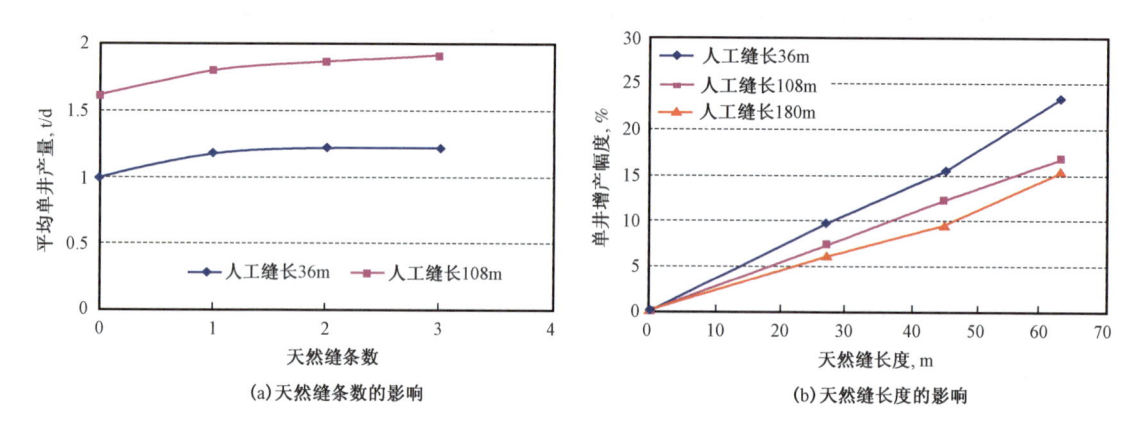

(a) 天然缝条数的影响　　　　(b) 天然缝长度的影响

图 3-14　天然微裂缝对压裂效果影响

第二节　整体开发压裂优化设计

在超低渗透油田开发过程中,长庆油田不断发展和创新开发压裂技术,提出"水力裂缝系统与井网适配、水力裂缝导流能力与储层渗流能力适配、压裂液性能与储层微观特征适配、压裂时机与超前注水时机适配"的开发压裂理念。整体优化设计以"四个适配"为核心,以油藏模拟为手段,构建与井网系统相匹配的缝网系统,给出特定油藏裂缝整体设计参数,达到提高整体区块单井产量和开发效果的目标。整体开发压裂设计需开展四个方面的优化。

(1)通过缝网系统优化,建立与井网最佳配置的人工裂缝系统,确定合理裂缝方位、裂缝几何尺寸等参数;

(2)通过研究给定油藏渗流规律,确定出导流能力下限值;

(3)对于超前注水油田,根据动态地应力场变化规律的研究,确定压裂时机;

(4)确定油田区块压裂技术政策和总体压裂参数。

一、水力裂缝方位与开发井网适配性

(一)水力裂缝方位的确定

在井网部署以前,通过测试确定水力裂缝方位是十分重要的。可采用岩心在室内利用差应变分析与古地磁结合的方法确定,也可如后面章节提到的裂缝实时监测方法确定,如大地电位法、5700 X – MAC 测井方法,以及近年较为先进的井下微地震、测斜仪等方法测试水力裂缝,为井网设计、压裂优化提供直接依据。

(二)水力裂缝方位与井网类型

在选择井网形式时,考虑储层渗透性大小差异和平面分布非均质性的影响,需要选择合理的井网形式。对于不同的井网形式,裂缝布放方位要求不一样(图3 – 15)。对于正方形井网,裂缝方向要求与井排方向一致;对于菱形井网,裂缝方向要求与对角线长轴方向一致;对于矩形井网,要求裂缝方向与井排方向平行。通过裂缝方向敏感性的研究发现,裂缝方向敏感性对于三种不同井网,按影响程度由大到小顺序为:矩形井网 > 菱形井网 > 正方形井网。

图 3 – 15 裂缝方位与井网类型

(三)裂缝方向敏感性分析

对于超低渗透油田,随着开发对象渗透率的降低,为了建立有效压力驱替系统,往往排距逐渐减小,由此对裂缝方向变化敏感性增强。因此在井网和开发压裂优化时,开展裂缝方位变化敏感性的分析十分重要。

以菱形反九点井网为例,采用油藏数值模拟方法,建立井组计算模型(图3 – 16)。假定采用 540m×150m 菱形反九点井网,裂缝方向沿长轴方向,则对注采关系来说,存在边井和角井两种情况。给定裂缝不转向、裂缝转向角度最大[图3 – 16(a)]、裂缝转向角度较小[图3 – 16(b)]三种情况,研究不同渗透率条件下裂缝方向与采出程度和含水率的关系(图3 – 17 ~ 图3 – 21)。

1. 渗透率为 0.05mD

当渗透率为 0.05mD 时,不同裂缝方位与累计产油和含水率关系如图3 – 17 所示。

2. 渗透率为 0.1mD

当渗透率为 0.1mD 时,不同裂缝方位与累计产油和含水率关系如图3 – 18 所示。

(a) 裂缝转向最大　　　　　　　　(b) 裂缝转向较小

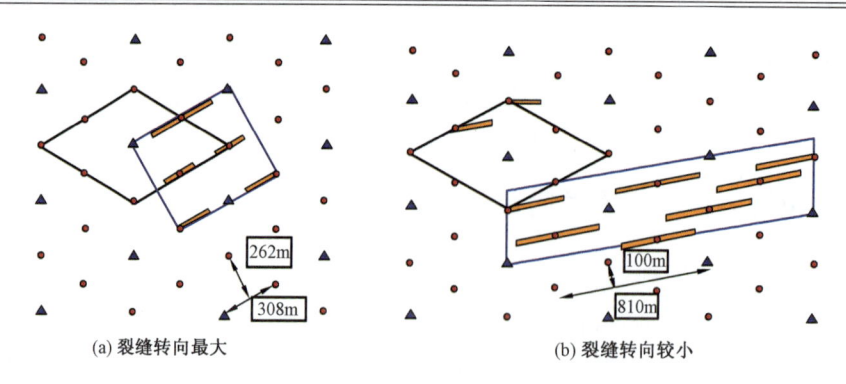

图 3-16　不同转向角度计算模型

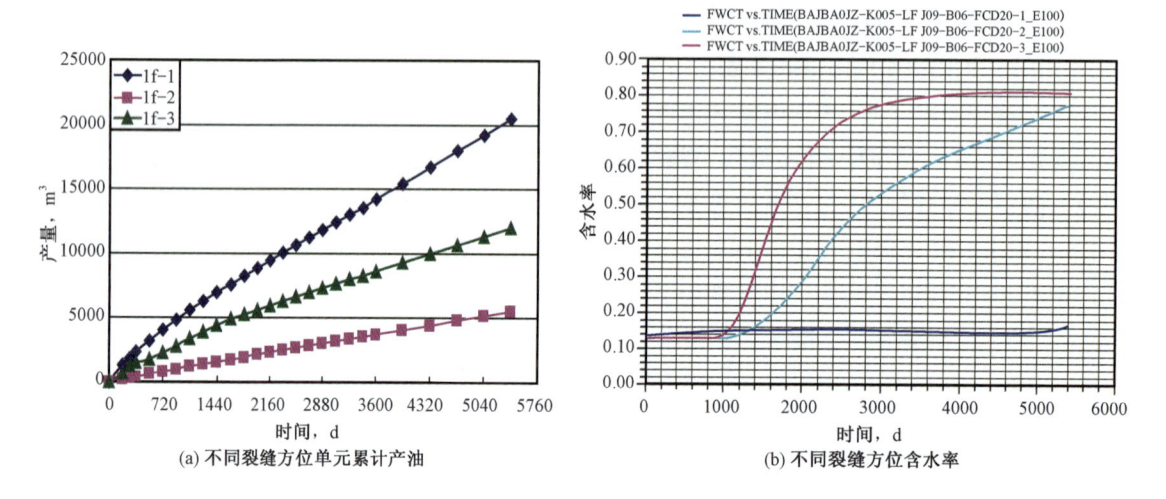

(a) 不同裂缝方位单元累计产油　　　　　　(b) 不同裂缝方位含水率

图 3-17　渗透率 0.05mD 时计算结果

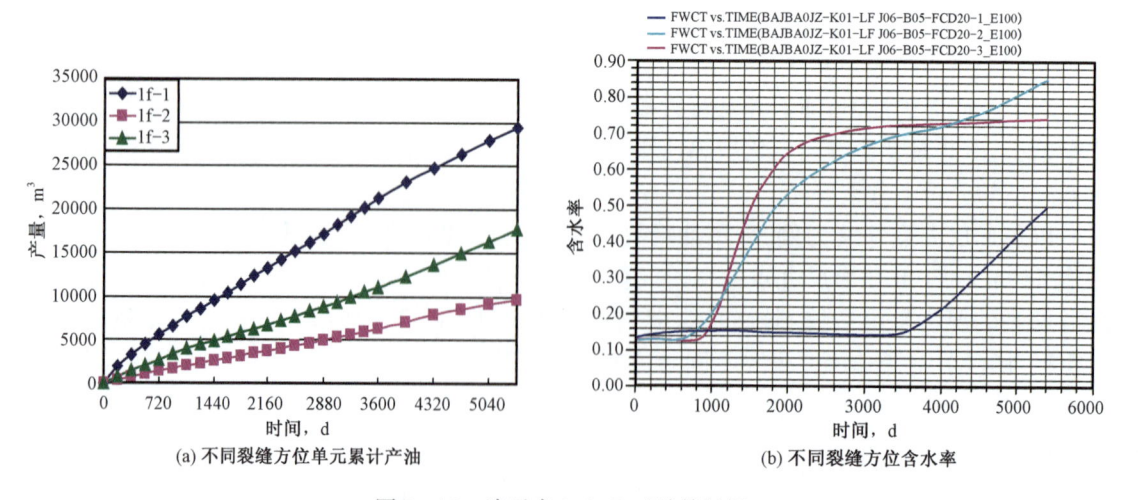

(a) 不同裂缝方位单元累计产油　　　　　　(b) 不同裂缝方位含水率

图 3-18　渗透率 0.1mD 时计算结果

3. 渗透率为 0.3mD

当渗透率为 0.3mD 时,不同裂缝方位与累计产油和含水率关系如图 3-19 所示。

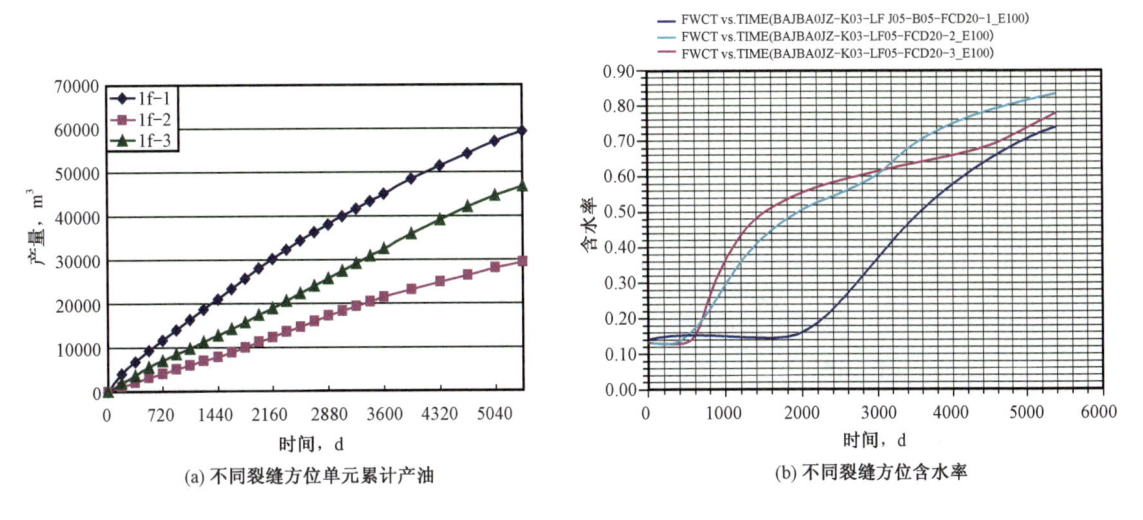

图 3-19　渗透率 0.3mD 时计算结果

4. 渗透率为 0.5mD

当渗透率为 0.5mD 时,不同裂缝方位与累计产油和含水率关系如图 3-20 所示。

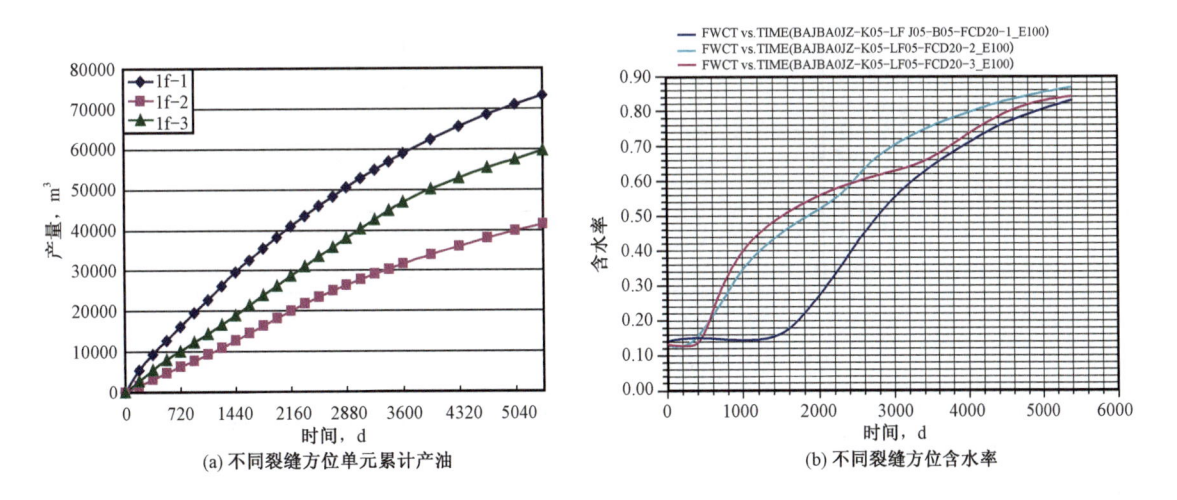

图 3-20　渗透率 0.5mD 时计算结果

5. 渗透率为 1.0mD

当渗透率为 1.0mD 时,不同裂缝方位与累计产油和含水率关系如图 3-21 所示。
综合以上计算结果,见表 3-2 和图 3-22 给出的单元累计产油对比。

表 3-2 不同裂缝方位的单元累计产油比较（15 年）

裂缝方位	累计产油, m³				
	0.05mD	0.1mD	0.3mD	0.5mD	1mD
裂缝不转向	20454	29473	59433	73433	90823
裂缝转向大	8251	17806	46837	59619	77357
裂缝转向小	5544	9761	29454	41581	61438

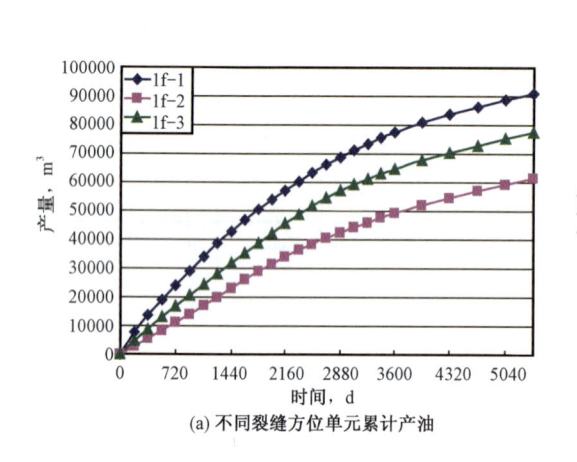

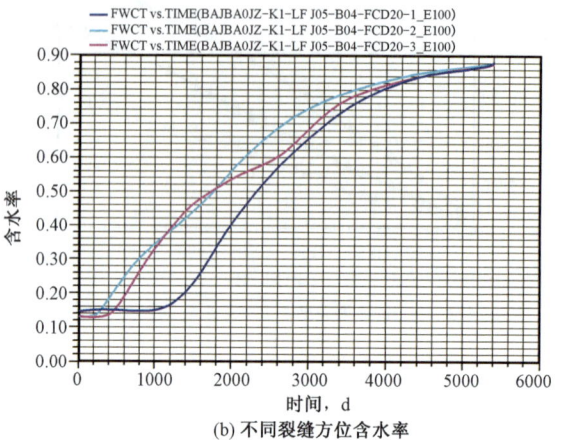

(a) 不同裂缝方位单元累计产油

(b) 不同裂缝方位含水率

图 3-21 渗透率 1.0mD 时计算结果

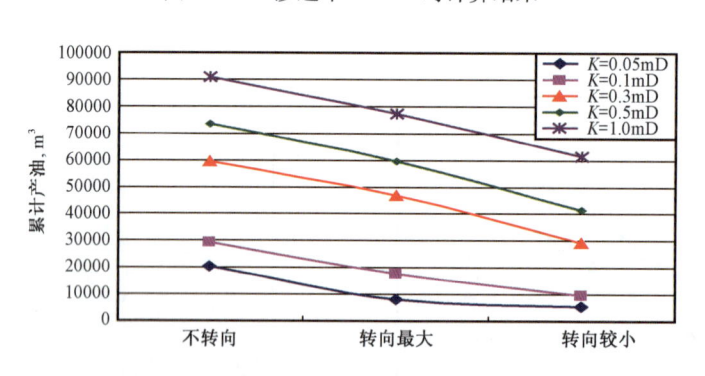

图 3-22 不同裂缝方位 15 年累计产量对比结果

渗透率从 0.05mD 变化到 1.0mD，始终是裂缝与对角线长轴方向一致最优，裂缝方向扭曲与菱形边平行次之，裂缝小角度转向最差。主要原因是部分油井缝端距离与注水井拉近，使这些井含水上升特别快，注水效果和驱油效果变差，造成累计产量下降。因此，在三种裂缝方位的对比下，与井网方向和裂缝方位一致的匹配关系是最优的。

二、裂缝长度优化

假定采用 540m × 150m 菱形反九点井网，建立计算模型（图 3-23）。裂缝方向沿长轴方向，对注采关系来说，存在边井和角井两种情况，因此需区别对待，分别考虑边井和角井两种情况确定最优裂缝长度。即整体压裂方案应在不同物性条件下分别优化边井和角井的缝长和导流能力。根据对称性原则,选取计算单元,包括一口边井和两个1/4的角井产量,注水量是由两个1/4口注水井的注水量组成。

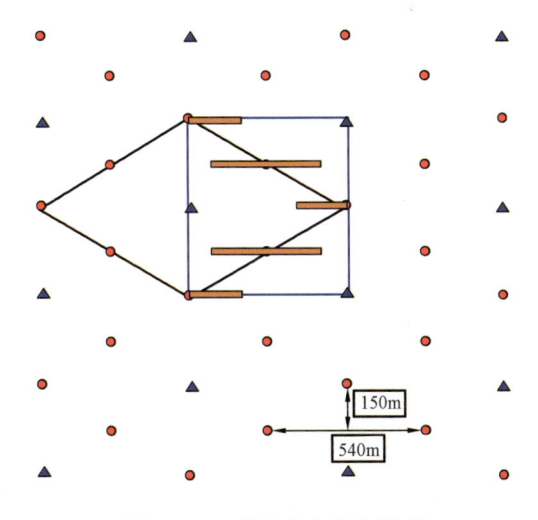

图3-23 裂缝长度优化模型

计算时考虑启动压力梯度和应力敏感性。主要油藏物性及渗流特征,油藏模拟的输入参数见表3-3。对不同渗透率地层,压力保持一定水平所需要的注水量,使不同渗透率的平均注水量和区块井的实际平均注水量相当,从而确定不同渗透率的注水量,见表3-4。

表3-3 油藏模拟的输入参数

参　　数	方案优化参数	方案预测参数
深度,m	2130	2130
地层压力系数	0.78	0.78
有效厚度,m	21	5,10,15,20,25,30
孔隙度,%	11.4	2,4,6,8,10,12,14,16
渗透率,mD	0.05,0.1,0.3,0.5,1	0.05.0.1,0.15,0.3,0.5,1,3,5
原油黏度,mPa·s	1	0.1,0.5,1,2,5,10
井底流压,MPa	7.5	1,3,5,7,9,11,13

表3-4 区块不同渗透率注水量计算

渗透率,mD	个数	百分比,%	注水量,m³
0.05	3	10	16
0.1	16	53	24
0.3	6	20	32
0.5	3	10	40
1	2	7	48
统计平均注水量			28

(一)渗透率为0.05mD时缝长优化

1. 角井缝长优化

模拟结果(图3-24)表明,在穿透比为0.1~0.9时,角井产量随缝长的增加而增加。但穿透比达到1.0时,产量反而减少,见水时间和含水率随缝长的增加呈逐渐提前和增加的趋势。综合产量和含水特征,在渗透率为0.05mD时,考虑应力敏感和启动压力后角井的优化缝长为穿透比0.9,即裂缝长度243m左右。

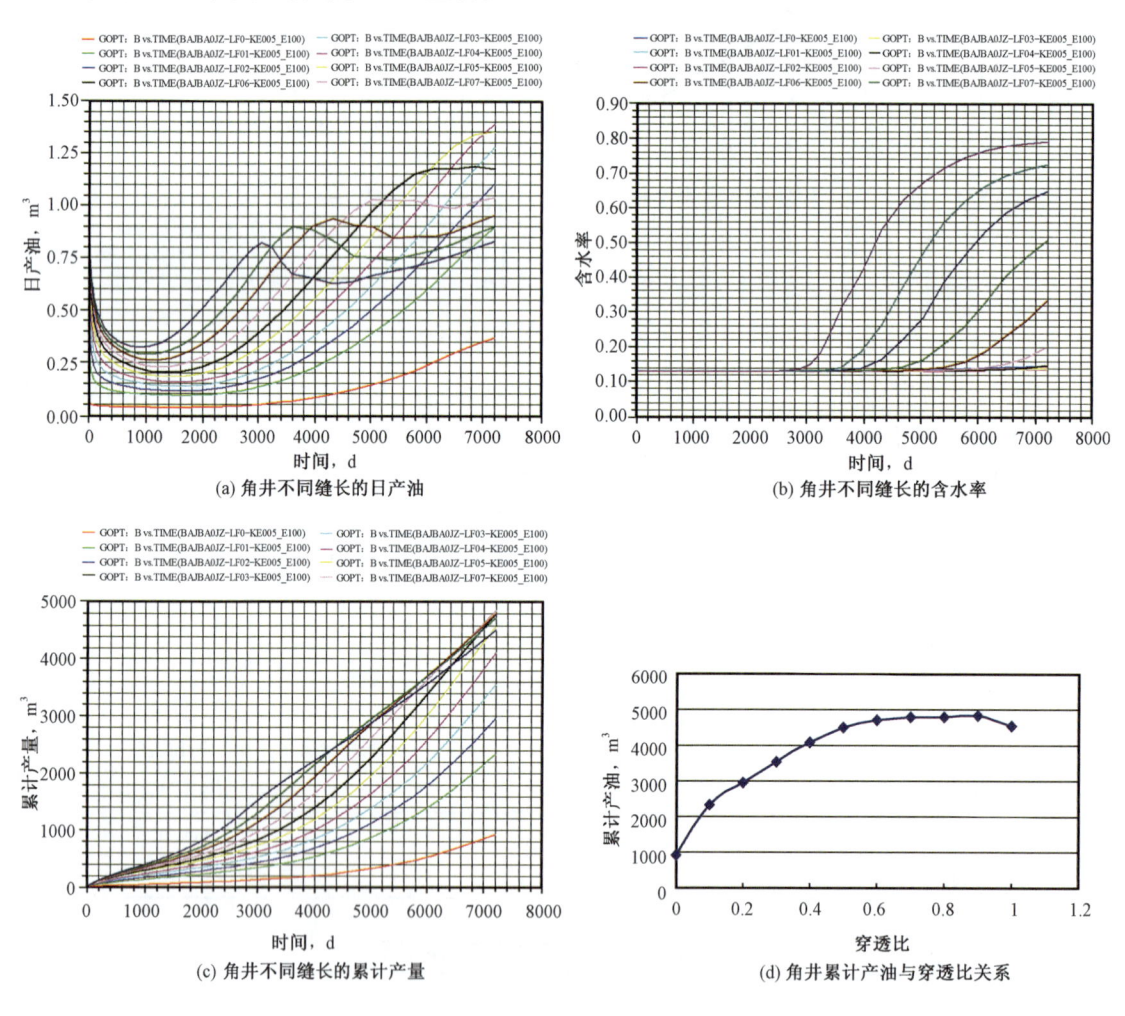

(a) 角井不同缝长的日产油

(b) 角井不同缝长的含水率

(c) 角井不同缝长的累计产量

(d) 角井累计产油与穿透比关系

图3-24 渗透率0.05mD时角井缝长优化

2. 边井缝长优化

模拟结果(图3-25)表明,在穿透比为0.1~0.6时,边井产量随缝长的增加而增加,但穿透比超过0.6以后,产量则随缝长的增加而降低,见水时间和含水率随缝长的增加呈逐渐提前和增加的趋势。综合产量和含水特征,在渗透率为0.05mD时,边井的优化缝长为穿透比0.6,即裂缝长度162m左右。

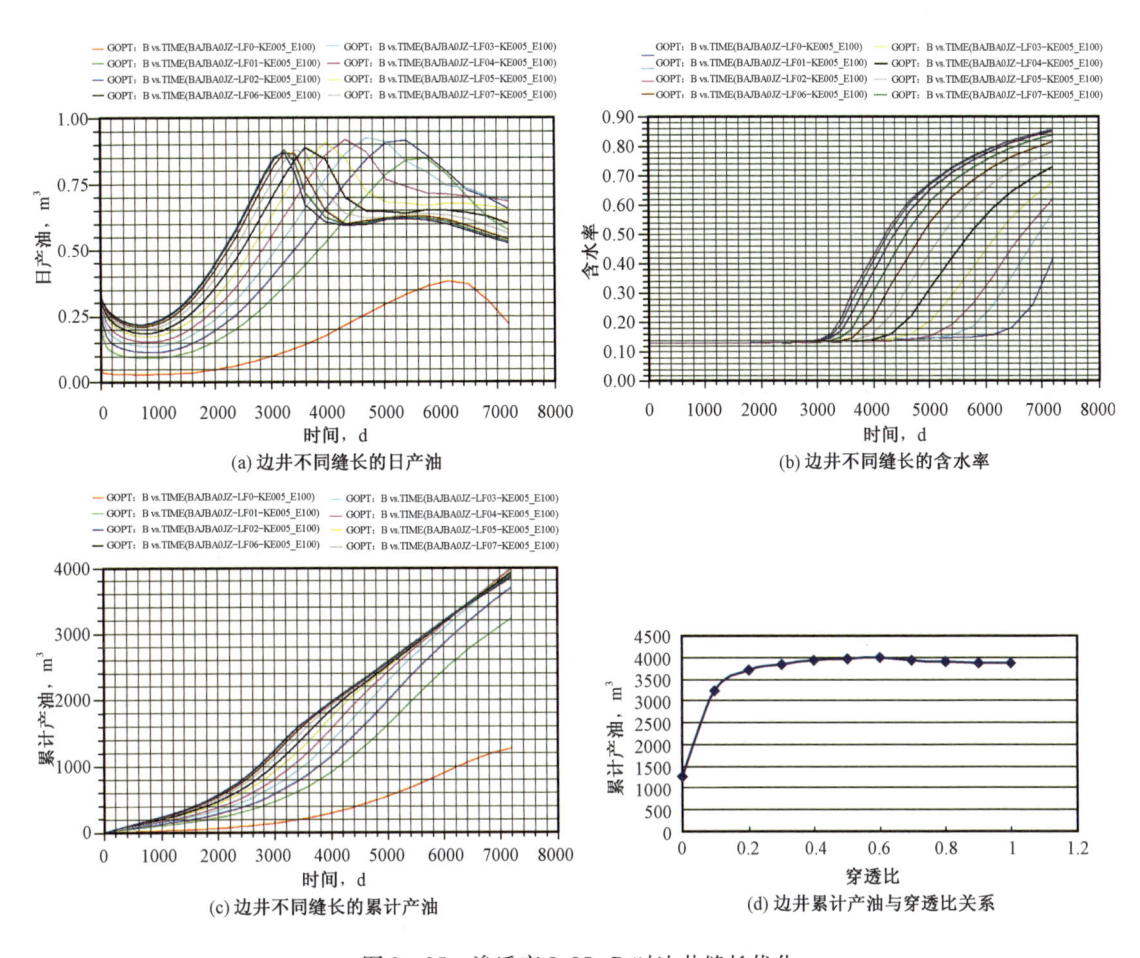

图3-25 渗透率0.05mD时边井缝长优化

(二)渗透率为0.1mD时缝长优化

1. 角井缝长优化

模拟结果(图3-26)表明,在穿透比为0.1~0.6时,角井产量随缝长的增加而增加,但穿透比超过0.6之后产量随缝长的增加而减少,见水时间和含水率随缝长的增加呈逐渐提前和增加的趋势。综合产量和含水特征,在渗透率为0.1mD时,考虑应力敏感和启动压力后角井的优化缝长为穿透比0.6,即裂缝长度162m左右。

2. 边井缝长优化

模拟结果(图3-27)表明,在穿透比为0.1~0.5时,边井产量随缝长的增加而增加,但穿透比超过0.5以后,产量则随缝长的增加而降低,见水时间和含水率随缝长的增加呈逐渐提前和增加的趋势。综合产量和含水特征,在渗透率为0.1mD时,边井的优化缝长为穿透比0.5,即裂缝长度135m左右。

(a) 角井不同缝长的日产油

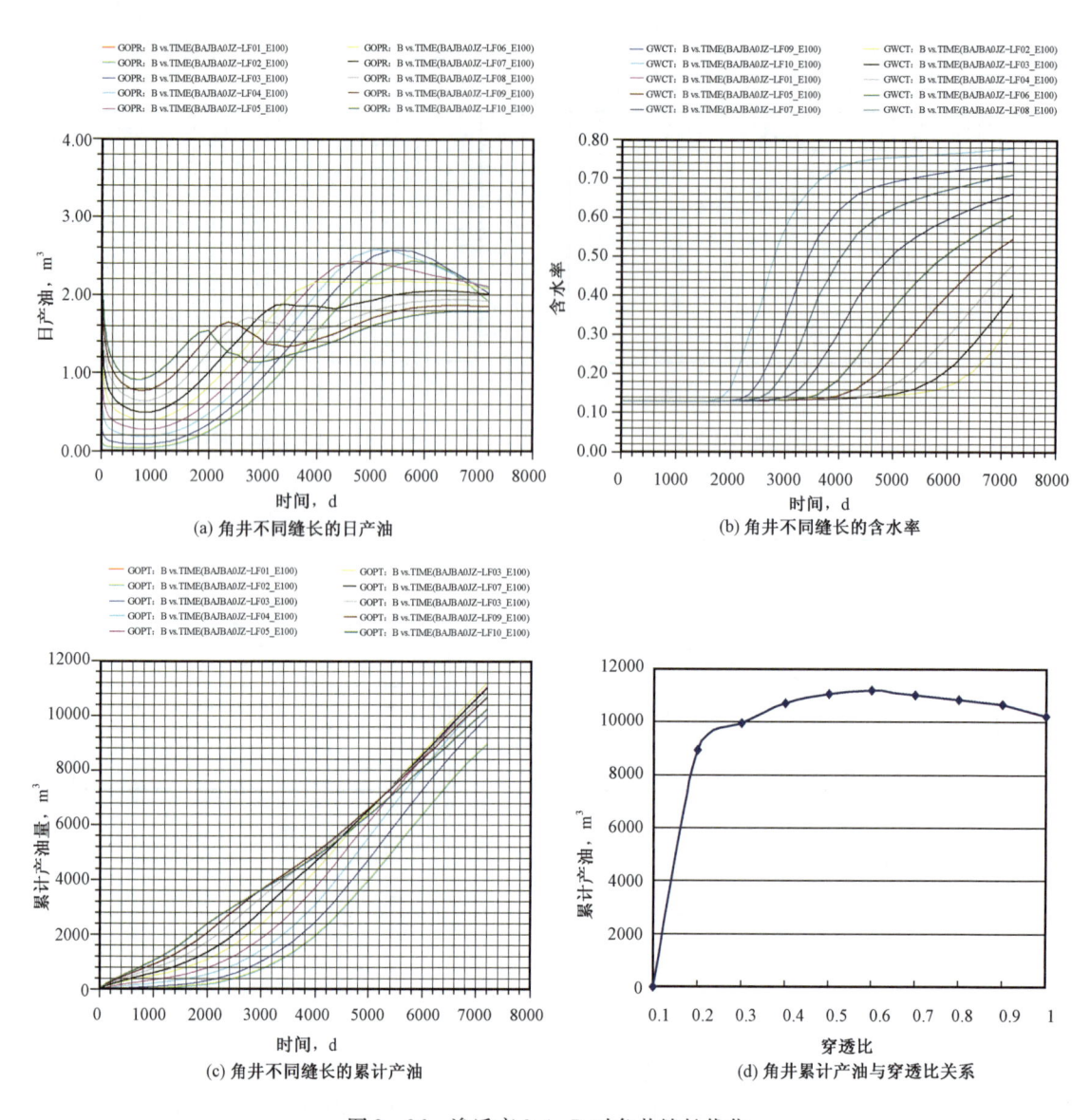

(b) 角井不同缝长的含水率

(c) 角井不同缝长的累计产油

(d) 角井累计产油与穿透比关系

图 3-26　渗透率 0.1mD 时角井缝长优化

(三)渗透率为 0.3mD 时缝长优化

1. 角井缝长优化

模拟结果(图 3-28)表明,在穿透比为 0.1~0.5 时,角井产量随缝长的增加而增加,但穿透比超过 0.5 之后,产量增加的幅度很小,之后随缝长的增加而减少,见水时间和含水率随缝长的增加呈逐渐提前和增加的趋势。综合产量和含水特征,在渗透率 0.3mD 时,角井的优化缝长为穿透比 0.5,即裂缝长度 135m 左右。

2. 边井缝长优化

模拟结果(图 3-29)表明,在穿透比为 0.1~0.5 时,边井产量随缝长的增加而增加,但穿

(a) 边井不同缝长的日产油

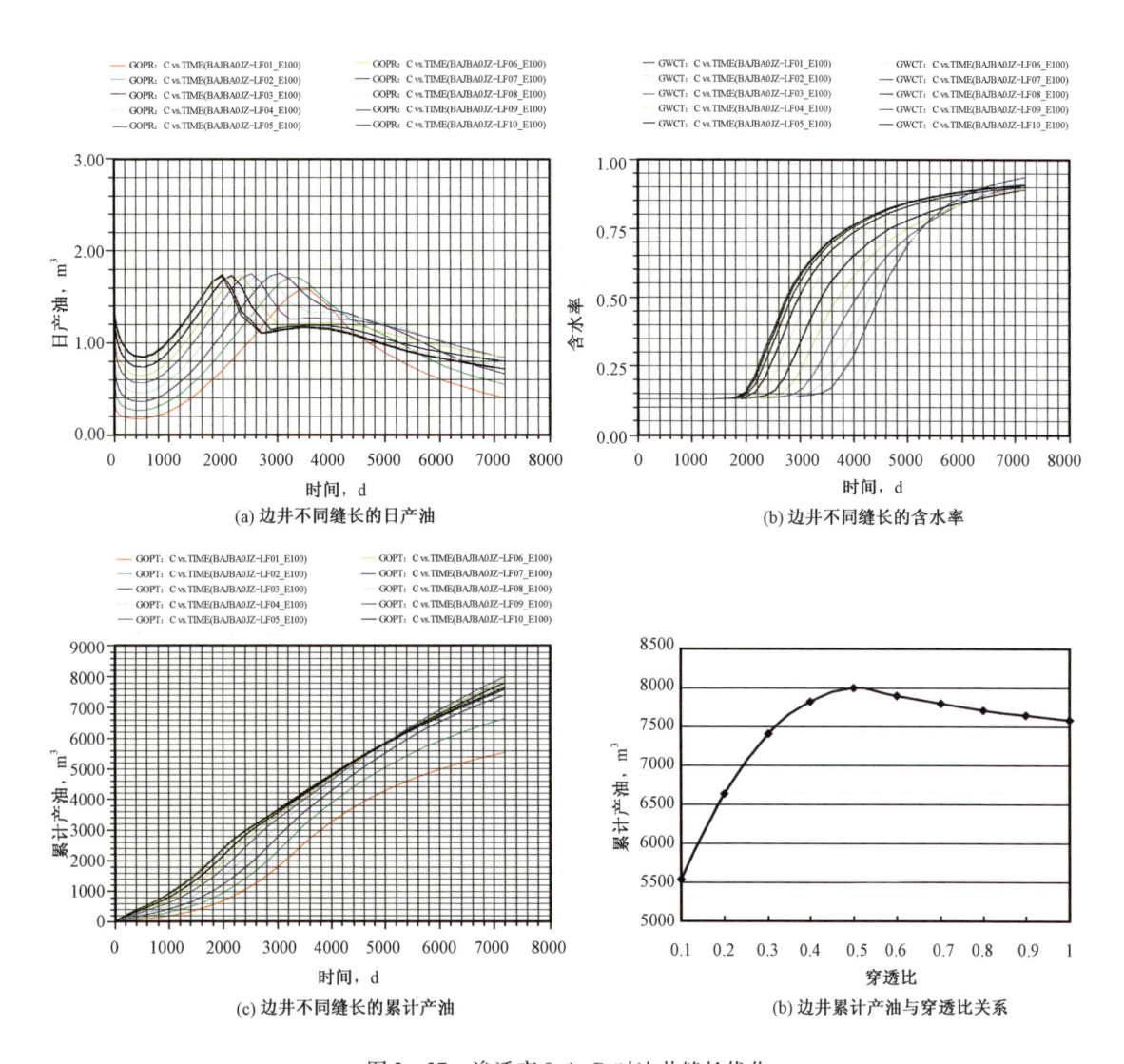

(b) 边井不同缝长的含水率

(c) 边井不同缝长的累计产油

(b) 边井累计产油与穿透比关系

图 3-27 渗透率 0.1mD 时边井缝长优化

透比超过 0.5 以后，产量随缝长的增加而降低，见水时间和含水率随缝长的增加呈逐渐提前和增加的趋势。综合产量和含水特征，在渗透率为 0.3mD 时，边井的优化缝长为穿透比 0.5，即裂缝长度 135m 左右。

(四)渗透率为 0.5mD 时缝长优化

1. 角井缝长优化

模拟结果(图 3-30)表明，在穿透比为 0.1~0.5 时，角井产量随缝长的增加而增加，但穿透比超过 0.5 以后，增加趋势变缓，之后则随缝长的增加而降低，见水时间和含水率随缝长的增加呈逐渐提前和增加的趋势。综合产量和含水特征，在渗透率为 0.5mD 时，角井的优化缝长为穿透比 0.5，即裂缝长度 135m 左右。

(a) 角井不同缝长的日产油

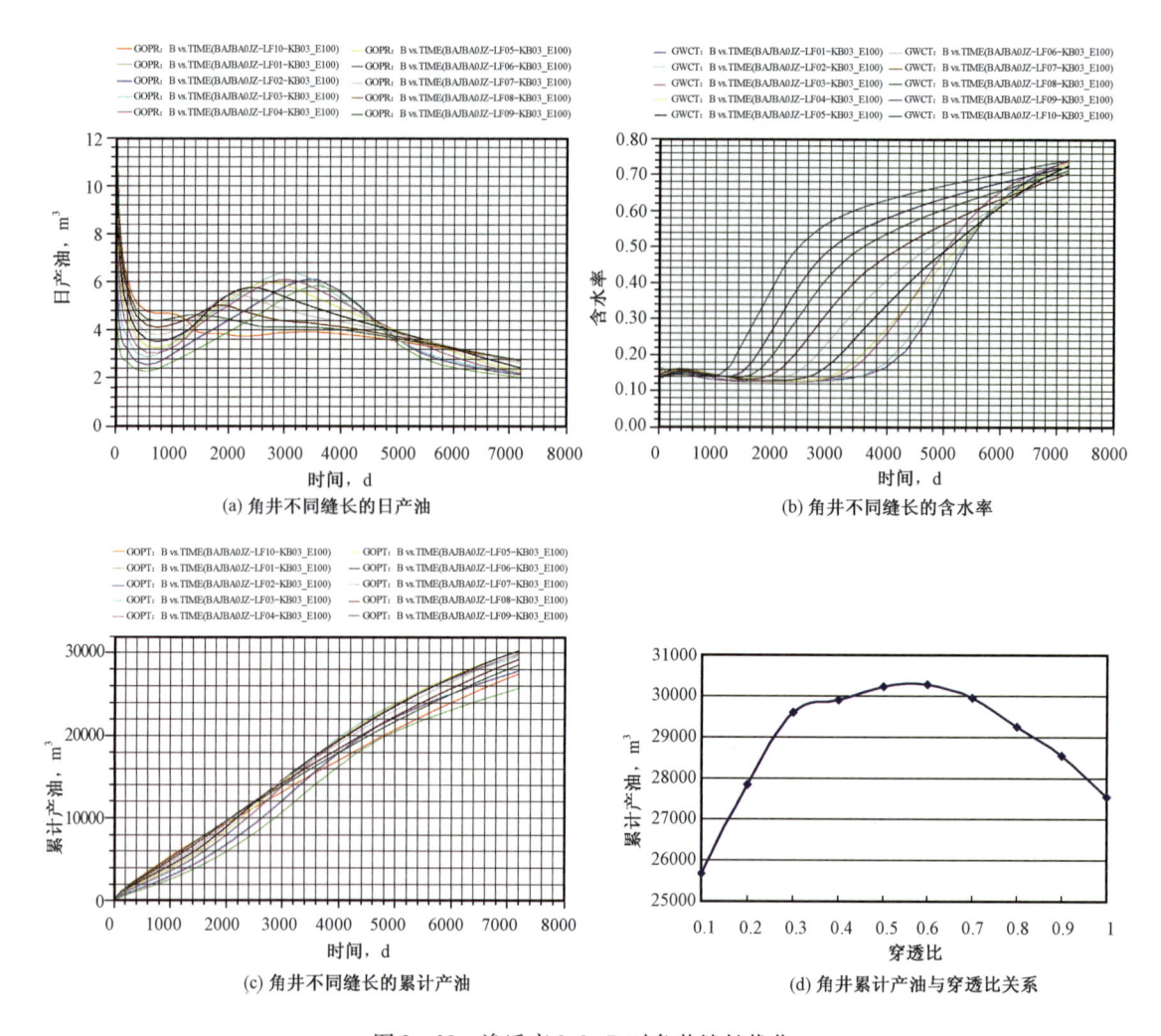

(b) 角井不同缝长的含水率

(c) 角井不同缝长的累计产油

(d) 角井累计产油与穿透比关系

图 3-28 渗透率 0.3mD 时角井缝长优化

2. 边井缝长优化

模拟结果(图 3-31)表明,在穿透比为 0.1~0.5 时,边井产量随缝长的增加而增加,但穿透比超过 0.5 以后,则随缝长的增加而降低,见水时间和含水率随缝长的增加呈逐渐提前和增加的趋势。综合产量和含水特征,在渗透率为 0.5mD 时,边井的优化缝长为穿透比 0.5,即裂缝长度 135m 左右。

(五)渗透率为 1.0mD 时缝长优化

1. 角井缝长优化

模拟结果(图 3-32)与渗透率为 2mD 的模拟结果类似,在穿透比为 0.1~0.5 时,角井产量随缝长的增加而增加,但穿透比超过 0.5 以后,产量增加的幅度很小,之后则随缝长增加而降低,见水时间和含水率随缝长的增加呈逐渐提前和增加的趋势。综合产量和含水特征,在渗透率为 1.0mD 时,角井的优化缝长为穿透比 0.5,即裂缝长度 135m 左右。

(a) 边井不同缝长的日产油

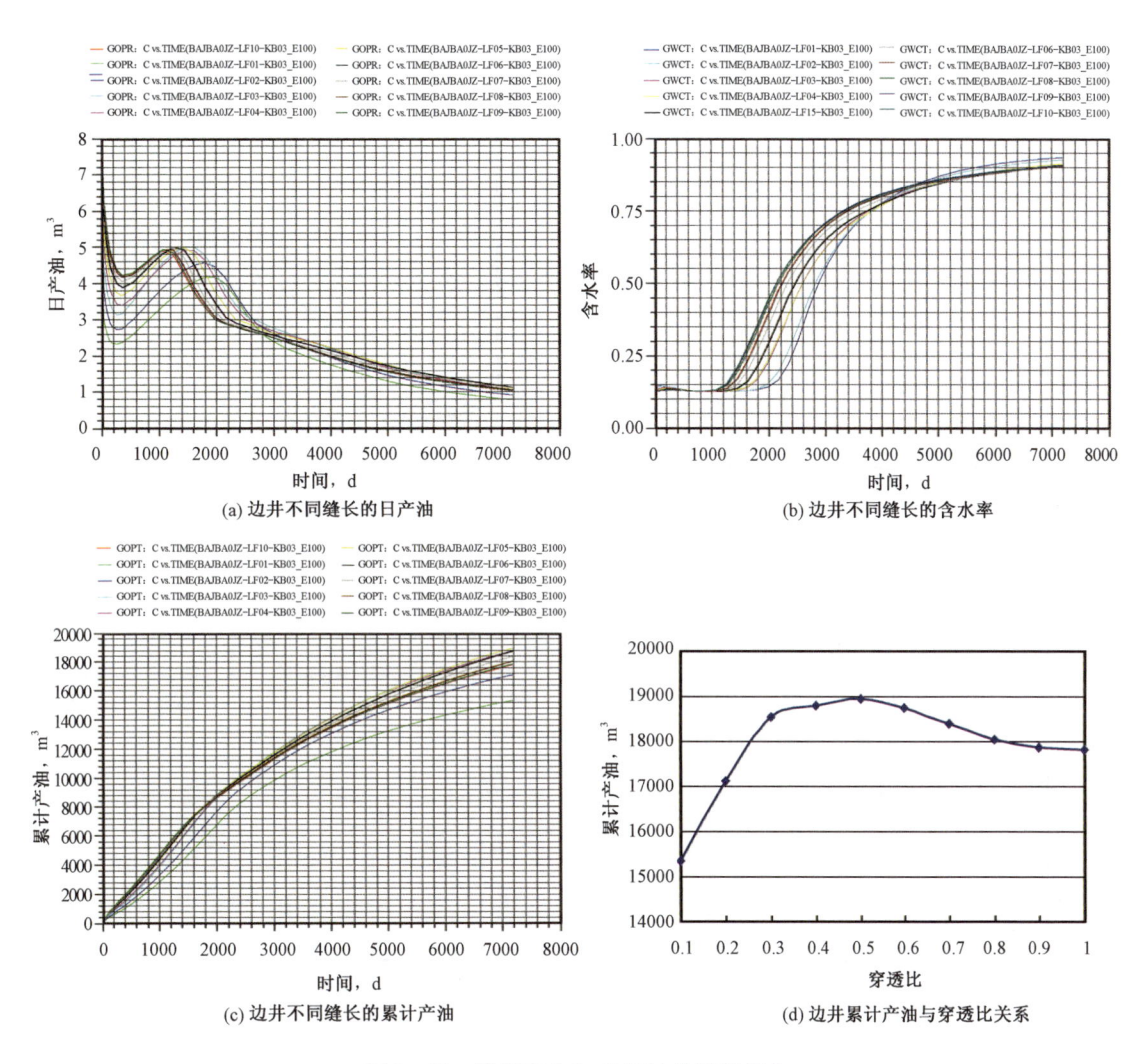

(b) 边井不同缝长的含水率

(c) 边井不同缝长的累计产油

(d) 边井累计产油与穿透比关系

图 3-29　渗透率 0.3mD 时边井缝长优化

2. 边井缝长优化

模拟结果（图 3-33）表明，在穿透比为 0.1~0.4 时，边井产量随缝长的增加而增加，但穿透比超过 0.4 以后则随缝长的增加而降低，见水时间和含水率随缝长的增加呈逐渐提前和增加的趋势。综合产量和含水特征，在渗透率为 1.0mD 时，边井的优化缝长为穿透比 0.4，即裂缝长度 108m 左右。

由考虑启动压力和应力敏感的模拟结果和不考虑启动压力和应力敏感的模拟结果对比看（表 3-5 和表 3-6），不同渗透率优化的边井和角井的缝长穿透比都是一样的。因此，考虑与不考虑启动压力和应力敏感影响油井的产油量，但是不影响优化的结果。所以在以后优化不同渗透率的裂缝导流能力，以及在研究裂缝方位的变化对注采动态的影响时，都只模拟不考虑启动压力和应力敏感的情况，而在进行产量预测时，则考虑启动压力和应力敏感。

(a) 角井不同缝长的日产油

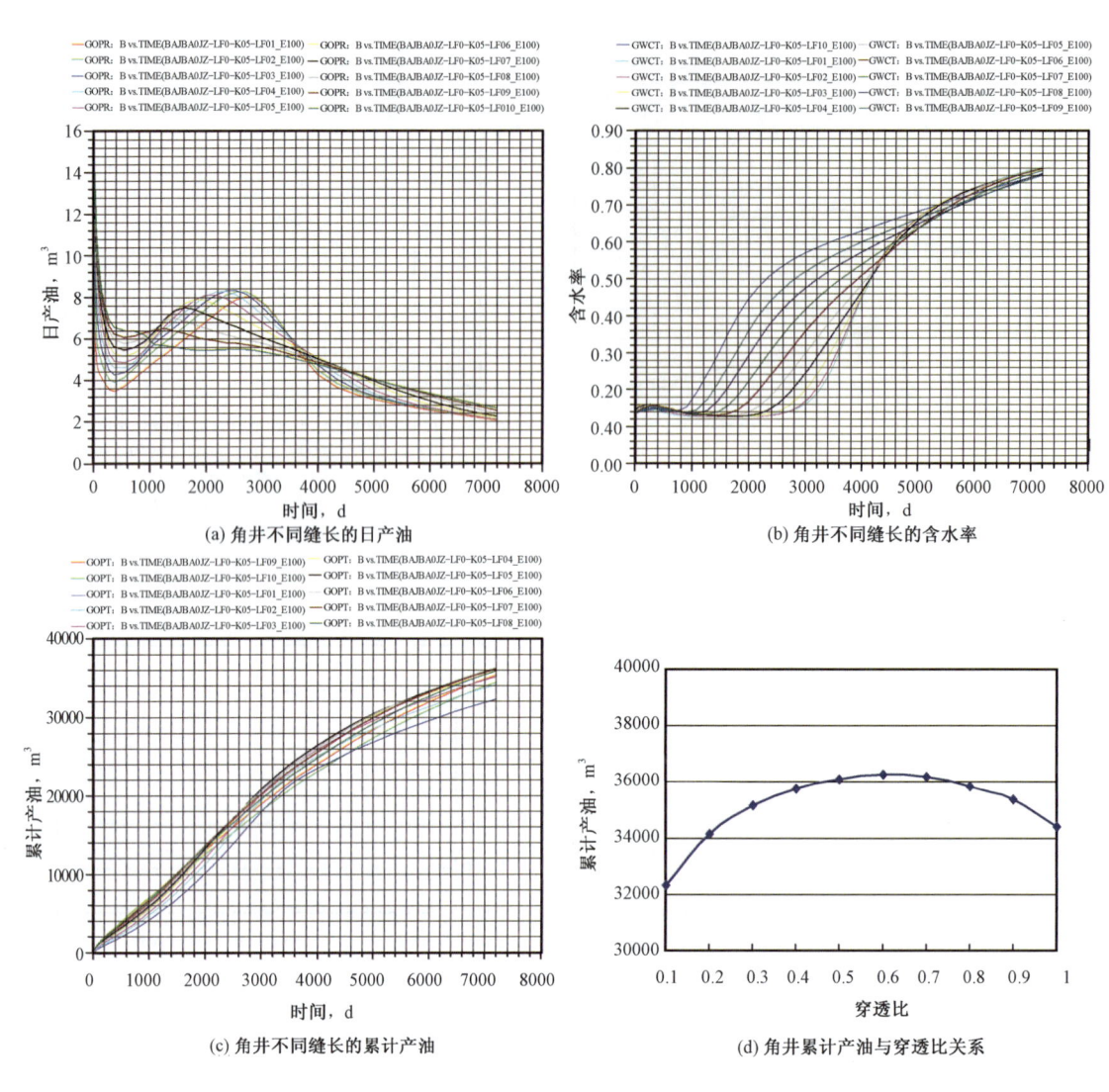

(b) 角井不同缝长的含水率

(c) 角井不同缝长的累计产油

(d) 角井累计产油与穿透比关系

图 3-30　渗透率 0.5mD 时角井缝长优化

表 3-5　考虑与不考虑启动压力和应力敏感裂缝穿透比优化结果

渗透率, mD	不考虑启动压力和应力敏感裂缝穿透比		考虑启动压力和应力敏感裂缝穿透比	
	角井	边井	角井	边井
0.05	0.9	0.6	0.9	0.6
0.1	0.6	0.5	0.6	0.5
0.3	0.5	0.5	0.5	0.5
0.5	0.5	0.5	0.5	0.5
1.0	0.5	0.4	0.5	0.4

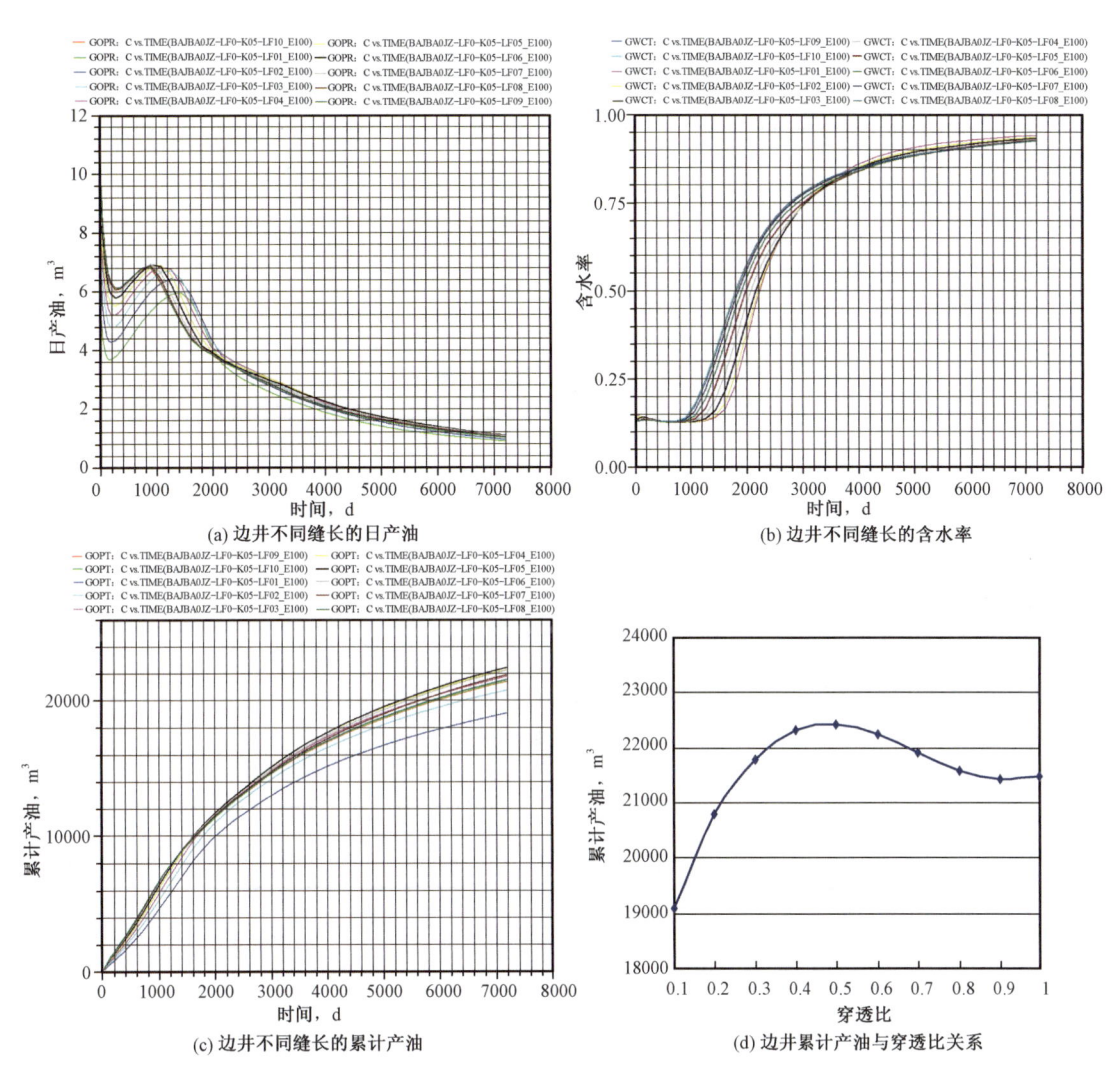

图 3-31　渗透率 0.5mD 时边井缝长优化

表 3-6　考虑与不考虑启动压力和应力敏感 20 年累计产量对比

渗透率 mD	不考虑应敏和启动压力				考虑应敏和启动压力			
	累计产油,m³		含水率		累计产油,m³		含水率	
	角井	边井	角井	边井	角井	边井	角井	边井
0.05	10190	7523	0.46	0.54	4706	3917	0.73	0.82
0.10	14801	10930	0.43	0.83	11201	8001	0.61	0.89
0.30	30421	20098	0.66	0.90	30222	18941	0.73	0.91
0.50	36790	23721	0.79	0.93	36112	22436	0.80	0.93
1.00	44329	28363	0.84	0.94	43381	26561	0.84	0.94

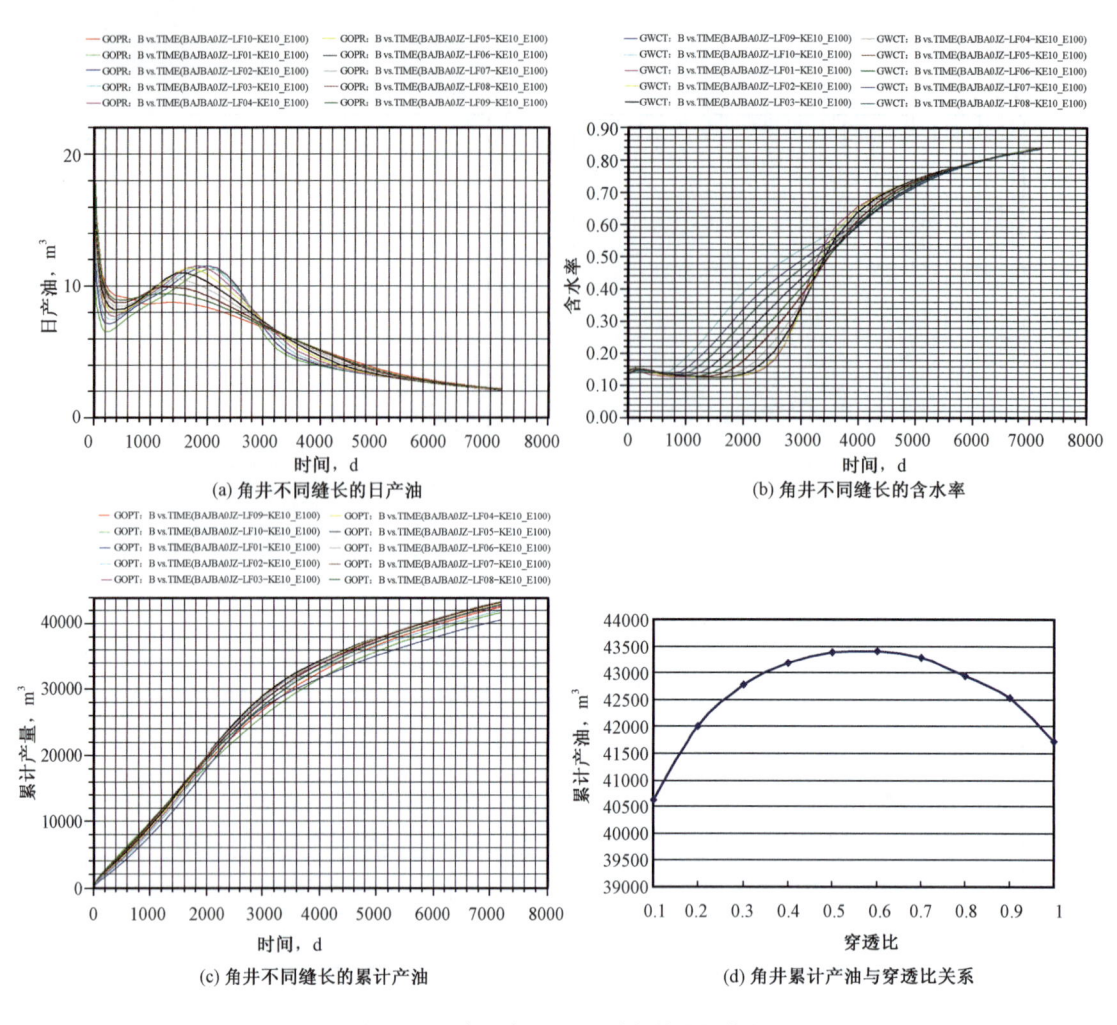

图 3-32　渗透率 1.0mD 时角井缝长优化

三、导流能力优化

采用数值模拟和理论优化手段,确定出与储层渗流能力相适配所需的水力裂缝导流能力;综合考虑支撑剂的嵌入、压裂液和孔隙压力下降对导流能力的影响,优选支撑剂、优化铺砂浓度。

在优化的裂缝长度为条件的情况下,模拟对比不同油井裂缝导流能力对产量的影响规律,从而确定优化的裂缝导流能力。这里分别对比导流能力为 10D·cm、20D·cm、30D·cm、40D·cm、50D·cm 等情况。此时模型中已将边角井分别设置优化的裂缝长度,因此导流能力优化时,不再分别对比边井和角井,直接对比模型计算单元的产量、含水率、采出程度、注水量等。模拟结果见图 3-34~图 3-36。

(一)渗透率为 0.05mD 时导流能力优化

模拟计算结果(图 3-34)表明,在渗透率为 0.05mD 时,产量、累计产量(采出程度)等均

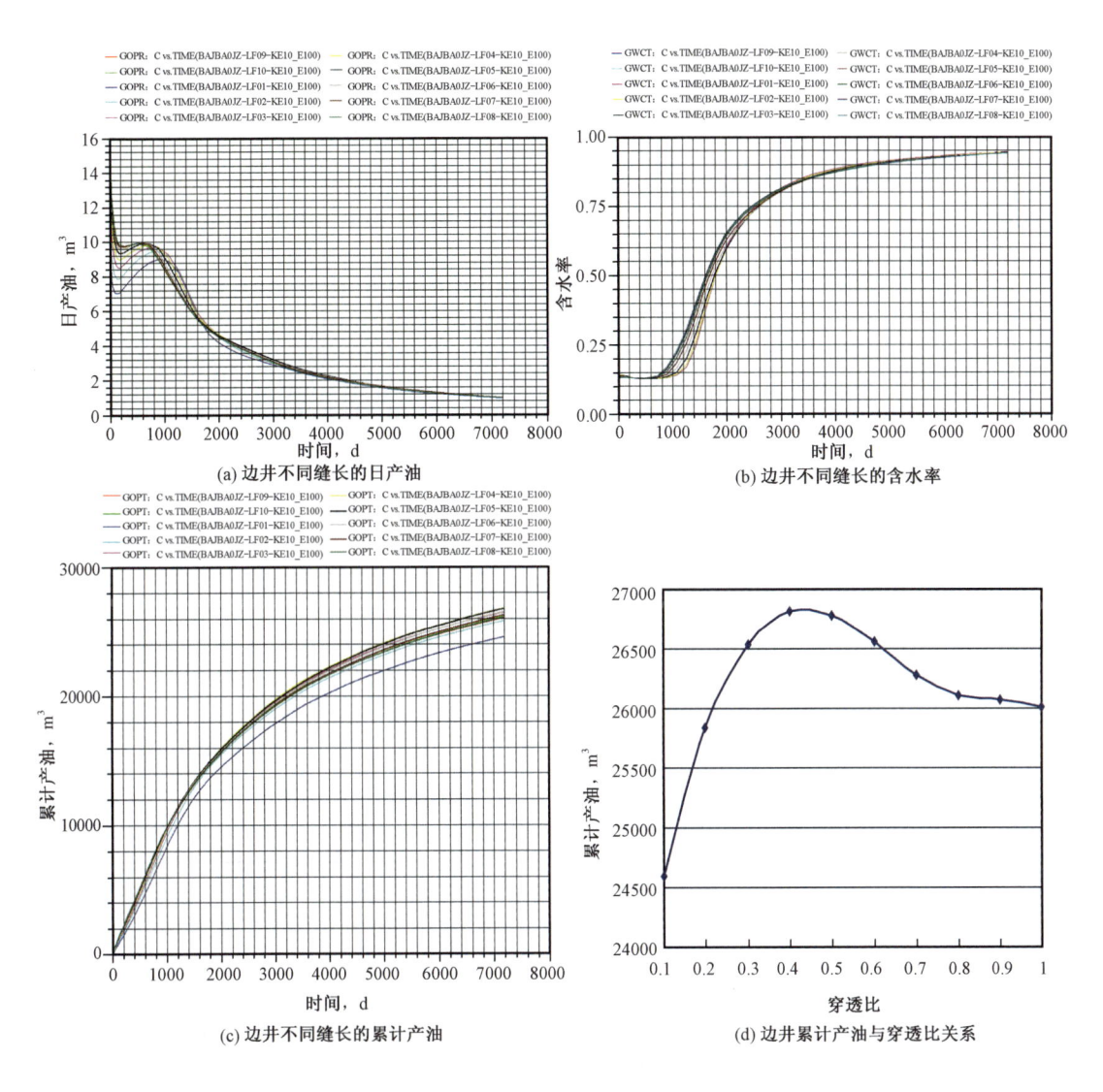

图 3-33 渗透率 1.0mD 时边井缝长优化

(a) 边井不同缝长的日产油
(b) 边井不同缝长的含水率
(c) 边井不同缝长的累计产油
(d) 边井累计产油与穿透比关系

随导流能力的增加而增加,但导流能力超过 20D·cm 之后,产量增加的幅度变小。综合考虑施工因素,优化的导流能力为 20D·cm。

(二)渗透率为 0.5mD 时导流能力优化

模拟计算结果(图 3-35)表明,在渗透率为 0.5mD 时,产量、累计产量(采出程度)等均随导流能力的增加而增加,但导流能力超过 30D·cm 之后,产量增加的幅度变小。综合考虑施工因素,优化的导流能力为 30D·cm。

(三)渗透率为 1.0mD 时导流能力优化

模拟计算结果(图 3-36)表明,在渗透率为 1.0mD 时,产量、累计产量(采出程度)、注水量等均随导流能力的增加而增加,但导流能力超过 30D·cm 之后,产量增加的幅度变小。综

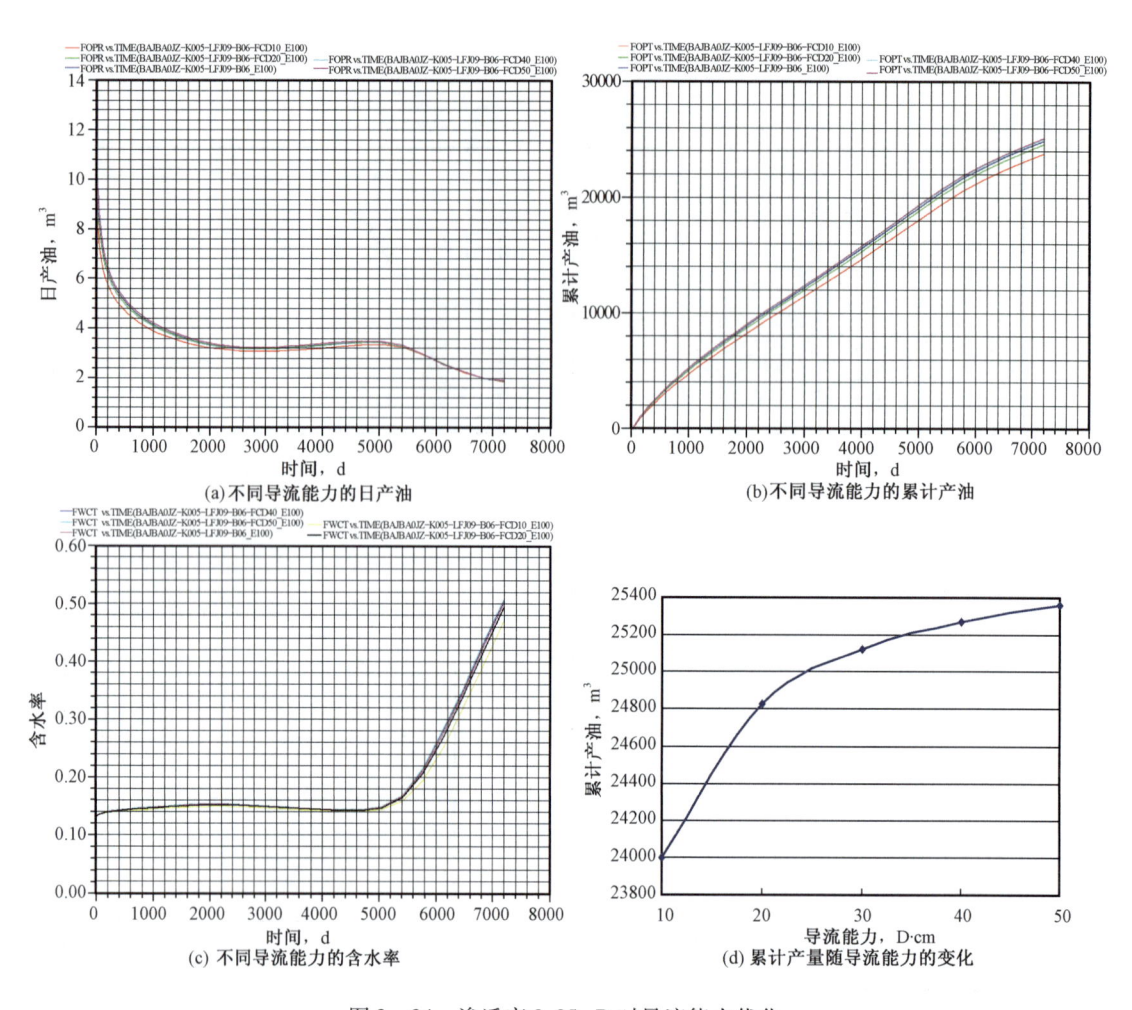

图 3-34 渗透率 0.05mD 时导流能力优化

合考虑施工因素,优化的导流能力为 30D·cm。

综合以上计算结果,优化导流的模拟结果统计见表 3-7。对于超低渗透油藏,由于本身渗透性较差,裂缝导流能力变化对于产量影响相对较小。

表 3-7 不同渗透率缝长和导流优化结果

渗透率,mD	优化裂缝穿透比		优化导流能力,D·cm
	角井	边井	
0.05	0.9	0.6	20
0.1	0.6	0.5	20
0.3	0.5	0.5	30
0.5	0.5	0.5	30
1.0	0.5	0.4	30

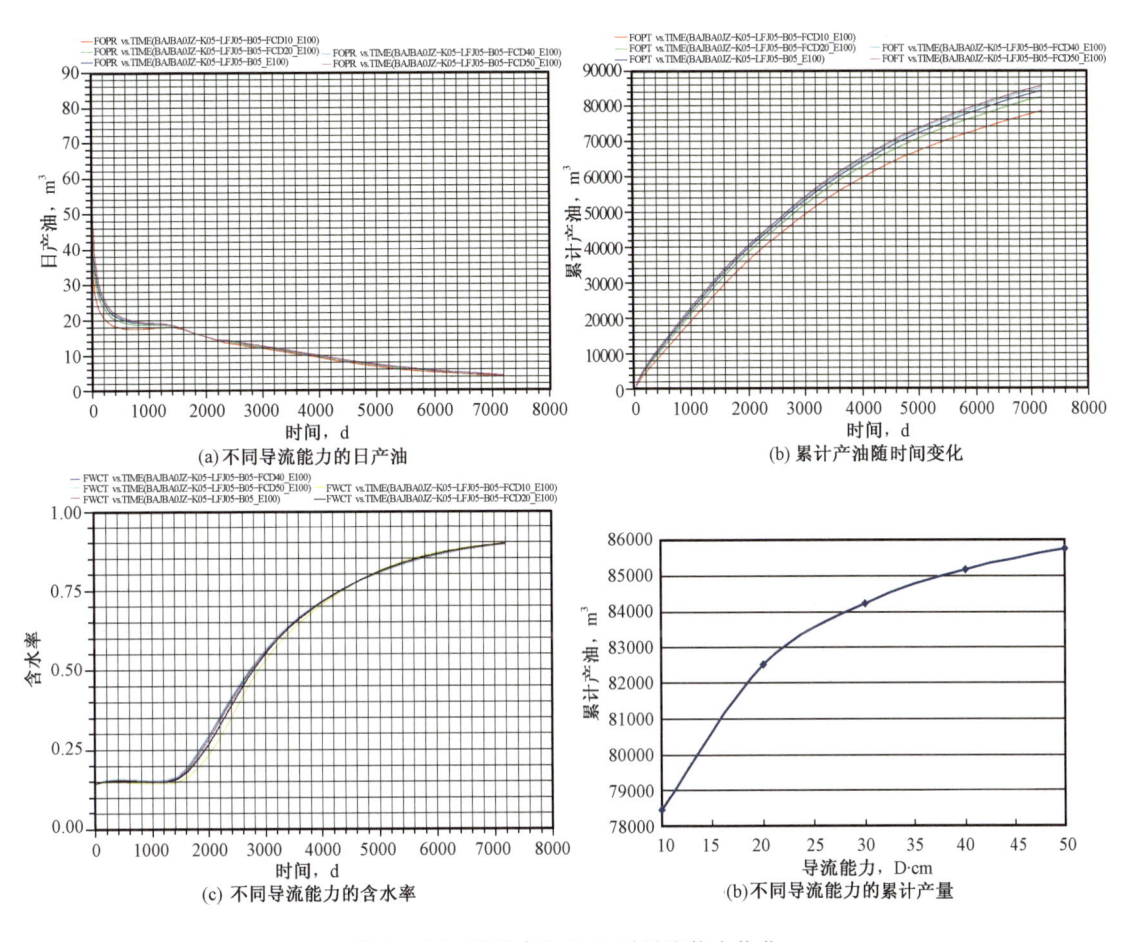

图 3-35 渗透率 0.5mD 时导流能力优化

四、压裂时机优化

在油田开发,尤其是超前注水开发的油田中,由于应力场和流体场的相互影响,固液耦合效应较强。因此,了解开发过程中地应力变化对压裂裂缝扩展影响,确定合理的压裂时机,实现超前注水时机与压裂时机的优化,对于低压低渗油田更为重要。

超前注水条件下,对压裂的影响作用是双重的:一方面超前注水使地层压力保持水平上升,有利于提高压裂液返排效率,降低储层伤害,达到提高单井产量的目的;另一方面,会引起动态地应力变化,达到一定界限后,使裂缝扩展不受控制,造成压裂失效。可从平面和纵向两个方面综合研究优化压裂时机。

(一)平面地应力方位变化影响

超前注水后,如果平面上注水井点注水强度分布不均匀,会引起地应力方位发生变化。图 3-37 是 ZH9 井区随超前注水不同时期最大主应力变化研究结果。原始最大应力方位分布以北东 40°~70°方向为主,2005 年 9 月相对于原始应力方位分布,应力方位整体上沿顺时针转动 5°~10°,局部最大主应力方位变化较大。2006 年 8 月相对于原始应力方位分布,应力方位

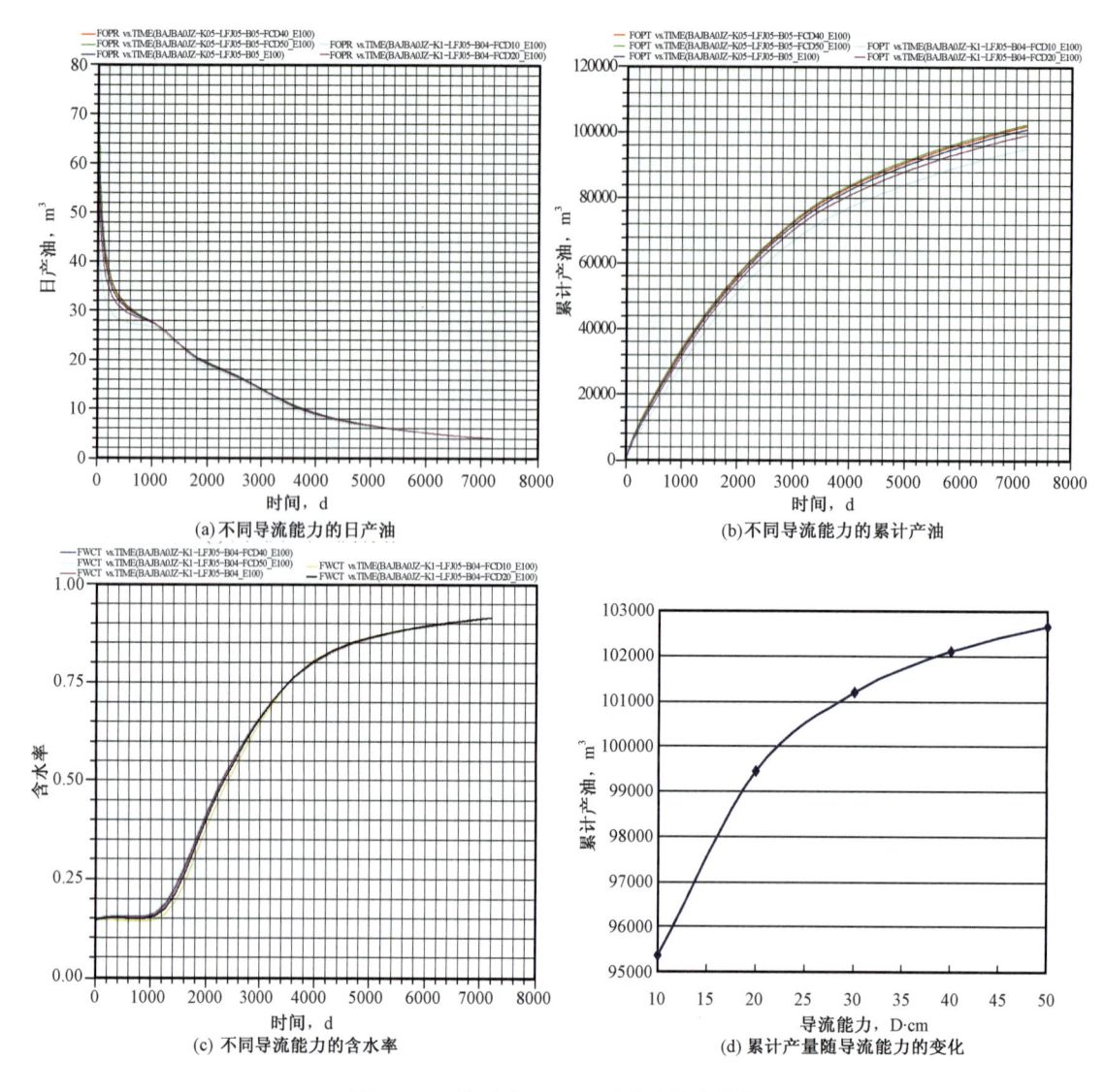

图 3-36 渗透率 1.0mD 时导流能力优化

整体上沿顺时针转动 15°。局部最大主应力方位逆时针转动变化。

合理压裂时机既要满足压力保持水平 115%,同时主应力方位变化小于 5°。对于特定油藏,储层平面非均质性和平面注水强度合理控制十分重要。

(二)纵向应力动态变化影响

在超前注水过程中,孔隙压力上升,带来油层水平应力增加;与此同时隔层压力基本不变或变化不大,水平应力也基本不发生变化,这样就会引起应力差随着注水时间和注水量的增加逐渐减小。当储隔层应力差减小到与裂缝内净压力相近时,裂缝高度难以控制,导致压裂效果变差。表 3-8 是庄 9 井区长 6 储层研究结果,随着累计注水量的增加,层内最小地应力逐渐增加。

(a) 原始地应力方位

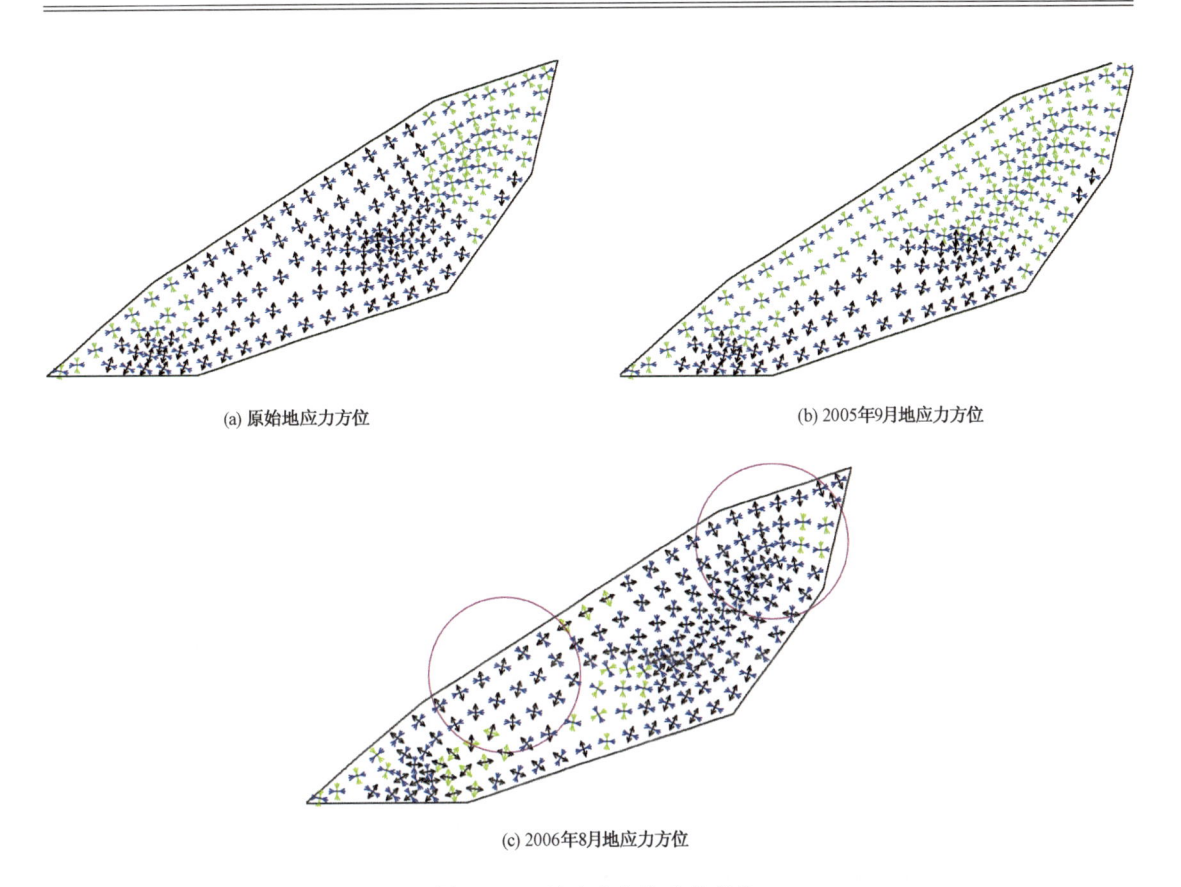

(b) 2005年9月地应力方位

(c) 2006年8月地应力方位

图 3-37 地应力方位动态变化

表 3-8 各生产井最小地应力随时间变化结果

井号	最小地应力,MPa					
	原始	2004年9月	2005年3月	2005年9月	2006年2月	2006年8月
1#	32.4	32.4	33.4	35.4	35.6	35.6
2#	35.8	35.8	35.8	35.8	36.1	37.4

研究结果表明,最小地应力与累计注水量呈正相关关系,分别可以用直线、曲线和幂函数等表示(图 3-38)。

根据鄂尔多斯三叠系油藏研究结果,储隔层应力差一般为 6~8MPa,通常压裂时净压力为 3~5MPa。因此,当层内最小地应力增加幅度在 2~3MPa 时,对裂缝缝高延伸的控制非常不利。压裂设计应综合考虑应力差的变化和储隔层厚度,尽量选择在合理压裂时机对应的应力差范围实施压裂,参见图 3-39。

五、开发压裂技术政策的确定

对于特定超低渗透油藏,综合以上研究成果,开发压裂技术政策主要包括以下几个方面。
(1)裂缝方位及对井网敏感性。
(2)给定井网条件下,裂缝几何尺寸及空间分布。

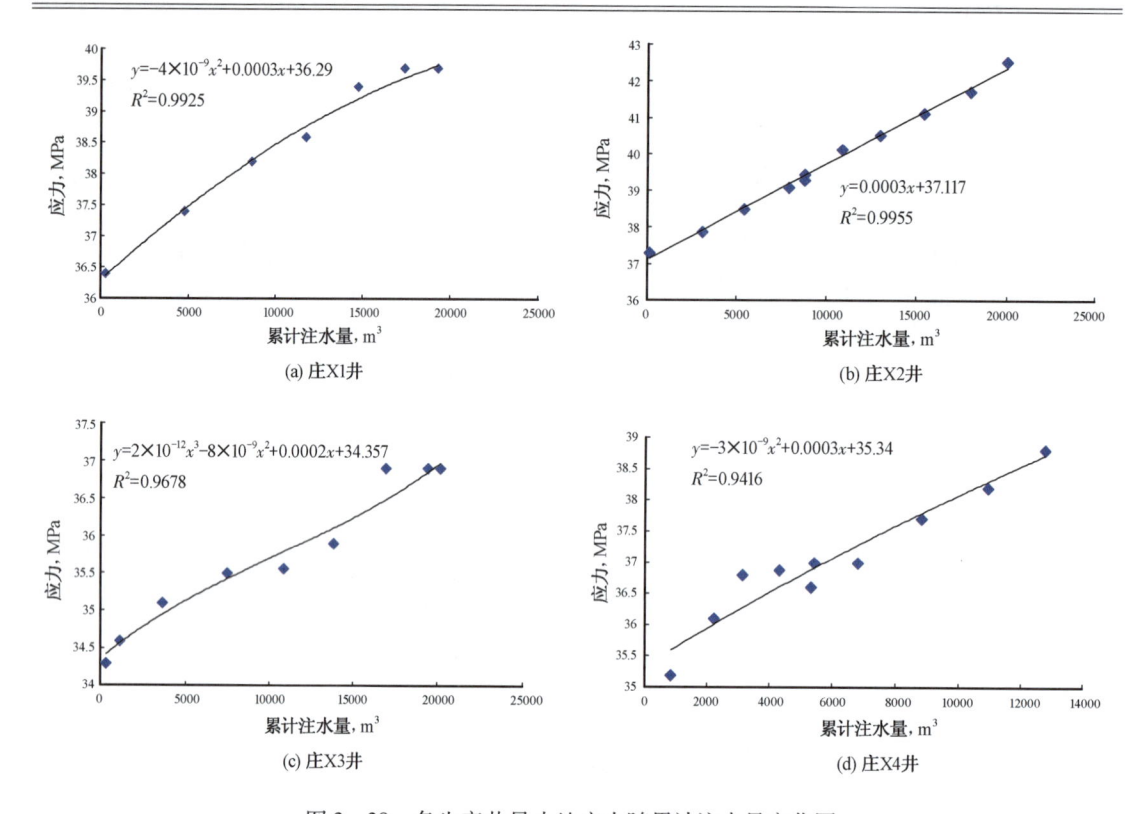

图 3-38　各生产井最小地应力随累计注水量变化图

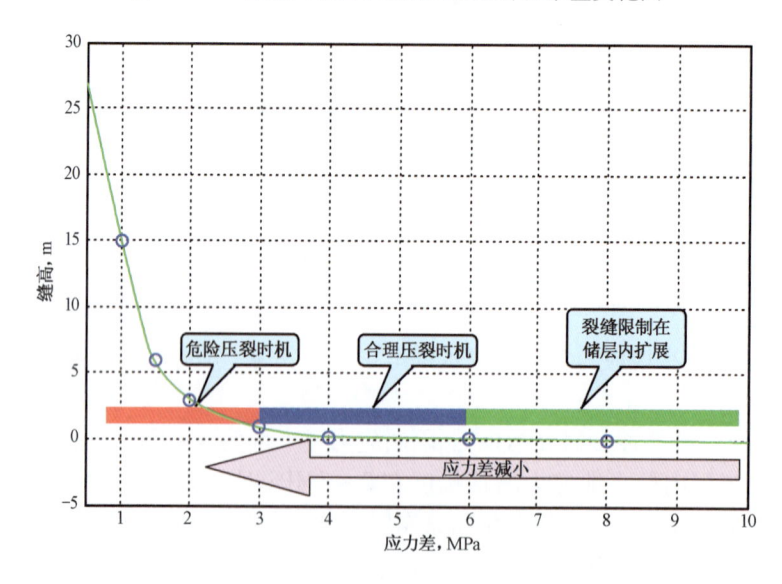

图 3-39　缝高进入隔层距离和应力差的关系

（3）给定区块压裂参数：缝长、导流能力、排量、砂浓度界限。
（4）压裂液配方及配制要求。
（5）支撑剂优选原则。
（6）压裂时机。

第三节 单井压裂优化设计

在开发压裂条件下,具体到每一口单井,优化设计目标是如何实现给定井网条件下整体开发压裂优化结果规定裂缝几何尺寸和空间分布。

麦克奎尔与西克拉(McGuire & Sikora)于1960年用电模型研究垂直裂缝条件下增产倍数与裂缝几何尺寸、导流能力的关系(图3-40),对于超低渗透油藏压裂设计有重要指导意义。

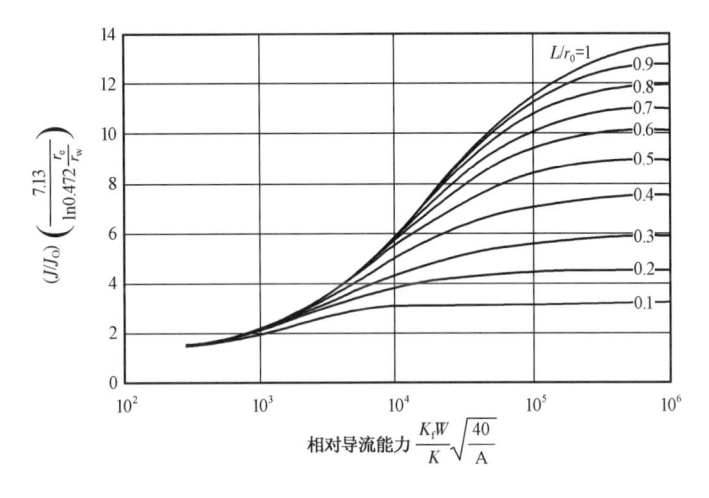

图3-40 麦克奎尔与西克拉增产倍数曲线

由图3-40可以看出,对超低渗透储层,应以提高缝长为主;对高渗储层,应以增加导流能力为主。对一定的裂缝长度,存在一个最佳的裂缝导流能力。

一、压裂优化设计关键参数

随着压裂基础理论的发展与完善,国内外用于压裂优化设计的先进软件较多,为压裂工程师提供了方便快捷的设计手段。要搞好优化设计,只用好设计软件是不够的,还需要对优化设计模型及一些关键影响因素有深刻理解。

(一)优化设计模型

压裂设计模型一般包括应力应变关系、裂缝扩展模型、流动方程和连续性方程。

裂缝扩展模型用于描述裂缝扩展的形态,用于模拟水平裂缝的典型模型为Radil模型。对于垂直裂缝二维模型,假定裂缝高度不变,比较典型的为KGD和PKN模型(图3-41)。两者的主要区别在于处理平面应变的方法不同:KGD模型基于水平平面应变,裂缝的变形独立于上下层,相当于裂缝在储层边界处产生完全滑移;PKN模型基于垂直平面应变假设,垂直剖面的变形与其他因素无关,在缝长远大于缝高条件下成立。另外,PKN模型未考虑裂缝端部效应的影响,因此,计算的裂缝宽度小、长度大;二维模型理论成熟、计算简单、方便实用,缺点是认为裂缝高度随时间和位置不变,未能反映真实的情况。

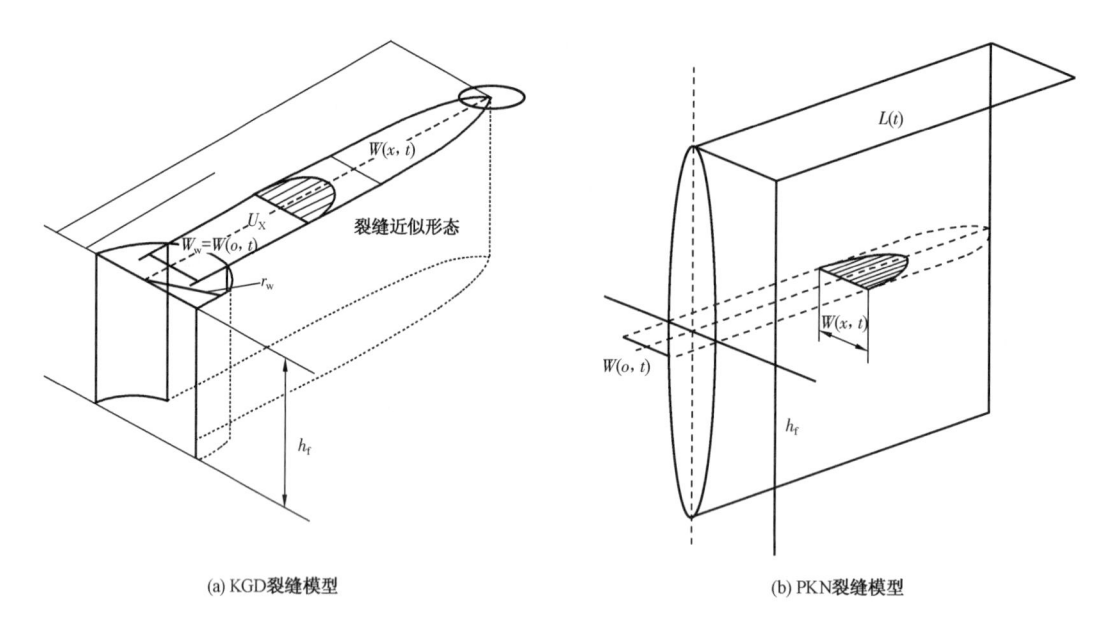

(a) KGD裂缝模型　　　　　　　　　　　　　(b) PKN裂缝模型

图3-41　典型二维模型

　　拟三维模型是在二维模型基础上，将缝高作为可变量描述，考虑垂向流动的影响，认为裂缝向三维方向扩展，流体一维流动。目前，国外形成以 Van Eekelen、Advani、Cleary 与 Settari、palmer 为代表的四种拟三维裂缝模型。

　　随着数值分析技术的发展，三维模型被广泛应用，考虑三维应力分布和缝内流体的二维流动，裂缝高度由井筒到缝端是变化的（图3-42）。目前，国外提出以 Clifton 和 Abou – Sayed、Cleary 为代表的两种全三维模型。

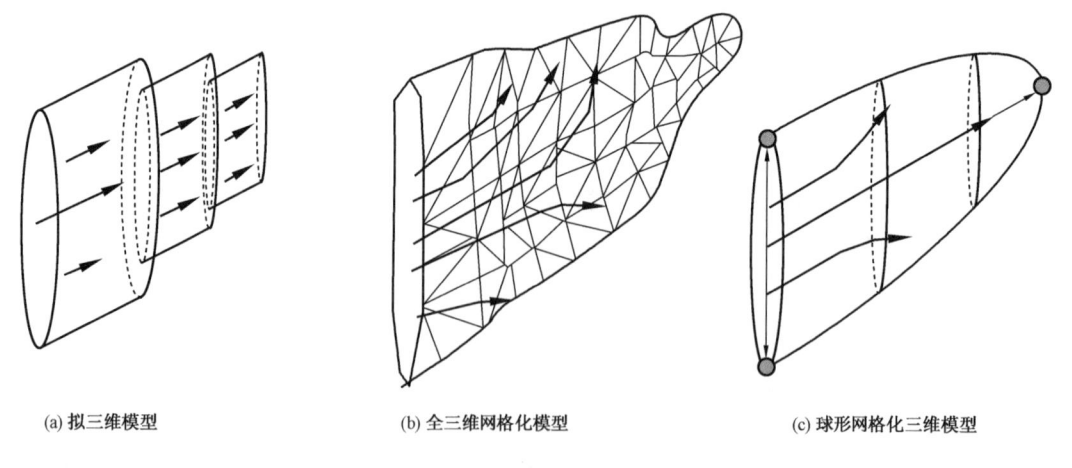

(a) 拟三维模型　　　　　　(b) 全三维网格化模型　　　　　　(c) 球形网格化三维模型

图3-42　三维压裂扩展模型

　　不论选择哪种模型，都需要大量的资料数据来验证和优化修正，三维压裂模型往往需要的数据量更大。在矿场应用时，获得足够量的、准确可靠的第一手资料比模型选择本身更为重要。由于全三维裂缝模型的复杂性，计算工作量很大，不太适用矿场应用，主要用于检验各种拟三维模型的精度和研究各种参数对压裂施工结果的影响。

(二)常用压裂优化软件

目前用于压裂设计的软件主要有 Gohfer、MFrac、FracproPT、Stimplan、TerraFrac 等。

1. Gohfer 软件

Gohfer 真三维压裂与酸化设计和模拟软件是 Stim – Lab 研制开发的压裂酸化设计分析专用软件。采用三维网格结构算法,动态计算和模拟三维裂缝的扩展,充分考虑了地层各向异性多相多维流动、支撑剂输送、压裂液流变性及动态滤失、酸岩反应等有关因素,能够计算和模拟多个射孔层段的非对称裂缝扩展和复杂裂缝形状。因此在一定程度上说 Gohfer 软件像是一个油藏分析描述软件,相比而言,软件操作较为复杂,要求操作人员需要丰富的操作经验,目前主要用于研究和理论分析。

2. MFrac 软件

MFrac 软件是美国 Meyer&Associates 公司研制的一种用于压裂/酸压工程设计和分析的软件,是目前世界上应用最为广泛的几个软件之一。该软件是一款成熟、可靠且功能齐全的压裂和酸压工程软件,含有多个模块。主要特点是:可实现多层压裂裂缝三维几何尺寸,并实现多裂缝的可视化显示;能自动设计压裂填充和端部脱砂,在疏松油层的压裂填充和端部脱砂技术的相关应用软件中处于领先地位。此软件在国外 BJ、雪佛龙、菲利普、阿莫科等公司得到应用,国内部分油田也有应用。

3. FracproPT 软件

FracproPT 软件是美国 Pinnacle 公司编制开发的压裂设计与分析软件。目前已被各大油田广泛采用。该软件集模拟、设计、分析、优化、产量预测、经济评价和实时监测为一体,具有实时的数据管理和分析功能,其中包括根据实时数据灵活地校正压裂模型。该软件设计模型多、计算灵活,需要用户具有较为丰富的专业知识,可用于压裂的各个环节上。

4. Stimplan 软件

Stimplan 软件是美国 NSI 公司研制开发的一个拟三维压裂设计和分析软件。该软件功能强大,采用拟三维裂缝模型(新版增加全三维模块),并应用有限元网格算法,使结果更接近真实状态。对含有不同油层特性的层间地层结构进行严格计算。直接利用测井曲线得到地层岩石类型、剖面结构参数、分层应力等。

5. TerraFrac 三维水力裂缝模拟软件

TerraFrac 三维水力裂缝模拟软件由美国 TerraTek 公司研制开发,基于弹性力学理论,数学处理严密,因此可以模拟复杂裂缝形状,如"B"形裂缝,而其他拟三维模型则无能为力。由于该软件在理论上较为完善,但计算时间较长,目前主要用于最小主应力较为复杂的地层情况,以及研究院所进行室内深入研究。

另外,还有一些油气作业服务公司专业开发的压裂优化设计软件。总体上各种软件设计功能强大、使用灵活,并各自具有独特的功能(表3 – 9)。

表 3-9 压裂设计软件功能对比

软件	压裂模拟	自动设计	小型压裂分析	压裂防砂模拟	酸化压裂模拟	产能预测	净现值最优化	独特功能
MFrac	√	√	√	√	√	√	√	注水井压裂
FracCADE	√	√	√	√	√	×	√	压裂防砂
Gohfer	√	√	√	√	√	√	√	复杂应力场
TerraFrac	√	×	×	×	×	×	×	复杂裂缝
FracproPT	√	√	√	√	√	√	√	集总模型
Stimplan	√	√	√	√	×	√	√	压力分析防砂

(三)闭合压力

在压裂过程中,压力特征分析是了解地层参数的有效手段,利用小型压裂测试可以确定破裂压力、闭合压力等关键参数,如图 3-43 所示。裂缝闭合压力 p_C 是指当裂缝闭合时,地层施加于裂缝壁面的压力,在理想状况下应等于最小水平主应力 $\sigma_{\min}$。

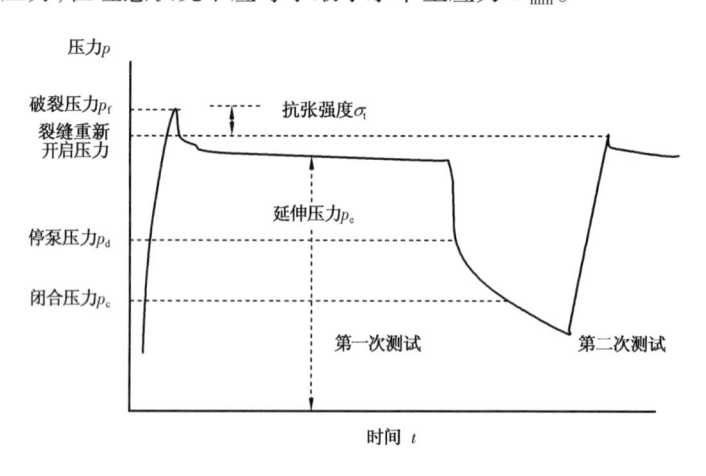

图 3-43 小型压裂测试曲线

确定闭合压力的常用方法有:阶梯注入、关井压降曲线和回流测试,图 3-44(a)和图 3-44(b)是阶梯注入测试及确定方法;图 3-44(c)和图 3-44(d)是注入回流测试及确定方法,在回流测试时应控制好回流速率。

对于超低渗透油藏,压降测试由于渗透性差、液体滤失慢、闭合时间长等问题,所以,长庆油田在试验基础上,探索形成"小液量、两段式、定量控制回流"的测试压裂方法(图 3-45),为超低渗透油藏测试压裂提供了较为简便可靠的手段。

(四)净压力

裂缝内净压力 p_{net} 指裂缝内注入压力与闭合压力的差值,见下式:

$$p_{\text{net}} = p_i - p_c \tag{3-4}$$

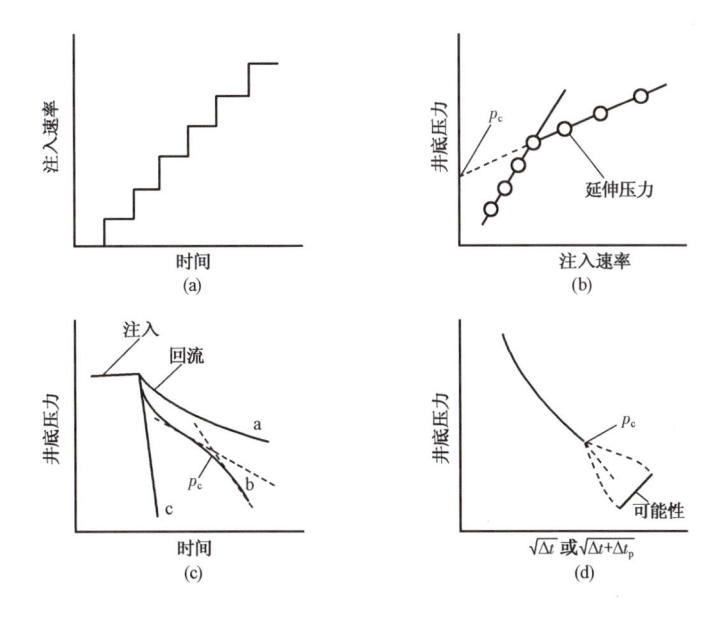

图 3-44 确定闭合压力的测试方法

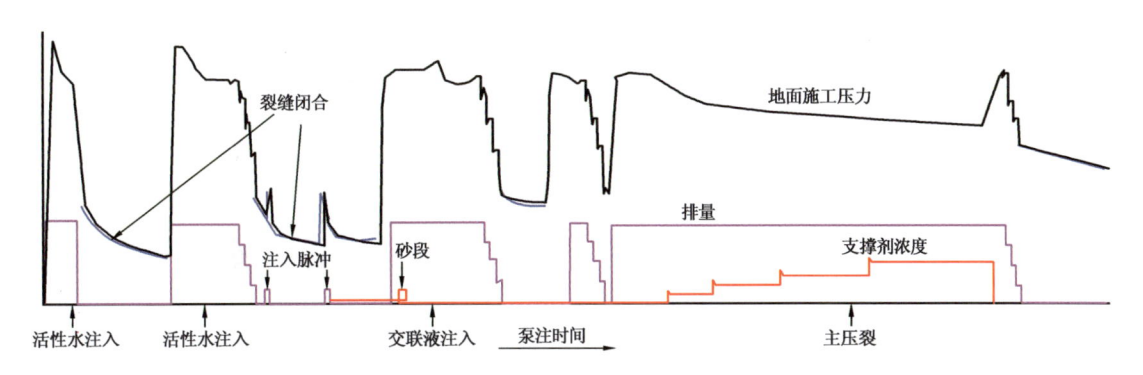

图 3-45 超低渗透油藏测试压裂程序

净压力大小直接影响裂缝几何尺寸(图3-46)。如果净压力过大,裂缝宽度和高度加大,裂缝长度较小;反之,净压力小时,裂缝窄而长。因此,净压力的合理优化与选择,是压裂优化设计的重要内容之一。

压后可通过净压力拟合对裂缝进行诊断,Nolte 和 Smith(1981)给出通过净压力与时间双对数曲线斜率判断裂缝特征的分析方法。参见图 3-47 和表 3-10。

表 3-10 压裂裂缝双对数曲线斜率解释

模　式	双对数斜率	解释结果
Ia	$-1/6 \sim -1/5$	KGD
Ib	$-1/8 \sim -1/5$	径向
Ⅱ	$1/6 \sim 1/4$	PKN

续表

模　式	双对数斜率	解释结果
Ⅲ	比Ⅱ值小	控制缝高延伸/应力敏感裂隙
Ⅳ	0	缝高扩展至隔层/裂隙张开/T形裂缝
Ⅴ	≥1	裂缝扩展受限/端部脱砂
Ⅵ	(-)	缝高扩展失控

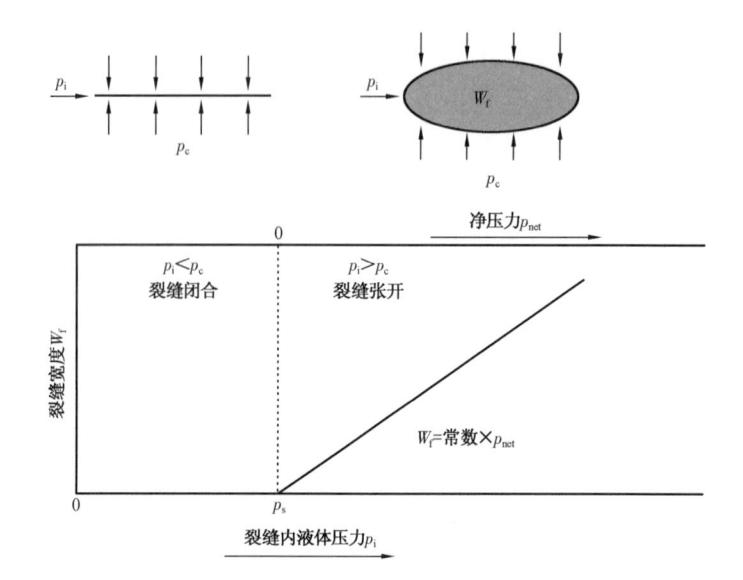

图 3-46　裂缝宽度与净压力关系

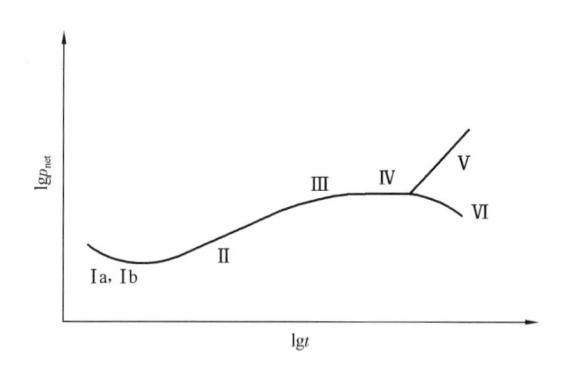

图 3-47　不同裂缝延伸模型下双对数解释特征

（五）无量纲导流能力

无量纲导流能力 F_{CD} 定义为裂缝导流能力与储层渗流能力的比值，见下式：

$$F_{CD} = \frac{K_f W}{K X_f} \tag{3-5}$$

式中　$K_f W$——裂缝导流能力；
　　　K——储层渗透率；

X_f——裂缝半长。

当 $F_{CD}>10$,则认为裂缝为无限导流能力裂缝,在裂缝内无压力损失。在一般情况下,设计无量纲导流能力大于 2 即可。对于超低渗透油藏,由于裂缝渗透率远大于储层渗透率,因此无量纲导流能力数值较大。

（六）近井筒弯曲效应

近井筒弯曲效应是指在近井筒处射孔孔眼与主裂缝通道弯曲造成的附加压力损失,如图 3-48 所示,裂缝弯曲在施工开始时影响最大,随着施工进展其影响逐渐减小。在定向井压裂时,弯曲摩阻有时会较大,通常可以通过前置液阶段注入支撑剂段塞,克服裂缝弯曲效应。

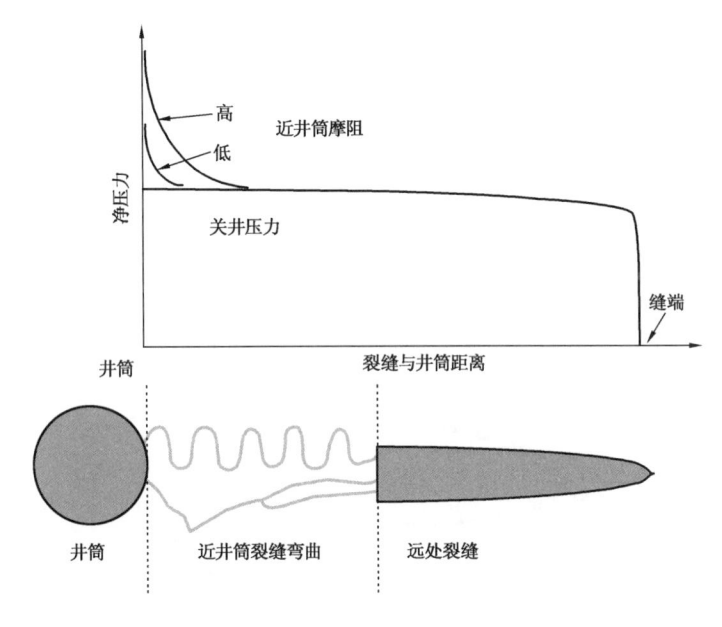

图 3-48 近井筒裂缝弯曲效应

裂缝弯曲效应可以通过阶梯降排量测试进行分析,见图 3-49。近井筒处液体进入裂缝的摩阻,主要包括孔眼摩阻和弯曲摩阻。孔眼摩阻与排量平方成正比,弯曲摩阻与排量的平方根成正比,可通过测试曲线拟合确定比例常数。测试时,每步按排量 1/5~1/3 逐渐降低泵注排量直至为 0,每一步保持排量稳定 15~20s 至压力稳定。在实际施工时,通常通过逐次关掉 1~2 个泵来实现。

（七）端部效应

裂缝端部效应对于压裂设计较为重要。它影响到裂缝几何形态和模型选择（图 3-50）。因此,在研究水力压裂理论过程中,许多学者进行了大量深入的研究与实验,观点也不尽相同。

裂缝端部受力状况非常复杂,弹性断裂力学常用断裂韧性 K_{IC} 来描述,如第二章所描述的,可通过室内实验测定。经研究表明,K_{IC} 不是一个常数,受尺寸效应等复杂因素的影响,要准确确定端部效应非常困难。现场水力压裂常用表观断裂韧性来表征,通常认为在裂缝端部存在一个液体滞留区（图 3-51）,由于岩石非弹性变形、压力扰动和微破裂因素,现场端部效应值一般大于室内测定值。

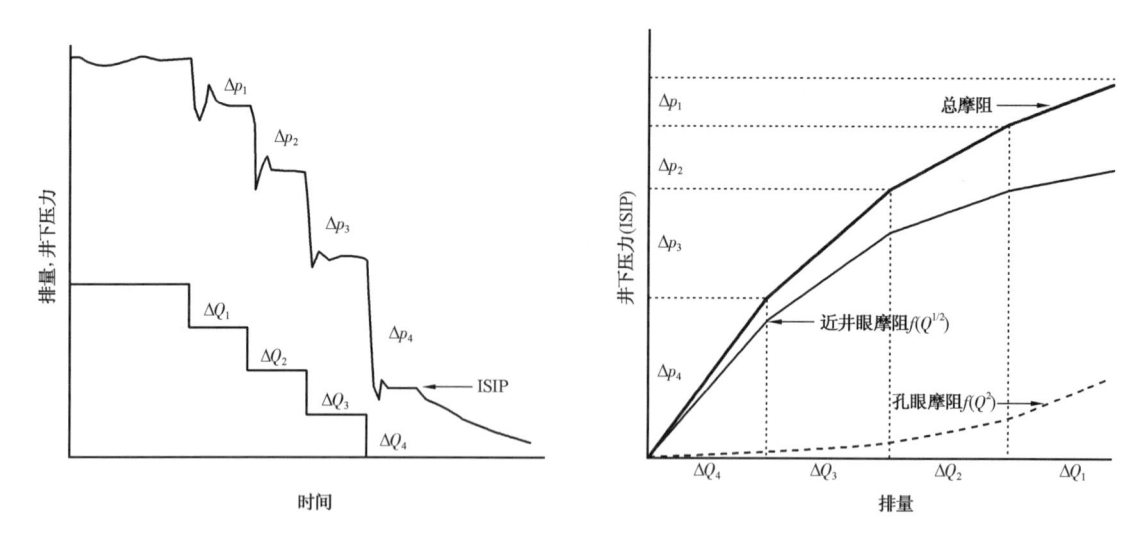

图 3-49　采用阶梯降排量测试确定孔眼和近井筒弯曲摩阻

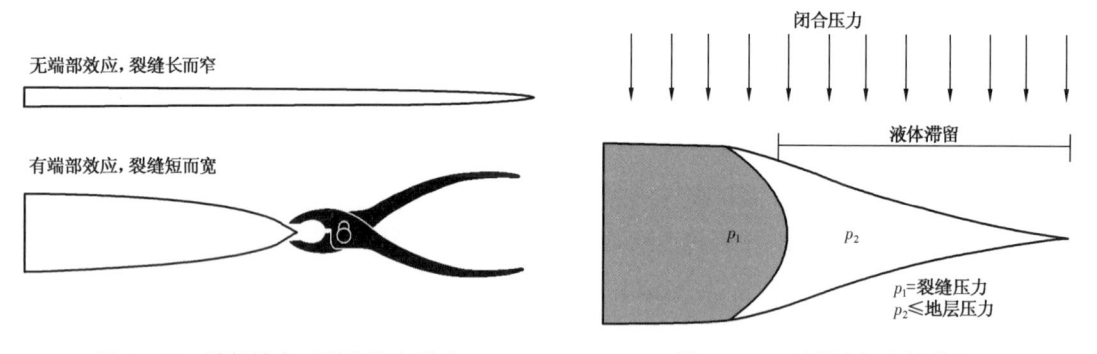

图 3-50　端部效应对裂缝形态影响

图 3-51　裂缝端部液体滞留区

Shlyapobersy 等推荐一种现场确定表观断裂韧性的方法,假设关井后裂缝即停止延伸,且液体流动相应停止,可通过净压力确定计算 K_{ICa}:

$$K_{ICa} = \alpha_g p_{net} \sqrt{R_{eff}} \tag{3-6}$$

式中　R_{eff}——PKN 裂缝的半缝高或裂缝半径;
　　　α_g——形状系数,与裂缝几何形状有关,对于扁平缝为 0.64。

(八) 多裂缝效应

多裂缝效应(图 3-52)是需要考虑的一种复杂情况。由于射孔不完善、井斜、微裂缝存在等原因,在某些地区,多裂缝效应在优化设计时是重点考虑因素之一。

是否存在多裂缝效应,对于裂缝长度和宽度有重要影响(图 3-53)。当考虑多裂缝和端部效应时,裂缝形态和尺寸发生明显变化。现场可通过测试净压力拟合方法确定多裂缝效应,对于优化设计有重要指导意义。

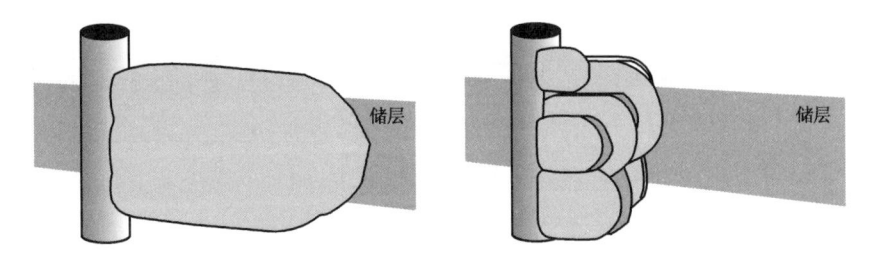

图 3-52　多裂缝效应示意图

类　型	裂缝半长, ft	多裂缝	缝宽, in
无多裂缝,端部影响	133	1	1.90
多裂缝,无端部影响	126	80	0.02
多裂缝,端部影响	133	29	0.06

宽裂缝,支撑剂无阻碍进入裂缝　　裂缝窄,影响支撑剂进入裂缝　　裂缝相对较宽,能接纳支撑剂进入裂缝

图 3-53　多裂缝与端部效应对设计结果的影响

二、单井优化设计的内容和步骤

在开发压裂的背景下,单井优化设计目标与常规不同,更应关注如何实现整体开发压裂优化设计给定的裂缝尺寸,以及井网条件下在储层中的合理布置。对于给定区块,通过压前地质评价,加强对影响单井产量关键因素的分析;开展室内评价实验,确定岩石力学参数、压裂液、支撑剂性能;结合测试压裂,优化设计模型及关键特征参数,建立区块设计模板;结合实钻井资料,进行单井优化设计与实施,确保压裂裂缝在储层中按总体参数框架有效布放;进行现场裂缝监测与压后分析,确定压后效果并指导下一步设计。单井优化设计的流程参见图 3-54。

三、设计实例

以长庆油田 K73-20 井为例,阐述单井优化设计方法。该井为一口角井,油层埋深 2672m,油层厚度 19.7m,孔隙度 10.6%,岩心分析渗透率 0.43mD。测得该区砂泥岩应力差 5.3MPa,杨氏模量 20813MPa,泊松比 0.21。区块采用菱形反九点井网(480m×150m)开发,根据开发压裂优化设计要求,裂缝导流能力为 20D·cm,角井穿透比为 0.55(裂缝半长 132m)。下面以该区开发压裂优化设计要求,阐述 K73-20 井单井方案优化设计。该井综合测井曲线见图 3-55。

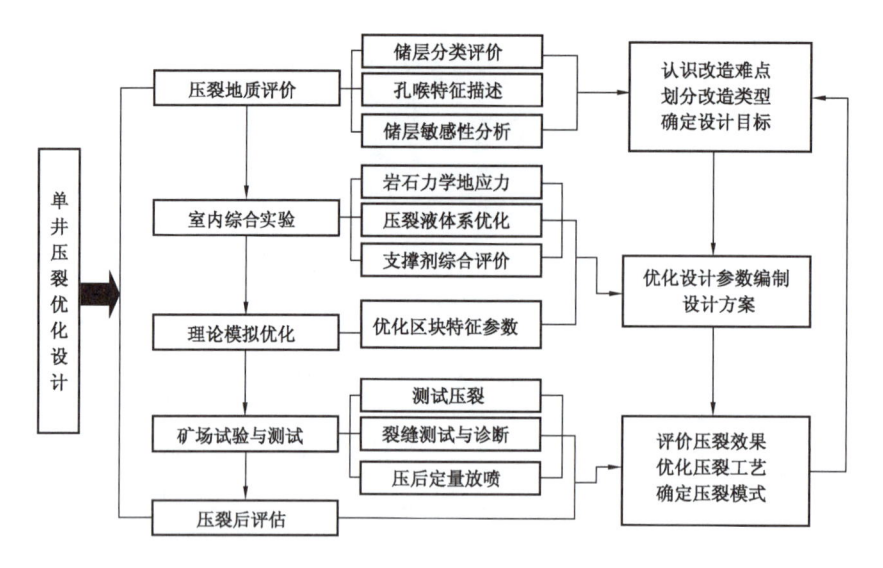

图 3–54　单井优化设计框图

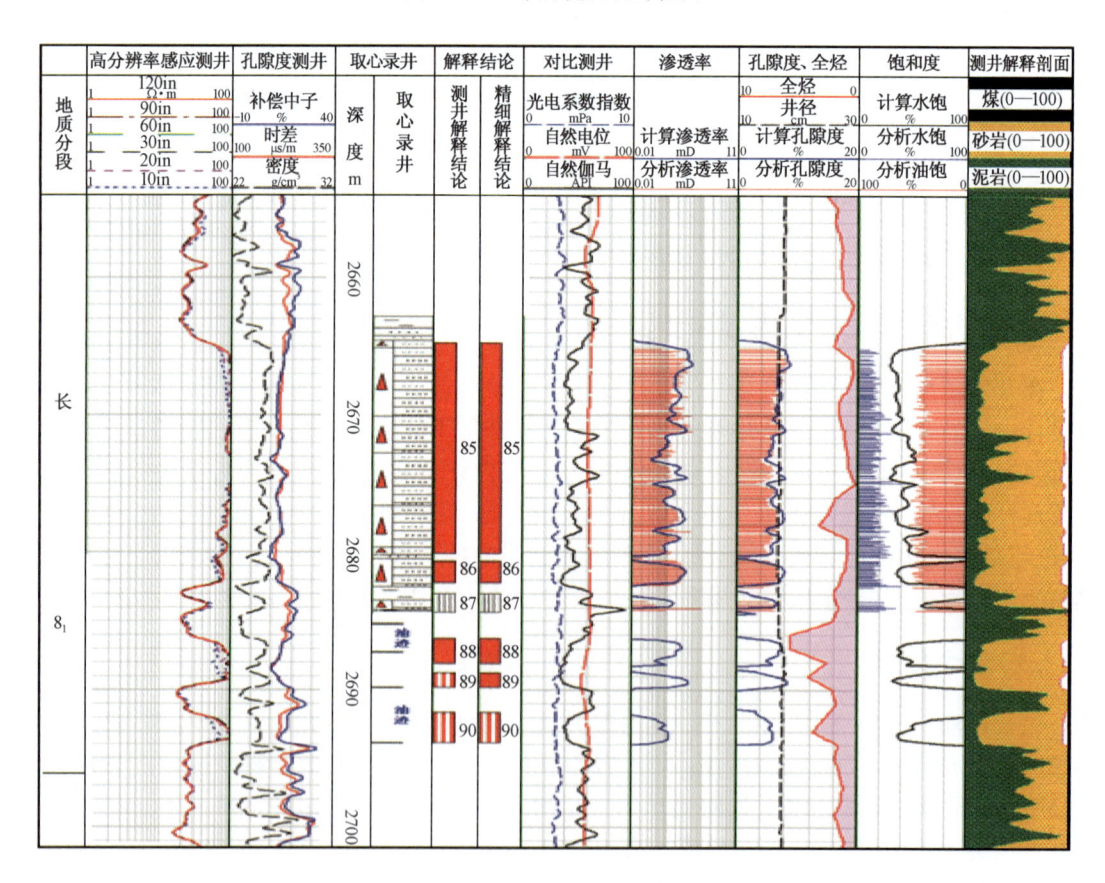

图 3–55　K73–20 井综合测井曲线

(一)测试压裂分析

为获取压裂优化设计所需的重要参数,比如:裂缝的闭合压力、闭合时间、压裂液在地层中的滤失系数、地层有效渗透率、裂缝弯曲效应、天然裂缝发育情况及产生的多裂缝情况等,在主压裂优化设计前,需要进行测试压裂及分析解释。

1. 地层闭合应力分析

通过测试压裂分析获取闭合应力的方法,一般是根据停泵后的压力—时间数据,采用平方根曲线法、G 函数曲线法、双对数曲线法,确定闭合应力、闭合应力梯度、闭合时间等参数,根据三种方法确定的相关值,取平均值作为闭合应力分析值。

图 3-56~图 3-58 是 K73-20 井闭合应力分析解释曲线。

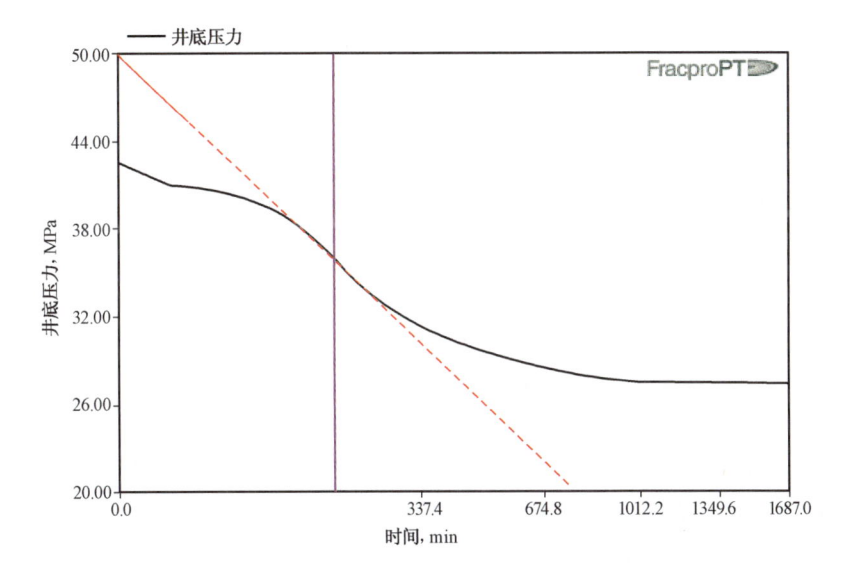

图 3-56　K73-20 井活性水测试闭合应力平方根曲线解释

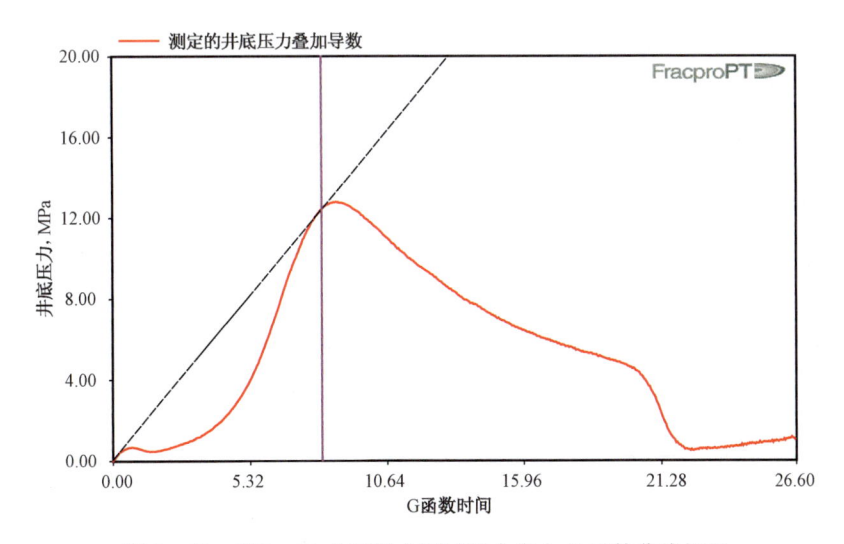

图 3-57　K73-20 井活性水测试闭合应力 G 函数曲线解释

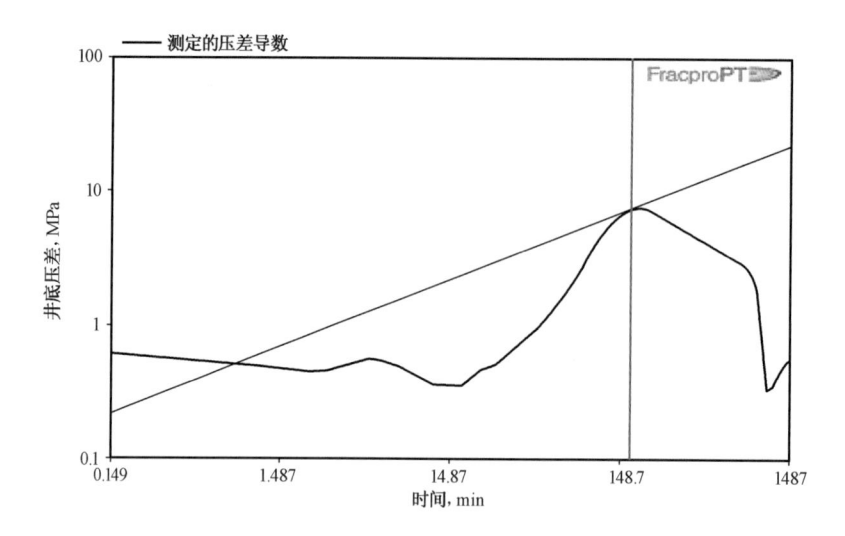

图 3-58　K73-20 井活性水测试闭合应力双对数曲线解释

综合解释分析，K73-20 井闭合应力为 36.4MPa，闭合应力梯度为 0.0139MPa/m。

2. 裂缝弯曲效应分析

裂缝弯曲效应分析，一般是通过分析降排量测试曲线而实现的。在降排量测试阶段，由于每阶段测试时间短，认为缝内压力相对不变，井底压力的变化是因裂缝进入摩阻的变化而变化。如果小型压裂显示裂缝弯曲摩阻较高（10MPa 以上），有必要采取补救措施，比如加入一或两节支撑剂段塞之后，若排量降台阶测得弯曲摩阻降低，说明措施有效，主压裂加砂不存在困难，前置液体积可适当减小，末砂比可适当增加。准确分析近井筒弯曲摩阻非常有意义，因为近井筒弯曲摩阻如果较高，也往往暗示着压裂裂缝的复杂程度。

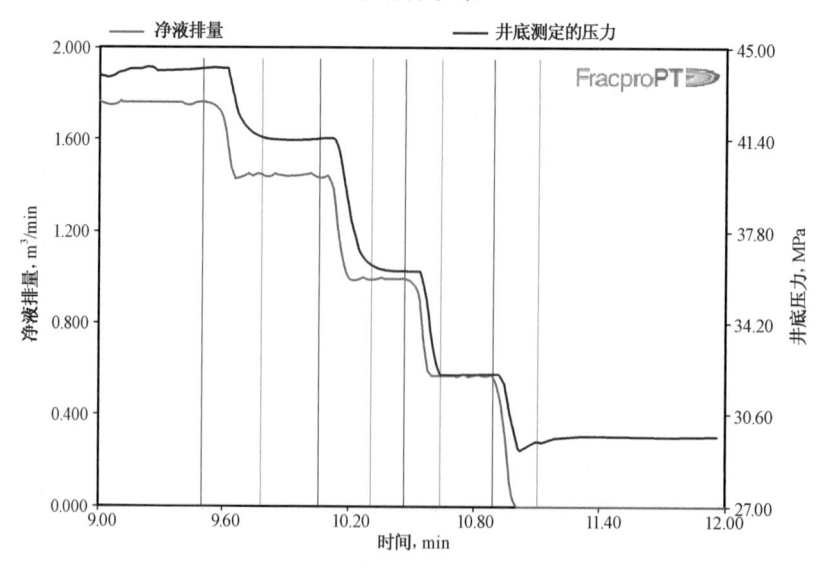

图 3-59 是 K73-20 井裂缝弯曲效应分析曲线。

图 3-59　K73-20 井活性水测试射孔及近井筒摩阻解释

K73-20井注活性水阶段的射孔孔眼摩阻和近井筒弯曲摩阻解释结果显示,射孔摩阻1.47MPa,弯曲摩阻1.64MPa,入口总摩阻为3.11MPa。表明射孔孔眼摩阻和近井筒摩阻都比较小,对后期主加砂压裂不会产生大的影响。

3. 有效渗透率分析

只有在获得储层的闭合应力和摩阻以后,才能进行净压力拟合,通过净压力的拟合可以获得对储层有效渗透性的认识。

图3-60是对K73-20井活性水测试阶段模拟计算净压力与施工测定净压力的拟合。

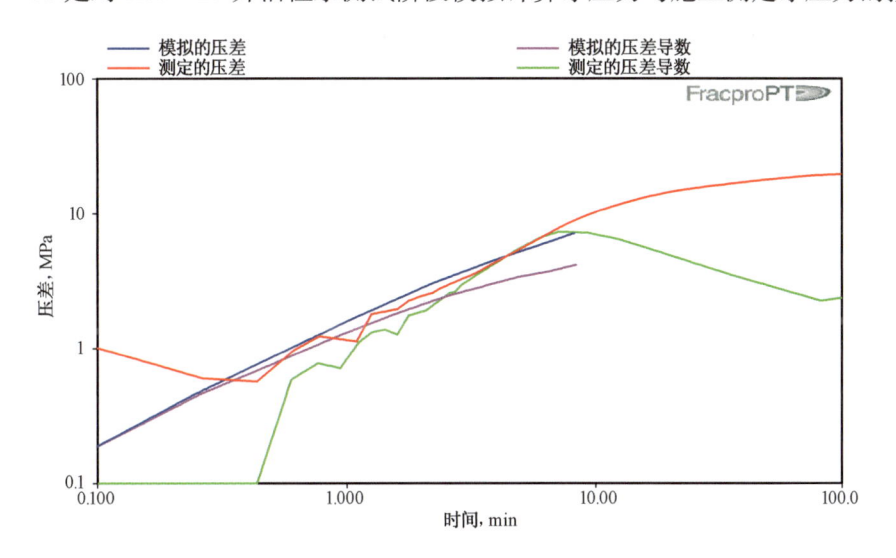

图3-60　K73-20井活性水渗透性的拟合解释

K73-20井测试压裂拟合储层有效渗透率为0.106mD。

4. 压裂液综合滤失系数分析

通过对交联压裂液测试阶段模拟净压力与测定净压力的拟合,可以认识压裂液体系在储层中的综合滤失特征。图3-61是K73-20井交联压裂液测试阶段净压力拟合曲线。

K73-20井拟合压裂液在储层的综合滤失系数为$2.35 \times 10^{-4} \mathrm{m/min}^{0.5}$。

5. 多裂缝分析

一般通过井底压力—时间的G函数曲线分析、净压力拟合可以获得对压裂多裂缝特征的认识,K73-20井G函数曲线分析及净压力拟合结果均显示,该井压裂未产生多裂缝,拟合多裂缝条数为1条。

(二)主压裂方案优化设计

测试压裂分析表明,该区油层渗透率低,压裂液在地层的滤失低。因此,对该区低渗、低滤失储层,主压裂设计应采用较大的规模,以取得较长的缝长和较大的泄油体积;采用较小的前置液和增加高砂比段注入时间,以减小支撑剂的下沉;压后定量控制放喷,以缩短裂缝闭合时间的总体方案。

在测试压裂获取压裂优化设计重要参数的基础上,以该区开发压裂优化参数为目标,运用

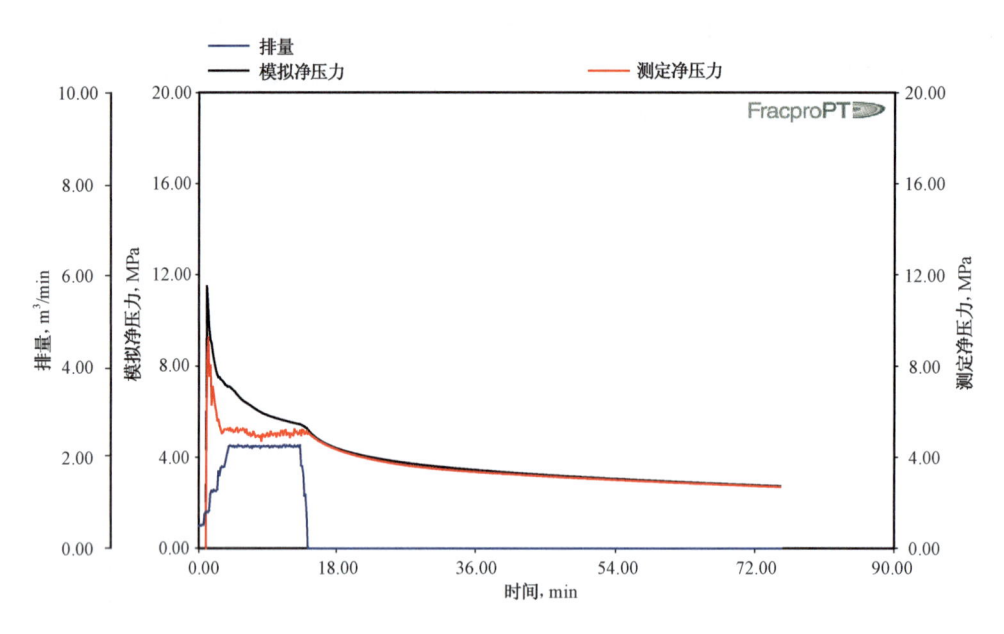

图 3-61　K73-20 井压裂液滤失性的拟合解释

FracproPT 压裂设计软件对 K73-20 井进行主压裂方案优化设计。优化设计模拟计算结果及裂缝剖面图参见表 3-11 ~ 表 3-14 和图 3-62。

表 3-11　裂缝几何形态概要

裂缝半长,m	144	支撑裂缝半长,m	132
裂缝总高,m	35	支撑裂缝总高,m	28
裂缝顶部深度,m	2656	支撑裂缝顶部的深度,m	2658
裂缝底部深度,m	2691	支撑裂缝底部的深度,m	2686
平均铺砂浓度,kg/m²	6.8	携砂液效率	0.62

表 3-12　裂缝导流能力概要

平均导流能力,D·cm	22.7	平均裂缝宽度,cm	0.65
无量纲导流能力	3.47	地层参考渗透率,mD	0.21
支撑剂伤害系数	0.50	支撑剂渗透率,mD	219224

表 3-13　压力概要

模拟计算的净压力,MPa	4.34	井底裂缝闭合应力,MPa	35.9
静水柱压力,MPa	26.5	平均地面压力,MPa	26.1

表 3-14　施工参数概要

泵注净液总量,m³	134.2	支撑剂泵注总量,t	77.8
泵注携砂液总量,m³	171.6	裂缝内部支撑剂总量,t	77.8
前置液体积,m³	21.0	前置液百分比,%	16.0

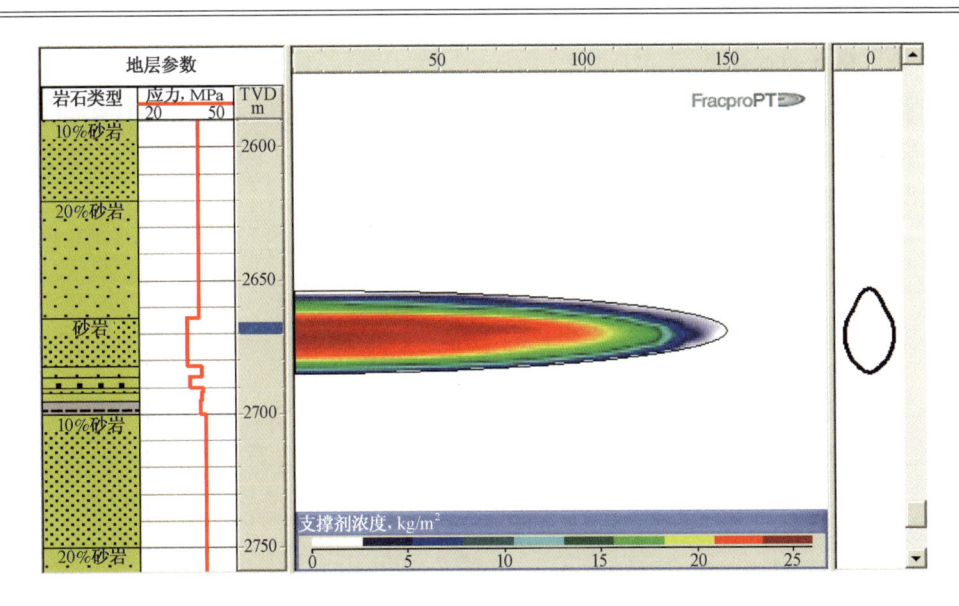

图 3-62　K73-20 井压裂优化模拟裂缝剖面图

该井设计裂缝半长 132m,缝高 28m,导流能力 20D·cm,设计施工加砂 48m³,排量 2.2m³/min,砂比 36.0%,前置液比例 16%。根据设计目标及施工参数,做好泵注程序设计,实施方案,并加强现场施工质量控制。

(三)净压力拟合分析

净压力拟合的主要目的是通过测试净压力与计算净压力的拟合,间接地了解水力裂缝的扩展情况,评价压裂施工效果。K73-20 井主压裂现场施工顺利,施工加砂 47.8m³,排量 2.31m³/min,砂比 36.3%。通过净压力拟合(图 3-63),拟合裂缝支撑缝长为 126m,裂缝支撑缝高为 30.1m,裂缝平均宽度为 0.54mm。

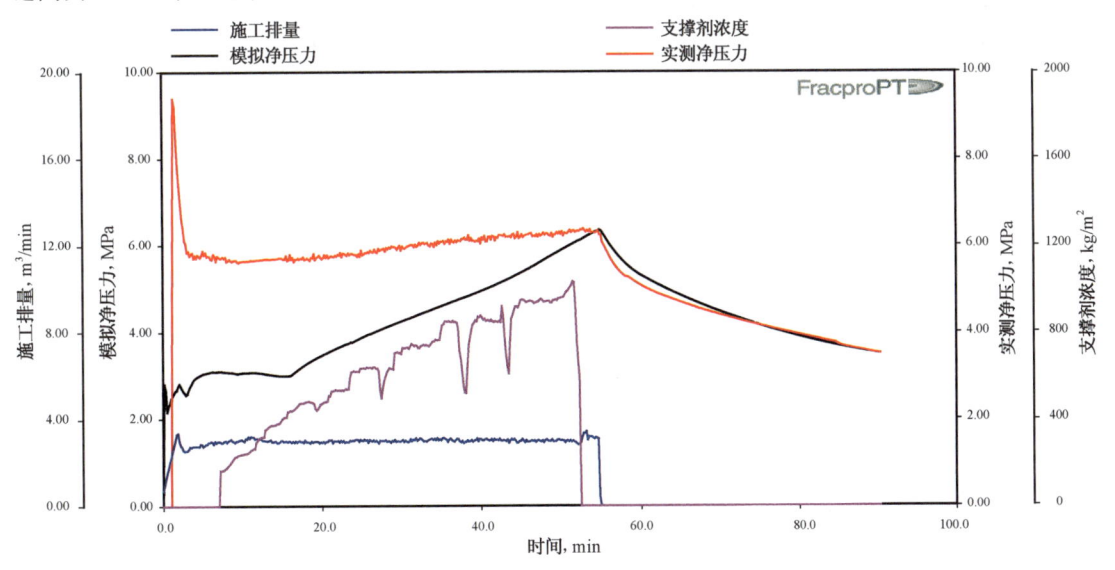

图 3-63　K73-20 井主压裂施工净压力拟合曲线图

(四)现场裂缝测试结果

为更直接地了解主压裂裂缝扩展情况,评价压裂效果,对 K73-20 井主压裂进行了井下微地震裂缝监测及解释,监测结果显示,裂缝半长 121m,缝高 33.4m,裂缝平均宽度 7.3mm。基本达到设计要求,压裂施工取得预期效果(图 3-64)。

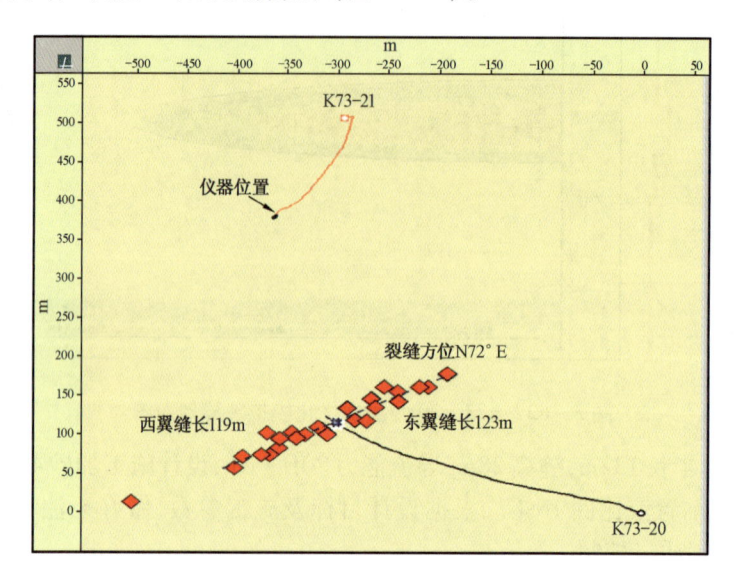

图 3-64　K73-20 井井下微地震压裂裂缝监测结果

(五)小结

对比分析 K73-20 井主压裂优化设计参数与净压力拟合及现场裂缝测试结果,通过现场实施单井压裂优化设计,取得较好的效果,基本达到开发压裂对储层改造的要求。方案实施结果与方案设计的符合率达 90% 以上(表 3-15)。

表 3-15　主压裂设计参数与压后裂缝分析及测试结果对比

项目	砂量 m³	砂比 %	排量 m³/min	缝长 m	缝高 m	平均缝宽 mm	导流能力 D·cm	符合率
设计参数	48.0	36.0	2.40	132	28.0	6.5	20	—
拟合结果	47.8	36.3	2.31	126	30.1	5.4	23	94%
现场测试	47.8	36.3	2.31	121	33.4	7.3	26	92%

第四章 压 裂 液

压裂液是输送支撑剂到储层内水力裂缝的介质,是压裂技术的重要组成部分。选择高效经济的压裂液体系,对于确保压裂效果具有重要意义。伴随低渗致密油气藏的开发进程,压裂液作为压裂技术发展的重要标志,不断创新,性能大幅提高,单井液体用量纪录不断突破,已发展成为一项专有技术,促进了压裂技术整体水平的提高。

第一节 超低渗透油田对压裂液性能的要求

常用压裂液,从类型上可分为水基压裂液、油基压裂液、泡沫压裂液等。水基压裂液性能稳定、成本较低,应用范围广泛。目前世界上80%以上所用的压裂液都为水基压裂液。对于低压、强水敏储层,油基和泡沫压裂液有较好的适用性,参见表4-1。

表4-1 压裂液类型及用途

基液	类型	主要成分	用途
水基	线性液	交联水,瓜尔胶,HPG,CMHPG,HEC	短裂缝,低温
	交联液	交联瓜尔胶/HPG/CMHPG/CMHEC	长裂缝,高温
泡沫	水基泡沫	水+发泡剂+N_2/CO_2	低压储层
	酸基泡沫	酸+发泡剂+N_2	低压水敏储层
	醇基泡沫	醇+发泡剂+N_2	低压水锁储层
油基	线性液	油/交联油	水敏储层,短裂缝
	交联液	磷胺酯交联液	水敏储层,长裂缝
	水外相乳化液	水+油+乳化剂	防滤性能好

压裂液性能是考察压裂液优劣的重要指标,无论选用哪一种类型压裂液,都需要满足以下性能要求:
(1)与储层岩石和地下流体配伍性好;
(2)具有良好耐温抗剪切性能;
(3)低伤害性能;
(4)滤失小以形成一定裂缝宽度和体积,以保证支撑剂加入;
(5)在施工过程中保持高黏状态,并在压后能够破胶;
(6)低摩阻;
(7)具有良好经济性。

对于超低渗透油气田,由于储层物性差、孔喉半径小、黏土含量高,在常规评价流变性能、滤失性能等基础上,伤害性能成为影响压裂效果的关键敏感因素,需要重点关注。相比裂缝内的伤害,因压裂液滤失造成的地层伤害更是研究的重点(图4-1)。一般而言,地层伤害主要机理有微粒运移、水锁、沉淀、乳化、润湿性改变等,高岭石(典型小于4μm的硅酸盐)等黏土矿物发生微粒运移堵塞喉道;膨胀性黏土如蒙皂石和其混合物吸水膨胀约6倍,大大降低渗透率;外来液体进入,造成水锁伤害;液体与地层不配伍,产生结垢或沉淀物;外来液体冷却使温度、压力变化,引起地层原油重烃析出沉淀,产物主要为石蜡、沥青质、焦油;两种或多种不相溶液体形成乳化,造成流动阻力增加;改变储层润湿性,影响返排和油气流动等。

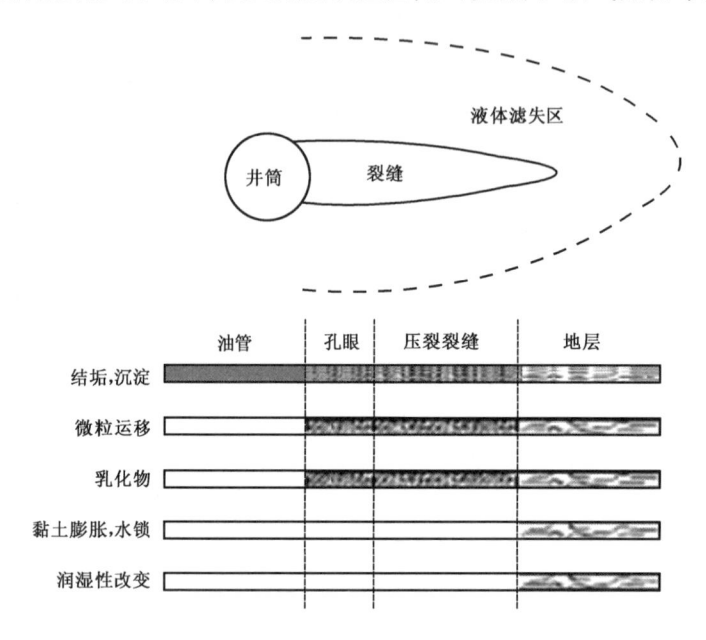

图4-1 压裂液可能对地层造成的伤害

常用的水基压裂液体系有瓜尔胶压裂液、纤维压裂液、表面活性剂压裂液等。常用水基压裂液体系配方,主要包括稠化剂、交联剂、破胶剂、黏土稳定剂、助排剂、杀菌剂等。

一、稠化剂

目前国内外大量使用瓜尔胶压裂液。瓜尔胶是一种天然植物胶,是由甘露糖和半乳糖组成的长链高分子聚合物,甘露糖和半乳糖之比为1.6~1.8:1,产地主要在巴基斯坦和印度。其分子结构如图4-2所示。

瓜尔胶原粉相对水不溶物含量为6%~8%,通过环氧丙烷处理改性,形成羟丙基瓜尔胶(HPG),使水不溶物含量降为2%~4%。近年来,另一种瓜尔胶衍生物为羧甲基羟丙基瓜尔胶,除含有羟丙基官能团外,还包含有羧酸取代基,可实现弱酸性条件下交联,因其水不溶物含量更低,在超低渗透油田有较好的应用前景。

常用的纤维素压裂液有:羟乙基纤维素(HEC)或羟丙基纤维素(HPC),主链由葡萄糖单体组成,相比于瓜尔胶难以交联。加入羧甲基改性后,形成羧甲基羟乙基纤维素(CMHEC),在pH=4~6条件下,与铝、锆等金属离子交联。

近年来飞速发展的一类压裂液为黏弹性表面活性剂,比较典型的有一种长链脂肪酸的四

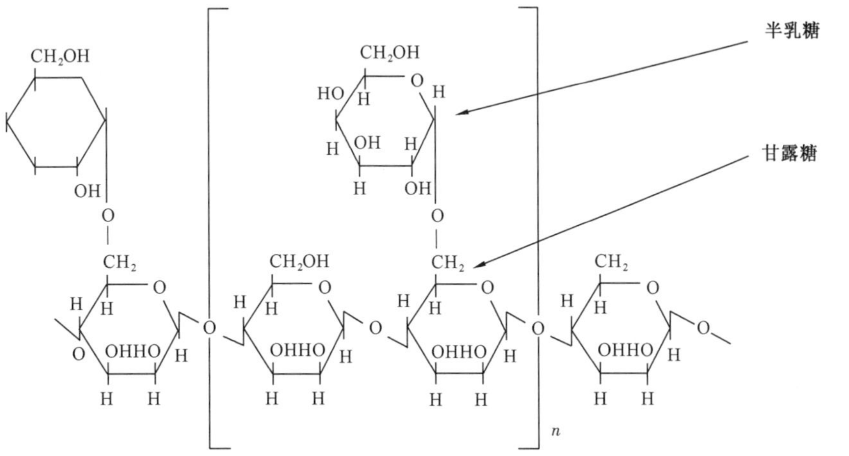

图 4-2 瓜尔胶的分子结构

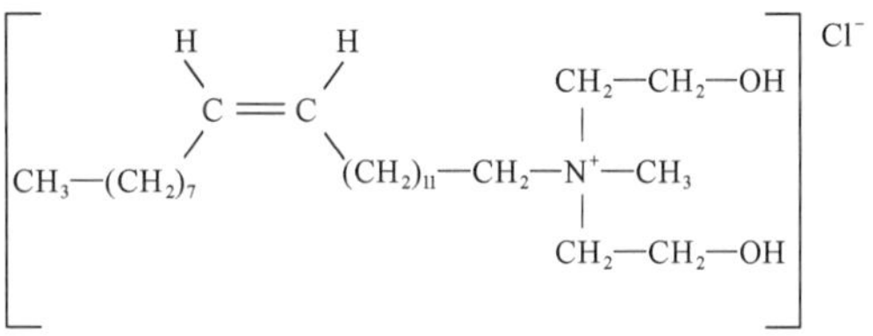

价铵盐(图 4-3)。加入到水中后缔合形成胶束结构,亲水基在外部与水相接触,憎水基为内核与水相隔离。VES 表面活性剂对温度较为敏感,现场应用往往受此限制。其破胶通过与烃类或水稀释,黏度大幅下降,无需破胶剂。VES 表面活性剂的另一特点是无残渣,对裂缝伤害低。近年来形成了阴离子、阴离子—非离子表面活性剂压裂液,在低渗油田改造中取得较好效果。

图 4-3 典型黏弹性表面活性剂分子结构

二、交联剂

水溶性聚合物可以用交联剂形成高黏凝胶提高携砂性能,要求交联具有可逆性,在压裂时形成交联,压后及时破胶,容易返排。常用交联剂为一些金属离子化合物,如硼酸盐、钛、锆等化合物以及有机硼等。交联机理主要是通过金属离子与半乳糖支链的羟基反应,形成网状结构提高压裂液黏性(图 4-4)。

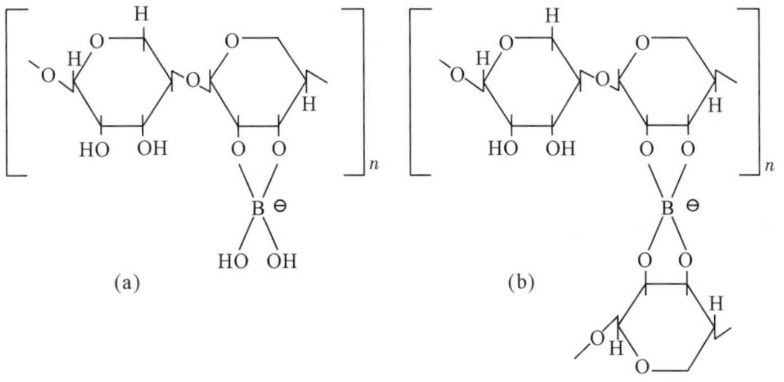

图 4-4 瓜尔胶交联机理示意图

通常瓜尔胶类压裂液在碱性条件下交联性能和热稳定性好,最佳pH值为9~12,现场常用NaOH作为交联稳定剂改变pH值,以提高压裂液交联性能。同时,压裂凝胶在剪切和温度提高条件下发生降解,使黏度大大降低。因此在交联剂选择时应考虑交联剂类型、剪切速率、地层温度等因素,表4-2是常用交联剂基本性能。

表4-2 常用交联剂性能

指 标	硼	钛/锆
温度,℃	150	200
交联	可逆	永久
剪切降解	无	剪切敏感
交联速率	变化	变化
pH值范围	3~11	高温:10;低温:5

可以通过控制金属离子与聚合物反应速度、交联剂溶解速度或某些激活剂,控制交联速度和时间,提高液体耐温抗剪切性能,降低液体的摩阻。每种压裂液均有匹配的交联剂浓度和配比优化范围,现场通常根据聚合物类型和浓度、pH值、地层温度、支撑剂浓度等因素,确定合理交联剂类型、浓度和配比。

三、破胶剂

破胶剂主要有氧化剂和生物酶两种类型。最常用的氧化类破胶剂是过硫酸铵等过硫酸盐,通过热解生成活跃的硫酸自由基侵入聚合物并破坏链条结构,使其降解破胶:

$$O_3S-O:O-SO_3^{2-} \longrightarrow SO_4^- + SO_4^- \qquad (4-1)$$

在低温条件下(小于50℃),过硫酸盐热解速度较慢,需要加入活化剂提高破胶效率;当温度大于80℃后,破胶速率过快,常采用胶囊包裹过硫酸铵方式控制破胶速度。一般情况下,破胶剂采用楔形方式加入,根据施工时间和返排要求,优化加量及过硫酸铵和胶囊配比。

对于超低渗透油田,为降低伤害,常采用过硫酸铵和生物酶双元破胶剂体系。生物酶破胶剂对聚合物降解效用持续时间长,降解更彻底,在温度小于66℃、pH值为3.5~10条件下,保持较好的活性。

四、黏土稳定剂

压裂液进入地层,会引起黏土膨胀和微粒运移造成地层伤害,影响压裂效果。尤其对于超低渗透油层,黏土稳定剂优化与选择十分重要。国内外通常采用1%~3%的KCl溶液作为黏土稳定剂,其效果好且价廉,有助于维持黏土的化学环境,防止因离子交换造成的黏土膨胀。另外,聚季铵盐类黏土稳定剂应用也较普遍,带有正电荷的分子被黏土颗粒吸附,形成有机屏障可有效防止正电云的形成,可长时间地控制黏土运移。长庆油田压裂时采用KCl和聚季铵盐类稳定剂双元体系以提高防膨效果。

五、助排剂

压裂液中选用适当的表面活性剂,可有效地提高压后的返排效率。影响压裂液返排的主要因素是地层压力降、黏滞阻力和毛细管力。毛细管力按下式确定：

$$p_c = 2\sigma\cos\theta/r$$

式中 p_c——毛细管力；

σ——界面张力；

θ——接触角；

r——毛细管半径。

在低渗储层使用可降低油水界面张力、增大接触角的表面活性剂可以在很大程度上降低在孔隙流动时的毛细管力，加速返排。

需要注意的是用于压裂液的各种表面活性剂的离子电荷可能会影响到地层的润湿性。几乎所有的地层岩石都是天然亲水的，具有负电性，这有利于原油的流动。特定地层固有的离子特性，使阳离子表面活性剂让碳酸盐岩亲水，砂岩亲油；阴离子表面活性剂让碳酸盐岩亲油，砂岩亲水；两性表面活性剂是有机分子，其离子电荷取决于液体的 pH 值。因此，长庆油田在低渗致密油层所用的是最为保险的非离子表面活性剂。

总体而论，对于超低渗透油气田，实现压裂液性能与储层微观特性要求相适配是压裂液研究的核心，压裂液体系及添加剂的优化作为重要的研究课题，首先需要根据储层渗透性和储层微观特征划分类型，优先考虑压裂液伤害性能，确定合理的压裂液伤害界限，优选压裂液体系；其次综合评价压裂液流变性能等；在充分考虑经济性的前提下，确定适应不同储层类型的压裂液配方，现场加强质量控制，为提高压裂效果提供技术保证。

第二节 低渗致密储层压裂液伤害机理研究

超低渗透油层普遍具有物性差、黏土含量高、微观孔喉结构复杂的特点（表4-3）。

表4-3 超低渗透储层微观特征对比

储层类型	井区	层位	渗透率 mD	填隙物含量 %	孔隙类型 粒间孔 %	孔隙类型 面孔率 %	孔隙结构 排驱压力 MPa	孔隙结构 中值半径 μm
超低渗透	BB	长7	0.12	15.4	0.06	1.0	1.15	0.18
超低渗透	S392	长6	0.39	15.1	2.64	3.72	1.00	0.06
超低渗透	Z40	长6^3	0.12	13.37	0.75	1.65	2.63	0.07
超低渗透	平均		0.18	16.47	1.01	1.82	1.41	0.12
低渗透	AS	长6^1	2.99	11.67	4.23	5.82	0.5	0.3
低渗透	XF	长8^1	1.51	11.8	2.88	4.73	0.45	0.35
低渗透	平均		2.25	11.74	3.56	5.28	0.48	0.33

在评价压裂液伤害时，除常规的储层评价外，需要深入研究微观孔隙特征。即使在渗透性相差不大时，因孔隙中值半径、排驱压力、填隙物含量具有较大差异性，造成压裂液伤害的程度也大大不同。

通过扫描电镜观察（图4-5），岩石颗粒表面覆盖绿泥石膜，还可发现高岭石、伊利石、蒙皂石等黏土矿物，0.3mD岩心内的黏土含量较高，粒表覆盖的黏土膜较厚，或黏土充填在粒间孔内。

100倍，黏土呈薄膜状覆盖在颗粒表面

1000倍，针状伊利石孔隙充填

1600倍，有书页状高岭石充填

1000倍，少量伊/蒙混层黏土

图4-5 电镜下观察黏土形貌

室内可通过恒速压汞实验精细分析喉道半径分布特征和孔喉半径比分布特征。喉道半径分布特征和孔喉半径比分布特征对高分子物质堵塞伤害和两相流伤害等有直接或间接的影响作用：高分子物质堵塞伤害程度与喉道半径分布特征密切相关，喉道半径较大时，压裂液中的高分子物质容易被挤入岩心，挤入量较多，挤入深度较深，此时高分子物质堵塞对岩心渗透率的伤害程度较高，反之亦然。两相流伤害程度既取决于喉道分布特征，还取决于孔喉半径比分布特征，喉道半径较大、孔隙半径与喉道半径的比值较小时，两相流对岩心渗透率的伤害程度较低；反之喉道半径较小、孔隙半径与喉道半径的比值较大时，两相流对岩心渗透率的伤害程度较高。实验结果参见图4-6和图4-7。

压裂液伤害归纳为裂缝内伤害、裂缝壁面伤害和地层内滤失区伤害。关于裂缝内伤害的相关研究很多，由于残渣和破胶不彻底残胶存在，裂缝内伤害可高达50%以上。对于超低渗透油层，储层内伤害程度影响远大于缝内伤害，评价压裂液体系应以储层伤害评价为重点。

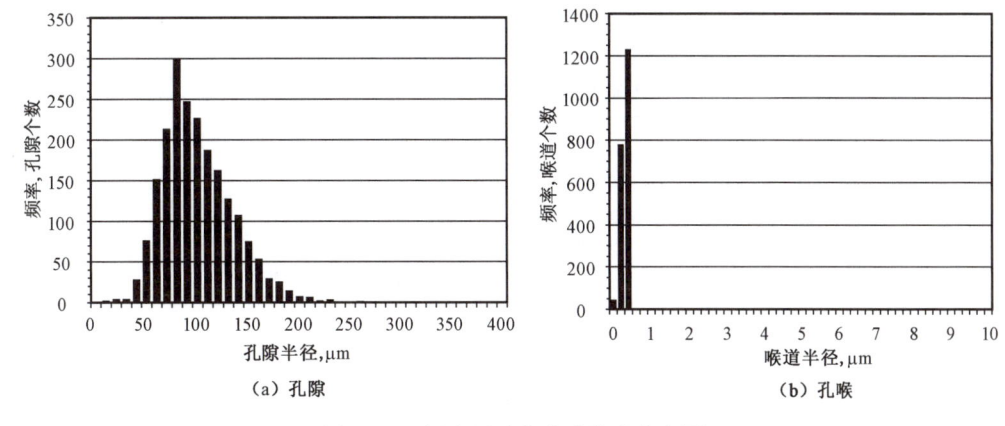

图4-6　恒速压汞孔隙及孔喉分布图

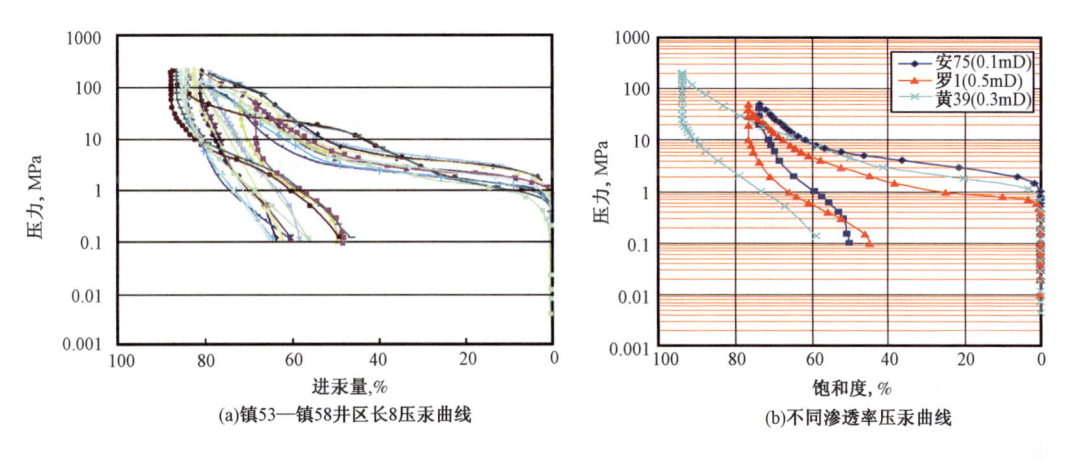

(a) 孔隙

(b) 孔喉

(a) 镇53—镇58井区长8压汞曲线

(b) 不同渗透率压汞曲线

图4-7　典型低渗油藏压汞曲线

长庆油田开发试验研究表明,随着开发对象由渗透率大于1mD发展到0.5mD以下,截至目前小于0.5mD储层已投入规模开发,采用常规瓜尔胶压裂液体系,压后试油产液量低(不产油、不产液)井所占比例由小于5%提高到15%甚至30%以上。因此,压裂液储层伤害是不容忽视的关键性因素。

压裂液储层伤害机理十分复杂,影响因素是多方面的,大体可分为内因和外因两种。内因可归结于储层敏感性矿物与流体发生物理和化学反应,引起储层渗透率降低,造成储层伤害的内因还有岩石的胶结状况、润湿性、地层流体性质等;外因主要是指外来固相、液相侵入及温度、压力扰动等。

超低渗透储层伤害表现特征归纳为三大类型:水锁伤害、压裂液黏滞性伤害和微粒堵塞伤害。目前国内外针对压裂液伤害机理定量评价方法不多,为研究特低渗储层伤害机理,找出制约主要控制因素及其影响程度,以指导压裂液发展方向和体系优化,长庆油田与中科院渗流所提出一种采用常规岩心流动伤害评价与核磁共振微观定量描述相结合的微观伤害机理研究方法。试验流程参见图4-8。

首先通过岩心伤害评价实验确定伤害率大小,同时利用核磁共振研究压裂液在储层内可流动性,借助平行样对比实验结果,通过黏土膨胀及水锁对伤害的影响、稠化剂的分子结构及

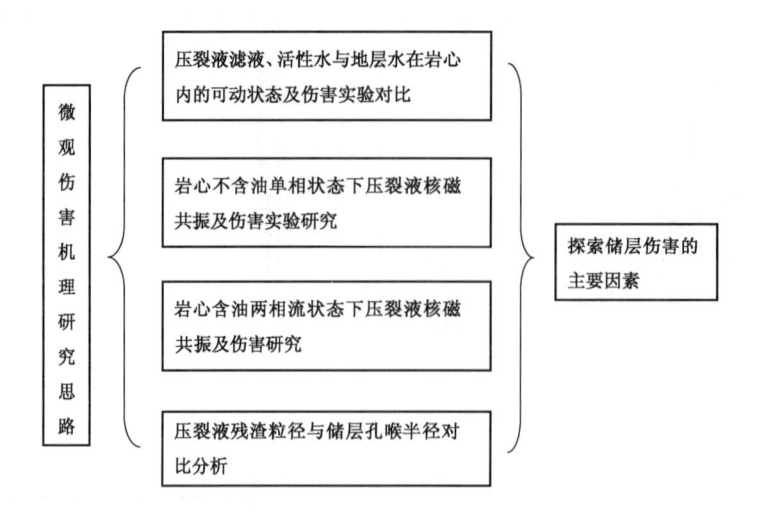

图 4-8 超低渗透压裂液微观伤害机理研究方法

黏滞力对伤害的影响、压裂液残渣对伤害的影响的对比分析,确定超低渗透油藏引起压裂液伤害的主要因素。再通过对伤害因素逐一剖析,找出引起伤害的主要因素。

一、储层流体的可动性对伤害的影响

储层本身流体的可动性对研究压裂改造中储层的伤害十分重要。因为储层本身可动流体含量的高低也从某一方面体现了压裂液进入储层后返排的难易程度。室内利用先进的核磁共振技术评价了低渗油藏董志区块岩心流体的可动性。

(一)实验方法

(1)从全直径岩心上钻取直径为 2.5cm 规格的标准岩心。
(2)标准岩心洗油后烘干。
(3)气测渗透率。
(4)用抽真空和驱替的方法将岩心饱和董志区块中所含的地层水。
(5)利用岩心湿重与干重之差计算岩心孔隙度。
(6)对饱和地层水状态下的标准岩心进行核磁共振 T_2 测量。
(7)核磁共振 T_2 测量使用 Magnet2000 型核磁共振岩样分析仪。

(二)实验原理

当流体(如水或油等)饱和到岩样孔隙内后,流体分子会受到孔隙固体表面的作用力,作用力的大小取决于孔隙大小、润湿性、黏土类型、黏土含量以及流体性质等。

对饱和流体的岩样进行核磁共振 T_2 测量时,得到的 T_2 弛豫时间大小取决于流体分子受到孔隙固体表面作用力的强弱。当流体受到孔隙固体表面的作用力很强时(如微小孔隙内的流体或较大孔隙内与固体表面紧密接触的流体),流体的 T_2 弛豫时间很小,流体处于束缚或不可动状态,称为束缚流体或不可动流体;反之,当流体受到孔隙固体表面的作用力较弱时(如较大孔隙内与固体表面不是紧密相接触的流体),流体的 T_2 弛豫时间较大,流体处于自由或可动状态,称为自由流体或可动流体。因此采用核磁共振技术可定量分析岩样孔隙内流体的赋存状态,可定量测量可动流体或束缚流体的含量。由上述分析可知,可动流体饱和度高低是岩样内孔隙大小、润湿性、黏土类型、黏土含量以及流体性质等的综合反映。

(三)实验结果及分析

12 块岩心的孔隙度、渗透率、可动流体饱和度等实验测量结果见表 4-4。部分岩心饱和地层水状态下的核磁共振 T2 谱如图 4-9 所示。

表 4-4 核磁共振实验测量结果

实验序号	孔隙度 %	渗透率 mD	可动流体饱和度 %	束缚水饱和度 %	可动流体孔隙度 %
1	9.22	0.35	50.61	49.39	4.67
2	9.12	0.26	49.58	50.42	4.52
3	9.49	0.45	47.33	52.67	4.49
4	9.83	0.27	51.85	48.15	5.10
5	7.07	0.091	40.07	59.93	2.83
6	10.46	0.46	49.59	50.41	5.19
7	11.94	0.48	53.56	46.44	6.40
8	7.83	0.063	33.15	66.85	2.60
9	8.42	0.25	46.27	53.73	3.90
10	7.82	0.18	31.49	68.51	2.46
11	9.06	0.089	33.49	66.51	3.03
12	9.04	0.17	33.86	66.14	3.06

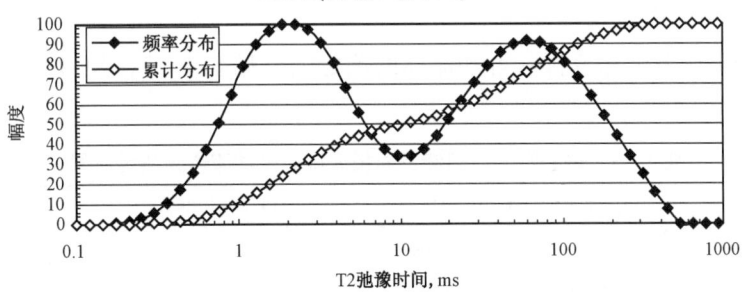

图 4-9 岩心饱和水状态下核磁共振 T2 谱的频率分布和累计分布

由表 4-4 中给出的 12 块岩心核磁共振可动流体实验测量结果可以看出,12 块岩心的渗透率分布范围是 0.060~0.48mD,平均值为 0.26mD,可动流体饱和度分布范围是 31.49%~53.56%,平均值为 43.40%。渗透率大于 0.3mD 的有 4 块岩心,可动流体饱和度的分布范围是 47.33%~53.56%,平均值为 50.27%;渗透率小于 0.1mD 的有 3 块岩心,可动流体饱和度的分布范围是 33.15%~40.07%,平均值为 35.57%;渗透率界于 0.1~0.3mD 的有 5 块岩心,可动流体饱和度的分布范围是 31.49%~51.85%,平均值为 42.61%。可以看出,随渗透率降低,可动流体饱和度降低。

根据国内外多个超低渗透油气田开发生产的经验,以可动流体高低为标准,将超低渗透储层划分为四类:可动流体饱和度大于50%或可动流体孔隙度大于5%的是较好储层(第一类储层);可动流体饱和度界于35%~50%或可动流体孔隙度界于3.5%~5%的是中等储层(第二类储层);可动流体饱和度界于20%~35%或可动流体孔隙度界于2%~3.5%的是较差储层(第三类储层);可动流体饱和度小于20%或可动流体孔隙度小于2%的是很差储层(第四类储层)。根据上述标准,渗透率界于0.1~0.3mD 5块岩心的对应储层属于中等的二类储层;4块渗透率大于0.3mD岩心的对应储层界于较好的一类储层和中等的二类储层的边缘;3块渗透率小于0.1mD岩心的对应储层界于较差的三类储层和中等的二类储层的边缘。

二、外来流体进入造成水锁、黏土膨胀运移对伤害的影响

在岩心含油情况下,压裂液对岩心的伤害存在着三种机理:一是压裂液滤液与黏土矿物的不配伍性引起的黏土吸水膨胀和分散运移;二是压裂液大分子基团在喉道滞留导致的堵塞及压裂液的黏滞力引起的伤害;三是两相液体(油与水,或气与水)共存时贾敏效应引起的渗流阻力增大即水锁伤害。采用核磁共振技术,检测压裂液挤入岩心后的可流动性,可以分析压裂液滤液与地层水在岩心内可流动性的差异及其原因,以及外来流体对储层伤害的影响。

(一)实验方法及步骤

(1)岩心抽真空饱和董志区块地层水后,进行第一次核磁共振测量,T2谱A。
(2)油驱水,建立岩心的饱和油束缚水状态,进行第二次核磁共振测量,T2谱B。
(3)挤入约1PV压裂液,放置1.5h后,进行第三次核磁共振测量,T2谱C。
(4)用油相返排挤入的压裂液,进行第四次核磁共振测量,T2谱D。

(二)实验结果及分析

岩心挤入压裂液及油相返排后可动流体的测定结果见表4-5,岩心核磁共振T2谱如图4-10所示。

表4-5 岩心挤入压裂液及油相返排后可动流体的测定结果

岩心号	气测渗透率 mD	含油饱和度 %	挤入压裂液饱和度,%			滞留压裂液饱和度,%			压裂液返排率,%		
			总饱和度	可动部分	束缚部分	总饱和度	可动部分	束缚部分	总饱和度	可动部分	束缚部分
3-2-2	0.273	41.78	32.81	24.91	7.91	12.52	5.52	6.99	61.84	77.84	11.63

从岩心挤入压裂液前后四种状态下的T2谱比较图可以直观看出,挤入压裂液后,T2谱中对应于束缚流体的左峰有少量增加,表明有少量部分压裂液成为束缚流体,这是由于黏土吸水所致,黏土微孔内液体的T2弛豫时间很短,通常为束缚流体。黏土吸水后引起的黏土膨胀和分散运移对油相渗透率有一定伤害,伤害率的大小与黏土吸水量有关。定量计算核磁共振T2谱发现,本项实验岩心挤入压裂液后束缚流体增加4.6%,说明黏土膨胀和分散运移引起的伤害较小。

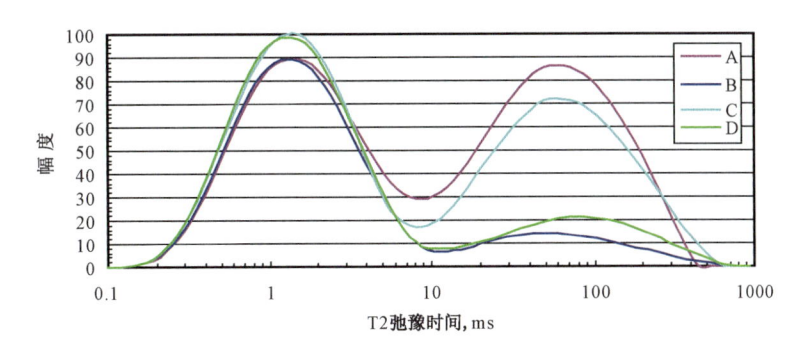

图4-10 岩心四种状态可动流体测定结果图
A—岩心饱和地层水状态下的T2谱；B—岩心饱和油束缚水状态下的T2谱；
C—饱和油状态下挤入压裂液后的T2谱；D—油相返排压裂液后的T2谱

为了进一步了解油相返排后压裂液在岩心的滞留情况，分析油相返排后的岩心，油相返排后，岩心内压裂液总滞留量为0.09PV，其中可动部分为0.044PV，束缚部分为0.046PV，挤入的压裂液总返排率为61.84%，其中可动部分为77.84%，束缚部分为11.6%。由上述分析可知，油相返排后，压裂液的返排率较高，处于自由可动状态下的压裂液绝大部分均能够被油相返排，滞留量很少。因此由于水锁效应对油相渗透率的伤害也应该较小。

三、稠化剂的分子结构及黏滞力对伤害的影响

压裂液对岩心的伤害主要存在着三种机理：一是压裂液滤液与黏土矿物的不配伍性引起的黏土吸水膨胀和分散运移；二是压裂液稠化剂大分子基团滞留喉道导致堵塞及压裂液的黏滞力引起的伤害；三是两相液体（油与水，或气与水）共存时贾敏效应引起的渗流阻力增大即水锁伤害。活性水不含稠化剂，对岩心的伤害主要是上述第一和第三两种机理。

鉴于压裂液滤液与活性水的差别主要是活性水不含稠化剂。因此，利用尽可能相同的岩心（将同一块岩心分成两部分）分别进行压裂液和活性水伤害实验，并结合核磁共振研究稠化剂大分子对储层伤害的影响。

（一）实验方法及步骤

选取同一岩心分成两部分，分别进行活性水和压裂液的伤害试验，具体步骤如下：

(1)岩心抽真空饱和董志区块地层水后，进行第一次核磁共振测量，T2谱A。

(2)油驱水，建立岩心的饱和油束缚水状态，测量该状态下的油相有效渗透率（K_1）后，进行第二次核磁共振测量，T2谱B。

(3)挤入约1PV压裂液或活性水，放置1.5h后，进行第三次核磁共振测量，T2谱C。

(4)用油相返排挤入的压裂液或活性水，测量该状态下的油相有效渗透率（K_2）后，进行第四次核磁共振测量，T2谱D。

（二）实验结果及分析

部分实验结果参见表4-6和图4-11。

表 4-6 岩心分别挤入压裂液和活性水的对比

岩心号	气测渗透率 mD	饱和油饱和度 %	挤入液体类型	渗透率伤害率 %	挤入压裂液或活性水饱和度,%			油相返排后滞留压裂液或活性水饱和度,%		
					总饱和度	可动部分	束缚部分	总饱和度	可动部分	束缚部分
3-2-3-a	0.27	41.78	压裂液	49.11	32.81	24.91	7.91	12.52	5.52	6.99
3-2-3-b	0.27	44.23	活性水	19.76	34.42	27.41	7.01	7.97	1.39	6.58

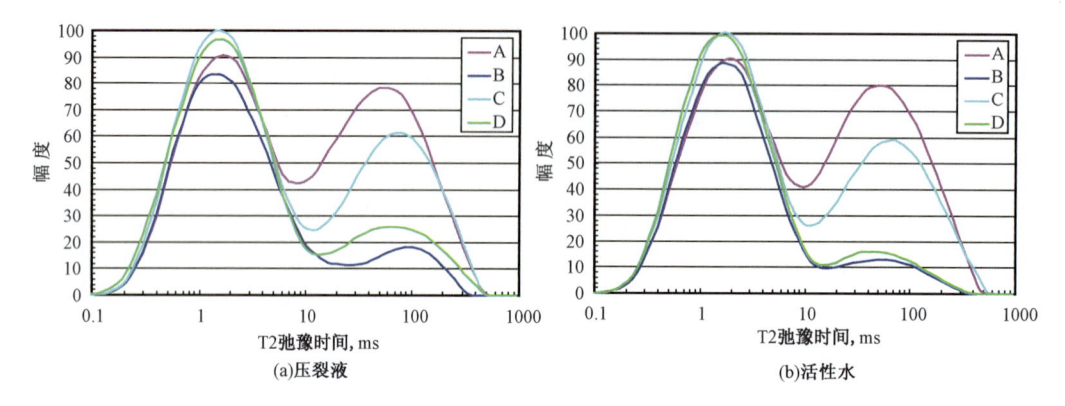

图 4-11 岩心分别挤入压裂液、活性水前后可动流体对比
A—岩心饱和地层水状态下的 T2 谱；B—岩心饱和油束缚水状态下的 T2 谱；
C—饱和油状态下挤入压裂液后 T2 谱；D—油相返排挤入压裂液后的 T2 谱

3-2-3-a 岩心挤入压裂液,引起的油相渗透率伤害率为 49.11%。主要包括压裂液与黏土矿物不配伍导致黏土吸水膨胀和分散运移伤害、水锁伤害、压裂液稠化剂大分子基团滞留堵塞喉道和孔隙及压裂液的黏滞力造成的伤害。与挤入活性水对油相渗透率的伤害相比,压裂液增加了稠化剂分子滞留堵塞喉道和孔隙及压裂液的黏滞力伤害机理。因为压裂液滤液与活性水具有相似的盐组分,从核磁共振测量结果也可以看出,压裂液滤液引起的黏土吸水量以及可动部分压裂液滤液的滞留量均与活性水接近,因此压裂液挤入后,压裂液滤液与黏土矿物不配伍和水锁效应引起的油相渗透率伤害率均与活性水接近。根据以上分析,可以定量分析由于压裂液稠化剂大分子基团滞留堵塞喉道和压裂液的黏滞力引起的渗透率伤害的大小。

3-2-3-a、3-2-3-b 岩心为同一块长岩心上切开的两块岩心,因此物性相似。3-2-3-a 号岩心挤入压裂液,渗透率的伤害率为 49.11%;3-2-3-b 号岩心挤入活性水渗透率的伤害率为 19.76%;3-2-3-a 号岩心与 3-2-3-b 号岩心相比,渗透率伤害率增大 29.35%。由以上分析可知,增大的这部分主要是由稠化剂大分子滞留堵塞喉道及压裂液的黏滞力引起的。由此可以看出,压裂液稠化剂大分子滞留堵塞喉道和孔隙引起储层的伤害占总伤害的比例较大,压裂液中的稠化剂大分子基团在储层中的滞留及压裂液的黏滞力是引起储层伤害的主要因素之一。开展新型稠化剂的研究,降低稠化剂的大分子含量及破胶液黏度是进一步降低储层伤害的有效途径。

四、压裂液残渣对伤害的影响

压裂液彻底破胶以后,还会有一部分水不溶物质即残渣残留在储层中对储层造成一定的伤害。残渣可能以两种方式存在于储层中：一种是残渣颗粒进入储层孔喉产生堵塞，造成伤害；另一种是残留在裂缝中，对裂缝的导流能力产生影响。要了解残渣颗粒是否能进入储层孔喉，首先要测准目前所用压裂液体系残渣含量的粒径分布。

实验用 MASTERSIZER - 2000 激光粒度仪测量，选择常用两种压裂液体系——硼砂交联体系、有机硼交联体系进行实验评价，压裂液体系残渣粒径分布见图 4 - 12。

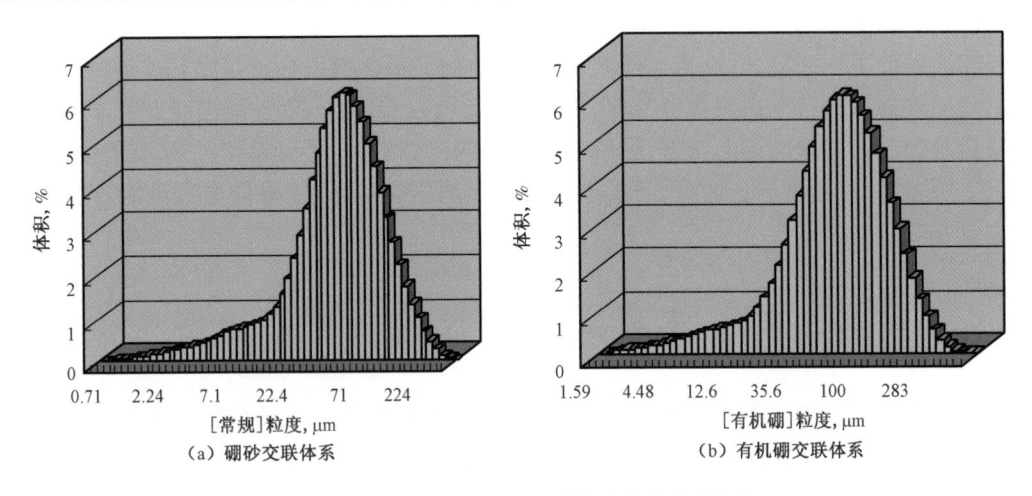

图 4 - 12 硼砂、有机硼交联体系残渣粒径分布

硼砂体系残渣的均值粒径为 79.179μm，中值 63.280μm。有机硼体系残渣的均值粒径为 100.282μm，中值 80.956μm。

不同区块特低渗储层孔喉直径分布见表 4 - 7。比较压裂液体系的残渣粒径与低渗储层的孔喉直径，发现残渣粒径远远大于孔喉直径，残渣不会进入孔喉产生堵塞。因此，压裂液残渣主要存在于裂缝中。目前应用的常规压裂液体系残渣含量在 400~600mg/L，残渣含量较低，对裂缝导流能力的影响小，而且在低渗储层的改造中并不追求特别高的导流能力。所以，压裂液残渣虽对储层造成了一定伤害，但并不是影响特低渗储层伤害的主要因素。

表 4 - 7 不同区块特低渗储层孔喉直径分布

区块名称	层位	孔喉中值直径，μm
DZ	长8	0.46
WQ	长6	0.19
NL	长4 + 5	0.3114
AS	长6	0.320
JA	长6	0.40
ZHB	长8	0.2389

五、压裂液伤害机理实验认识

压裂液引起储层的伤害，宏观上主要表现为储层渗透率的降低，微观上则是储层孔隙结构由于压裂液的注入而发生变化，对不同地质特征的储层，这种变化也有所不同。特低渗储层由于其特殊的地质特征，由压裂液引起的储层伤害因素和伤害机理也有其特殊之处。

核磁共振试验表明：岩心挤入压裂液后，束缚流体增加4.6%，说明黏土膨胀和分散运移引起的伤害较小；油相返排后，压裂液的返排率较高，处于自由可动状态下的压裂液绝大部分均能够被油相返排，滞留量很少，这说明水锁效应对油相渗透率的伤害也较小。

比较压裂液体系的残渣粒径与特低渗储层的孔喉直径，发现残渣粒径远远大于孔喉直径，残渣不会进入孔喉产生堵塞。压裂液残渣虽对储层造成了一定伤害，但并不是影响特低渗储层伤害的主要因素。

经相同条件下压裂液、活性水对比实验发现：压裂液稠化剂大分子基团在喉道的滞留及黏滞力引起的渗透率伤害率占总伤害的59.7%。由此可以看出，压裂液稠化剂大分子基团在喉道的滞留及黏滞力引起储层的伤害，因所占总伤害的比例较大，是引起储层伤害的主要因素。

综上所述，针对超低渗透油藏，开发小分子稠化剂压裂液体系、降低破胶液黏度是技术发展的主要方向。

第三节 压裂液综合性能及评价方法

压裂液在应用于现场施工以前，要在室内评价是否满足要求。对性能的评价主要从其流变性能、滤失性能、返排性能、破胶性能及伤害性能来表征，国内也颁布 SY/T 5107、SY/T 6376 等相关标准。

一、流变性能

流变性能是反映压裂液的耐温、携砂能力及流体特征的参数，通常在实验室内进行的压裂液流变性能评价是在稳定剪切情况下的流变性测量，如图4-13所示，它所确定的液体性能是作为剪切速率、温度和时间函数的表观黏度。

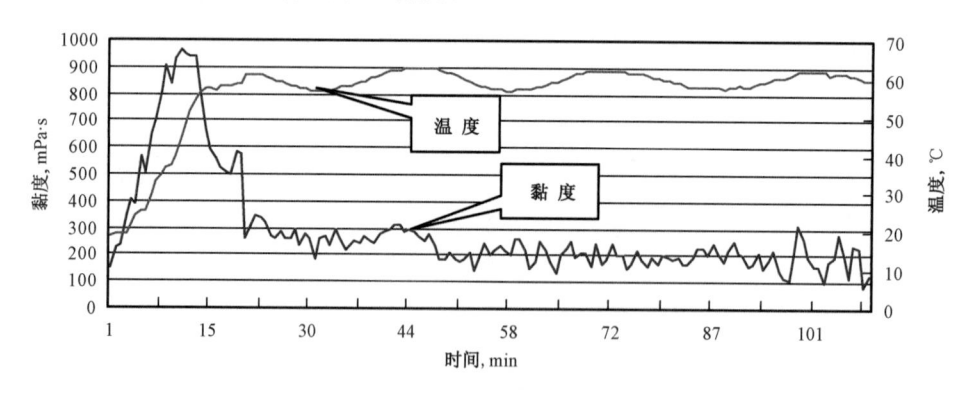

图4-13 0.35% HPG 硼酸盐压裂液在60℃时的流变曲线

不同类型液体的流变特征也不同（图4-14）。对于牛顿流体（水），表观黏度 μ_a 是剪切应力 τ 和剪切速率 $\dot{\gamma}$ 的比值：

$$\mu_a = \frac{\tau}{\dot{\gamma}} \tag{4-2}$$

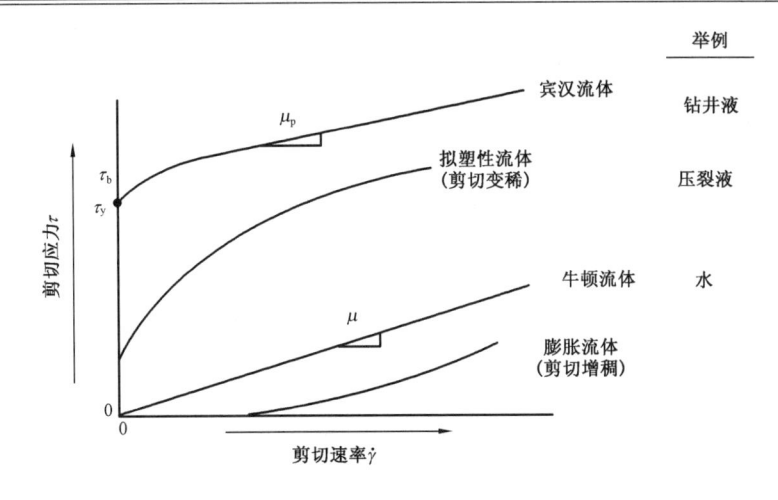

图 4-14　不同类型液体流变特征曲线

瓜尔胶类压裂液在流动特性上呈非牛顿流体特征，一般用幂率模型来描述，其 τ 和 $\dot{\gamma}$ 之间的关系为：

$$\tau = K'\dot{\gamma}^{n'} \tag{4-3}$$

式中　K'——流变常数；
　　　n'——流变指数。

压裂液表观黏度可用下式表示：

$$\mu_a = K'/\dot{\gamma}^{(1-n')} \tag{4-4}$$

在剪切应力 τ 和剪切速率 $\dot{\gamma}$ 的双对数曲线中，二者关系呈一直线，其斜率为 n'，直线在剪切应力 τ 上截距为 K'，如图 4-15 所示。

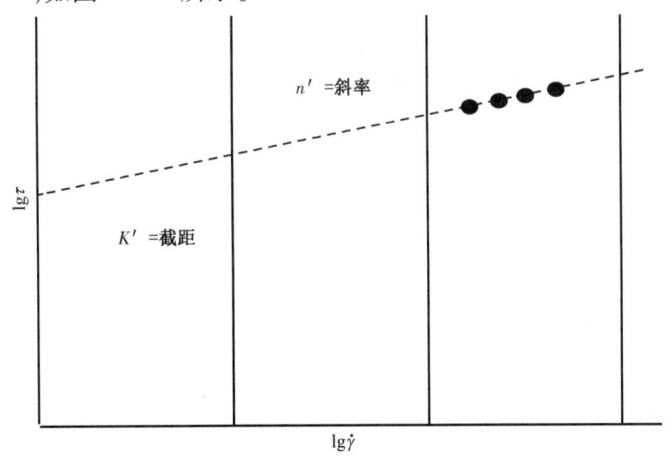

图 4-15　剪切应力与剪切速率关系曲线

流变性测定主要包括 n、K 值测定、热稳定性、剪切稳定性、耐温性能等实验。一般通过测量 n、K 值了解压裂液的流体特征，为优化压裂设计提供重要的依据。常用测试仪器有旋转黏度计、毛细管黏度仪、管式流变仪等。对于同一种液体,表观黏度因剪切速率不同而不同,国内常用剪切速率为 $170s^{-1}$ 来评价压裂液。常用瓜尔胶压裂液 n、K 值参数见表 4—8。

表 4—8 压裂液 n'、K' 典型值

压裂液类型	n'	K'	黏度($170s^{-1}$),mPa·s
水	1.0	0.00002	1.0
线性胶	0.8	0.03	50
交联液	0.5	0.55	2000

压裂液流变性测定方法主要包括 RV_{20}、RV_2、范 50C 等测定方法。

RV_{20} 测量 n、K 方法是将压裂液按测定要求加入样品杯,将温度加热到所需测定温度。当温度达到设定温度后,剪切速率由 $3s^{-1}$ 逐渐增加到 $170s^{-1}$,然后降低转速,由 $170s^{-1}$ 降至 $3s^{-1}$ 变换时间为 6min。然后跳跃到 $170s^{-1}$ 连续剪切,每隔 30min 做一次变剪切速率测试。根据实验结果计算 n、K 值。

RV_{20} 耐温性能测量是将样品装好后加热,压裂液在加热条件下以 $170s^{-1}$ 连续剪切,直到在一定温度条件下压裂液表观黏度为 50mPa·s 为止。判断压裂液能否在此条件下满足施工要求。

中高渗储层由于物性好、液体滤失大,为确保现场顺利施工,对压裂液的热稳定性、剪切稳定性、耐温性能要求高;而低渗油藏由于物性差、滤失小,对压裂液的耐温抗剪切性能要求较低,而更注重于压裂液对裂缝几何尺寸的影响,即注重 n、K 值的测定。

二、滤失性能

压裂施工期间,液体滤失到地层是一种过滤过程,由一系列参数所控制,包括液体的组成、流动速度、压力和储层特性等,并且在不同阶段起主要控制作用的参数也不一样。

Carter 将滤失过程描述为三个过程:油藏流体的位移与压缩、压裂液滤液向地层的侵入、滤饼的形成。并形成不同阶段的滤失系数方程。

(一)压裂液滤失带

压裂液渗滤侵入控制滤失系数 C_V:

$$C_V = \sqrt{\frac{K_V \Delta p_V \phi}{2\mu_V}} \quad (4-5)$$

式中 K_V——滤失带渗透率;
μ_V——滤液黏度;
ϕ——孔隙度。

(二)储层区

储层内流体压缩控制滤失系数 C_C:

$$C_C = \sqrt{\frac{K_r C_r \phi}{\pi \mu_r} \Delta p_C} \quad (4-6)$$

式中 K_r——储层流体渗透率；
C_r——储层压缩系数；
μ_r——储层流体黏度；
Δp_C——储层压力。

(三)滤饼区

滤饼控制压缩系数 C_W：

$$C_W = \sqrt{\frac{K_W \alpha \Delta p_W}{2\mu_W}}$$

式中 K_W——储层流体渗透率；
C_W——储层压缩系数；
μ_W——储层流体黏度；
α——滤饼系数；
Δp_W——储层压力。

(四)综合滤失系数

综合考虑整个滤失过程，得到综合滤失系数 C_t：

$$C_t = \frac{1}{\frac{1}{C_W} + \frac{1}{C_C} + \frac{1}{C_V}} \tag{4-7}$$

另外，William 等通过研究也获得一个综合滤失系数公式：

$$C_t = \frac{2C_C C_V C_W}{C_V C_W + \sqrt{C_W^2 C_V^2 + 4C_C^2(C_V^2 + C_W^2)}} \tag{4-8}$$

在三个滤失系数中，滤饼控制压缩系数 C_W 更容易通过人工干预来控制压裂液的滤失情况，例如可以通过调整压裂液的黏度、加入降滤失剂来改变滤饼控制压缩系数 C_W，从而得到更适宜的压裂液的滤失。所以，在通常情况下更注重通过室内实验测量 C_W。

C_W 测量有静态滤失和动态滤失两种方法。动态滤失实验方法还不太成熟；静态滤失实验已使用多年，是一种比较成熟的方法，被广泛应用，国内已有 SY/T 5107 等相关标准。通过特定设备，测量压裂液在一定温度、压差条件下，在 1h、4h、9h、16h、25h、30h、36h 的滤失量，以滤失量为纵坐标，以时间平方根为横坐标，在直角坐标上作图 4-16，得到直线延长线与 Y 轴相交的截距 h 和斜率 m。

把实验获得的参数通过以下公式计算，获得静态滤失系数及初滤失量：

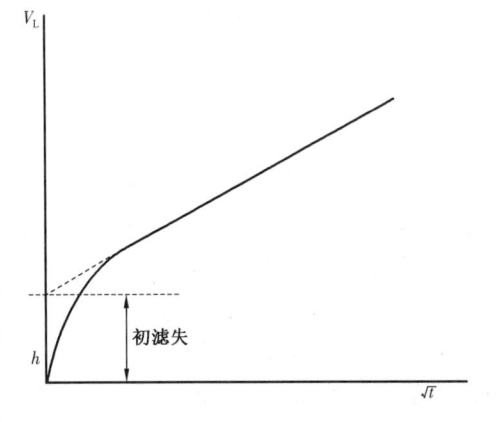

图 4-16 室内静态滤失测试曲线

$$C_W = 0.005 \times \frac{m}{A} \qquad (4-9)$$

$$Q_{SP} = \frac{h}{A}$$

式中　　m——滤失曲线的斜率，$mL/\sqrt{min}$；

　　　　A——滤失面积，cm^2；

　　　　C_W——滤饼控制滤失系数，$m/\sqrt{min}$；

　　　　h——滤失曲线直线段与 Y 轴的截距，cm^3；

　　　　Q_{SP}——初滤失量，m^3/m^2。

动态滤失是指在滤失测量过程中考虑剪切速率和温度的变化对压裂液滤失的影响。由于动态滤失更能真实反映现场情况，近几年越来越受到重视。20 世纪 80 年代中期，Hall 和 Dollorhide 等人在剪切和温度的作用下，对滤饼的影响做大量的研究，实验发现剪切速率、温度的变化对压裂液的滤失影响较大。Penny 等人发现，在剪切速率小于 $40s^{-1}$ 的情况下动态滤失与静态滤失相差不大，但大于 $80s^{-1}$ 差距逐渐增大（图 4-17）。

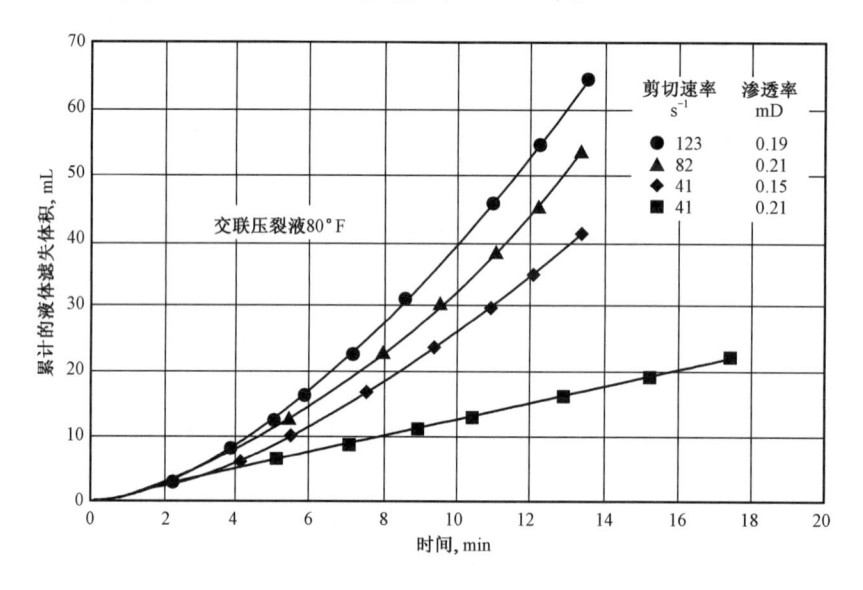

图 4-17　动态滤失实验结果

压裂液滤失性能决定液体效率的高低，液体效率是指裂缝体积与注入液体体积百分比。压裂液滤失大，液体效率低，形成的裂缝短；液体滤失小，液体效率高，在加入同样液体的前提下能获得更长的裂缝（图 4-18）。

对于超低渗透油藏，受储层本身渗透性的控制，压裂液滤失小，液体效率高，有利于压裂施工和提高缝长。但研究发现，压裂液滤失区形成的伤害大，对压裂效果有明显的控制作用。因此，降低压裂液滤失是超低渗透油层压裂的必然要求。针对长庆油田超低渗透油藏，重点从提高压裂液黏度、提高耐温性、加入降滤失剂等途径，针对不同储层开展降滤失研究，把各区块压裂液的滤失控制在一个比较合理的水平（表 4-9）。

(a)高滤失短裂缝

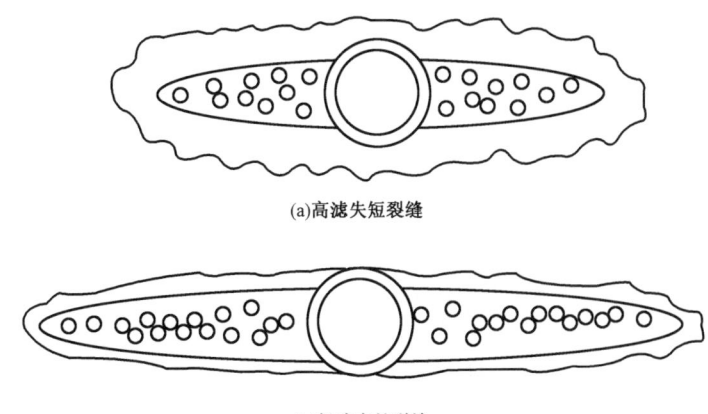

(b)低滤失长裂缝

图 4-18 滤失对裂缝尺寸的影响

表 4-9 长庆油田不同区块静态滤失对比

区 块	初滤失量，m^3/m^2	静态滤失系数，$m/min^{0.5}$
XF	0.052	6.22×10^{-4}
HQ	0.039	5.81×10^{-4}
JY	0.081	7.19×10^{-4}
HJ	0.085	6.35×10^{-4}

三、伤害性能

压裂液的伤害主要包括两大部分：一是压裂液的残渣及残胶对裂缝导流能力的伤害；二是压裂液滤液对储层基质造成伤害。这两种伤害的伤害机理完全不一样，对于不同的储层在整个伤害中所起的作用也不相同。

对于裂缝内部的伤害，主要是通过评价裂缝的导流能力来评价其伤害结果。压裂液对支撑裂缝的伤害主要包括破胶残渣和滤饼堵塞支撑剂的孔隙；破胶不完全的残胶和鱼眼造成部分支撑剂孔隙失去导流能力；压裂液溶蚀支撑剂，使支撑剂强度降低等。室内评价压裂液对导流能力的伤害，通过测试压裂液伤害前后裂缝导流能力的变化来评价。

对于超低渗透油藏而言，压裂液对储层的伤害是最主要的性能。由于低渗储层孔喉小、滤失小，但液体一旦进入储层就很难解除，更容易造成伤害。室内伤害评价是对综合伤害因素的集中反映。目前，对于压裂液基质伤害的评价，国内外都有比较成熟的做法，即压裂液滤液通过岩心前后渗透率的变化来判断压裂液对储层基质的综合伤害。

岩心流动实验是研究压裂液伤害的基本方法之一。通过岩心渗透率的变化规律，评价压裂液对储层的伤害。用天然岩心进行压裂液对岩心基质渗透率的伤害率的测定，按 SY 5356—88 中 4.6 烘样，岩心抽真空用地层水饱和，装入岩心流动实验仪，正向挤入煤油，测煤油的岩心渗透率 K_0；反向挤交联压裂液，并使其在岩心中停留一定时间，再正向挤煤油，测煤油的岩心渗透率 K_1；用公式（4-10）计算伤害率。岩心流动实验仪器见图 4-19，室内实验流程见图 4-20，实验结果见表 4-10。

图 4-19　6100 型岩心流动实验仪

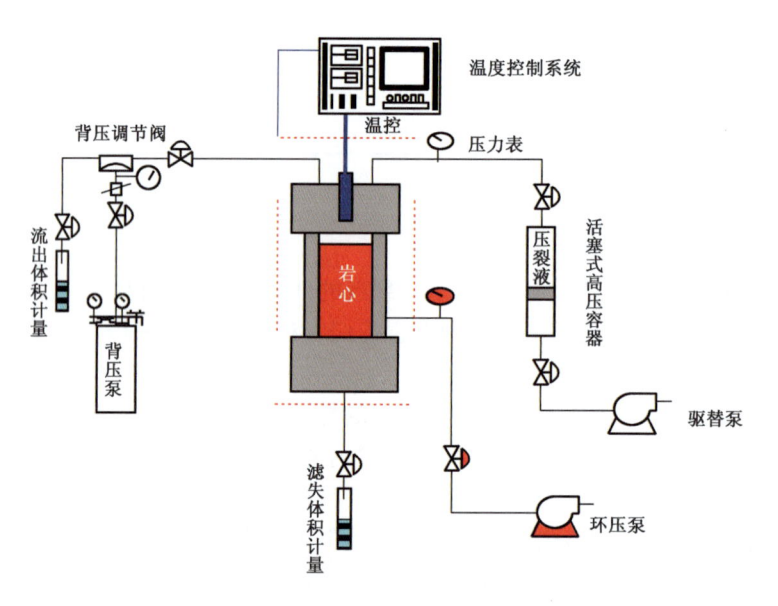

图 4-20　压裂液岩心流动伤害评价流程

表 4-10　压裂液岩心伤害实验结果

序号	层位	$K_{原始}$, mD	$K_{伤害}$, mD	伤害率, %	平均伤害率, %
1	长 6	0.33	0.28	15.6	20.7
2		0.45	0.36	19.9	
3		0.46	0.35	24.5	
4		0.44	0.34	22.5	

用以下公式计算压裂液的伤害率：

$$R_s = (1 - K_2/K_1) \times 100\% \tag{4-10}$$

式中　R_s——伤害率，%；

　　　K_2——伤害后岩心的油相有效渗透率，D；

　　　K_1——伤害前岩心的油相有效渗透率，D。

R_s 值越大，说明伤害越严重。

对于低渗油藏，"低伤害"作为压裂液主要指标，必须考察不同类型储层对于压裂液伤害的要求，确定压裂液伤害性能界限，通过开展大量的压裂液伤害性能评价实验，优选压裂液类型，研发低伤害压裂液体系，优化压裂液配方，实现压裂液与储层的合理适配。

四、破胶性能

长庆超低渗透油藏具有低渗、低压特征，压后要求压裂液能快速彻底破胶返排，以减少液体在地层的滞留时间，提高返排程度。因此，评价压裂液返排性能需要综合考虑两方面因素：一是破胶时间与压裂及返排时间相匹配，压后排液时间一般为关井 30min，要求破胶时间在 1~2h 内破胶，以充分利用压裂残余压力为液体返排提供诱导动力，提高液体返排效率；二是破胶黏度尽量低，常规压裂液破胶黏度要求低于 10mPa·s，对于渗透率小于 0.5mD 的储层，破胶液黏度需要小于 5mPa·s，以降低压裂液返排时黏滞阻力，提高返排效果。

室内模拟储层条件，确定不同测试温度和压裂液参数条件下，测试破胶时间及黏度，根据实验结果再对单井优化加入量及方式，具体考虑施工时间、交联剂加入浓度、施工不同阶段地层温度的变化。图 4-21 所示是在 80℃地层温度下使用 0.35% HPG 硼酸盐交联压裂液，破胶剂采用过硫酸铵和生物酶双元破胶剂的优化过程。

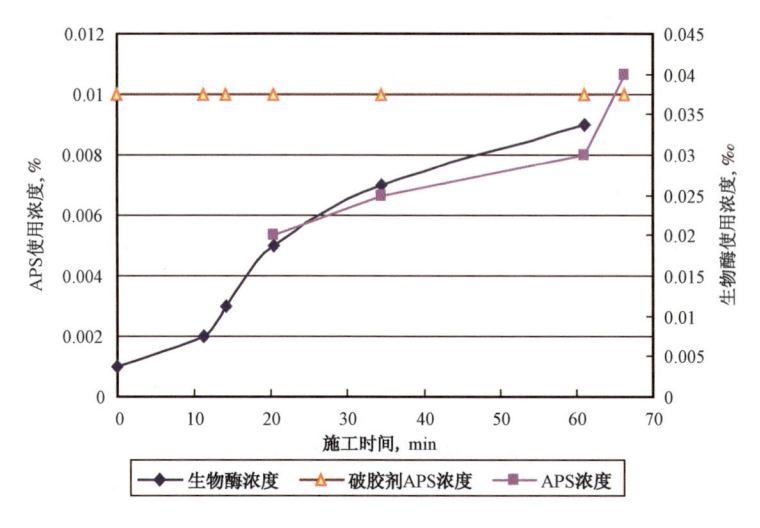

图 4-21　单井破胶剂加入优化图

在浅油层温度低（30~35℃）的情况下，采用常规过硫酸铵在温度低于 40℃时，释放游离氧速度明显减慢，但使用高浓度破胶剂又会影响交联性能。为此长庆油田研制出低温激活剂

BJ-1和CQY$_{1-5}$,主要作用是在压裂液中形成氧化—还原体系,低温情况下引发过硫酸铵释放游离氧,实现快速破胶。在实验室25℃、30℃条件下,选择不同浓度破胶剂+激活剂,进行破胶实验,1~2.5h内,压裂液彻底破胶,破胶液黏度小于10mPa·s(表4-11)。

表4-11 压裂液低温破胶实验

温度,℃	破胶剂浓度,%	破胶时间,h	破胶液黏度,mPa·s
25	0.1%激活剂+0.12%过硫酸铵	2.5	7.70
30	0.1%激活剂+0.12%过硫酸铵	1.0	8.36
	0.08%激活剂+0.12%过硫酸铵	1.5	6.50
	0.15%激活剂+0.09%过硫酸铵	1.5	3.20

第四节 低伤害压裂液体系

超低渗透储层的特征决定压裂液必须具有低伤害特性的技术需求,为此,国内外开展了大量的技术研究与实验,开发了多种新型压裂液体系。长庆油田从超低渗透油田开发实际出发,根据压裂液微观伤害机理研究结论,从降低相对分子质量、降低瓜尔胶浓度、开发新型低伤害压裂液体系入手,开展不同储层类型的低伤害压裂液体系研究与实验。

一、低浓度瓜尔胶压裂液体系

通过大幅度降低瓜尔胶浓度,可以降低瓜尔胶压裂液水不溶物的含量,同时降低压裂液的黏滞阻力,以达到降低伤害的目的。低浓度瓜尔胶压裂液体系是近年来瓜尔胶压裂液的一个发展方向。

美国马拉松石油公司应用低浓度瓜尔胶硼酸盐交联(LGB)技术,在Permian盆地,使油井产量比此前应用普通硼酸盐交联压裂液、CO_2泡沫压裂液、二元泡沫压裂液、交联二元泡沫压裂液的油井产量提高了2~5倍。LGB压裂液比常规的瓜尔胶压裂液浓度低30%~40%,几乎不会在油层中留下凝胶液和不可溶残渣,可用于190℃以内的油层。与普通瓜尔胶压裂液体系相比,具有相同的流变特性和输送支撑剂的能力。技术的关键点:使用高黏稠化剂;将硼酸盐交联剂和pH缓冲剂复配应用,使压裂液的pH值处于最佳水平。

低浓度瓜尔胶压裂液需要解决的关键问题是如何在低浓度下提高压裂液流变性能,国内外常用的方法有三种:一是对聚合物进行改性;二是改变交联剂提高交联性能;三是调整交联环境参数。

自21世纪初,长庆油田从自身超低渗透储层特点出发,开展了通过降低瓜尔胶浓度达到降低残渣含量目的的低浓度瓜尔胶压裂液体系研究,在实现瓜尔胶交联的前提下,确定最小瓜尔胶浓度。

可应用研究合成聚合物的方法确定其使用的最低浓度。随着溶液中聚合物浓度的增加,聚合物在临界重叠浓度c^*下盘绕开始增加,c^*值可通过测量溶液的黏度来确定,溶液的黏度是液体浓度的函数。随着聚合物浓度从零开始增加,c^*以明显的斜率增加,溶剂和其他可溶物如盐等以及温度,都对 c^* 有影响。

c^* 是一个理论上的最小浓度。在这个浓度下,分子之间有可能交联。浓度低于 c^*,不可能形成化学交联。这是因为聚合物分子之间相距太远。在浓度低于 c^* 时,由于交联剂的作用,主要是形成内聚物交联,但不是共聚物交联。

Pope 等人(1994)确定在水力压裂中经常使用的高分子瓜尔胶比黏度($\mu_{sp} = \mu_r - 1$)和浓度及固有黏度 μ_i 乘积的关系如图 4-22 所示。

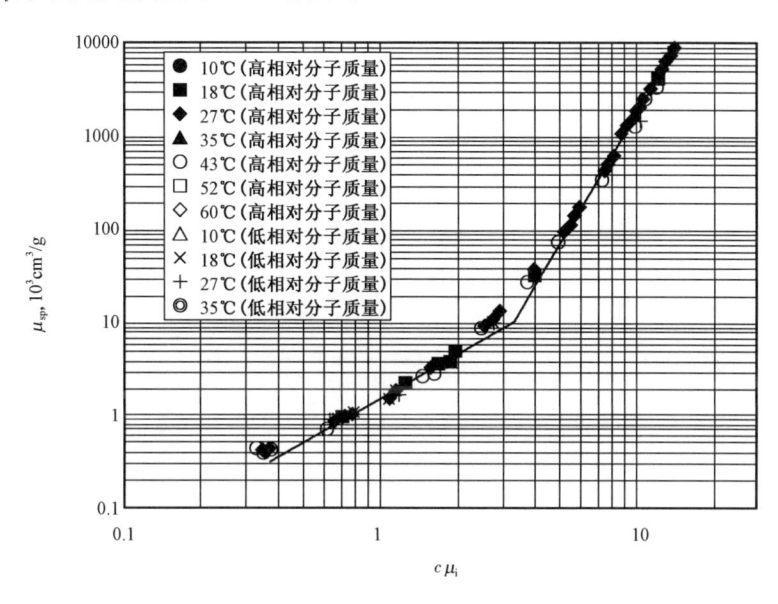

图 4-22 不同相对分子质量瓜尔胶比黏度和浓度及固有黏度乘积的关系

表 4-12 列出 Menjivar(1984)报告中 HPG 样品的 μ_i 和 c^* 值,并得出临界重叠浓度 c^* 为 $(1.9 \sim 2.7) \times 10^{-3}$ g/cm³。

表 4-12　HPG 样品的固有黏度 μ_i 和临界重叠浓度 c^*

HPG 样品	平均相对分子质量	固有黏度 μ_i 10^3 cm³/g	临界重叠浓度 c^* 10^{-3} g/cm³	%
1	3.0×10^6	18.1	1.9	0.19
2	2.6×10^6	16.4	2.1	0.21
3	2.5×10^6	15.9	2.2	0.22
4	2.4×10^6	15.4	2.2	0.22
5	2.0×10^6	13.8	2.5	0.25
6	1.9×10^6	13.3	2.6	0.26
7	1.8×10^6	12.5	2.7	0.27

羟丙基瓜尔胶的临界重叠浓度就是交联冻胶应用的最低浓度,是将 $(1.9 \sim 2.7) \times 10^{-3}$ g/cm³ 的固有黏度,换算成油田常用质量浓度为 $0.19\% \sim 0.27\%$。

Pope 等人(1994)确定常用羟丙基瓜尔胶的固有黏度 μ_i 为 $15.5\times10^3\text{cm}^3/\text{g}$,临界重叠浓度 c^*(也就是交联冻胶应用的最低浓度)约为 $2.2\times10^{-3}\text{g}/\text{cm}^3$,质量浓度为 0.22%。羟丙基瓜尔胶溶液的理论交联最低浓度为 0.22%,羟丙基瓜尔胶浓度低于 0.22%,因分子之间相对较远,只能形成部分分子之间的内聚交联,不能形成共聚交联形成冻胶。

羟丙基瓜尔胶压裂液的交联剂有无机硼酸盐和有机硼两种类型。通过实验确定有机硼和无机硼两种交联剂下,不同浓度羟丙基瓜尔胶的交联情况(图 4-23),确定低浓度瓜尔胶压裂液中羟丙基瓜尔胶的最低使用浓度(表 4-13)。

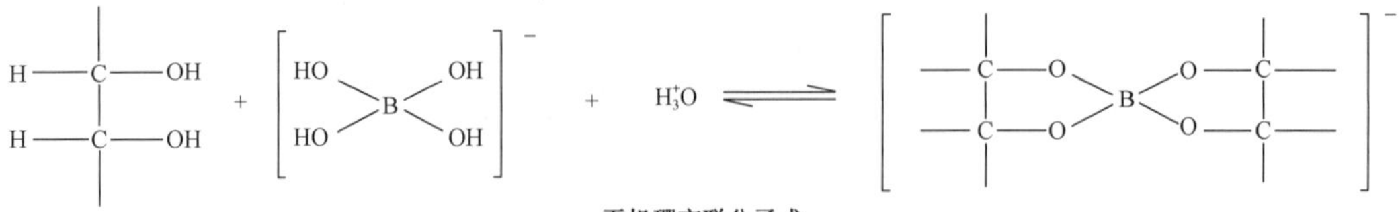

无机硼交联分子式

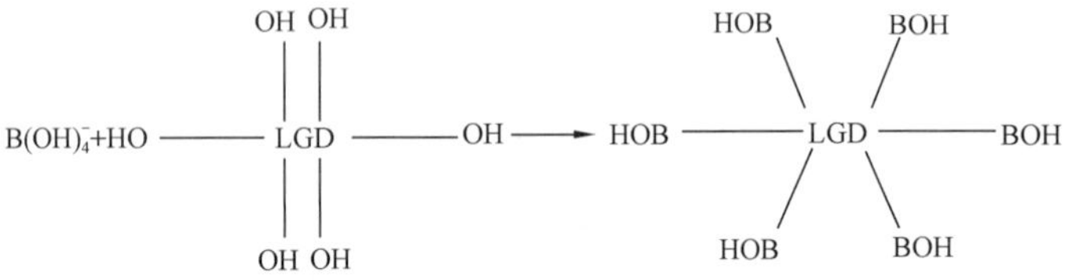

有机硼交联分子式

图 4-23 不同交联剂交联分子结构

表 4-13 不同浓度羟丙基瓜尔胶压裂液交联性能试验

羟丙基瓜尔胶浓度,%	交联剂	交联性能
0.15	有机硼 JL-2	不能交联
0.20		交联弱,不能挑挂
0.25		交联,可挑挂
0.30		交联好,可挑挂
0.25	无机硼 硼砂	不能交联
0.30		交联弱,不能挑挂
0.35		交联好,可挑挂

考虑现场应用的实际,确定低浓度瓜尔胶有机硼交联压裂液的稠化剂——羟丙基瓜尔胶的浓度为 0.25%~0.30%。

在此浓度下试验得出,低浓度瓜尔胶有机硼交联压裂液的黏度也很低,表现为弱交联。交联只能增加基液的黏度,不能形成挑挂,交联黏度远远不能满足压裂施工的要求。

研究认为压裂液冻胶的黏度,不只由压裂液基液和交联剂决定,还应与压裂液交联的条件,如 pH 值、温度等有关。在压裂液中应用 pH 缓冲液技术,使压裂液冻胶在携砂和破胶的过程中,pH 值基本保持不变,提高了压裂液冻胶的耐温、抗剪切性能,降低了稠化剂的浓度。不同 pH 值缓冲压裂液冻胶在 60℃的耐温性测试见表 4-14。

表4-14 不同pH值缓冲压裂液在60℃的耐温性测试

编号	pH值	黏度,mPa·s 30min	60min	90min
1	10.0	360	285	120
2	9.0	360	270	120
3	7.5	315	210	90

选pH=9.0~9.5的pH缓冲调节剂为交联促进剂,与有机硼交联剂复配使用,形成低浓度瓜尔胶有机硼压裂液,流变实验见图4-24。实验表明,在压裂液中应用交联促进剂,可有效提高压裂液的耐温、抗剪切性能。

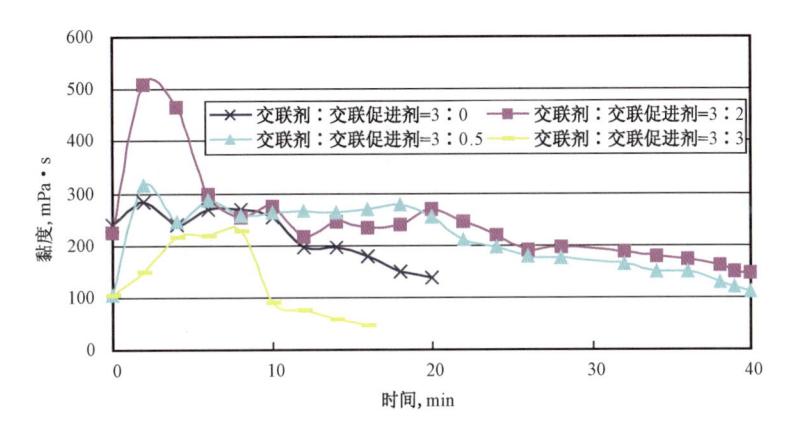

图4-24 不同交联剂与交联促进剂比例的流变曲线

在此基础上,结合长庆油田超低渗透储层的特点筛选其他添加剂,形成适合长庆油田超低渗透储层的低浓度瓜尔胶压裂液体系,并表现出优良的性能。

(一)支撑剂沉降试验

在不同温度下,测试长庆油田三叠系延长组低渗储层压裂主要支撑剂——青铜峡昌润石英砂(粒径0.4~0.9mm,体积密度1.63g/cm³,视密度2.64g/cm³),在低浓度瓜尔胶有机硼交联压裂液和0.4%瓜尔胶硼砂压裂液两种压裂液冻胶中的静态沉降速率试验比较,试验结果见表4-15。

表4-15 支撑剂在两种压裂液中的静态沉降速率比较

温度,℃	压裂液类型	稠度系数K	黏性指数n	沉降速度v,mm/s
30	0.4%瓜尔胶—硼砂	—	—	0.201
	低浓度有机硼	—	—	0.207
40	0.4%瓜尔胶—硼砂	27.77	0.1202	0.841
	低浓度有机硼	—	—	0.354
50	0.4%瓜尔胶—硼砂	7.67	0.2227	3.280
	低浓度有机硼	35.31	0.0671	1.182

续表

温度,℃	压裂液类型	稠度系数 K	黏性指数 n	沉降速度 v,mm/s
60	0.4%瓜尔胶—硼砂	0.3439	0.4327	8.390
	低浓度有机硼	7.66	0.2223	6.910

试验结果表明,这两种压裂液体系均具有良好的动态支撑剂输送能力,在同一温度下,低浓度有机硼交联压裂的沉降速率明显小于瓜尔胶-硼砂交联压裂液,显示出有机硼交联压裂具有较好的支撑剂悬浮能力。

(二)残渣含量测试

低浓度瓜尔胶压裂液最主要的性能特点就是压裂液残渣含量低,通过室内实验评价低浓度瓜尔胶压裂液的残渣降低情况见表4-16。

表4-16 压裂液残渣含量测试

基液瓜尔胶含量 %	压裂液类型	破胶剂含量 %	破胶温度 ℃	压裂冻胶体积 mL	残渣质量 mg	残渣含量 mg/L	残渣含量降低 %
0.45	常规压裂液	0.06	50	165.0	48.2	292	—
0.30	低浓度瓜尔胶压裂液	—	—	150.9	28.6	189	35.3
0.25				150.9	23.3	154	47.3

(三)应用情况

长庆油田低浓度瓜尔胶有机硼交联压裂液,首先在 XF 油田 BM 区现场试验,第一口井 X37-21 井采用0.3%的低浓度瓜尔胶压裂液体系,压裂液基液黏度 27mPa·s,pH=8.5,交联比100:0.7,压裂加砂 30m³,砂比36.5%,排量 2.4m³/min,施工过程平稳,见图4-25。压后关井 15min 后放喷,返排液黏度小于 2mPa·s。

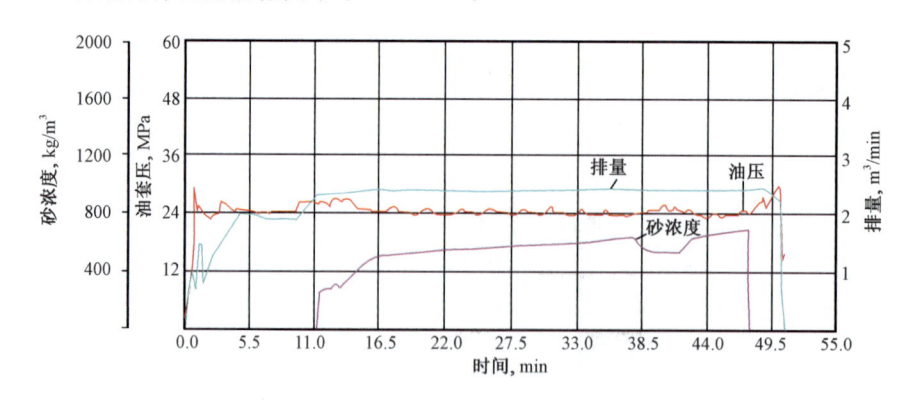

图4-25 X37-21井压裂施工曲线

第一批9口试验井与相邻常规硼砂压裂液井对比分析,低浓度瓜尔胶有机硼试验取得比较好的改造效果(表4-17)。

表 4-17 低浓度瓜尔胶压裂液试验情况

井区	压裂液类型	井数	电性			施工参数			返排率 %
			孔隙度 %	含水饱和度,%	渗透率 mD	支撑剂 m³	破裂压力 MPa	产油 m³/d	
X18	低浓度瓜尔胶	5	12.34	42.94	2.06	32	33.8	31.6	57
	常规压裂液	8	12.04	39.23	2.14	33.8	36.5	24.9	43
X167	低浓度瓜尔胶	4	11.69	40.55	1.56	35	40.2	26.6	49
	常规压裂液	2	11.69	38.2	2.10	32.5	29.5	21.0	43

在第一批试验井取得较好效果之后逐渐推广应用。目前,低浓度瓜尔胶压裂液体系已成为长庆三叠系超低渗透油藏改造主体技术之一,已累计应用几千口井。

二、低分子瓜尔胶压裂液体系

针对超低渗透油藏储层特征,以降低大分子基团伤害和施工成本为目的,开发了低分子瓜尔胶压裂液体系。稠化剂相对分子质量仅为常规瓜尔胶相对分子质量的1/5左右,有效地减少了稠化剂大分子对储层的伤害。低分子瓜尔胶交联体系具有较好的流变性能,交联通过pH值控制,压后在地层的中和作用下,降低压裂液pH值,实现自动破胶;由于不需要破胶剂,破胶后低分子稠化剂仍然保持原来的分子结构,因此,破胶压裂液可实现回收循环再利用,降低了压裂废液的处理费用和压裂材料成本,有利于实现超低渗透油田的经济有效开发。

低分子瓜尔胶压裂液是近年来开发的一种全新理论的压裂液新体系,利用表面活性剂压裂液低分子缔合的特点和pH值控制液体流变性的优点,实现压裂液的"低黏高弹"。

该稠化剂是在瓜尔胶的低分子化过程中,引入亲水基团,将常规植物胶的水不溶物的主要成分——蛋白质演变成水溶成分,纤维素经过衍生和解聚作用也变成可溶物,形成改性瓜尔胶。相对分子质量特别低,分子链长只有常规瓜尔胶的1/25,水不溶物几乎为零。

硼离子与改性瓜尔胶通过位于半乳糖支链和甘露糖主链之间的顺式二醇的结构形式相交联(图4-26),停泵之后,通过地层中和反应很快降低压裂液的pH值,此反应将破坏压裂液强而稳定的网状结构,"恢复"为易从支撑剂填充层返排的低黏液体,这种返排压裂液中的稠化剂分子并没有发生降解,因此,可重新回收利用。

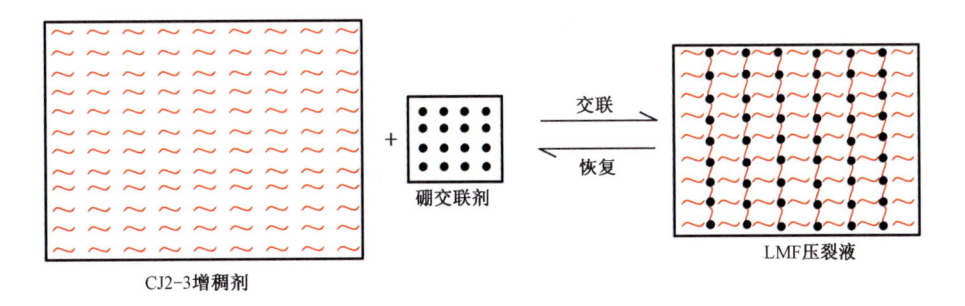

图 4-26 低分子瓜尔胶交联结构

(一)低分子压裂液的特点

低分子稠化剂的相对分子质量比常规压裂液低很多,形成交联压裂液具有相对分子质量低、可重复利用、伤害小等独特的特点,并在应用中具有明显的优势。

实验测得瓜尔胶原粉的黏均分子量为 2.085×10^6、羟丙基瓜尔胶的黏均分子量为 1.775×10^6、低分子稠化剂的黏均分子量为 0.470×10^6。

低分子稠化剂的交联机理是:将短链分子单元与可逆向链接的组分相结合,就地形成瞬时交联稠化剂,形成网状的体型结构。这种交联的稠化剂显示出与常用瓜尔胶稠化剂类似的流变性和液体滤失性能,通过控制 pH 值很容易使短分子单元链接反应发生逆向作用。

当 pH 值低于 8.0 时,低分子压裂液体系不能交联;当 pH 值高于 8.5 时,低分子压裂液体系能交联,且比常规瓜尔胶具有更好的黏弹性。破胶后,低分子稠化剂仍然保持原有的分子结构,使压裂液的返排液可重新使用。

试验测试在不同闭合压力下,温度 82℃,导流室铺砂 9.77kg/m^2(图 4-27),低分子压裂液提高导流能力恢复率在 21%~38%。

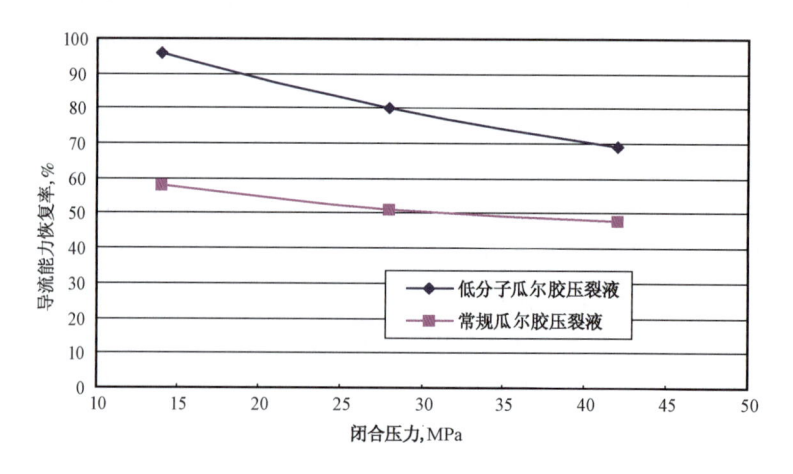

图 4-27 低分子瓜尔胶与常规瓜尔胶对支撑裂缝导流能力恢复率对比

(二)低分子压裂液体系的性能评价

1. 流变性能

在 70℃、170s^{-1} 测试低分子稠化剂压裂液的流变性,从图 4-28 可以看出,形成的黏弹体结构抗剪切性强,可提高压裂液的携砂性能。与常规 HPG 压裂液比较,表现出更稳定性能。

在不同温度下,低分子稠化剂压裂液的流变曲线变化不大,流变特性易控制,液体在地层泵送稳定,同一温度下能持续保持黏度,解决了常规压裂液在施工不同过程对压裂液不同要求的矛盾。并且在低温下的黏度大大低于常规瓜尔胶压裂液的黏度,有利于地面管线及油管中的泵送,有效降低施工压力。

2. 携砂性能

在不同温度下,试验比较石英砂(粒径 0.4~0.9mm,体积密度 1.63g/cm^3,视密度 2.64g/cm^3)在 0.3% 低浓度瓜尔胶压裂液、0.4% 常规瓜尔胶压裂液和 0.35% 低分子稠化剂压

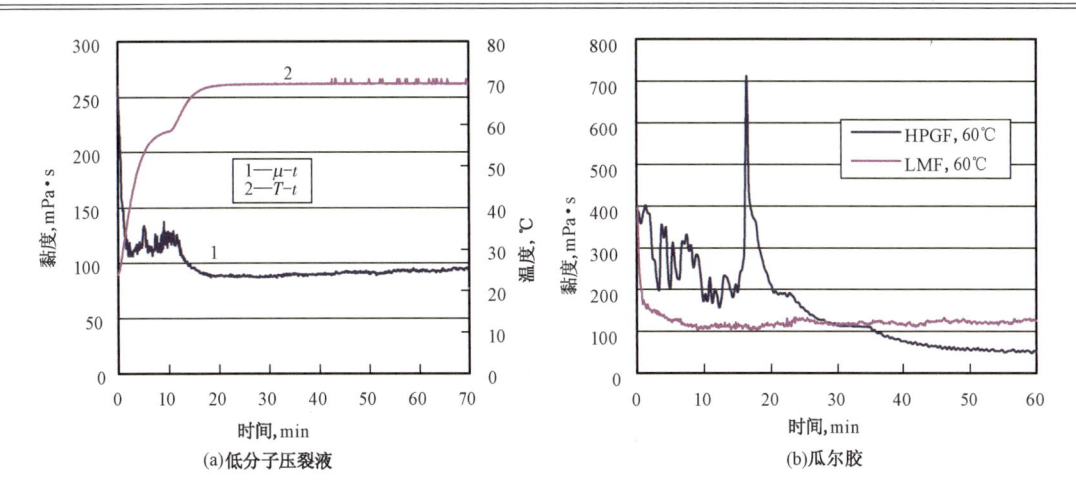

图 4-28 70℃低分子压裂液与瓜尔胶压裂液流变曲线

裂液三种压裂液冻胶中的静态沉降速率(表 4-18)。试验结果表明,低分子稠化剂压裂液在相同温度下与另外两种压裂液的携砂能力基本相当,但波动小于其他两种压裂液,显示出低分子压裂液压裂具有较好的支撑剂悬浮能力。

表 4-18 支撑剂在三种压裂液中的静态沉降速率比较

温度,℃	压裂液类型	稠度系数 K	黏性指数 n	沉降速度 v,mm/s
30	0.4%常规瓜尔胶压裂液	—	—	0.201
	0.3%低浓度瓜尔胶压裂液	—	—	0.207
	0.35%低分子稠化剂压裂液	—	—	0.365
40	0.4%常规瓜尔胶压裂液	27.77	0.1202	0.841
	0.3%低浓度瓜尔胶压裂液	—	—	0.354
	0.35%低分子稠化剂压裂液	5.624	0.57	1.098
50	0.4%常规瓜尔胶压裂液	7.67	0.2227	3.280
	0.3%低浓度瓜尔胶压裂液	35.31	0.0671	1.182
	0.35%低分子稠化剂压裂液	1.898	0.54	3.116
60	0.4%常规瓜尔胶压裂液	0.3439	0.4327	8.390
	0.3%低浓度瓜尔胶压裂液	7.66	0.2223	6.910
	0.35%低分子稠化剂压裂液	0.545	0.77	7.92

3. 破胶返排能力

低分子压裂液具有 pH 可逆性,pH 值临界点为 8.5。在压裂过程中,压裂液的 pH 值远高于 8.5,压裂液依靠自身的大量短链聚合物,通过硼酸盐交联剂形成的致密网状凝胶,流变性能稳定,耐温携砂性能好。同时,具有较好的滤失控制效果,使压裂工艺过程容易实现;压裂加砂过程结束后,在地层巨大的 pH 值缓冲器的中和作用下,低分子稠化剂压裂液的 pH 值很快低于临界点 8.5 时,压裂液迅速降低成低黏物,易于从地层中流出。在不同温度下,测试破胶液的黏度和 pH 值,试验结果见表 4-19。

表4-19 低分子压裂液与地层水作用黏度变化情况

温度,℃	压裂液:地层水	pH值	降黏液黏度,mPa·s
60	100:5	8.5	>10
	100:10	7.0	5.23
	100:15	7.0	5.28
50	100:10	8.5	16.02
	100:15	7.0	5.67
40	100:10	8.5	变稀
	100:15	7.5	8.57
	100:20	7.0	3.94

4. 可回收性能

测试低分子稠化剂压裂液不同pH值条件下基液黏度,低分子稠化剂压裂液硼离子交联后,用地层或地层岩心粉末浸泡的水调节pH值,测试交联液体破胶后的黏度。试验结果见表4-20。

表4-20 低分子稠化剂压裂液黏度及破胶液黏度测试

温度 ℃	基液黏度,mPa·s		破胶液黏度 mPa·s
	pH=8.0	pH=6.0	
20	11.18	10.23	9.27
25	10.73	9.18	8.04
30	8.27	7.78	6.78
35	6.81	6.21	5.33

同一温度下,低分子稠化剂破胶液黏度与形成交联体系前的基液黏度(pH=6.0)一致。这是因为低分子稠化剂液体在失去交联所需的条件后,体系仅仅恢复至交联前的状况,破胶的过程中并没有发生瓜尔胶分子中乙缩醛二乙醇的水解和聚合物链的降解,返排的液体性能没有改变。因此,低分子压裂液交联液体适合压裂液的重复使用。

采用现场取样,在室内对比实验二次回收压裂液的流变性能和岩心伤害率(图4-29和图4-30),结果表明两次回收的压裂液流变性能和岩心伤害与初次配制压裂液相当。

(三)应用情况

低分子可回收压裂液施工采用自行研制的回收装置(图4-31),返排液除砂方便、效果较高,而且将浊度和固体含量作为回收的压裂液再次利用的质量控制指标,现场检测简单,可迅速量化评价回收压裂液的质量,这为该压裂液的现场应用提供了有力保障(图4-32)。2006—2010年在长庆LD、JA、AS等油田长2、长3、长6、长8储层,累计推广应用500口井,平均单井日增油幅度12%以上,压裂液回收率达57.4%。

三、阴离子表面活性剂压裂液

表面活性剂分子由亲水的"头部"和疏水的"尾部"构成,当浓度达到临界胶束浓度以上时

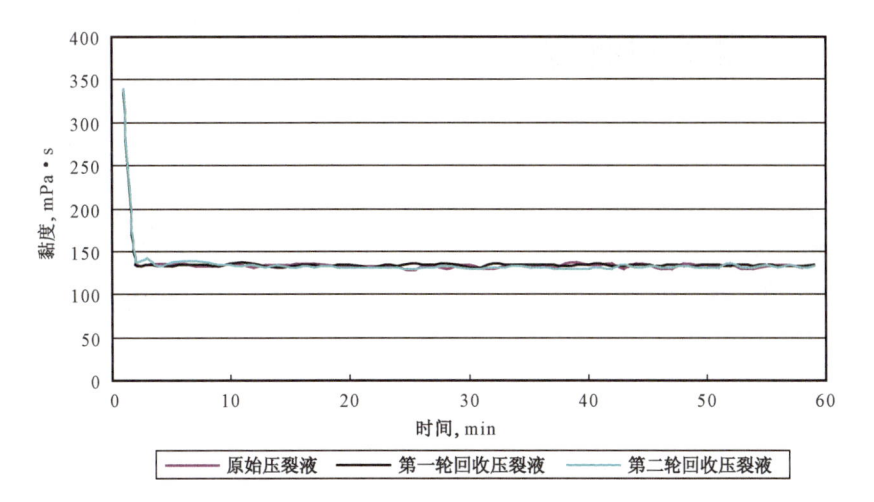

图 4-29　回收压裂液流变性能对比

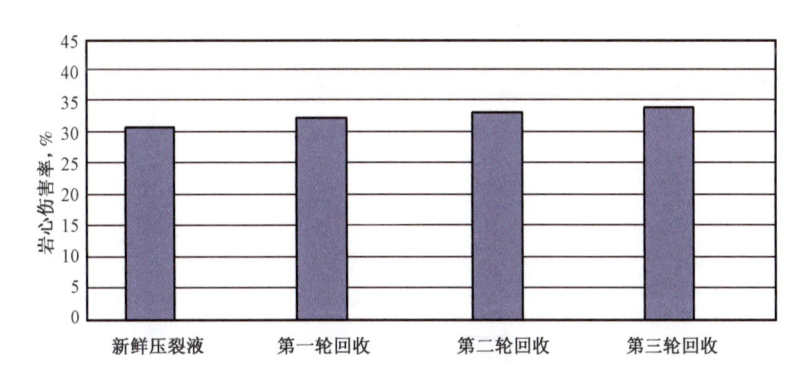

图 4-30　回收压裂液岩心伤害对比

图 4-31　压裂液回收装置

图 4 – 32　浊度测试仪及交联后的二次可回收压裂液

分子间形成球状胶束,在一定浓度的盐(如 KCl 或 NH$_4$Cl)作用下球状胶束形成棒状胶束,棒状胶束可以进一步组装为具有三维网状结构的网络而具有良好的黏弹性(图 4 – 33)。表面活性剂压裂液体系遇油或水可自行破胶,返排彻底,压裂液残渣含量几乎为零,使压裂过程中的表皮效应和油层伤害更小,甚至接近零伤害,理论上非常适用于低渗致密油藏的压裂改造。

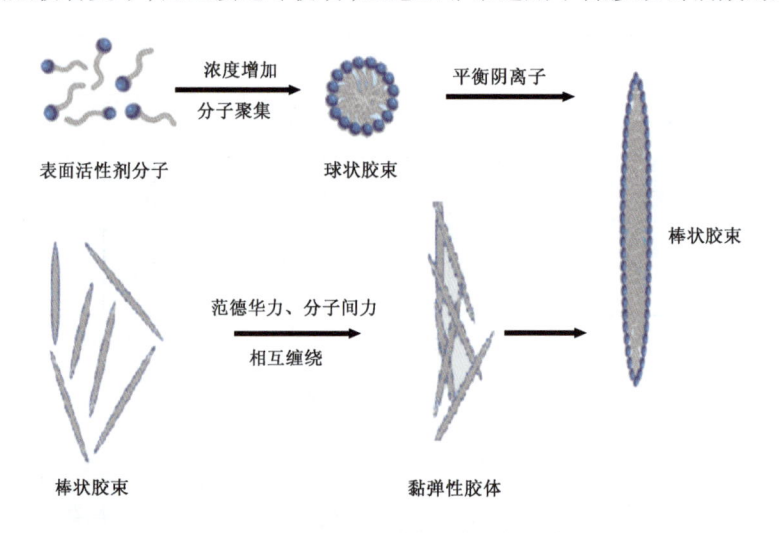

图 4 – 33　表面活性剂分子自组装示意图

长庆油田自 2002 年起就开展 20 多口井的现场试验,未取得预期的增产效果。室内研究表明:主要原因是所使用的表面活性剂压裂液均为阳离子或阳离子复配为主,对低渗油藏岩石产生了吸附,改变了岩石表面的润湿性,造成油相渗透率的极大伤害(岩心伤害率平均 70% 以上)。

而阴离子表面活性剂压裂液,是基于黏弹性表面活性剂(VES)基础上发展的一种新型压裂液,采用不改变油藏砂岩亲水性的阴离子表面活性剂为稠化剂,既保留了阳离子表面活性剂压裂液易破胶返排的特点,又不会像阳离子表面活性剂一样对储层岩石吸附伤害大。

阴离子表面活性剂应具备的条件是:极低浓度下其分子能形成蠕虫状胶束聚集体;蠕虫状胶束足够细长,大于 1000nm,16~18 个碳原子;其分子具有适当的碳原子个数,最好为 16~18。

(一)性能评价

阴离子表面活性剂压裂液的成胶性与盐的浓度和稳定剂的浓度有关,体系在阴离子表面活性剂(3.5%)、氢氧化钾(1.5%)、无机盐(6% KCl)及最佳稳定剂量(0.2% EDTA)的条件下进行性能评价。

1. 流变性能

阴离子表面活性剂压裂液不含任何高分子聚合物,黏度通过表面活性剂胶束的相互缠绕而形成,与瓜尔胶压裂液的黏度形成机理不一样。阴离子表面活性剂胶束的形成和相互缠绕是其分子之间和聚集体之间的行为,表现为阴离子表面活性剂压裂液的表观黏度不随时间变化,以及通过高剪切后体系的黏度又能得到恢复。而瓜尔胶压裂液交联冻胶受到剪切,或高温下分子链的断开,会永久丧失植物胶的黏度。

传统的支撑剂输送,要求压裂液在 $170s^{-1}$ 的剪切速率下应有 50mPa·s 以上的黏度,$100s^{-1}$ 的剪切速率下具有 100mPa·s 的黏度。Stim-Lab 在大规模压裂模拟器上进行输砂实验的结果表明,当剪切速率为 $100s^{-1}$ 时,表面活性剂压裂液的表观黏度30mPa·s 以上都可有效携砂。

图 4-34 和图 4-35 分别为阴离子表面活性剂耐温和抗剪切实验曲线,从图中曲线可以看出,阴离子表面活性剂压裂液的耐温达 115℃,并且在 90℃剪切 1h,黏度仍然大于50mPa·s。

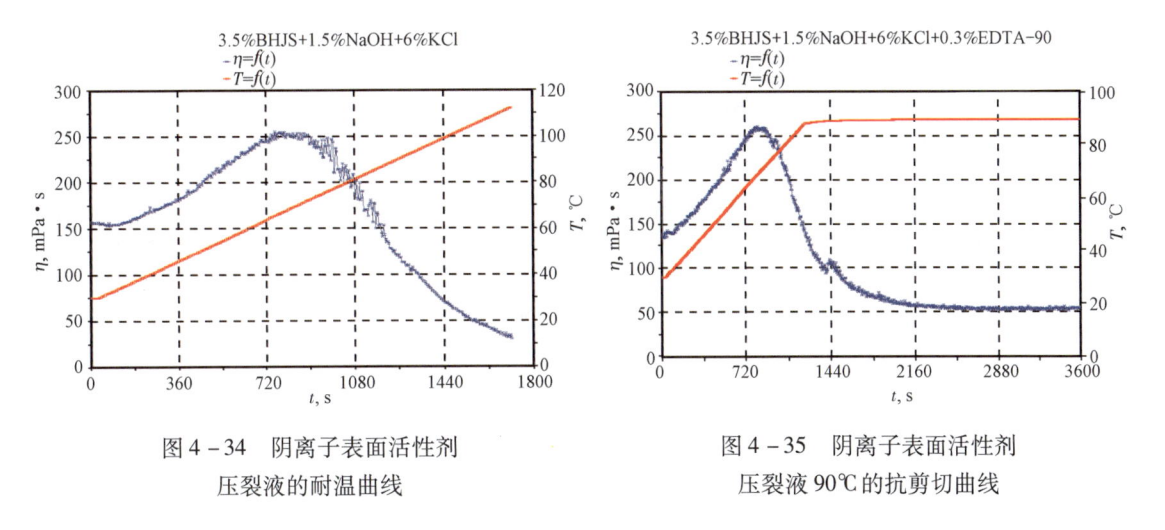

图 4-34　阴离子表面活性剂压裂液的耐温曲线

图 4-35　阴离子表面活性剂压裂液 90℃的抗剪切曲线

2. 携砂性能

压裂液的携砂能力与 G'/G'' 值(即压裂液的弹性)成正比,阴离子表面活性剂压裂液具有明显"低黏高弹"的特点(表 4-21)。

表 4-21　阴离子表面活性剂压裂液黏弹性能测试

压裂液类型	储能模量 G',Pa	损耗模量 G'',Pa	G'/G''
阴离子表面活性剂压裂液	9.8	0.9	10.90
常规瓜尔胶压裂液	5.1	1.9	2.68

3. 表面张力和界面张力

在70℃下,采用3∶1的水与阴离子表面活性剂混合,测得破胶液的黏度为4mPa·s,破胶液的表面张力和界面张力见表4－22,表现出较好的返排性能。

表4－22 表面活性剂破胶液表面张力与界面张力

类　　型	表面张力,mN/m	界面张力,mN/m
阴离子表面活性剂压裂液破胶液	30.21	0.46

4. 滤失性能

由于表面活性剂压裂液在裂缝壁上不形成滤饼,因此,用目前瓜尔胶压裂液室内实验方法——白劳德滤失仪所测得的数据,不能代表该压裂液的真正滤失性能。表面活性剂压裂液不同于瓜尔胶等聚合物压裂液,进入地层后,不会在裂缝面形成滤饼,其滤失速率基本不随时间变化,整个表面活性剂分子与水分子相互缠绕,形成良好的空间网络结构,体系中不含自由水。对低渗地层(渗透率低于5mD),压裂液很难进入孔隙喉道,滤失低于瓜尔胶压裂液。

（二）应用情况

2010年,在华庆长6油田累计实施11口井,平均单井试排日产15.7m^3,改造后平均返排率大于80%,取得良好的改造效果,参见表4－23。

表4－23　阴离子表面活性剂压裂液体系现场试验情况

压裂液	井数	储层参数							压裂参数			试排结果	
^	^	厚度 m	电阻率 Ω·m	孔隙率 %	渗透率 mD	含油饱和度 %	时差 μm/s	泥质 %	砂量 m^3	砂比 %	排量 m^3/min	日产油 m^3	日产水 m^3
阴离子表面活性剂压裂液	24	18.3	35.3	11.9	0.31	52.7	288.4	19.36	71.7	30.3	2.4	15.7	0.0
瓜尔胶压裂液	9	23.5	35.8	12.0	0.29	56.1	229.0	18.53	52.8	31.1	2.5	10.4	1.0

阴离子表面活性剂压裂液体系在现场配制简便,施工过程中压力平稳(图4－36),表现出良好的携砂性能,压后破胶彻底,现场测试均低于5mPa·s。

四、多羟基醇压裂液

超低渗、低渗致密储层对入井液体非常敏感,比常规储层更容易发生堵塞伤害作用,且堵塞后不容易消除。醇基压裂液具有相对分子质量小、易返排的特点,但是小分子醇易燃,且成本高昂。因此,长庆油田综合醇基压裂液易返排和水基压裂液施工安全的特性,以醇类化合物为增稠剂,开发具有相对分子质量小、耐温抗剪切、无残渣、表界面张力低、破胶彻底的多羟基醇压裂液体系。

（一）稠化剂研发

以降低稠化剂相对分子质量和体系黏滞力为目的,确定稠化剂的合成路线,研制双组分交

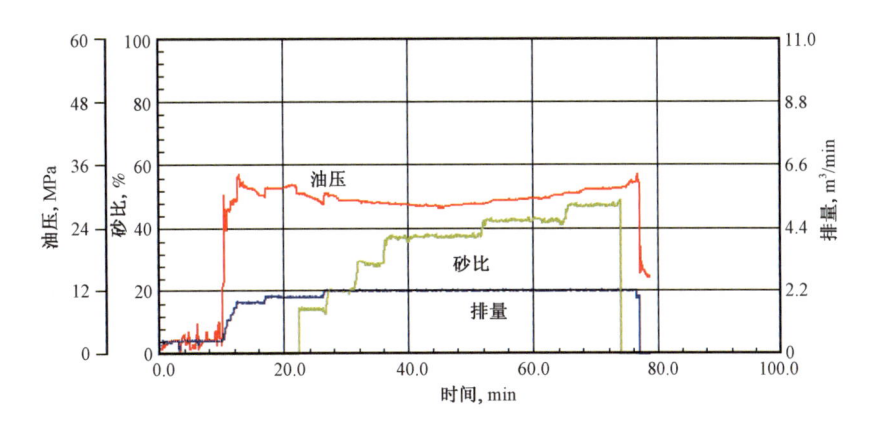

图 4-36　Y1 井压裂施工曲线

联剂、新型破胶剂及其他添加剂,开发低相对分子质量(7 万~8 万)、低黏(基液黏度小于 10mPa·s),压后能有效破胶、易返排的多羟基醇压裂液体系。

1. 多羟基醇增稠剂的分子设计原理

结合醇基压裂液的特点及特低渗致密储层的特点,对多羟基醇的性能提出了要求,并建立了如下理论模型,如图 4-37 所示。

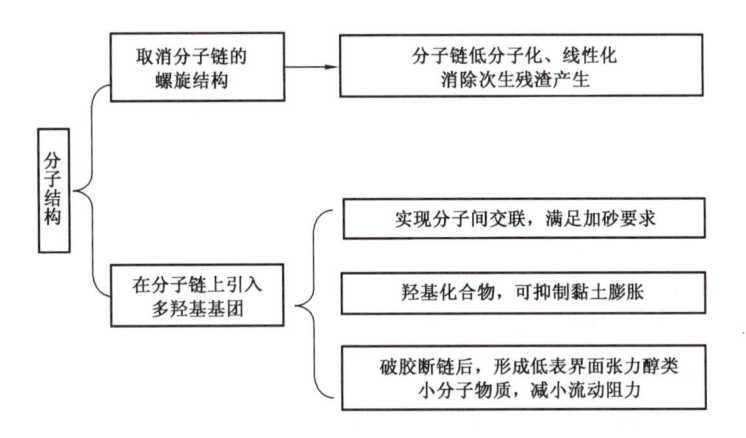

图 4-37　多羟基醇分子设计图

(1)溶液中的聚合物分子链适当结合,形成均匀布满整个溶液的三维立体网络结构。

(2)根据醇基压裂液体系的技术特点,低相对分子质量的醇类具有降低油水界面张力,可解除地层的水锁,有助于液体的返排。

(3)亲水部分应该有醇羟基(R—OH,R 为烷基结构)存在,这样多羟基醇才会有醇的部分性质,而且破胶后在储层中不容易滞留,返排彻底。

(4)聚合物溶液为结构流体,满足 $\eta_{表观} = \eta_{结构} + \eta_{非结构}$。

2. 多羟基醇稠化剂合成

通过采用有机酯合成、精馏、聚合、醇解、副产物回收等 5 道工序,可制得多羟基醇。多羟基醇是一种低分子聚合物,无臭、无毒,外观为白色粉末状,在水中有良好的溶解性能。采用黏度法测得多羟基醇相对分子质量 $M_\eta = 7.41 \times 10^4$。

3. 体系交联剂的研发

多羟基醇为一种多羟基化合物,分子链上的羟基密度很大。当一些缺电子化合物,比如硼族元素化合物或过渡金属化合物或与多羟基醇混合后,可能会利用氢键与多羟基醇聚合连接在一起,形成具有连续性网状结构的聚合物。

硼类交联剂由于价格便宜、品种众多,且与瓜尔胶类稠化剂交联性能稳定,目前被广泛使用。它同样可与多羟基醇中的羟基作用,发生聚合反应。但是,实验研究中发现,多羟基醇压裂液使用硼类交联剂存在以下问题:常温交联反应初期,冻胶状态良好,但随着硼交联剂的水解程度加大,交联冻胶的强度也随之加大,不利于压裂施工泵注;而且交联冻胶温度稳定性差,仅可耐受约50℃以下的温度。

针对多羟基醇体系交联反应特点,采用双组分交联体系:A 交联剂采用常规交联剂(如有机硼等),实现常温凝胶化;研发新型 B 交联剂,提高压裂液耐温性能,同时控制交联强度(图4-38)。

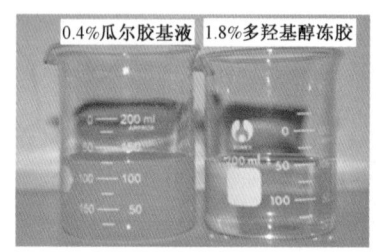

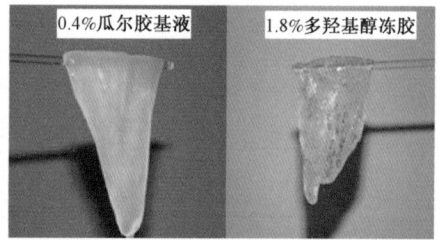

图4-38 瓜尔胶、多羟基压裂液体系基液与冻胶对比图

4. 破胶剂的研发

植物胶压裂液体系可以使用氧化剂(过硫酸盐等)作为破胶剂,通过氧化作用,使半乳甘露聚糖降解,破坏 C—O—C 键,从而引起聚糖类稠化剂冻胶破胶。而对多羟基醇冻胶体系的 C—O—B—O—C 则无效,无法使其彻底破胶。实验发现过硫酸铵在具有强氧化性的同时,还有微弱的酸性,在足够加量的情况下,随温度升高可使体系 pH 值降低,破坏成胶环境,呈现"破胶"的假象;但随着温度的降低,其"释酸"能力也逐渐丧失。而硼类交联剂不断水解出游离态的硼,会再次引发交联反应,即出现"返胶"的现象。

由于常规破胶剂对多羟基醇体系冻胶无法起到彻底有效的破胶作用,所以开发新型破胶剂十分必要。经大量实验研究发现,对于多羟基醇体系而言,造成返胶或实施破胶的根本原因在于体系的 pH 环境改变。因此,研发的新型破胶剂应具有一定的释酸能力。实验表明,使用新型破胶剂破胶彻底,无返胶现象。在不同温度下,通过优化加量,破胶时间合理可控,见图4-39。

(二)多羟基醇压裂液体系性能评价

1. 流变性能测试

室内评价1.8%多羟基醇压裂液的凝胶耐温性能与在60℃条件下的耐剪切性能(图

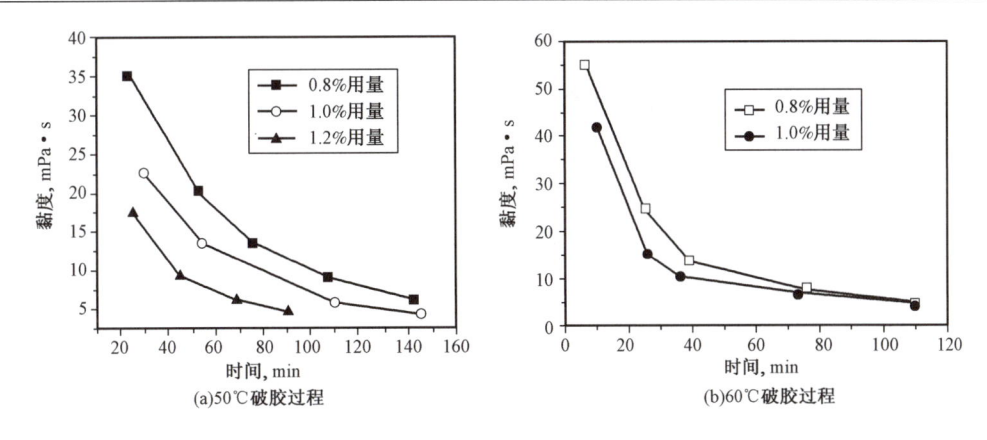

图 4-39 多羟基醇压裂液破胶曲线

4-40）。实验数据表明，研发的多羟基醇压裂液体系耐温能力可达到 85℃；60℃条件下，170s^{-1}剪切 60min，黏度仍保持在 100mPa·s 左右，具有较好的抗剪切性能。

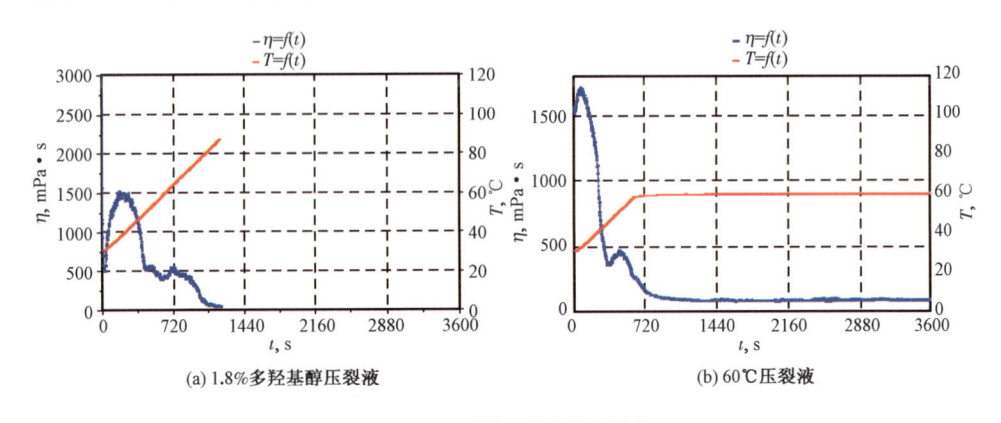

图 4-40 多羟基醇流变曲线

2. 破胶液黏度及残渣含量测定

与瓜尔胶压裂液相比，1.8%多羟基醇压裂液体系在 55℃下破胶后无残渣，具有更高的支撑裂缝导流能力，也有助于改善压裂液破胶液在储层与裂缝间的流动。破胶液黏度及残渣含量测定见表 4-24。

表 4-24 破胶液黏度及残渣含量对比

稠化剂类型	使用浓度 %	破胶剂类型	破胶液最终黏度 mPa·s	交联剂类型	残渣含量 mg/L
改性瓜尔胶	0.35	APS	≤8	B(Ⅲ)	164
多羟基醇	1.80	有机酯	≤5	B(Ⅲ)/Ti(Ⅳ)	0

从实验数据可以看出，虽然多羟基醇压裂液体系稠化剂使用浓度比常规瓜尔胶压裂液体系高，但其水溶性好，无水不溶物，故破胶后无残渣。破胶液黏度越大，对储层伤害越大；在相同破胶液黏度下，破胶液中聚合物相对分子质量越大则伤害越大。普通的瓜尔胶压裂液破胶后，相对分子质量大部分在百万以上，而多羟基醇的相对分子质量只有几万。

3. 表面张力与界面张力测试

多羟基醇分子具有一定的降低表面张力、界面张力的作用。较低的表面张力、界面张力可有效地降低返排时的毛细管阻力,利于压后返排。多羟基醇压裂液表面张力与界面张力测试结果见表4-25。

表4-25 多羟基醇压裂液表面张力与界面张力测试结果

类 型	表面张力,mN/m	界面张力,mN/m
多羟基醇压裂液破胶液	26.42	0.66
瓜尔胶压裂液破胶液	33.82	1.25

4. 滤失特性

实验采用高温高压静态滤失仪测定,实验温度55℃,滤失介质为双层滤纸,滤失压差为3.5MPa,对瓜尔胶、多羟基醇和清洁压裂液进行静态滤失实验,实验结果见表4-26。可以看出,1.8%多羟基醇压裂液的滤失系数与0.4%瓜尔胶压裂液相当。

表4-26 不同类型压裂液的滤失系数

压裂液类型	滤失系数,10^{-4}m/min$^{0.5}$
0.4%瓜尔胶压裂液	7.38
1.8%多羟基醇压裂液	7.67

5. 防膨性能

由于多羟基醇的特殊结构,使体系本身就具有一定的防膨性能。室内实验采用标准土3g,分别测试24h后,黏土在蒸馏水、0.3%COP-1溶液及多羟基醇破胶液的膨胀量,结果见表4-27。多羟基醇压裂液体系具有很好的防膨性能。

表4-27 膨润土在不同溶液中的膨胀量

溶液	24h后膨胀量,mL	防膨率,%
蒸馏水	50.0	0
0.3%COP-1	17.2	65.6
多羟基醇破胶液	13.3	73.4

(三)应用情况

多羟基醇压裂液体系在超低渗致密油藏现场试验,携砂性能优良,施工成功率100%,压后破胶彻底,返排液体具有很高的泡液比,排液时间明显短于常规压裂液体系(图4-41~图4-43)。

2009年,长庆油田试验10口井,试排日产油16.9m³,与邻井对比井相比提高了6.0m³,返排率达80%,比邻井提高10%。投产初期试验井较邻井日增油0.4t,试验效果较为明显。

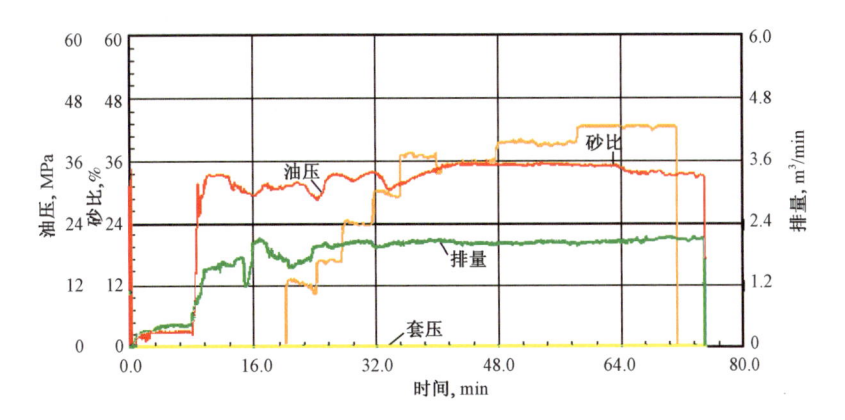

图 4-41　Z40-1 井多羟基醇压裂液施工曲线

图 4-42　放喷取样　　　　　　　　图 4-43　现场施工取样

超低渗透致密油藏低伤害醇基压裂液体系的研发与试验成功,降低了压裂液对超低渗透致密油藏储层的伤害,提高了低渗储层改造效果,表现出良好的应用前景。

五、高效生物酶破胶技术

压裂液在地层条件下破胶水化程度和破胶后残渣含量多少,极大地影响着压裂液对地层的伤害。压裂液彻底破胶返排,可以减小压裂液对低渗致密地层的伤害,这是压裂液应用的关键,它关系着整个压裂施工过程的成败及效果的好坏。

现在国内外普遍应用的破胶剂主要有酶类破胶剂和氧化性破胶剂,但各自都有其局限性。一是常规及改性酶破胶剂在碱性下活性只能达到 60%,使用温度也受到一定限制;同时,破胶最终降解产物是半乳甘露聚糖单体的二聚体、三聚体。二是常规氧化性破胶剂 APS 氧化断裂糖苷键具有随机性,会造成半乳甘露聚糖不能完全降解。

而高效生物酶破胶剂是从极端微生物(生长于高盐、高温、酸碱环境)分离出的功能基因,通过克隆、基因表达、微生物发酵,经纯化精制而成。因此,具有原生极端微生物产生的酶具有的一切特性,可作为高专属性作用于半乳甘露聚糖的水解酶,对瓜尔胶破胶作用温度范围广、耐盐、耐酸碱,有可靠的安全性和超高效所有植物胶生物分解性,降黏效率高。

针对超低渗储层孔喉细微、填隙物含量高、易受伤害的特点,从降低破胶液黏度入手,使用 GLZ-1 高效生物酶破胶剂,通过生物酶破胶剂的持续破胶,彻底降解交联瓜尔胶,减小储层伤害。

(一)破胶机理

GLZ-1 与半乳甘露聚糖形成远远低于糖键活化能的过渡物,使活化分子大大增多,1,4-糖苷键水解,键断裂速度大大提高,GLZ-1 为多糖聚合物糖苷键特异性水解酶,遵循"一把钥匙配一把锁"的原理,只分解多糖聚合物结构中特定的糖苷键,可将聚合物降解为非还原性的单糖和二糖。根据对目标聚合物链中特定糖苷键的分解能力,发生的化学反应是纤维素中 1,4-β-D-糖苷键的环内水解反应。添加某种 O 键环内水解酶,可分解末端的非还原性 β-D-葡萄糖基,将剩余的 20% 二糖分解成单糖,且 GLZ-1 本身在瓜尔胶降解前后不变,只是参与反应过程,反应后又恢复原状,继续参加反应。所以,在短时间内,能将大量的瓜尔胶及其衍生物彻底分解,体现其高效性。其机理见图 4-44。

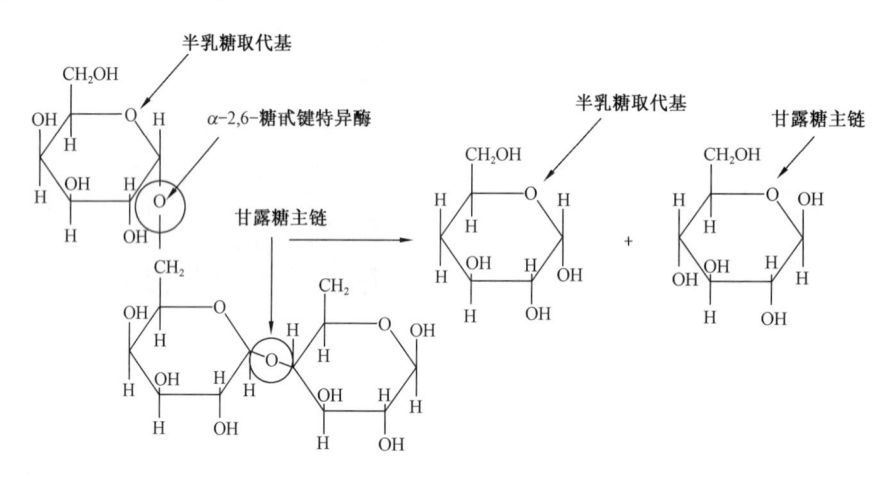

图 4-44 GLZ-1 生物酶破胶剂破胶机理

(二)性能评价

1. 温度和压裂液 pH 值对破胶剂活性的影响

酶破胶剂活性主要受到压裂液 pH 值和温度影响。在不同 pH 值下,从压裂液破胶速度随 pH 值的变化关系得出,活性在 pH=7 时最高;当 pH=10 时,活性仍能保持在 60% 以上。在不同温度下,测定压裂液破胶速度得出,在 80℃ 活性最高,40℃ 仍能够保持 50% 的活性,50℃ 保持 80% 以上活性,60℃ 保持 90% 的活性;扩大了生物酶应用范围,使其 pH 值应用范围扩大到 6~10,温度扩大到 40~90℃,与其他酶破胶剂应用范围对比见表 4-28,实验结果见图 4-45。

表 4-28 常规酶和生物酶破胶剂应用范围对比

种类	应用范围 pH	应用范围 温度,℃	保持活力 %
常规酶	3~7.5	38~65	>50
GLZ-1 生物酶	6.0~10	40~90	>50

(a) 不同pH值下GLZ-1破胶剂活性

(b) 不同温度下GLZ-1破胶剂活性

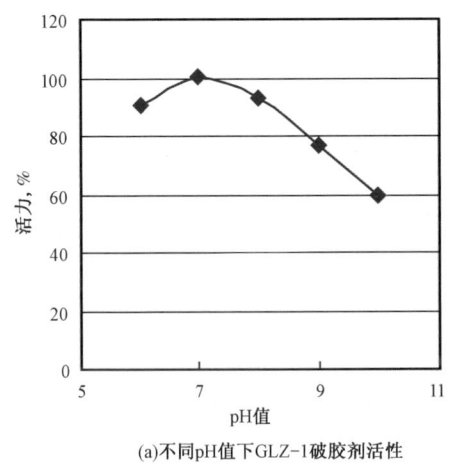

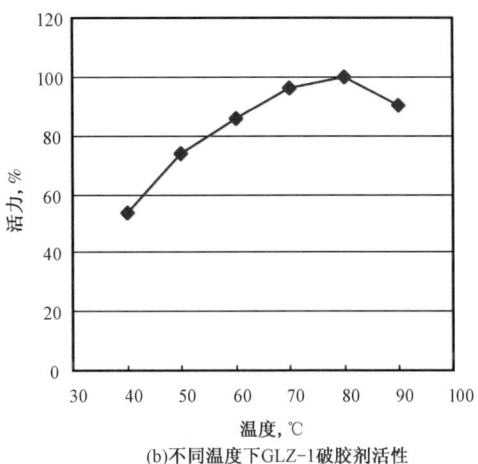

图 4-45 生物酶破胶剂活性

2. 与添加剂配伍性

由于破胶剂 GLZ-1 对环境物质比较敏感,有些物质对其活性有影响,甚至失去活性。在加入其他添加剂后,压裂液仍能很好破胶,与没加添加剂相比,破胶后黏度变化不大,说明该酶与压裂液配伍性良好。破胶剂与添加剂配伍性实验结果见表 4-29。

表 4-29 破胶剂与添加剂配伍性实验结果

压裂液类型	交联剂	破胶时间2h,破胶液黏度,mPa·s 有添加剂	破胶时间2h,破胶液黏度,mPa·s 无添加剂
0.3% 瓜尔胶	有机硼	3.89	3.80
0.4% 瓜尔胶	硼砂	4.14	4.09

3. 破胶性能

破胶剂破胶程度是评价破胶剂的重要指标之一,一般通过破胶液残渣含量来表征。另外,通过测量破胶液相对分子质量以及含糖量来评价破胶程度。破胶程度越大破胶越彻底,且更容易返排,对地层伤害越小。

首先在同一破胶时间内,不同温度条件下,分别添加 GLZ-1 和 APS,使压裂液完全破胶后,测量破胶液残渣含量;在同一温度下,不同时间作用,添加 GLZ-1 和 APS,测量压裂液破胶液残渣含量。

在能够满足压裂施工对压裂液破胶要求下,对比与常规破胶剂过硫酸铵破胶剂破胶液残渣实验发现,高效破胶剂 GLZ-1 作用下,破胶液残渣含量低,降低了压裂液残渣对储层的伤害。实验结果见表4-30。

表4-30　不同温度下残渣含量测试结果

压裂液类型	破胶剂类型	残渣含量(破胶时间12h),mg/L		
		50℃	55℃	60℃
0.4%瓜尔胶(硼砂)	APS	314	298	285
	GLZ-1	210	208	196
0.3%瓜尔胶(有机硼)	APS	223	231	212
	GLZ-1	156	141	134

由于 GLZ-1 破胶剂是一种生物酶,具有独特性能,在引发与多糖聚合物反应中不改变自身结构,可以持续参与多糖聚合物降解反应,因此,随着破胶时间延长,可使更多大分子瓜尔胶聚合物降解为单糖,从而降低破胶液残渣含量,有利于减小由残渣引起的储层伤害。不同作用时间残渣含量见表4-31。

表4-31　不同破胶时间破胶液残渣含量测试结果

压裂液类型	破胶剂类型	残渣含量(反应温度60℃),mg/L		
		4h	24h	48h
0.4%瓜尔胶(硼砂)	APS	290	288	292
	GLZ-1	206	164	135
0.3%瓜尔胶(有机硼)	APS	232	231	228
	GLZ-1	166	132	121

4. 模拟地层条件下生物酶破胶液黏度变化

为了进一步确定生物酶破胶剂在地层压力、温度条件下的破胶能力,模拟交联后冻胶放置在18MPa高压反应釜中进行60℃破胶。分别取破胶时间为4h、24h、48h 的破胶液样品,用毛细管黏度计检验样品黏度,如图4-46 所示。

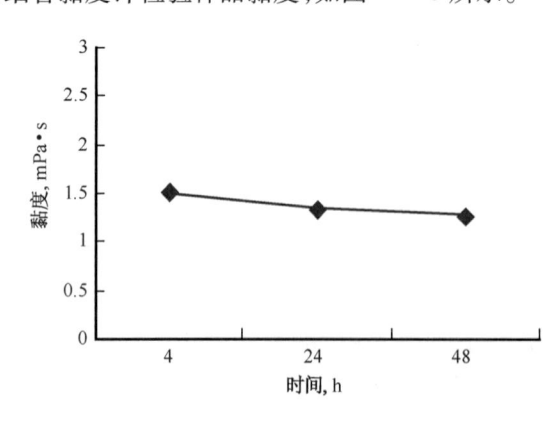

图4-46　不同破胶时间破胶液(30μL)的黏度变化

实验结果显示,4h 内中高温生物酶破胶剂即可将冻胶压裂液黏度降至3mPa·s 以下,且随着时间的增加,破胶液黏度不断降低。因此,该低温生物酶在地层压力和温度条件下,仍保有持续破胶的能力。

应用质谱分别分析中高温生物酶和过硫酸铵作为破胶剂24h 后的破胶液,检测其中多糖的相对分子质量及分布(图4-47、图4-48)。结果显示,应用生物酶作为破胶剂的破胶液中,寡糖相对分子质量主要集中在786~924,而应用过硫酸铵作为破胶剂的破胶液中,相对分子质量 10000 以下没有明显的吸收峰。结合 48h 内破胶液黏度的变化和相对分子质量小于 10000 的低聚糖总量的变化结果,认为给予足够的时间,中温生物酶可以将瓜尔胶降解成更小的分子(单糖或二糖)。相比过硫酸铵,生物酶可以将瓜尔胶降解成更小的分子(水溶性寡糖,甚至单糖、二糖),从而减轻压裂液对地层的伤害。

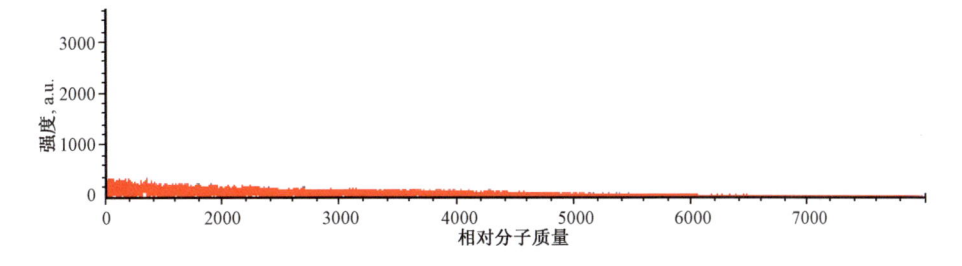

图 4-47 过硫酸铵作为破胶剂 48h 破胶液中寡糖相对分子质量分布

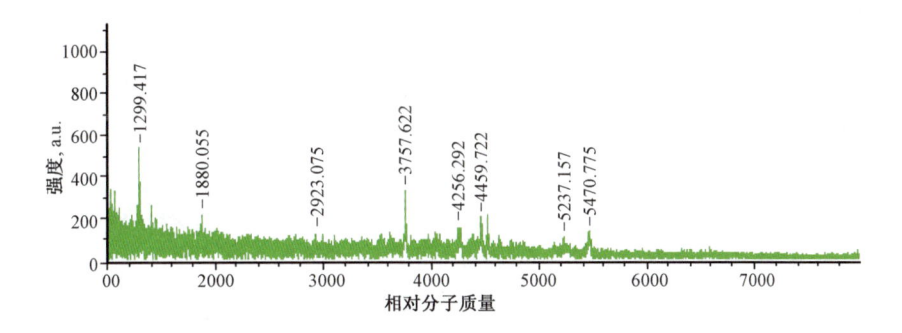

图 4-48 生物酶作为破胶剂 24h 破胶液中寡糖相对分子质量分布

(三)现场应用

长庆油田的高效生物酶破胶技术在低渗致密油藏已规模应用,现场测试破胶液平均黏度为 2.21mPa·s,破胶更加彻底,返排效率明显提高,取得很好的应用效果(表 4-32)。

表 4-32 长 6 储层生物酶高效破胶应用情况统计

区块	层位	应用井数	生物酶平均加量,kg	破胶液平均黏度,mPa·s
推广应用井	长 6	111	1.5	2.21
常规		60	—	6.98

此技术作为瓜尔胶压裂液体系改进完善的主体技术之一,现场推广应用 300 余口,极大地提高瓜尔胶压裂液体系的破胶返排性能,进一步降低了瓜尔胶压裂液体系对低渗、特低渗致密储层的伤害。

第五章 支 撑 剂

支撑剂充填水力压裂张开的裂缝,在地层与井筒之间为油气流动架设一条导流通道。支撑剂性能的好坏以及在地层内形成铺置剖面的有效性,是决定水力压裂效果的重要因素。理论研究与实践证明,在储层条件与支撑裂缝尺寸相同时,水力压裂效果取决于支撑裂缝导流能力。支撑裂缝导流能力是指裂缝传导(输送)储层流体的能力,综合反映支撑剂颗粒均匀程度与物理机械性能等特征,是选择支撑剂的主要依据。

对于超低渗透油藏,虽然裂缝长度比导流能力对压裂效果的影响更为重要一些,但由于超低渗透油藏初期递减快,考虑长期稳产的需要,必须考虑支撑剂长期导流能力的影响。另外,由于井多,作业数量大,技术经济性优化也是支撑剂选择的重要依据。

当前国外致密油气藏投入规模开发后,水平井多段和直井多层压裂成为决定开发效果的主体技术,单井作业层段多,压裂液与支撑剂用量大,平均单井压裂液用量近万立方米,支撑剂用量达千立方米以上,支撑剂性能优选更为重要。

第一节 超低渗透油藏压裂支撑剂选择及应用

压裂的本质目的是将支撑剂输送到地层内张开裂缝,并有效铺置。支撑裂缝导流能力是否与储层渗流能力相匹配,有效支撑裂缝长度是否满足开发压裂设计要求,支撑剖面是否在储层内合理布放,对于超低渗透油藏非常重要。

通过多年的探索,长庆油田从不同储层类型出发,将地层闭合压力作为主要判别依据,考虑储层渗透率对裂缝导流能力的需求,进行支撑剂综合性能评价,以长期导流能力为重点,建立长庆油田超低渗透油藏储层压裂支撑剂优选方法(图5-1)。

支撑剂性能及裂缝导流能力评价主要包括以下几个方面:一是支撑剂化学成分及物理性能;二是支撑裂缝的渗透性;三是支撑裂缝内压裂液的残留;四是破碎颗粒及地层微粒进入运移;五是支撑裂缝长效性;六是经济性。

一、地层闭合压力是支撑剂选择的直接依据

在地层情况下,因裂缝沿垂直于最小主应力方向张开,施加于支撑剂上的最大有效应力为地层闭合压力,支撑剂受力状况见图5-2。如果支撑剂强度不够,在闭合压力作用下会发生破碎,从而造成支撑裂缝渗透性大大降低,形成无效裂缝。

可采用室内岩心测试和现场测试压裂方法确定地层闭合压力。一般而言,随井深增加,闭合压力增大。根据研究结果表明,鄂尔多斯盆地闭合压力梯度约为0.016MPa/m。靠近井筒周围,生产压差大,作用于支撑剂上的有效应力大,支撑剂最容易破碎;随开采时间的延长,作用于支撑剂上的有效应力也会发生变化。

图5-3给出的不同闭合压力条件下支撑剂选择的大致范围,综合考虑强度和经济成本因

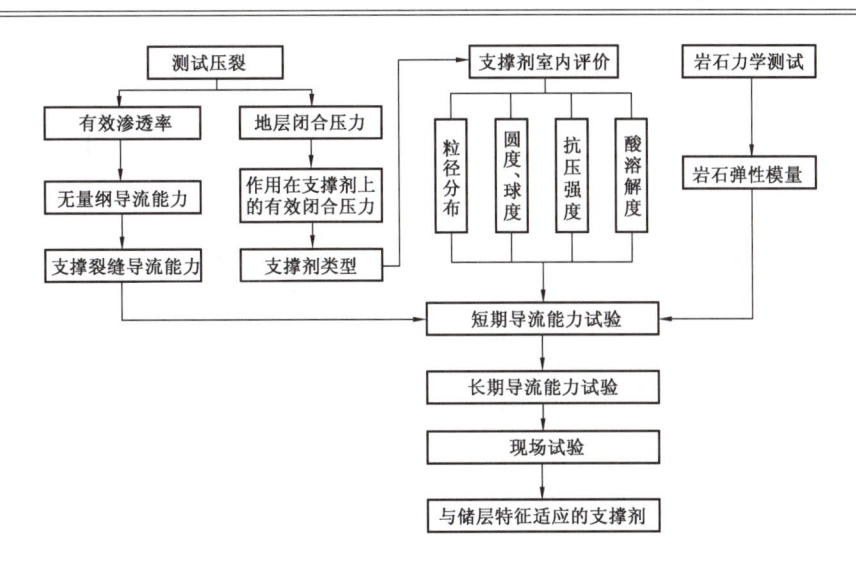

图 5-1　长庆油田支撑剂优选技术流程

素,当闭合压力小于 41MPa 时可选用天然石英砂(国内石英砂,闭合应力小于 30MPa);当闭合压力大于 41MPa、小于 69MPa 时,可选用中强度陶粒支撑剂;当闭合压力大于 69MPa 时,可选用高强度支撑剂。

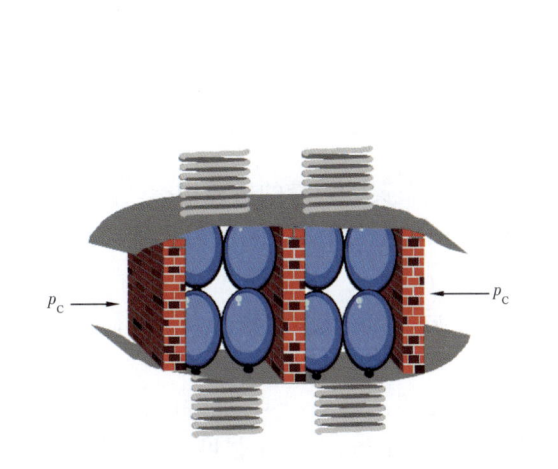

图 5-2　支撑剂地下受力状况示意图

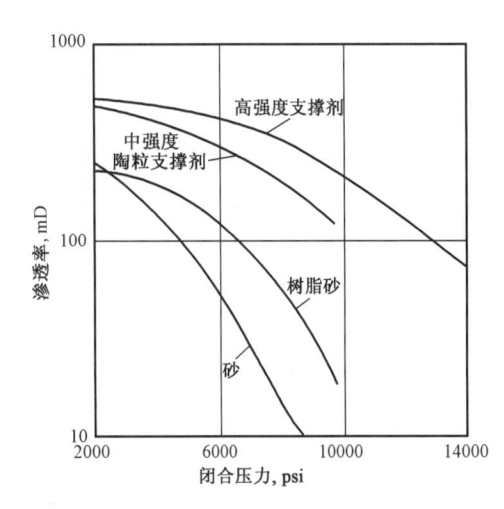

图 5-3　不同支撑剂选择范围

Elbel 和 Sokrasong 等于 1987 年提出支撑剂相对体积与闭合压力的关系曲线,如图 5-4 所示,支撑剂相对体积表示一定导流能力所需的支撑剂数量,见下式:

$$V_{rp} = \rho_p (1 - \phi_p) / K_f$$

式中　ρ_p——支撑剂密度;
　　　ϕ_p——支撑剂孔隙度;
　　　K_f——裂缝渗透率。

当闭合压力高时,支撑剂相对体积要求相应高,相对应支撑剂费用也高(图 5-5)。

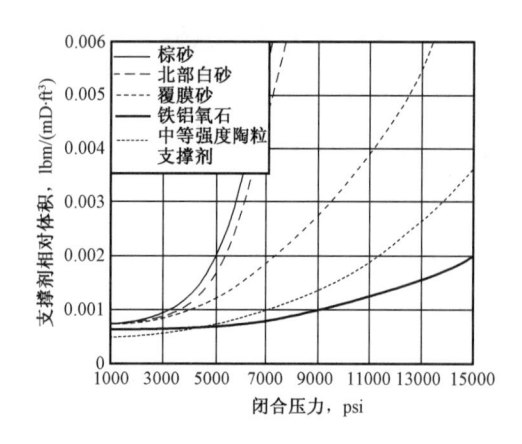

图 5-4　支撑剂相对体积与闭合压力关系 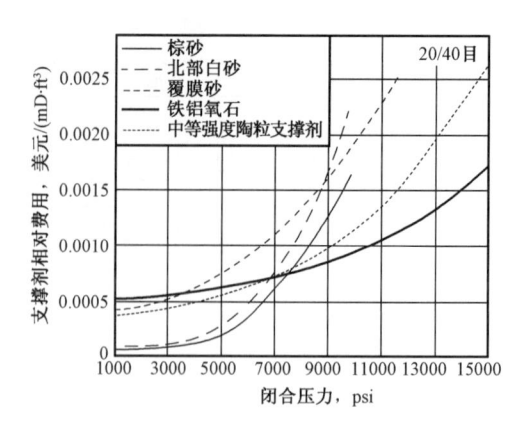　　　　图 5-5　支撑剂相对费用与闭合压力关系

二、不同的储层条件需要优选支撑剂类型

压裂支撑剂可大致分为天然的与人造的两大类型,前者以石英砂为主要代表,是最早做支撑剂的材料;后者通常以陶粒为代表,还有最近出现的超低密度支撑剂(ULW)、选择性压裂支撑剂等,为压裂优化设计带来更多的选择。天然石英砂价格相对低廉,应用量大;人造陶粒抗压强度高,品种繁多。目前这两种支撑剂被大量使用。

(一)石英砂

天然石英砂的主要化学成分是二氧化硅(SiO_2),同时伴有少量氧化铝(Al_2O_3)、氧化铁(Fe_2O_3)、氧化钾(K_2O)与氧化钠(Na_2O)。

天然石英砂的矿物组分以石英为主。石英含量是衡量石英砂质量的重要指标。国内压裂采用的石英砂石英含量一般在80%左右,且伴有少量长石、燧石及其他喷出岩和变质岩等岩屑。国外优质石英砂中的石英含量可达98%以上。

压裂用石英砂取自天然自生的石英砂,经水洗、烘干后,筛析成不同规格。石英砂大多产于沙漠、河滩或沿海地带。

美国将压裂用石英砂分为优、良和未达标级别,参见表5-1。一般石英砂的视密度约为$2.65g/cm^3$,体积密度$1.7g/cm^3$。虽然石英砂的密度低,易于泵送,但抗压强度低,地层闭合压力大于20MPa后,开始出现破碎,导流能力大幅度降低。所以,石英砂一般用于中浅层压裂(闭合压力小于28MPa)。

表 5-1　美国石英砂名称、产地

级别	名称	俗　称	产　地	性能指标
优	北部白砂	北部砂、白砂、渥太华砂、约旦砂、圣彼得砂、翁渥克砂	伊利斯诺、明尼苏达、威斯康辛等州	超过API标准
良	得州棕砂	棕砂、布苯第砂、胡桃木砂	得克萨斯州	符合API标准

(二)陶粒支撑剂

陶粒支撑剂是一种主要由铝矾土(氧化铝)烧结而成的人工合成支撑剂,化学成分与微观晶相结构见表5-2。

表5-2 化学成分与微观晶相结构

类别	项目		中国			美国(CARBO公司)	
		低密中强,%	中密中强,%	高密高强,%	低密中强,%	中密中强,%	高密高强,%
化学成分	Al_2O_3	23.0	—	82.5	51.0	72.0	83.0
	SiO_2	59.5	—	4.5	45.0	13.0	5.0
	Fe_2O_3	10.5	—	3.5	0.9	9.9	7.0
	TiO_3	—	—	3.5	2.2	3.7	3.5
	其他	—	—	—	0.9	1.4	1.5
微观晶相	高含晶相 刚玉	以刚玉为主	以刚玉为主	—	—	50.0	>70.0
	中含晶相 莫来石	少量	少量	—	50.0	50.0	<70.0
	中含晶相 方英石	少量	少量	—	50.0	—	—
	低含晶相 非品质	—	—	—	<10.0	—	—
	其他	>10.0	>10.0	—	<2.0	<2.0	<10.0

相对石英砂,陶粒支撑剂具有抗压强度高、破碎率低、导流能力高的特点,适用于各种压裂。陶料是在1400℃高温烧结而成的,具有较好的抗盐、耐温性能,在150~200℃含10%盐水中,陈化249h后抗压强度不变;在280℃和pH值为11的条件下,陈化72h后,陶粒的质量损失为3.5%,而石英砂约有50%被溶解。

陶粒的颗粒相对密度较高,国内外陶粒的颗粒密度为2.70~3.60g/cm³,体积密度介于1.60~2.10g/cm³,对压裂液的性能及泵送条件要求也高。国内铝矾土矿分布广泛,华北(河北、山西)、华中(河南)、华东(山东)与西南(四川、贵州)均有铝矾土矿,但受开采条件及加工工艺复杂的限制,价格相对较贵。

(三)树脂包裹支撑剂

早在20世纪60年代初期,国外已开始研制,但这种新型支撑剂形成系列产品,用于现场施工则是近十来年发展起来的。树脂涂层支撑剂是采用一种特殊工艺将改性酚醛树脂包裹到石英砂的表面,经热固处理而成(图5-6)。

按树脂包裹的方法可将树脂涂层支撑剂分为预固化和可固化两种。预固化的树脂涂层支撑剂在砂子表面包上一层树脂,使压力分布在较大面积的树脂层上,提高了支撑剂抗破碎能力,图5-7给出CoreLab研究结果。同时,树脂薄膜将压碎的微粒包裹起来,减少微粒运移与堵塞孔道的机会,改善了导流能力。由于具有一定的强度与价格优势,已替代烧结铝矾土支撑剂广泛应用。

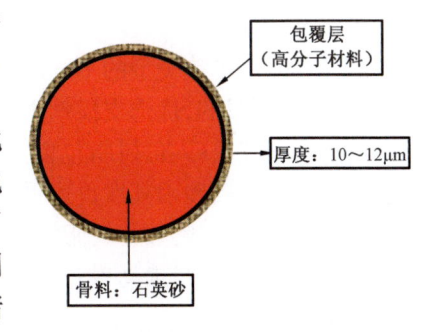

图5-6 树脂包裹支撑剂"蛋壳原理"

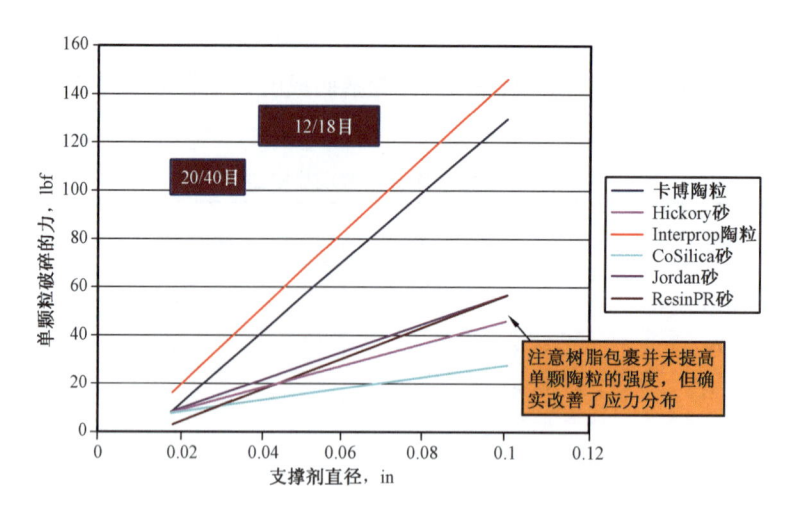

图 5-7　CoreLab 对于树脂包裹支撑剂研究结果

可固化树脂涂层支撑剂是在石英砂表面事先包裹一层与目的层段温度相匹配的树脂,并作为尾追支撑剂置于水力裂缝的近井缝处,当裂缝闭合且地层温度恢复后,先在地层温度下软化成玻璃球状,然后由软变硬地将周围相同的可固化涂层砂胶结起来,在裂缝深处与井筒地带形成一道屏障,起到防止缝内支撑剂回流的作用。

(四)高强度超低密度支撑剂

最近出现的超低密度支撑剂(ULW)有两种:一种是被树脂浸透并涂层的化学改性核桃壳支撑剂,视密度为 $1.25g/cm^3$,体积密度为 $0.85g/cm^3$,79.4℃下可承受 41MPa 的闭合应力;另一种为树脂涂层的多孔陶瓷支撑剂,强度比核桃壳 ULW 高得多,密度比常规的陶粒低,制造过程中通过改变孔隙度,支撑剂密度 $1.75 \sim 1.90g/cm^3$。这种 ULW 的外表还包缚一层树脂以增加强度,同时可封堵颗粒的外孔隙,防止外来液体进入颗粒内部,以维持其较低的密度。陶瓷 ULW 的适应范围比核桃壳 ULW 广。超低密支撑剂的开发与应用,也为压裂优化设计提供了更多的选择。

2009 年,滑溜水与超低密度支撑剂(ULW)的成功应用,使美国页岩气的开采取得突破性进展。超低密度支撑剂与滑溜水的联合应用具有以下优点:一是操作简单、相对费用低,对填砂裂缝导流性低伤害或无伤害;二是延长水力裂缝的长度,使其能在整个裂缝区域内得以实现支撑。

综上所述,支撑剂类型的不同决定其强度、导流能力等性能有较大差异,矿场中需要根据储层条件和压裂目的,优选支撑剂类型。对于高渗储层,压裂以高导短缝为目标,陶粒支撑剂具有优势;对于疏松砂岩,树脂包裹支撑剂可以防止支撑剂回流与防止地层砂产出;对于超低渗透油田,天然石英砂因其性价比得以广泛应用。随着工艺技术进步,超低渗透油田开发向更深、更广的范围发展,陶粒和树脂支撑剂具有较好应用前景。超低密度支撑剂的研究与应用,为超低渗透油田进一步提高单井产量,提供了更广阔的空间。

三、裂缝内支撑剂的铺置是影响压裂效果的关键

对于超低渗透油藏,不仅要求压裂裂缝在储层内有效地延伸,同时要求在裂缝长度方向上

支撑剂剖面铺置合理,如图5-8所示。要实现这一目标,往往十分困难,需要研究和优化地应力分布、射孔井段选择、支撑剂输送、铺置浓度等诸多参数。

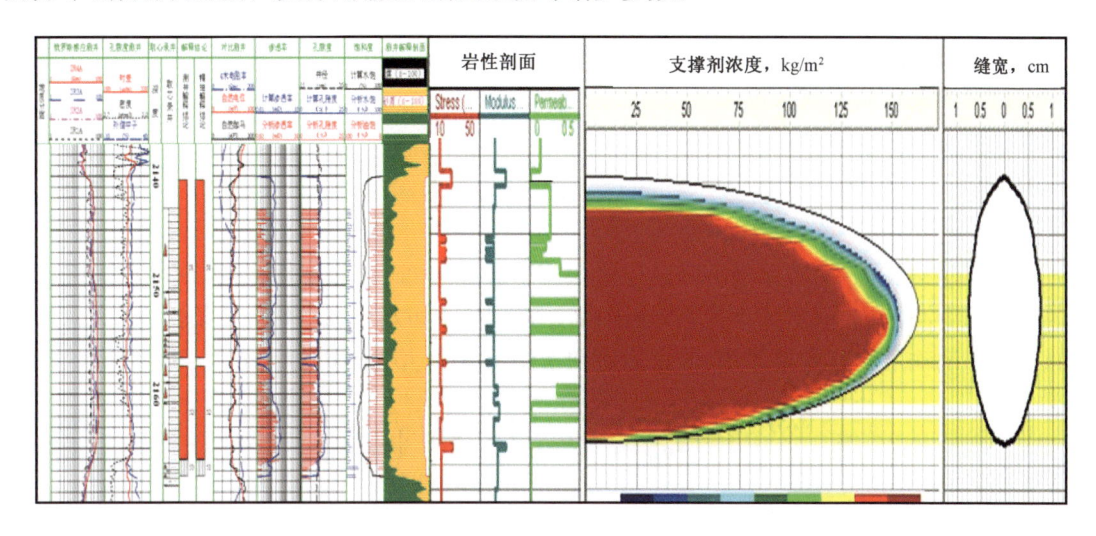

图5-8 储层内裂缝合理布放示意图

(一)支撑剂的输送

支撑剂输送受到压裂液流变性能、支撑剂沉降、流动速度、支撑剂浓度和密度等因素的影响,压裂液耐温抗剪切能力强,流动速度大,则支撑剂输送能力好,输送支撑剂浓度大、距离远。支撑剂沉降是影响支撑剂输送的重要因素,如果沉降速率过快,支撑剂堆积在裂缝下部(图5-9),支撑裂缝闭合后位于非储层段或储层段下部,形成无效裂缝,导致压裂效果变差,甚至失效。

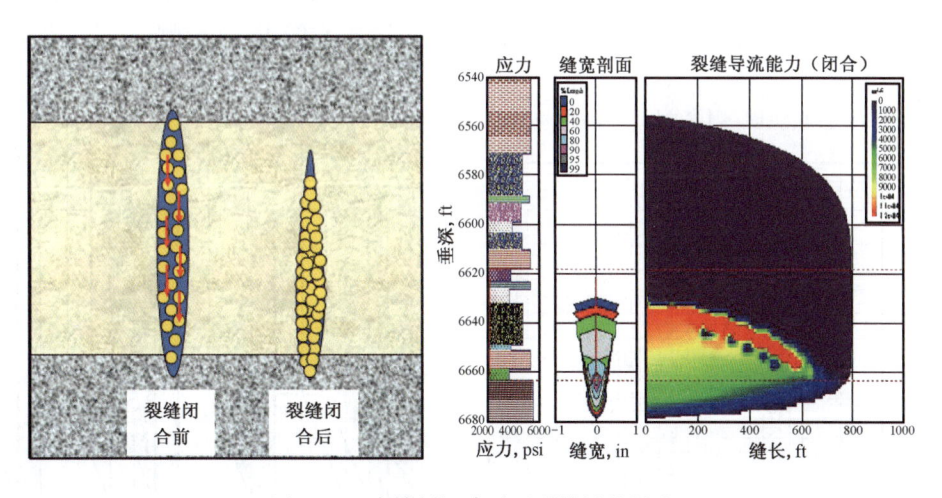

图5-9 支撑剂沉降对压裂效果的影响

室内常采用静止条件下支撑剂沉降速度测试、平行板流动实验、流动回路携砂实验等方法研究支撑剂沉降与输送能力。

在静止牛顿液体中,单个支撑剂沉降速度可用Stokes定律计算:

$$u_\infty = \frac{g(\rho_s - \rho_l)d_s^2}{18\mu} \qquad (5-1)$$

由于压裂液多为非牛顿流体,液体黏度随剪切速率的变化而变化,单颗粒支撑剂在幂律液体中的沉降速度可用下式改进:

$$u_\infty = \left[\frac{(\rho_s - \rho_l)g d_s^{n+1}}{3^{n-1} \times 18K'}\right]^{1/n} \qquad (5-2)$$

在实际压裂施工中,支撑剂沉降还受缝内剪切速度分布、壁面作用、支撑剂浓度等因素影响。在裂缝中心部位,剪切速率为零,液体黏度接近零剪切黏度μ_0,在流动条件下,低剪切黏度对于支撑剂输送具有重要作用,修正后流动条件下沉降速度计算见下式:

$$u = \frac{g(\rho_s - \rho_l)d_s^2}{18\mu_0} + \frac{g(\rho_s - \rho_l)d_s^2}{18K'}\left(\frac{u_t}{d_s}\right)^{1-n'} \qquad (5-3)$$

上述式中　u——支撑剂沉降速度;
　　　　　ρ_s——支撑剂密度;
　　　　　ρ_l——液体密度;
　　　　　d_s——支撑剂直径;
　　　　　n, n', K'——液体流变参数。

(二)铺置浓度

支撑剂铺置浓度对于裂缝导流能力有重要影响,尽管单层铺置时具有较高导流能力(图5-10),但在垂直裂缝中,支撑剂单层铺置是不可能的。因此,在压裂设计时,通过提高支撑剂铺置浓度来提高导流能力。对于较松软地层,同时考虑支撑剂嵌入影响。

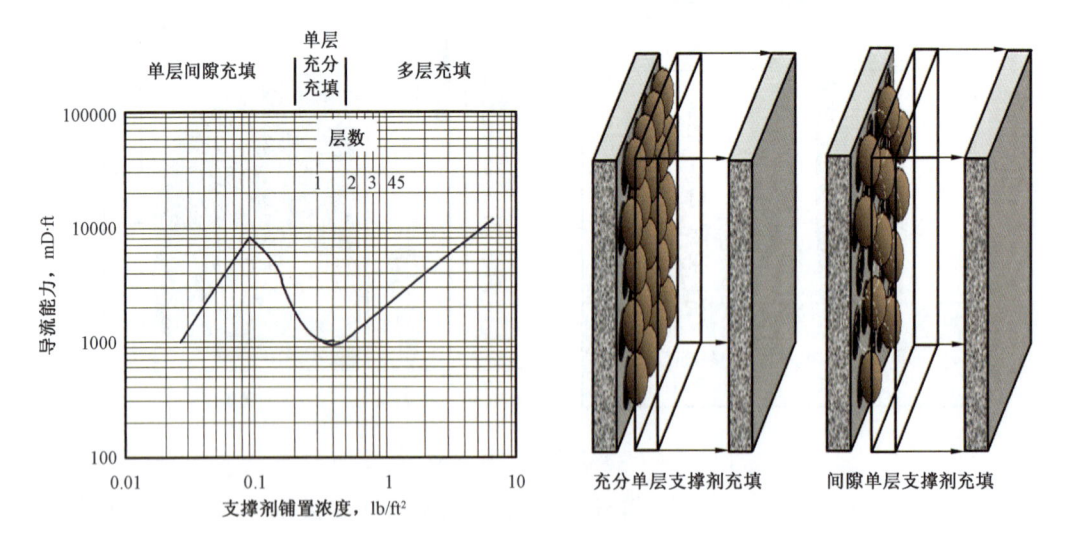

图5-10　支撑剂铺置浓度对导流能力的影响

图 5-11 为 20/40 目石英砂在裂缝中铺置浓度与裂缝宽度的关系曲线,可以看出,一旦达到多层铺置,裂缝宽度随铺置浓度成比例增加。铺置浓度 2lb/ft²(10kg/m²)时,裂缝宽度约 0.25in(6.35mm),多于 5 层铺置,因砂堤不稳定易形成支撑剂回流。

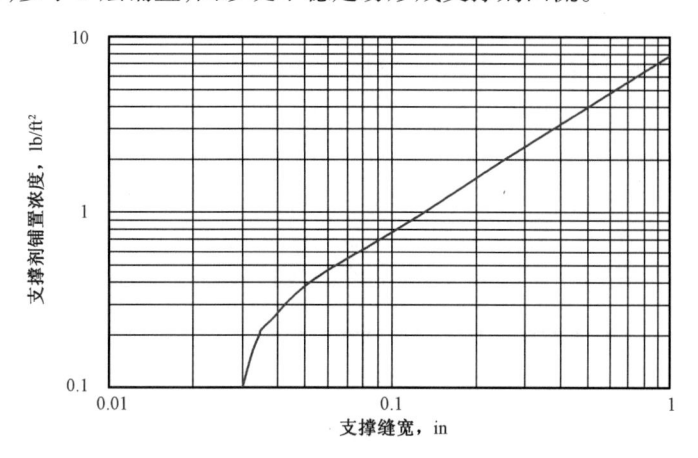

图 5-11 裂缝宽度与支撑剂铺置浓度的关系

(三)支撑剂在裂缝长度方向的分布

在裂缝长度方向上,支撑裂缝剖面与前置液量和裂缝体积、液体效率和滤失、压裂泵注程序设计有关。根据生产需要和压裂裂缝的扩展规律,靠近井筒部分要求铺砂浓度高,且具有一定的长度。

在实际施工中,加砂程序大多按连续或斜坡式增加砂浓度来设计(图 5-12),在阶梯式增加砂浓度时,要求阶段增加幅度不宜过大,以保证在长度方向砂浓度剖面均匀合一,避免造成砂堵。

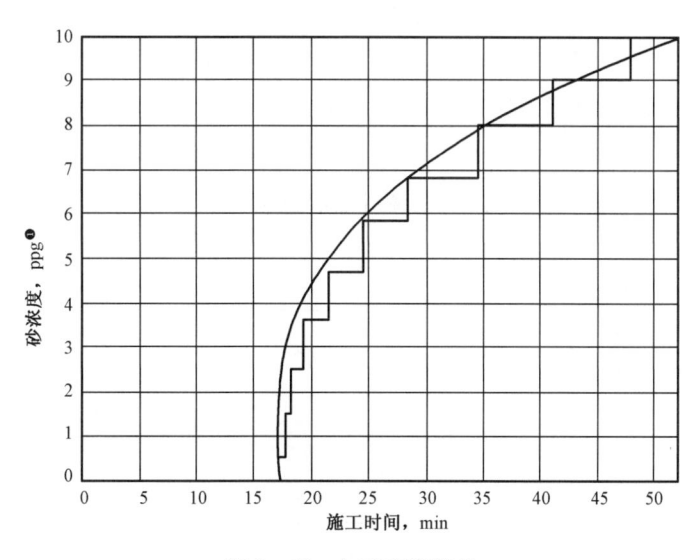

图 5-12 加砂程序优化

❶ 1ppg = 118.3kg/m³。

为了提高支撑裂缝导流能力,在相对高渗储层,Simth 等提出端部脱砂技术(TSO),可以使导流能力提高 10~20 倍。端部脱砂设计需要准确把握裂缝的扩展和压裂液滤失。

四、支撑裂缝长期导流能力

在油藏实际条件下,随着注水和生产时间的延长,支撑裂缝导流能力层发生动态变化。国内外针对裂缝长期导流能力,开展了大量的研究与实验,受支撑剂嵌入、压裂液伤害、微粒运移等诸多因素影响,实际条件下,裂缝导流能力远低于实验室条件下测定的导流能力,参见图 5-13 给出的 Stim-Lab 对美国常用支撑剂研究结果,可以看出,无论天然石英砂还是陶粒支撑剂,实际导流能力均比 API 实验测定值低,如果仅仅以室内测试结果作为支撑剂选择的依据,可能会造成判断失误,如选用支撑剂不当,会对改造效果有较大影响。

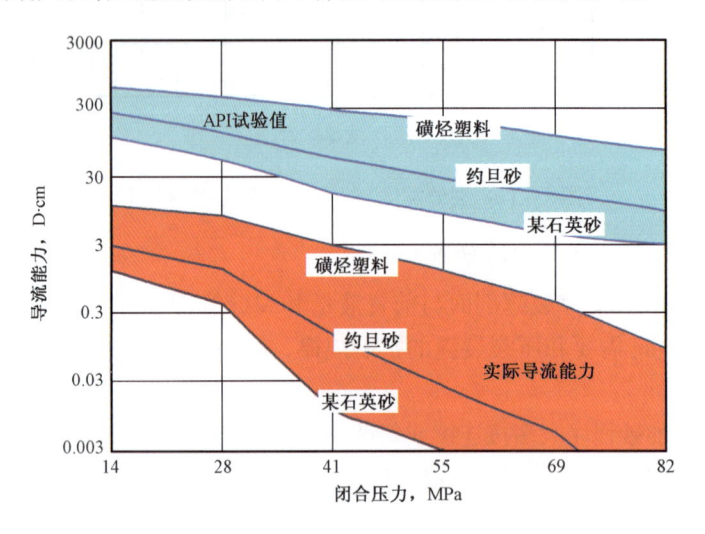

图 5-13 实际导流能力与 API 实验测试结果对比

压裂液伤害是裂缝导流能力伤害的主要因素之一。通过实验研究表明,压裂液残渣和破胶不彻底,引起裂缝伤害达 50%,参见表 5-3。

表 5-3 几种压裂液对支撑剂充填层裂缝导流能力的保留系数

压裂液名称	裂缝导流能力保留系数,%
生物聚合物	95
泡沫	80~90
聚合物乳化液	65~85
胶凝油	45~70
线性凝胶	45~55
交联羟丙基瓜尔胶	10~50

另外,压裂液残渣含量越高,造成的填砂裂缝伤害越大。降低压裂液残渣,有利于保持裂缝的导流能力(表 5-4)。

表 5-4　不同残渣含量对填砂裂缝导流能力的影响

测量介质	平均导流能力,D·cm	残渣伤害程度,%
蒸馏水	87.50	—
离心液(无残渣)	61.69	29.49
破胶液(10%残渣)	57.15	34.69
破胶液(20%残渣)	45.55	47.94

注:铺砂浓度为5kg/m^2。

以 Stim-Lab 为代表的诸多学者在大量研究裂缝导流能力中考虑嵌入、非达西流、支撑剂铺置浓度的降低、多相流、循环应力加载、压裂液伤害、微粒运移等因素,每种因素在特定情况下都会引起导流能力的大幅度降低。如压裂液伤害达到50%,会导致导流能力降低75%;对于硬地层支撑剂嵌入,会造成导流能力损失16%左右。图 5-14 给出累计各种因素对导流能力的综合影响,会使导流能力损失高达98%以上。这种情况虽然在极端条件下才会产生,但在实际条件下,导流能力的伤害不容忽视。

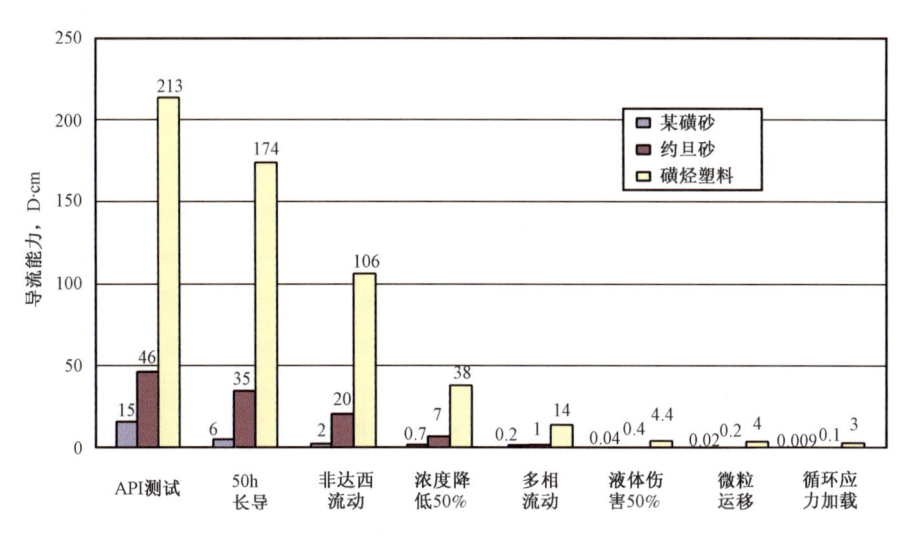

图 5-14　复杂因素对裂缝导流能力的影响

五、超低渗透油藏支撑剂及导流能力优化

长庆油田超低渗透油藏,具有低孔、低渗、低压特点,在支撑剂优选时,需要从不同储层类型出发,确定区块地层闭合压力,综合考虑储层渗透率对裂缝导流能力的需求,以长期导流能力为重点,评价支撑剂综合性能,确定支撑剂类型、支撑剂输送参数(图 5-15)。

在单井设计时,通过支撑裂缝的优化,确定合理携砂浓度、前置液百分数等重要参数。鉴于超低渗透油藏渗透性差、压裂液滤失小的特点,压后采用快速返排强制裂缝闭合技术,为避免缝内支撑剂过度沉降影响压裂效果。

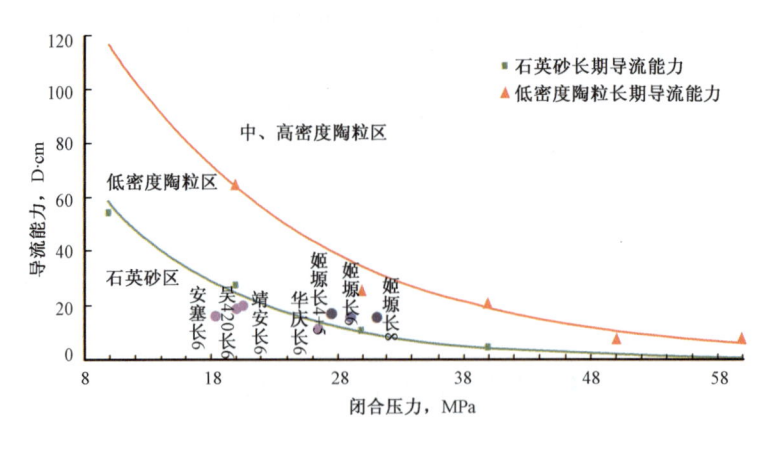

图 5-15　支撑剂优选图版

第二节　支撑剂物理性能及评价方法

支撑剂物理性能包括粒径、球度和圆度、密度、酸溶解度、浊度和强度。其中对裂缝导流能力影响比较敏感的主要是粒径、球度和圆度、强度。美国采用 API RP-56、RP-60 评价，国内采用 SY/T 5108—2006《压裂支撑剂性能指标及评价测试方法》评价，评价指标参见表 5-5。

表 5-5　支撑剂物理性能评价指标

指标	范　围	要　求
粒径，目	6/12,8/16,12/18,12/20,16/20,16/30,20/40,30/50,40/60, 40/70,70/140	粒径范围内的样品质量不低于总质量的 90%
圆度与球度	石英砂　（放大 30/40 倍）	圆度≥0.6,球度≥0.6
	陶粒　（放大 30/40 倍）	圆度≥0.8,球度≥0.8
酸溶解度	6/12,8/16,12/18,12/20,16/20,16/30,20/40,30/50	酸溶解度≤5%
	40/60,40/70,70/140	酸溶解度≤7%
浊度，FTU		≤100

一、支撑剂的粒径

支撑剂的粒径范围分为 11 个规格，筛析试验所用的标准筛组合见表 5-6。根据要求落在公称粒径范围内的样品质量不应低于样品总质量的 90%，小于支撑剂下限的样品质量应不超过样品总质量的 2%，大于顶筛孔径的支撑剂样品质量不应超过样品总质量的 0.1%。落在支撑剂粒径下限的样品质量，应不超过样品总质量的 2%。

实验室是将 100g 样品倒入排放好的标准顶筛，再将这一系列标准筛放置在振筛机上，振筛 10min 后，依次称出每个筛子及底盘上的支撑剂质量，并计算各粒径范围的质量分数。支撑剂样品筛析结果的粒径均值计算见下式。

表5-6 支撑剂粒径及试验标准筛组合

粒径 μm	3350/1700	2360/1180	1700/1000	1700/850	1180/850	1180/600	850/425	600/300	425/250	425/212	212/106
参考筛目	6/12	8/16	12/18	12/20	16/20	16/30	20/40	30/50	40/60	40/70	70/140
筛析试验标准筛组合 μm	4750	3350	2360	2360	1700	1700	1180	850	600	600	300
	3350	2360	1700	1700	1180	1180	850	600	425	425	212
	2360	2000	1400	1400	1000	1000	710	500	355	355	180
	2000	1700	1180	1180	850	850	600	425	300	300	150
	1700	1400	1000	1000	710	710	500	355	250	250	125
	1400	1180	850	850	600	600	425	300	212	212	106
	1180	850	600	600	425	425	300	212	150	150	75
	底盘	底盘	底盘	底盘	底盘	底盘	底盘	底盘	底盘	底盘	底盘

$$\bar{d} = \sum n_i d_i / \sum n_i$$

式中 $\bar{d}$——粒径均值；

n_i——筛析试验相邻上下筛间支撑剂质量分数；

d_i——筛析试验中相邻上下筛筛网孔径的平均值。

支撑剂粒径是影响导流能力的重要因素。支撑剂充填层渗透性与支撑剂粒径平方成正比,支撑剂粒径大,导流能力高。对于相对高渗储层,支撑剂选用大粒径;对于存在地层微粒运移的储层,不适宜大粒径,因为微粒运移会侵入支撑裂缝造成堵塞,使裂缝导流能力大大下降。常用支撑剂的粒径范围为:12/20目、16/30目、20/40目、40/70目。长庆油田超低渗透油藏压裂支撑剂的粒径范围以850~425μm(20/40目)的石英砂和低密度陶粒为主;在底水油藏压裂改造时少量采用小粒径425~212μm(40/70目)的支撑剂作下沉剂。

在支撑剂粒径选择时,需要考虑支撑剂进入射孔孔眼和裂缝时的桥堵效应,根据研究成果,孔眼直径需大于支撑剂粒径的6倍以上,动态裂缝宽度必须大于支撑剂粒径的5倍以上。

支撑剂粒径分布也是考察支撑剂质量的重要方面,支撑剂粒径分布是指支撑剂颗粒大小分布(图5-16),高质量的支撑剂要求粒径分布窄,充填层孔隙度高,渗透性好。据研究发现,若采用10/20目石英砂,混入30目后导流能力约损失30%。因此,压裂设计时要避免不同目数支撑剂混合使用,以防相互掺混影响裂缝导流能力。

二、支撑剂的圆度和球度

支撑剂的圆度指棱角的相对锐度或曲率的量度。支撑剂球度指支撑剂颗粒接近球形的程度:

$$S_P = d_n / d_c \tag{5-4}$$

式中 S_P——球度；

d_n——颗粒等值体积的球体的体积；

d_c——颗粒外接球体直径。

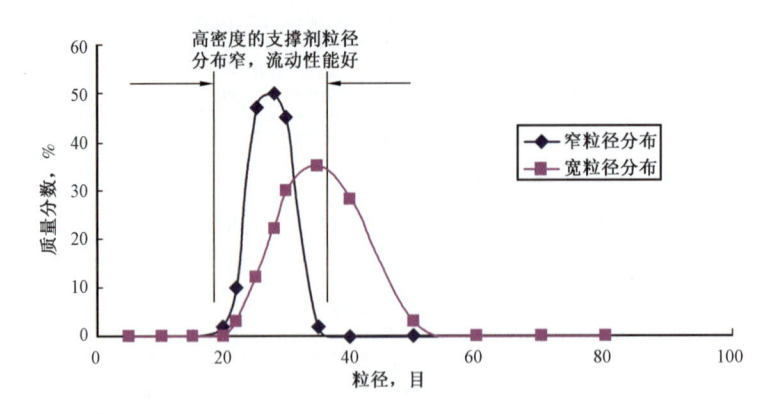

图 5－16　支撑剂颗粒直径分布图

按照标准规定,对于天然石英砂圆度要求大于 0.6,人造陶粒支撑剂则要求 0.8;对天然石英砂球度要求大于 0.6,人造陶粒支撑剂则要求 0.8。支撑剂圆度和球度图版见图 5－17。

支撑剂圆度、球度好,形成的孔隙分布均匀规则,支撑裂缝导流能力高;如果颗粒分布均匀且圆度、球度好,作用于支撑剂表面的应力分布均匀,支撑剂抗压强度增大。

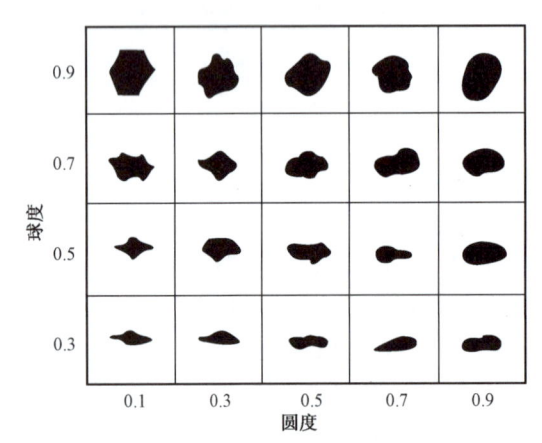

图 5－17　支撑剂圆度和球度图版

三、支撑剂密度

支撑剂密度是影响支撑剂输送的重要因素,支撑剂的沉降速度随密度线性增长。高密度支撑剂在压裂液中悬浮性能差,要求压裂液性能高,注入排量大。

支撑剂密度通常用视密度和体积密度表示。支撑剂视密度是指单位质量的支撑剂与颗粒体积之比;支撑剂体积密度是指单位质量的支撑剂与堆积体积之比。常用支撑剂密度见表 5－7。

表 5－7　常用支撑剂密度参数

支撑剂类型	视密度,g/cm³	体积密度,g/cm³
石英砂	2.65	1.60
低密度陶粒	2.72	1.62
中强度陶粒	3.27	1.84
高强度陶粒	3.65	2.00

四、支撑剂强度

支撑剂强度是以支撑剂一定量的群体破碎率来表示。按 SY/T 5108—2006《压裂支撑剂性能指标及评价测试方法》要求,石英砂与陶粒支撑剂的抗破碎测试压力及指标见表5-8。

表5-8 支撑剂破碎率

类型	体积密度,g/cm³	视密度,g/cm³	粒径范围,μm(目)	闭合压力,MPa	破碎率,%
石英砂	—	—	1180~850(16/20)	21	≤14
			850~425(20/40)	28	≤14
			600~300(30/50)	35	≤8
			425~250(40/60)	35	≤7
			425~212(40/70)		
			212~106(70/140)		
陶粒	—	—	3350~1700(6/12)	52	≤25
			2360~1180(8/16)	52	≤25
			1700~1000(12/18)	52	≤25
			1700~850(12/20)	52	≤25
			1180~850(16/20)	69	≤18
			1180~600(16/30)	69	≤18
	≤1.65	≤3.00	850~425(20/40)	52	≤8
	≤1.80	≤3.35		52	≤4
	>1.80	≥3.00		69	≤5
	≤1.65	≤3.00	600~300(30/50)	52	≤6
	≤1.80	≤3.35		69	≤5
	>1.80	≥3.00		69	≤4
	—	—	425~250(40/60)	86	≤8
			425~212(40/70)	86	≤8
			212~106(70/140)	86	≤8

室内破碎率实验,采用压力机在给定压力载荷下对支撑剂加压,通过对破碎颗粒称重,确定样品的破碎率。对于石英砂额定载荷21MPa、28MPa,陶粒的额定载荷52MPa、69MPa。具体步骤如下:

(1)筛选支撑剂;
(2)将样品铺置于破碎室(4ppg);
(3)用1min的恒定加载时间施加额定载荷,稳载2min后卸载;
(4)筛分支撑剂并用精度0.001g的天平稳重。

通常,支撑剂破碎率随支撑剂粒径增大而增大。根据Stim-Lab研究发现,造成这种现象不是因为支撑剂粒径增大而致使支撑剂强度降低,实际上所有支撑剂的强度随粒径增大而增大(图5-18);主要是因为受力状况发生变化所致,小粒径支撑剂使更多支撑剂表面受力,接触应力点和面积增加,使单个颗粒受力减小。当铺置浓度增加后,支撑剂更容易得到保护,避免破碎。采用树脂包裹也会对支撑剂有所保护,强度有一定增加。

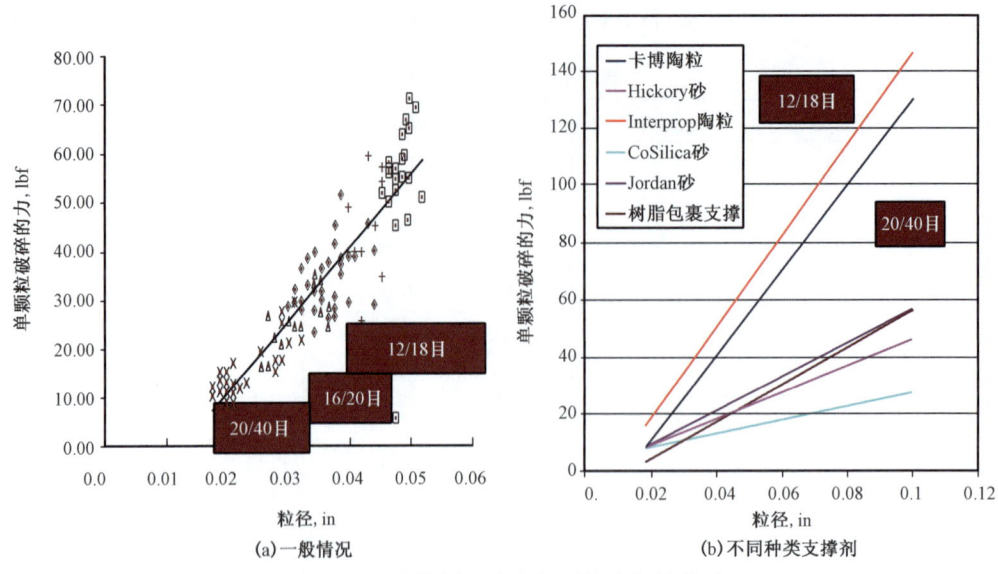

图 5-18 支撑剂破碎率与颗粒直径的关系

五、长庆油田支撑剂性能评价

在大量实验研究基础上,考虑超低渗透油藏实际需要,综合考虑压裂伤害、支撑剂性能的双重因素,长庆油田对压裂支撑剂物理性能的要求见表 5-9;对常用支撑剂性能评价结果见表 5-10。

表 5-9 长庆油田压裂支撑剂 20/40 目物理性能及标准要求

物理性能	支撑剂类型	标准要求
粒度分布 %	石英砂	90
	陶粒	
视密度,g/cm³	石英砂	≤2.65
	低密度中强度陶粒	≤3.0
体积密度,g/cm³	石英砂	≤1.65
	低密度中强度陶粒	≤1.65
酸溶解度,%	石英砂	≤5
	陶粒	≤8
浊度 NTU	石英砂	≤100
	陶粒	
圆度	石英砂	>0.60
	陶粒	>0.80
球度	石英砂	>0.60
	陶粒	>0.80
破碎率,%	石英砂(闭合压力 28MPa)	<14
	低密度中强度陶粒(闭合压力 52MPa)	<8

表 5-10　长庆油田常用支撑剂主要性能测试结果

产地或厂家		Carbo	东方	山西阳泉	长庆昌润	大庆井下	兰州安宁	玉门
产品类型		低密度陶粒	低密度陶粒	低密度陶粒	石英砂	石英砂	石英砂	石英砂
规格, μm		850/425	850/425	850/425	850/425	850/425	850/425	850/425
破碎率, %	21/52MPa	2.32	7.37	2.93	—	—	—	—
	28/69MPa	10.81	17.91	5.45	8.52	8.97	13.35	13.88
筛析合格率, %		96.63	93.59	97.64	97.50	95.89	94.30	98.53
粒径均值, μm		750	705	726	709	671	734	778
体积密度, g/cm^3		1.55	1.63	1.60	1.63	1.62	1.58	1.56
视密度, g/cm^3		2.74	2.77	3.24	2.66	2.66	2.66	2.66
圆度		0.87	0.86	0.88	0.77	0.76	0.77	0.74
球度		0.87	0.87	0.88	0.83	0.80	0.82	0.85
浊度, FTU		77	30	>100	25	23	83	45
酸溶解度, %		2.33	7.28	9.10	2.60	4.12	4.55	4.56

第三节　支撑剂导流能力及评价方法

支撑剂裂缝导流能力是指裂缝传导(输送)储层流体的能力,裂缝导流能力与裂缝支撑缝长是控制压裂效果的两大要素。对同一储层和同一支撑缝长而言,压裂增产主要取决于裂缝的导流能力。裂缝导流能力综合反映支撑剂的各项物理性质。因此,该值的大小成为评价与选择支撑剂的最终衡量标准。

为确定支撑剂充填层的渗流能力,人们试验了各种方法,如 Amoco 径向导流能力装置、Gulf 和 Mobil 线性导流试验、Hassler 套筒的劈开岩心、TerraTek 导流能力测试等。从上述试验发现,为了计算支撑剂渗透率而需要测量裂缝宽度,但这种测量非常困难。为此,利用线性层流状态的达西公式,把缝宽和渗透率结合(裂缝导流能力)起来十分有用。后续发展起来的 API 裂缝导流能力测试装置结合了井下条件(闭合压力、温度及达到半稳态流动所需的时间),通过测量单项流体流过均匀砂床的层流流动,把缝宽和渗透率结合起来得到裂缝导流能力。由于该方法重复性良好,在石油行业广泛采用。

API 推荐标准的导流室装置带加热板。导流室所用材料为耐酸的哈氏合金,大小 $10in^2$

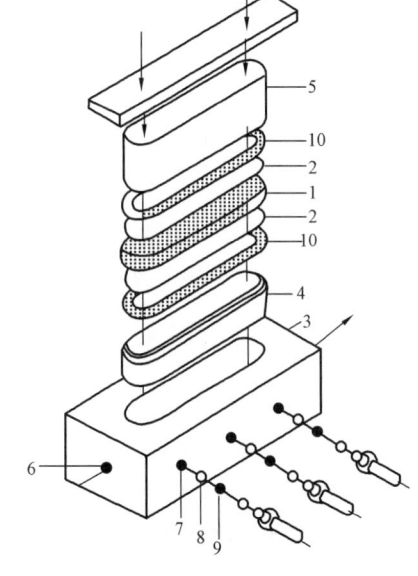

图 5-19　API 线性导流室装置
1—支撑剂充填层;2—金属台板;3—试验装置机体;
4—下部活塞;5—上部活塞;6—测试流体进/出口;
7—压差传感测试孔;8—多孔金属滤器;9—固定螺杆;
10—长环形封条

($64.516cm^2$)。由导流室主体、带滤失孔的上下活塞组成(图5-19)。

目前,裂缝导流能力通过短期或长期导流能力试验予以测定。

一、短期导流能力试验

在对一般支撑剂性能进行比较评价时,采用短期导流能力试验。它是对支撑剂测试试样由小到大逐级加压,测量每一个压力点下通过支撑裂缝固定流量所产生的压差,计算裂缝的导流能力。支撑剂短期导流能力的评价参见 SY/T 5108—2006《压裂支撑剂充填层短期导流能力评价推荐方法》。

通过对常用支撑剂进行短期导流能力测试表明(图5-20),石英砂导流能力远比陶粒导流能力低,随闭合压力增大,其下降幅度也大。如果不考虑经济因素,无论对高渗储层还是低渗储层,陶粒都是首选。但对于超低渗透油藏,由于石英砂和陶粒价格相差较大,石英砂导流能力大于 20D·cm 可以满足要求。因此,当闭合压力相对较低时,石英砂具有广泛的应用空间。

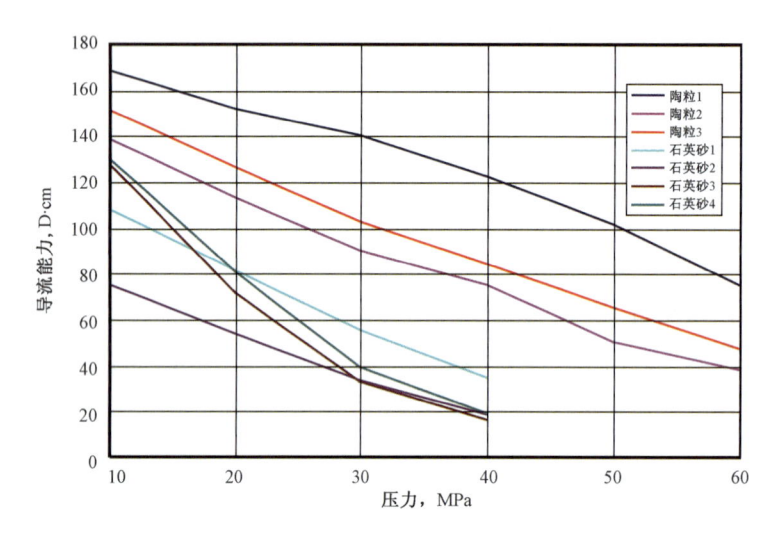

图5-20 长庆油田常用支撑剂短期导流能力测试结果

二、Stim-Lab 长期导流能力试验

长期导流能力试验则是将支撑剂试样置于某一恒定压力、温度和其他规定的试验条件下,考察支撑剂导流能力与承压时间关系。为了使这一试验具有更可靠的实际意义,试验周期要足够长,使之足以反映支撑剂破碎、微粒运移或堵塞粒间孔隙、压实及嵌入等情况。显然,长期导流能力试验得到的数据比短期试验更准确可靠,但流程及方法比短期试验复杂、困难得多。

由于目前国内外对支撑剂长期导流能力测试方法没有统一的试验标准,而 Stim-Lab 公司在支撑剂、导流能力等测试评价方面具有一定的权威性,提出的支撑剂和导流能力的测试标准在业界得到普遍认可。Stim-Lab 公司支撑剂长期导流测试的试验程序如下:

(1)加闭合压力到 3.5MPa,饱和盐水。

(2)用 2.0min 增加闭合压力到 10MPa,维持 50h,其间每 10h 分别在 2.5mL/min、

5.0mL/min、10.0mL/min 的流量稳定 30min 后测量压差和缝宽一次。

（3）用 3.0min 增加闭合压力到 20MPa，维持 50h，其间每 10h 分别以 2.5mL/min、5.0mL/min、10.0mL/min 的流量稳定 30min 后测量压差和缝宽一次。

（4）用 3.0min 增加闭合压力到 30MPa，维持 50h，其间每 10h 分别以 2.5mL/min、5.0mL/min、10.0mL/min 的流量稳定 30min 后测量压差和缝宽一次。

（5）用 3.0min 增加闭合压力到 40MPa，维持 50h，其间每 10h 分别以 2.5mL/min、5.0mL/min、10.0mL/min 的流量稳定 30min 后测量压差和缝宽一次。

（6）用 3.0min 增加闭合压力到 50MPa，维持 50h，其间每 10h 分别以 2.5mL/min、5.0mL/min、10.0mL/min 的流量稳定 30min 后测量压差和缝宽一次。

（7）用 3.0min 增加闭合压力到 60MPa，维持 50h，其间每 10h 分别以 2.5mL/min、5.0mL/min、10.0mL/min 的流量稳定 30min 后测量压差和缝宽一次。

Stim – Lab 公司支撑剂长期导流测试的试验程序虽然简便实用，具有一定的可重复性，可用于不同支撑剂之间的对比。但具体到某一储层，针对性不强，不能很好地了解在储层压力和温度下支撑剂导流能力与承压时间的关系。

一般在取得长、短期导流能力试验结果的关系后，对短期试验数据做出校正，用于压裂设计计算。一般取石英砂短期值的 10%～15%，取人造陶粒短期值的 30%～35% 作为设计计算值。

三、恒定压力下长期导流能力测试

长庆油田在超低渗透油藏开发规律研究中发现，生产初期产量递减速度快，产量递减的控制对于提高整体开发效果具有重要意义。为此，开展支撑剂长期导流能力与产量递减关系的研究。

首先，开展不同闭合压力下的长期导流能力评价，了解不同闭合压力下导流能力与闭合压力、长期导流能力与短期导流能力之间的关系。试验程序采用 Stim – Lab 公司支撑剂的长期导流试验方法，选用在用支撑剂评价不同闭合压力条件下的长、短期导流能力。模拟裂缝导流能力试验评价结果见图 5 – 21。

根据评价结果，随闭合压力增加，填砂裂缝长期和短期导流能力均大幅下降；长期导流能力远低于短期导流能力，长期导流能力是短期导流能力的 1/3～1/5；相同条件下，陶粒支撑剂导流能力高于石英砂。

不同闭合压力下的长、短期导流能力评价，较好地反映了导流能力与闭合压力、长期导流能力与短期导流能力之间的关系，但由于每一闭合压力点下的承压时间（50h）短，不足以反映储层闭合压力下导流能力下降对产量递减的影响。因此，提出恒定压力下长期导流能力试验方法，样品同样选用长庆油田在用支撑剂，模拟实际条件进行长期导流能力试验，试验程序如下：

（1）铺砂浓度 7.5kg/m²；

（2）加闭合压力到 3.5MPa，饱和盐水；

（3）用 2.0min 增加闭合压力到储层作用在支撑剂上有效闭合压力（$p_c = \sigma_{\min} - p_f$），加热至相应的储层温度，维持 300h，其间每 10h 分别在 2.5mL/min、5.0mL/min、10.0mL/min 的流量

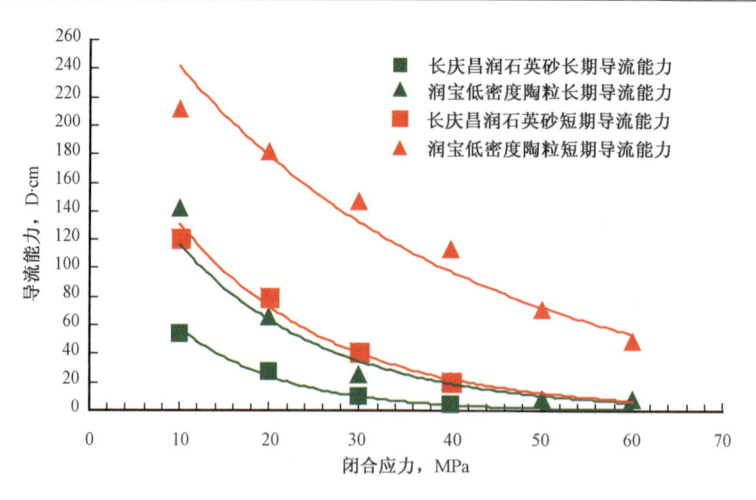

图 5-21 支撑剂长、短期导流能力评价结果

测量介质为蒸馏水,测量方式为 API 线性流,铺置浓度为 5.0kg/m²

稳定 30min 后测量压差和缝宽一次。

试验测量介质为 2% KCl 盐水,测量方式为 API 线性流,铺置浓度为 7.5kg/m²,闭合压力 30MPa,测量温度 70℃。

目前长期导流能力的试验装置采用 Stim-Lab 公司的 PCES-100™ 型支撑剂裂缝导流能力测试系统(图 5-22)。其设计原理是在层流(达西流)条件下,评估在不同闭合压力、温度时试验流体通过支撑剂充填层的导流能力。该测试系统由 API 标准导流室、压力系统、流体系统、测量和控制系统、数据采集系统等组成。最大测量闭合压力 137.9MPa,最高温度 150℃ (300 ℉),可使用盐水、压裂液(黏度不超过 100mPa·s)作流体介质。就地应力条件下长期导流能力结果见图 5-23。

图 5-22 导流试验设备——PCES-100 裂缝导流仪

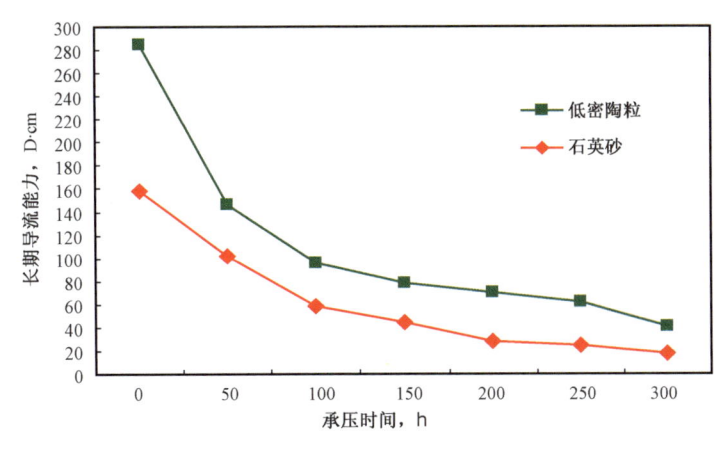

图 5-23 支撑剂长期导流能力评价结果

根据评价结果:填砂裂缝长期导流能力在初期(100h 以内)大幅下降,其后随着时间的增加,下降趋势趋于平缓;相同条件下,陶粒支撑剂导流能力高于石英砂。300h 后二者导流能力均下降 90%,导流能力下降趋势与产量递减趋势有较好的吻合性。因此,即使对于超低渗透油气藏,从保持长期稳产出发,提高裂缝导流能力对提高产量有重要影响。

第四节 支撑剂现场试验

对于超低渗透油藏而言,要实现经济有效开发,对支撑剂的要求是在保证裂缝半长与井网适配的前提下,必须使水力裂缝导流能力与储层渗流能力相适配,即支撑缝具有适度的导流能力。

2000 年以前,长庆油田主要开发三叠系长 6、长 3 及长 4+5 层,油藏埋深不到 2000m,闭合压力小于 20MPa,石英砂作支撑剂就能满足储层对裂缝导流能力的需求。2000 年以后,投入开发的油藏埋深加大(1900~2200m),地层闭合应力增加(25~30MPa),支撑剂导流能力成为关系整体改造效果的敏感性因素,为此,开展陶粒与石英砂对比工业性试验,并根据实际需要,开展新型低成本支撑剂研究与试验工作。

一、超低渗透油藏陶粒支撑剂应用评价

(一)JA 油田陶粒压裂试验

延长统低渗透油藏要达到好的增产效果,除裂缝长度要达到优化的目标外,裂缝导流能力也应与之相匹配。2000 年以前,储层改造主要采用石英砂为支撑剂。为了评价石英砂应用效果和提高油井长期稳产水平,1997 年选取物性相对较好、闭合压力在 20MPa 左右的 JA 油田长 6 层开展 4 口井的陶粒压裂试验研究(表 5-11)。

试验井与石英砂对比井储层相近,改造规模相当,试油结果相近。连续投产动态跟踪(图 5-24 和图 5-25)表明:(1)石英砂与陶粒支撑剂井,投产前 5 个月产量递减快,为投产初期产量的 1/3 左右,5 个月后油井产量趋于稳定;(2)陶粒支撑剂井,投产产量均高于石英砂对比井,尤其是随着生产时间的延长,稳产效果更明显。

表 5-11 1997 年 JA 油田陶粒试验井与对比井综合数据

井号	有效厚度 m	物性 孔隙度,%	物性 渗透率,mD	物性 含水饱和度,%	压裂参数 砂量,m³	压裂参数 砂比,%	压裂参数 排量,m³/min	日产油 t
*L97-33	9.8	12.2	3.9	48.7	14.0	36.7	1.5	21.69
L96-31	12.2	11.8	4.4	44.0	14.0	31.7	1.5	15.64
*L79-34	19.0	12.8	5.1	47.4	21.0	36.0	1.77	15.7
L79-35	18.2	12.3	4.0	48.3	20.0	35.5	1.7	14.11
*L73-36	18.6	12.7	4.5	49.3	20.0	34.5	2.0	12.9
L74-35	21.2	12.9	5.0	45.5	10/14	26/36	1.3/1.5	14.8
*L70-41	10.6	12.1	3.9	46.3	19.0	27.0	1.85	17.1
L71-41	12.2	10.8	3.3	48.6	20.0	35.5	1.9	8.0

﹡陶粒或试验井。

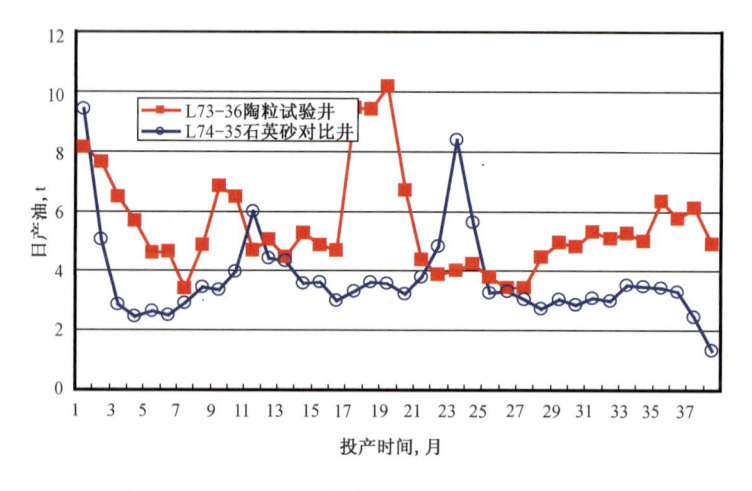

图 5-24 L73-36 陶粒试验井与对比井投产曲线

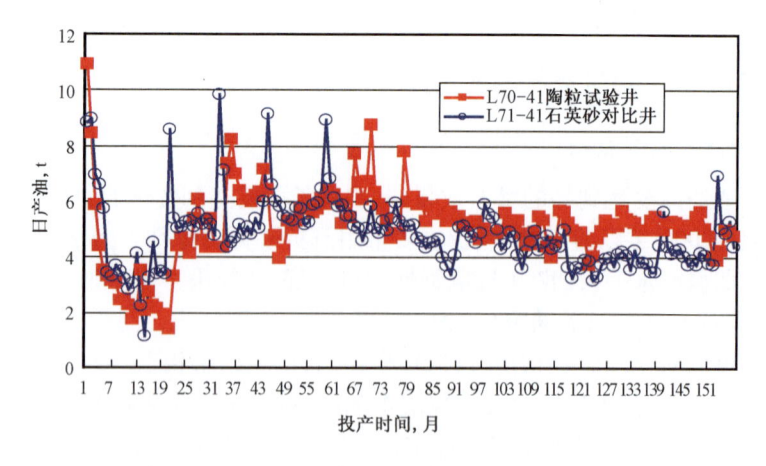

图 5-25 L70-41 陶粒试验井与对比井投产曲线

（二）XF 油田陶粒压裂试验

因石英砂支撑剂不能满足 XF 油田储层改造的需要。为此，长庆油田在 2003—2004 年针对 XF 油田长 8 储层埋藏较深、储层闭合压力较大的特点，为延缓产量递减，提高油田稳产水平，开展了低密度陶粒应用对比试验，试验时考虑物性差异，在相对好的区块选择 3 个井组 10 口井、物性差的区块选择两个井组 6 口井，分别与同井组石英砂作为支撑剂井进行对比，试验井物性及压裂参数见表 5-12。

表 5-12　XF 油田陶粒试验井物性参数及施工参数对比

区块	油藏埋深 m	闭合压力梯度 MPa/100m	闭合压力 MPa	井组	井别	井数	油层厚度 m	孔隙度 %	渗透率 mD	砂量 m³	日产油 m³	日产水 m³
物性好	2000~2200	1.3~1.4	26~31	X31-17	试验井	3	15.9	13.53	2.32	31.7	66.1	0
					对比井	3	14.4	13.35	2.54	28.3	43.9	6.3
				X29-39	试验井	4	15.0	11.38	1.41	27.0	34.9	0
					对比井	4	17.2	10.63	0.93	30.0	27.7	1.3
				X39-23	试验井	3	16.9	11.3	1.48	35.0	20.1	0
					对比井	3	18.3	12.51	1.16	28.3	16.1	0
物性差	1900~2100	1.3~1.4	25~29	D80-50	试验井	3	15.3	12.66	2.12	34.0	20.0	0
					对比井	3	14.7	12.04	2.06	33.0	19.3	0
				D77-55	试验井	3	21.9	11.27	1.17	36.7	27.9	0
					对比井	3	21.2	11.02	1.13	40.0	24.8	0

长期跟踪评价试验井的生产状况表明，无论对于物性好还是物性差的区块，陶粒支撑剂试验井产量水平比用石英砂井高 15%~25%；物性好的区块，不论是超前注水区，还是同步注水区或滞后注水区，陶粒支撑剂试验井产量递减幅度小，长期稳产水平好；建立了有效注采关系的井组，陶粒支撑剂稳产效果更明显。石英砂比陶粒支撑剂井投产前 5 个月产量递减快，5 个月后油井产量趋于稳定。

（1）X31-17 井组位于同步注水区域，陶粒压裂井产量递减慢，稳产效果明显，投产第 80 个月日产油 6.58t，平均单井累计增油 6710t（图 5-26）。

（2）X39-23 井组位于主砂体带的东部边缘，属于滞后注水区。2007 年上半年测压时，地层压力已恢复到原始压力，目前整个井组基本处于同一压力水平。该井组于 2004 年底整体投产，初期试验效果不明显，随着注水井的投注，地层能量得到恢复，产油量一直上升，陶粒试验井产量高于对比井（图 5-27）。

（3）D80-50 井组位于 DZ 区，原始地层压力 15MPa，到 2010 年测地层压力仅为 8.65MPa，注水不见效，地层能量没有得到很好的恢复。由于试验井组长期注水不见效，试验井和对比井产量都比较低，平均日产量在 1t 左右，在一定程度上影响了试验效果的评价（图 5-28）。

（4）D77-55 井组。2010 年地层压力测试结果表明，该试验井组地层能量已基本恢复，陶粒试验井实施效果好于对比井（图 5-29）。

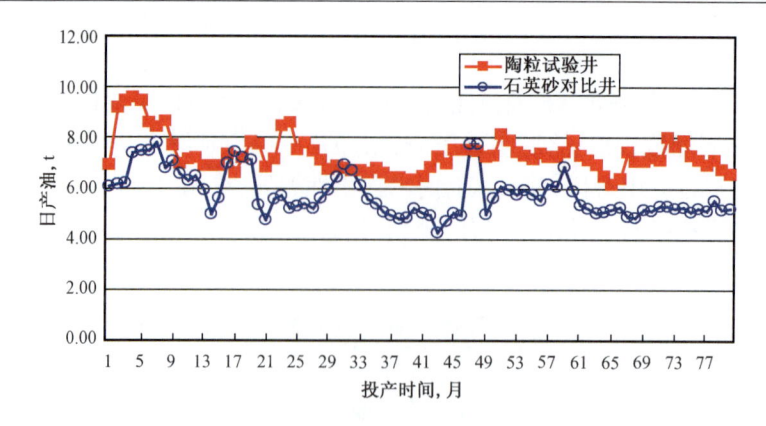

图 5-26 X31-17 井组陶粒压裂与对比井产量对比图

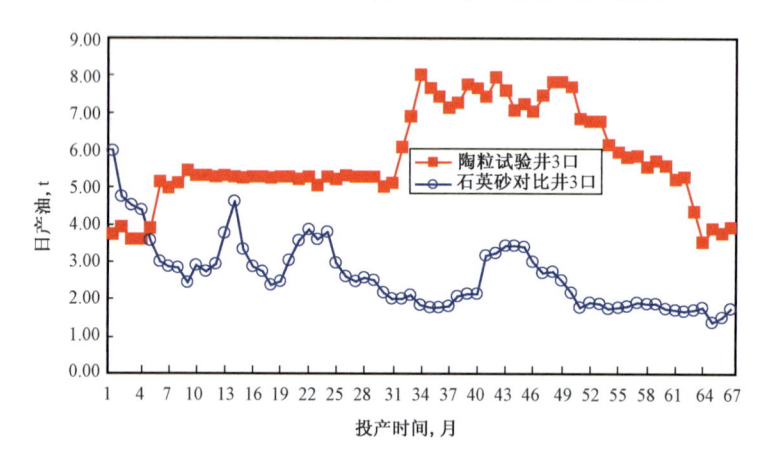

图 5-27 X39-23 井组陶粒压裂与对比井产量对比图

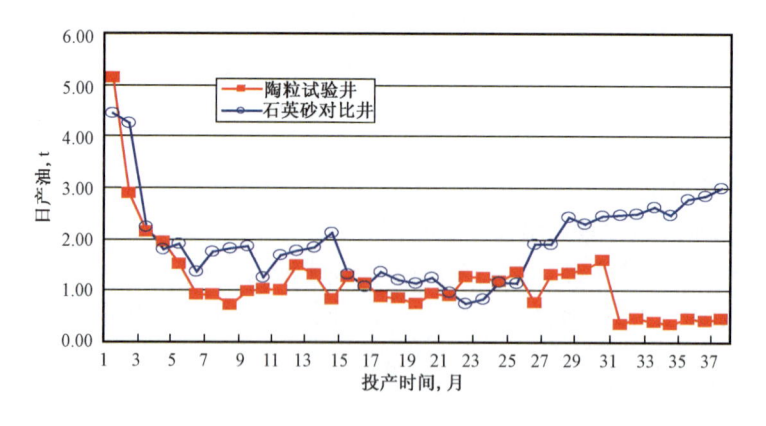

图 5-28 D80-50 井组陶粒压裂与对比井产量对比图

(三)JY 油田长 4+5 层陶粒压裂试验

为了进一步考察超前注水条件下支撑剂长期导流能力对产量的影响,在 JY 油田开展 9 口井的低密度陶粒支撑剂对比试验(图 5-30),投产动态跟踪表明,陶粒压裂井比石英砂压裂井稳产期长,产量递减明显放慢。

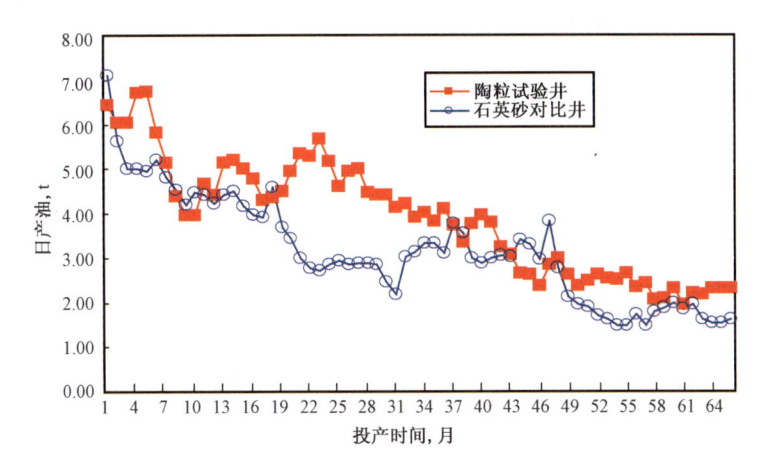

图 5-29　D77-55 井组陶粒压裂与对比井产量对比图

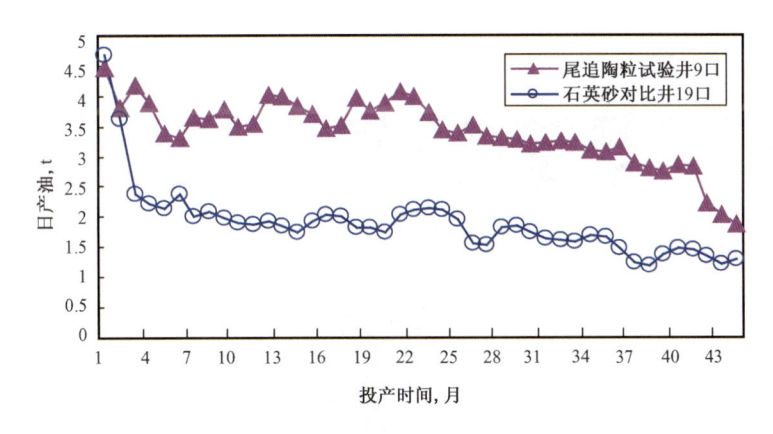

图 5-30　JY 油田长 4+5 陶粒压裂试验投产效果对比图

通过多年的探索，长庆油田形成以储层闭合压力为根据、考虑储层渗透率对裂缝导流能力的需求为目标优选支撑剂的原则，在大于 2000m 的中深井累计应用低密度陶粒 1086 口井，累计增油 33.66×10^4 t。

二、新型低密中强支撑剂

从前期支撑剂室内与现场试验的结果来看，石英砂适用于闭合压力小于 25MPa 的储层，低密度陶粒应用于闭合压力大于 30MPa 的储层，而对于闭合压力为 25~30MPa 的储层，使用陶粒面临成本过高、使用石英砂又不能满足储层渗透率对支撑裂缝导流能力的要求。因此，引出从满足储层改造要求和经济性的角度出发，有必要研发低成本、低密度的中强度支撑剂。

长庆油田通过实际需求的分析，从大幅度降低成本出发，结合支撑剂行业标准，提出了新型低密度、中强支撑剂性能指标（表 5-13）。

根据支撑剂性能指标要求，长庆油田在调研的基础上，引进覆膜石英砂，开展室内支撑剂性能评价，评价结果表明覆膜石英砂好于石英砂，稍逊于低密度陶粒（表 5-14 和图 5-31）。

表 5-13 新型低密度中强支撑剂性能指标

支撑剂 \ 指标名称	颗粒(0.425~0.850μm)质量百分比 %	视密度 g/cm³	体积密度 g/cm³	酸溶解度 %	浊度 NTU	圆度	球度	破碎率,% 28MPa	40MPa	69MPa
石英砂	>90	≤2.65	≤1.63	≤5	≤100	>0.6	>0.6	14	—	—
低密中强陶粒	>90	≤3.0	≤1.65	≤8	≤100	>0.8	>0.8	—	—	8
新型低密中强支撑剂	>90	≤2.5	≤1.60	≤8	≤100	>0.8	>0.8		8	

表 5-14 常规物理性能评价结果

支撑剂 \ 指标名称	0.425~0.850 %	视密度 g/cm³	体积密度 g/cm³	酸溶解度 %	浊度 NTU	圆度	球度	破碎率,% 28MPa	40MPa	52MPa
低密陶粒	99.35	2.92	1.59	6.68	25.0	0.9	0.9		1.08	4.09
石英砂	91.82	2.62	1.61	1.39	77.9	0.7	0.7	6.86	16.0	
覆膜石英砂	84.59	2.42	1.60	1.44	41.1	0.7	0.7		0.67	3.68

(a) 覆膜砂　　　　　　(b) 石英砂

图 5-31 覆膜砂、石英砂圆度和球度图片

采用 API 标准导流室进行试验,短期导流能力试验结果表明,随着闭合压力的增加,支撑剂导流能力下降,其中石英砂<覆膜石英砂<低密陶粒。覆膜石英砂在闭合压力低于 20MPa 时,短期导流能力与石英砂相近;闭合压力大于 30MPa 时,导流能力高于石英砂(图 5-32)。

在室内评价的基础上,在 JY 油田长 6、长 8 层和 HQ 油田长 6 层等开展 42 口井的现场试验,投产动态跟踪表明,覆膜砂试验井与低密度陶粒井产量相近,比石英砂对比井日产量高 0.3t,参见表 5-15 和图 5-33。

表 5-15 2009 年 HQ 油田长 6 层低密高强支撑剂试验试排对比

井号	有效厚度 m	测井解释 电阻率 Ω·m	孔隙度 %	渗透率 mD	含油饱和度 %	时差 μs/m	压裂参数 砂量 m³	砂比 %	排量 m³/min	试排结果 日产油 m³	日产水 m³
试验井	29.8	30.5	11.4	0.24	52.5	224.8	39.6	34.5	1.6~1.8	18.5	0
对比井	28.8	34.4	11.0	0.29	50.4	224.5	41.0	34.8	1.6~1.8	17.6	0

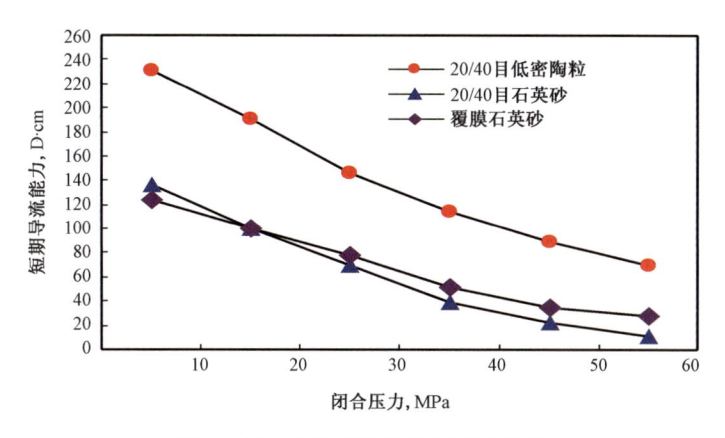

图 5-32 支撑剂短期导流能力曲线

实验介质为 2% 的 KCl 盐水，常温，铺置浓度为 7.5kg/m²

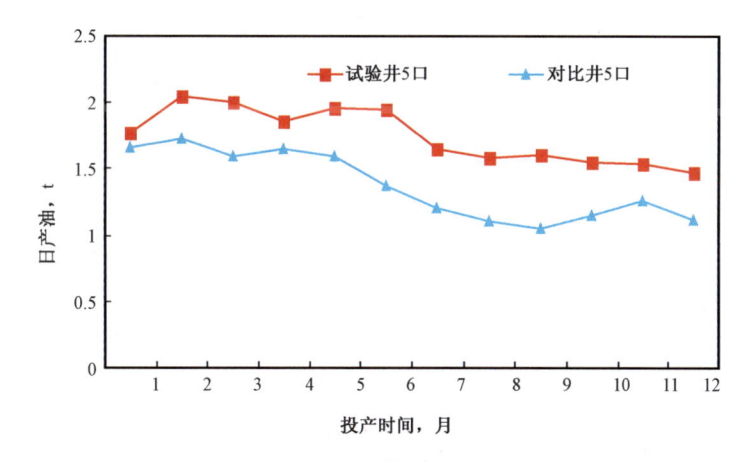

图 5-33 2009 年 HQ 油田长 6 层低密高强支撑剂试验投产情况

新型低密中强支撑剂是超低渗透油藏压裂支撑剂新的技术需求。目前，低成本支撑剂对于超低渗储层具有广阔应用前景。在支撑剂用量大幅攀升和稀土资源保护双重背景下，开展低成本新型支撑剂对于致密油气资源的开发，具有非常重要的现实意义。

第六章 特色技术

长庆油田经过多年的开发压裂实践,已形成具有长庆油田特色的开发压裂技术体系。但近年,随着勘探开发的不断深入和扩大,发现超低渗透油藏的物性进一步变差,油藏特征更加复杂。长庆油田针对储层特征的变化,为提高单井产量,大力开展超低渗透油藏增产机理研究、提高单井产量新工艺新技术试验、新型压裂材料研发,在研究和实践中形成多项具有长庆油田特色的储层改造技术系列,补充、完善、丰富了长庆油田开发压裂技术体系,促进了超低渗透储层改造工艺技术的进步,提高了油田勘探开发经济效益,在长庆油田大发展中发挥了重要的作用。

第一节 多级加砂压裂工艺技术

鄂尔多斯盆地三叠系延长组长6油藏为典型的超低渗透储层,部分区块砂体和油层厚度较大(20~30m),最大可达到60m。其中JA油田和HQ油田长6层就是两个典型的区块。与SHB其他长6储层相比,JA油田和HQ油田长6储层具有物性差、厚度大、层内无明显隔夹层的特点。对于该类储层,常规压裂改造缝内支撑剂铺置不均匀,以下部沉降为主,导致储层纵向上动用不充分,尤其上部相对较好的油层难以得到有效改造;采用分层压裂,由于层内隔层条件差,也难以达到充分改造整段油层的目的(图6-1)。鉴于以上问题,常规压裂工艺已不能完全满足特低渗厚层的改造需求,需要研究解决该类储层的改造难题。在上述背景下,长庆油田经过大量研究试验,形成了多级加砂压裂工艺。

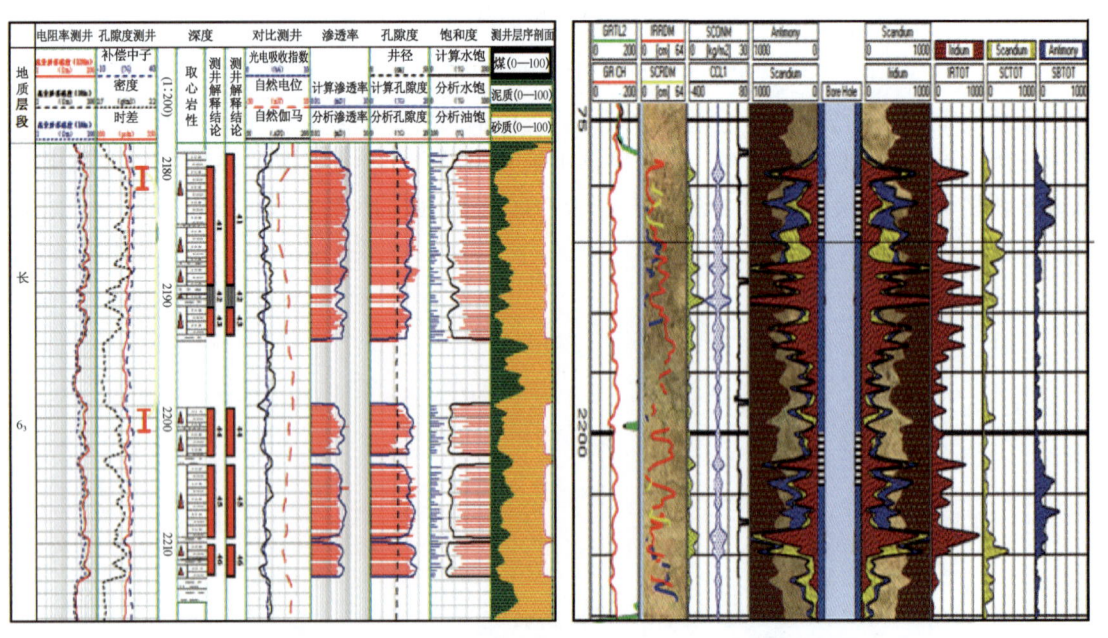

图6-1 Y296井长6层四性关系图及零污染示踪剂测试结果

一、增产机理

长庆油田针对上述厚油层改造存在的问题,由下沉剂控缝高压裂得到启发,从改变岩石的力学状态及压裂液的流动路径角度出发,提出多级加砂压裂的工艺思路,以达到控制裂缝纵向延伸、提高裂缝导流能力、促进裂缝长度进一步延伸的目的。

多级加砂压裂是将设计的总砂量,通过合理的多次泵注加入油层,第一级压裂完毕后停泵,等待支撑剂沉降、裂缝闭合,然后进行下一级的压裂,逐级铺置,直至达到充分改造油层的目的。图6-2为多级加砂压裂效果示意图。

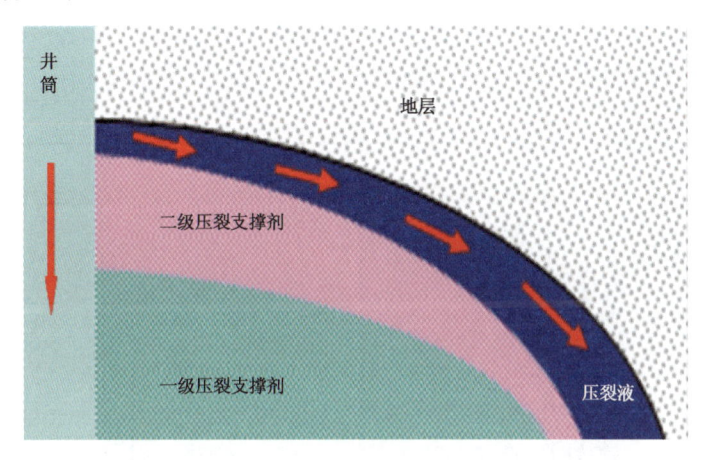

图6-2 多级加砂压裂效果示意图

每一级压裂形成的支撑剂砂堤,可为下一级压裂提供一定应力遮挡,从而具有以下两个方面的作用。

一是控制压裂液流向,迫使支撑剂向上铺置,提高油层上部裂缝导流能力。采用零污染示踪剂对袁B井多级加砂压裂进行了裂缝检测,检测结果显示(图6-3),第二级压裂支撑剂明显铺置在油层上部,改善了支撑剂纵向铺置剖面,提高了油层上部裂缝导流能力。与常规压裂相比,采用多级加砂压裂可以使支撑剂铺置剖面更加合理,更充分地动用上部油层。

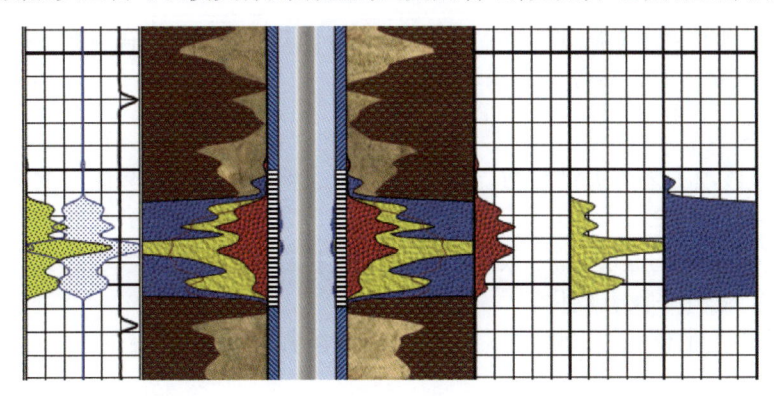

图6-3 袁B井零污染示踪剂检测结果

二是改变地应力状态,缝高向下扩展受到限制,进一步增加裂缝长度。利用井下微地震对多级加砂压裂进行实时监测发现(表6-1):第二级压裂时,由于第一级加砂压裂已造成一条人工裂缝,并且支撑剂沉降作用裂缝下部(图6-4)。在进行第二级压裂时,前置液遵循沿阻力最小的流道流动的原则,沿着第一级造开的裂缝流动,由于受下部沉淀的支撑剂影响,水力裂缝向下延伸受阻,迫使支撑剂向上铺置,水力裂缝进一步延伸。

表6-1 多级加砂压裂井井下微地震测试结果

压裂井	地层	射孔井段 m	砂量 m³	排量 m³/d	西南翼裂缝 半长,m	北东翼裂缝 半长,m	备注
S395-21	长6	1924.0~1929.0	50	2.8	120	70	一级
		1933.0~1938.0	25	3.0	—	120	二级
Z160-61	长8	1838.0~1842.0	35	2.4	80	80	一级
		1846.0~1852.0	20	2.6	110	110	二级

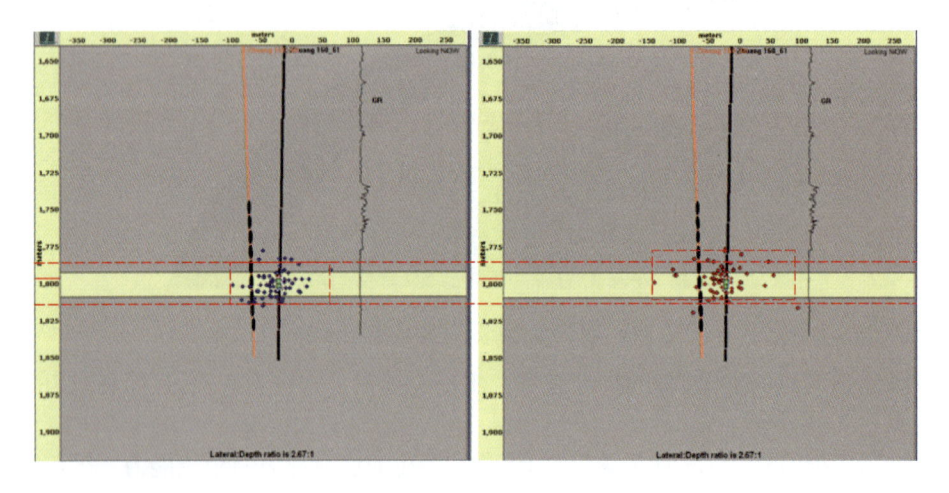

图6-4 Z160-61井长8层第一、二级压裂侧视图(垂直于裂缝剖面)

二、工艺及参数优化

多级加砂压裂工艺以改善纵向导流能力、提高支撑缝长为目标,优化加砂级数、单级加砂规模、注入间隔时间等工艺参数。

(一)加砂级数

注入级数是该项工艺的关键参数。如果级数少,达不到充分改造油层的目的;如果级数多,造成成本的大幅上升。

(1)对于一定厚度的储层,加砂级数明显影响支撑缝高,但当级数增加到三级或四级时,缝高增加非常有限,几乎没有变化。

(2)对一定厚度的储层,加砂级数对产量的影响显著,常规压裂后的产量远不如多级加砂压裂后产量(图6-5)。

(3)当厚度小于35m,级数增加到三级或四级时,级数增加对产量影响非常有限。所以,对厚度小于35m的储层,二级加砂压裂就可以大幅度地提高单井产量,没有必要增加加砂级数(图6-5)。

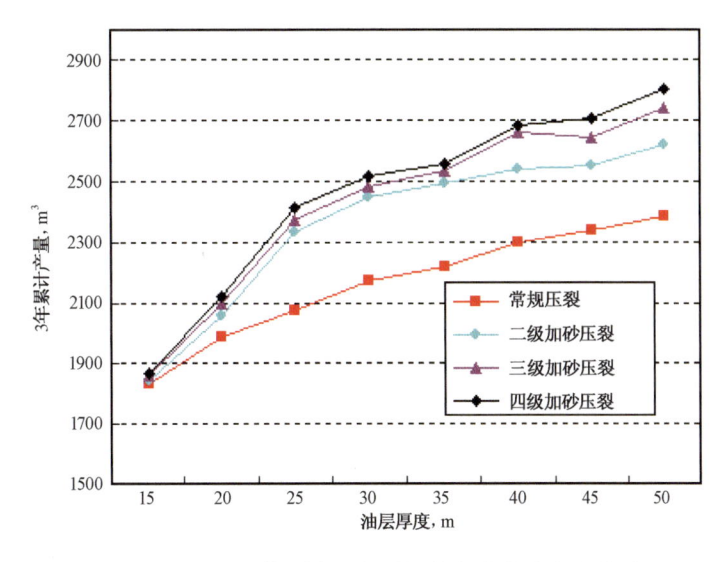

图6-5 不同砂体厚度时加砂级数与支撑缝高的关系

(4)当厚度大于35m时,与二级加砂压裂相比,三级加砂压裂增产幅度加大,增产效果明显好于二级加砂压裂。所以,对于厚度大于35m储层建议采用三级加砂压裂(图6-5)。

(二)规模优化

1. 人工裂缝半长和导流能力优化

利用Eclipse油藏数值模拟软件,模拟目前井网条件下不同有效渗透率时的边井和角井的合理缝长。在优化的油井缝长条件下,模拟对比不同油井裂缝导流能力对产量的影响规律,从而确定优化的裂缝导流能力(以渗透率0.3mD为例),如图6-6~图6-9所示。

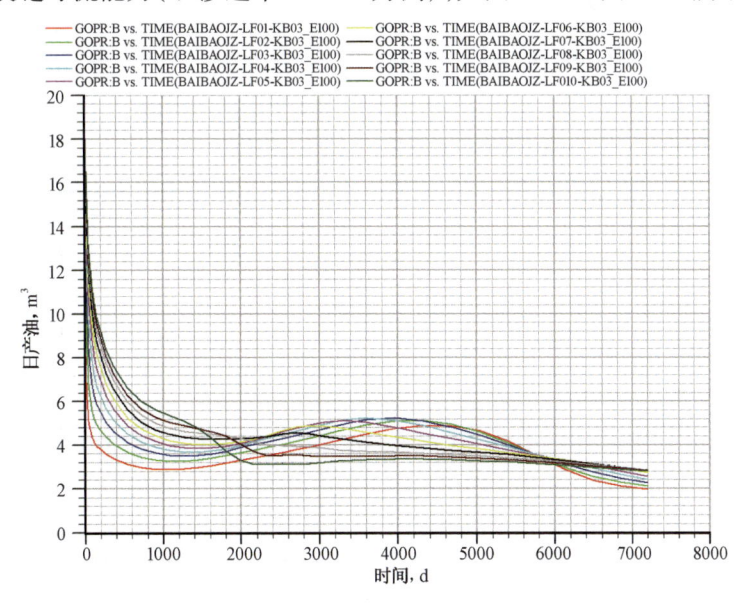

图6-6 不同缝长日产油随时间变化

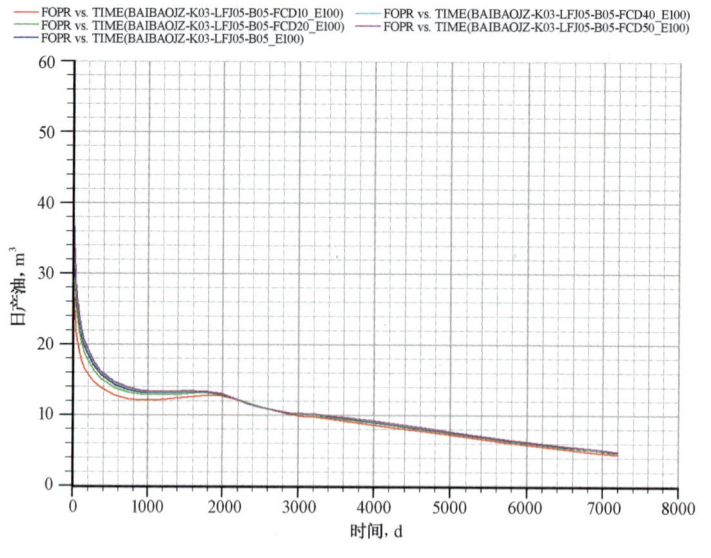

图6-7　不同缝长日产油随时间的变化

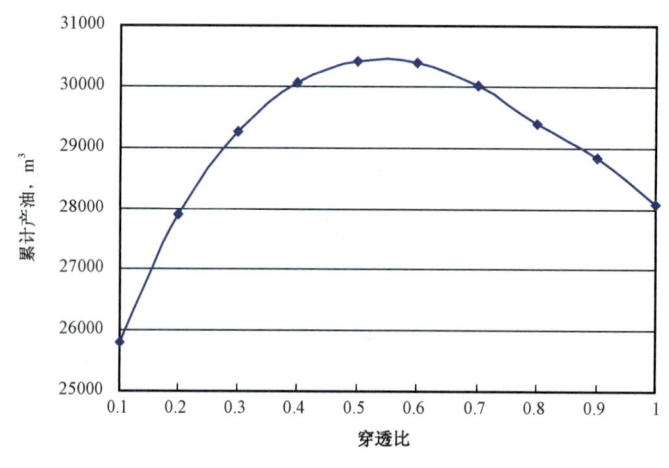

图6-8　角井累计产量随穿透比的变化

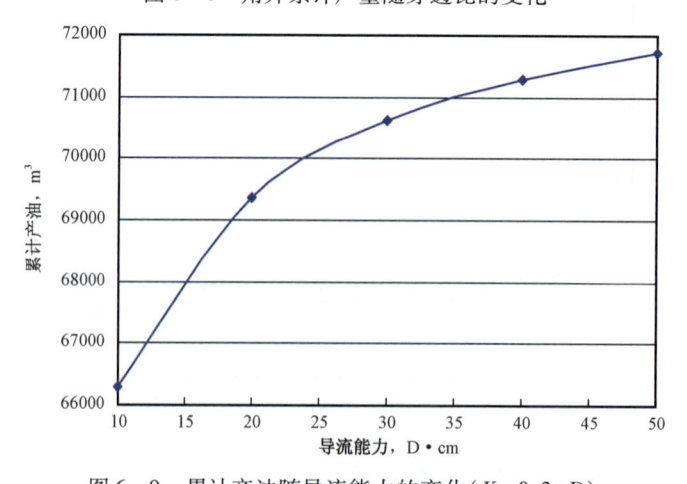

图6-9　累计产油随导流能力的变化（$K=0.3$mD）

综上所述,用 Eclipse 油藏数值模拟软件模拟裂缝半长和导流能力结果见表 6-2。

表 6-2 HQ 油田长 6 储层不同渗透率条件下缝长和导流能力优化结果

渗透率 mD	优化缝长 角井穿透比	角井缝长,m	边井穿透比	边井缝长,m	优化导流能力 D·cm
0.05	0.9	243	0.6	162	20
0.1	0.6	162	0.5	135	20
0.3	0.5	135	0.5	135	30
0.5	0.5	135	0.5	135	30

2. 单级加砂规模

多级加砂压裂是将设计的总砂量通过合理的多次泵注加入油层,注入级数确定以后,总砂量如何分配需要优化,以达到区块优化设计的半缝长和裂缝导流能力。图 6-10 是模拟的单级加砂规模对产量的影响曲线。

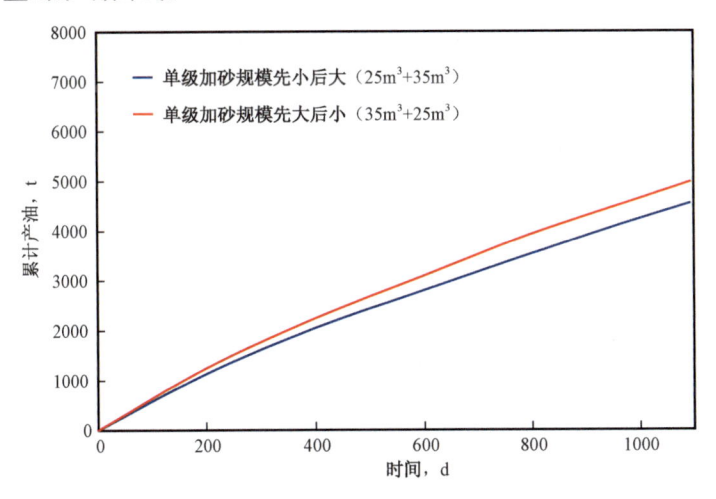

图 6-10 单级加砂规模对产量的影响

通过模拟研究,前一级压裂后降低后一级压裂时液体滤失量。同时,由于人工裂缝的遮挡作用,后一级压裂时只需更少的支撑剂量即可超过前一级缝长。因此,加砂量按照由大到小分配的方案,产量最优。

模拟结果:HQ 油田长 6 层第一级加砂量 35m³,第二级加砂量 25m³。

3. 注入间隔时间

注入间隔时间是指前一级压裂与后一级压裂的间隔时间。按照工艺原理要求前一级的支撑剂沉降结束后再进行后一级注入,这就需要等裂缝闭合后,支撑剂不再沉降时,再进行后一级注入。注入间隔的关键是确定裂缝闭合时间。由于超低渗透油层压裂液滤失速度比较慢,压后需要控制放喷强制裂缝闭合,因此,不能根据压裂液滤失速度计算闭合时间。为此,可通过测试闭合压力,折算到地面压力,通过观测地面压力,判断裂缝是否闭合。

求取地层闭合压力是判断裂缝是否闭合的关键。采用小型测试压裂求取 HQ 油田长 6 油层的闭合压力。图 6-11 是 Y417 井 G 函数分析曲线。

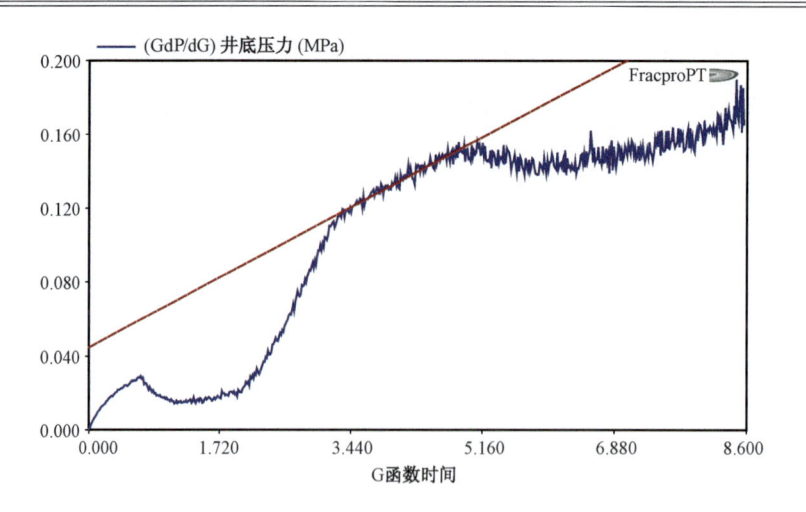

图 6-11　HQ 油田 Y417 井 G 函数分析曲线

通过拟合分析,HQ 油田长 6 油层闭合应力 30.35MPa。根据 HQ 油田长 6 油层具体情况,折算地面闭合压力为 8MPa。以地面闭合压力为参考,视压力下降情况决定注入间隔时间。

4. 分段破胶 + 尾追破胶剂技术

小型压裂测试结果表明,JA 油田和 HQ 油田长 6 岩性致密、物性差,滤失量很小,裂缝闭合时间长,支撑剂易于下沉,不利于纵向形成良好的铺砂剖面。而且多级加砂压裂总体改造规模大,入地压裂液液量大,压裂液在地层中滞留时间长,容易造成油层伤害。因此,对压裂液的破胶工艺和压裂液的伤害性能提出了更高的要求。

采用分段破胶 + 尾追破胶剂相结合,满足了压后返排液及时破胶的要求:

(1)分段破胶以达到压裂液在施工时既能保证顺利加砂、压后又能迅速破胶水化,快速返排的目的;

(2)第二级尾追高浓度破胶剂,解决施工后期压裂液滞留时间短、破胶时间较长的技术难题。

根据地层温度场的变化和室内试验结果,优化尾追破胶剂量,确定了不同施工规模下尾追破胶剂量(表 6-3)。

表 6-3　不同施工规模下尾追破胶剂量优化结果

加砂规模 m^3	排量 m^3/min	砂比 %	液量 m^3	尾追破胶剂量 kg
20.0 ~ 25.0	1.5	30.0	80 ~ 100	加砂结束前 15min 按 0.01% - 0.02% - 0.04% 尾追
25.0 ~ 35.0	2.0	35.0	100 ~ 130	加砂结束前 15min 按 0.01% - 0.03% - 0.05% 尾追
≥40.0	2.5	35.0	≥150	加砂结束前 20min 按 0.01% - 0.02% - 0.04% - 0.05% 尾追

三、现场应用效果

通过近两年来的研究和试验,多级加砂压裂工艺得到不断完善,发展成熟。在长庆油田现场应用 800 余口井(图 6-12),通过邻井对比,试验井平均单井日增油 0.3 ~ 1.0t(表 6-4)。

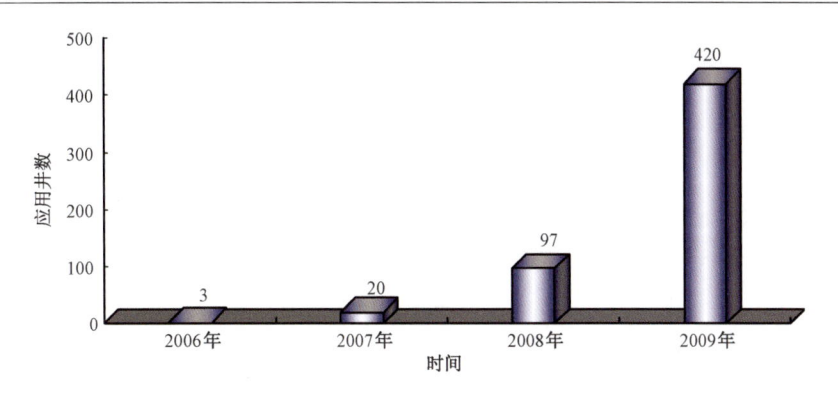

图 6-12　长庆油田多级加砂技术历年应用情况

表 6-4　长庆油田多级加砂技术应用效果

区块	层位	实施井数口	试排产量		投产初期产量			投产初期日增油,t
			产油,m³/d	产水,m³/d	产液,m³/d	产油,t/d	含水,%	
HQ	长 4+5	63	14.3	12.3	5.38	2.86	37.5	0.7
	长 6	281	25.6	0	5.65	4.04	15.9	0.3
AS	长 6	51	8.5	29.3	9.76	2.12	74.4	0.6
JA	长 6	149	19.9	2.5	6.33	4.14	23.1	1.0

目前,多级加砂压裂工艺已成为长庆油田特低渗厚油层改造的一项特色技术,整体提高了厚油层单井产量,进一步丰富了超低渗透油藏压裂改造技术系列。

第二节　前置酸加砂压裂技术

长庆油田以 ZHB、JY 的长 4+5、长 6、长 8 等超低渗透区块与常规低渗透储层相比,有以下几个特点比较突出:一是储层孔喉半径小,孔渗性差,流动阻力大(图 6-13 和图 6-14);二是填隙物含量高(表 6-5);三是水云母、铁方解石等胶结严重(图 6-15 和图 6-16)。

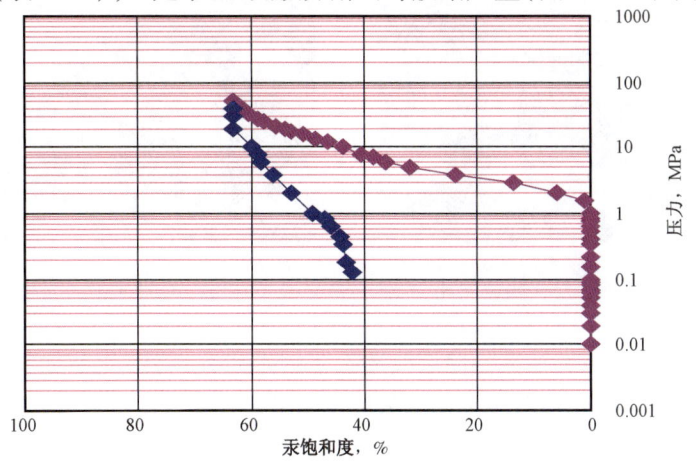

图 6-13　西 A 井岩心压汞曲线

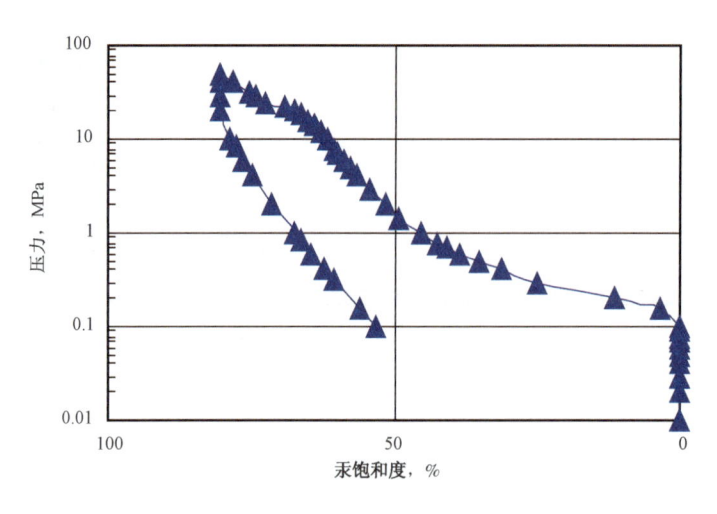

图 6-14　白 A 井岩心压汞曲线

表 6-5　渗透率、填隙物含量、孔隙类型对比

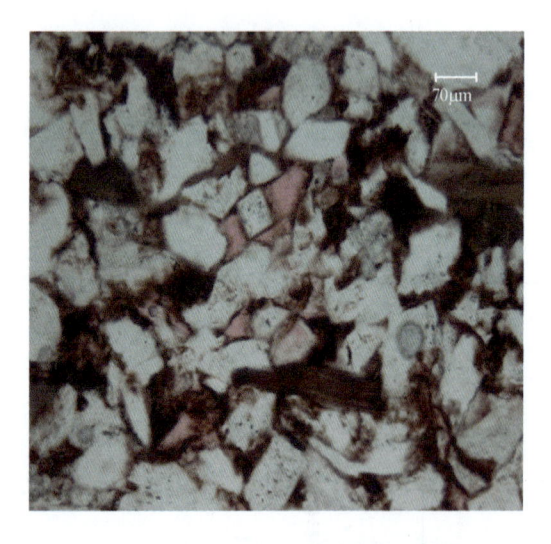

储层类型	层位	渗透率 mD	填隙物含量 %	粒间孔,%	面孔率,%
致密储层	长 6	0.18	16.47	1.01	1.82
常规低渗	长 6	2.25	11.74	3.56	5.28

孔隙类型列包含：粒间孔,%　面孔率,%

图 6-15　B239 井长 6_3 发育的粒间孔　　图 6-16　B233 井长 6_3 铁方解石等充填孔隙

为此，长庆油田开展该类油藏的储层改造工艺技术研究，将酸化和加砂压裂技术联作，形成前置酸加砂压裂技术。通过改善地层与裂缝以及裂缝内部的连通性，有效地提高了单井产量，并成为特超低渗透储层增产的一项重要技术。

一、增产机理

将酸化与加砂压裂有效集成,形成的前置酸加砂压裂,具有较强的增产效果。前置酸加砂压裂增产机理(图6-17)主要表现在以下五方面。

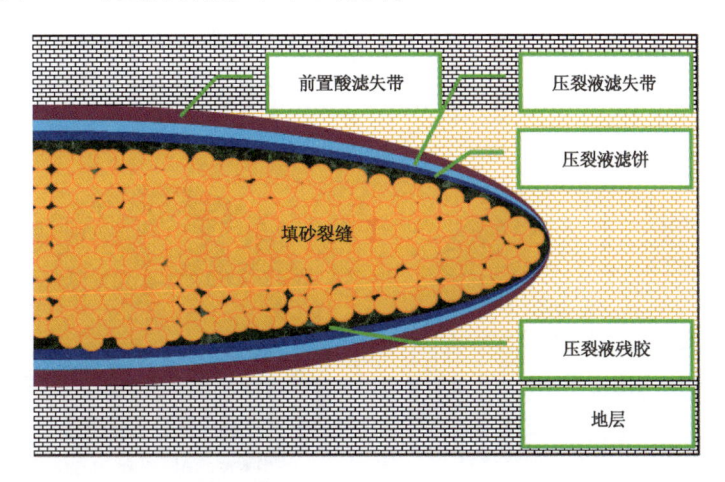

图6-17 前置酸加砂压裂增产机理示意图

(一)酸岩溶蚀反应可提高裂缝附近地层的渗透性

采用前置酸进行岩心酸化实验。渗透率变化结果表明,前置酸酸化后,岩心渗透率是酸化前的2.86~3.81倍,储层物性改造效果明显(表6-6)。

表6-6 有机酸酸化渗透率恢复结果

序号	岩心号	K/K_0			
		基液	正驱有机酸	正驱后基液	反驱基液
1	D64-66-2	1	1.76	3.03	3.81
2	D64-66-3	1	1.79	2.18	2.86

(二)酸液具有抑制黏土矿物膨胀的作用

通过室内对比清水、KCl水溶液、COP-1水溶液和酸性破胶液中黏土膨胀量,评价酸液进入地层后对黏土膨胀的抑制效果。室内评价结果(表6-7)表明,酸性环境下有利于抑制黏土膨胀。

表6-7 黏土防膨效果评价

时间,min		15	30	60	90	120	150	180
膨胀量 mm	清水	0.1732	0.1750	0.1804	0.1804	0.1804	0.1821	0.1821
	2%KCl	0.1179	0.1214	0.1268	0.1321	0.1321	0.1339	0.1339
	0.2%COP-1	0.0911	0.0928	0.1018	0.1018	0.1054	0.1071	0.1071
	破胶液	0.0519	0.0661	0.0964	0.1018	0.1054	0.1071	0.1071

(三)酸液可以溶解部分压裂液滤饼和裂缝壁面残胶

压裂液中含高分子物质,进入储层后会在储层壁面形成滤饼,滤饼和裂缝壁面残胶会产生滤饼伤害,降低裂缝与地层间的渗流能力,从而影响产量。前置酸压裂滤失在地层的酸液,在压裂液返排阶段可以溶解部分滤饼和裂缝壁面残胶,改善裂缝与地层间的渗透性。

用常规压裂瓜尔胶粉配制 0.4% 瓜尔胶基液制得的滤饼烘干恒重后,用酸液做滤饼溶解实验,在温度为 45℃、反应 2h 后,滤饼质量由 2.782g 变为 2.539g,表明酸液对瓜尔胶滤饼具有良好的溶解效果(图 6-18)。

图 6-18 瓜尔胶滤饼溶解实验前后对照图

(四)酸液可以提高压裂液破胶程度

前置酸压裂进入地层的酸液返排时,可以提高压裂液破胶程度,达到水化彻底易返排、减小对储层伤害的目的。室内用酸液实验表明,与常规压裂液破胶黏度相比其破胶液黏度明显降低(表 6-8)。

表 6-8 压裂液破胶室内实验结果

序号	瓜尔胶基液黏度 mPa·s	交联剂	模拟温度 ℃	压裂液与酸液比例	破胶液黏度 mPa·s
1	45	硼砂	70	5:1	1.51
2	45	硼砂	70	5:1	1.67
3	45	硼砂	70	5:1	1.65

(五)酸液对支撑裂缝具有清洗作用

压裂液残渣以两种方式存在于储层中:一种是残渣颗粒存在于裂缝壁面,造成伤害;另一种是残留在裂缝中,对裂缝的导流能力产生影响。室内模拟实验表明 0.4% 瓜尔胶压裂液,在破胶后对支撑剂为石英砂或陶粒的支撑裂缝伤害率在 40%~60%;而当裂缝经混合酸残酸清洗后渗透率提高 25%,显著减轻了压裂液破胶液对地层的伤害程度。

在上述五方面的共同作用下,前置酸加砂压裂工艺可以改善地层与裂缝之间的渗透性,降低压裂液伤害,形成有效的导流能力,从而达到提高单井产量的目的。

二、工艺参数的确定

前置酸加砂压裂工艺技术要求首先注入的酸液铺满整个人工裂缝,酸岩反应后残酸不失效,压裂液返排阶段残酸溶解压裂液滤饼和残胶,降解压裂液黏度。因此,酸液配方、酸量和排量优化是该工艺参数优化的关键。

(一)酸液配方确定

前置酸配方优选是前置酸加砂压裂工艺的关键环节,是该项目的核心研究内容。前置酸配方优选方法流程图如图6-19所示。

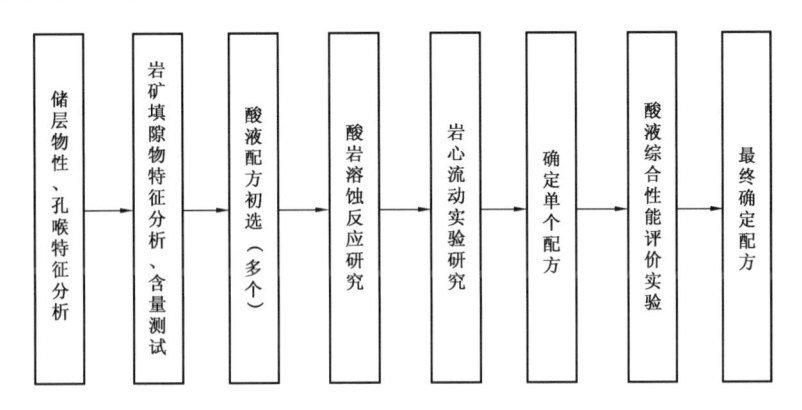

图6-19 前置酸配方优选方法流程图

前置酸配方优选基本原则:(1)填隙物中酸溶性矿物含量低、高岭石含量低的储层,采用盐酸+氢氟酸为主的无机酸体系;(2)填隙物中酸溶性矿物含量高、铁矿物含量低的储层,采用以盐酸为主的无机酸体系;(3)填隙物中酸溶性矿物含量高、铁矿物含量高的储层,采用有机酸体系。

根据试验区块储层岩矿特征,综合考虑溶蚀程度、二次沉淀、微粒运移和岩石力学参数等因素,通过室内评价确定混合酸(有机酸/无机酸)的体系。酸液以有机酸为主,一方面是防止酸蚀能力过强损坏岩石骨架;另一方面是有机酸反应速度较慢,残酸仍具有酸蚀能力,可以溶解压裂液滤饼、残渣和清洗裂缝。此外,为改善体系的综合性能配方,还要包括铁离子稳定剂、黏土稳定剂、破乳助排剂与缓蚀剂等。

(二)前置酸用量和注酸排量优化

根据各区块储层物性、填隙物含量、水力缝长要求和酸岩反应速度等,以压裂施工结束后酸液全部滤失完为原则,通过压裂酸化模拟软件优化前置酸用量和排量。

(1)中等排量注酸,延缓酸岩反应时间,确保残酸浓度。

(2)注入隔离液,避免压裂液提前破胶。

(3)缩短关井时间,大排量放喷排液,充分利用返排残酸降解作用和清洗作用。

前置酸加砂压裂施工工序如图6-20所示。通过模拟优化确定各试验区前置酸用量与注酸排量见表6-9。

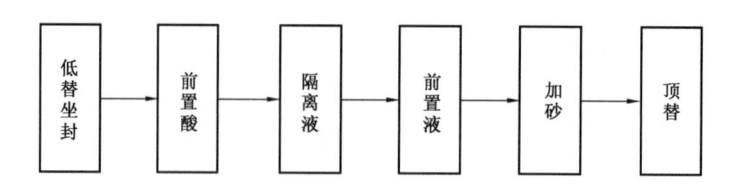

低替坐封 → 前置酸 → 隔离液 → 前置液 → 加砂 → 顶替

图 6-20　前置酸加砂压裂施工工序

表 6-9　代表性区块压裂前置酸用量和排量的优化结果

区块	层位	填隙物含量 %	主体酸	有效厚度 m	渗透率 mD	优化缝长 m	优化酸量 m³	注酸排量 m³/min
ZHB	长8	12.32	盐酸+甲酸+乙酸	13.9	1.75	100	16	1.4
DLG	长6	9.80		32.1	1.58	100	20	1.6
B216	长6	15.35		18.0	0.52	130	18	1.6
HB	长6	16.00		11.3	0.96	120	15	1.6
JY	长4+5	15.08		12.5	0.58	130	18	1.6
B157	长4+5	13.00		12.0	1.22	110	15	1.4

三、现场应用效果

近年来,长庆油田超低渗致密储层应用前置酸加砂压裂工艺700余井次,平均单井日产量提高0.4t,该项工艺已经成为长庆油田超低渗油藏的一项主体改造技术(表6-10)。

表 6-10　长庆油田前置酸加砂压裂工艺应用情况

区块	层位	实施井数口	试排产量 日产油 m³	试排产量 日产水 m³	投产初期产量 日产液 m³	投产初期产量 日产油 t	投产初期产量 含水 %	投产初期日增油 t
B157	长4+5	63	14.3	12.3	5.38	2.86	37.5	0.7
PB	长6	51	8.5	29.3	9.76	2.12	74.4	0.6
S392	长6	149	19.9	2.5	6.33	4.14	23.1	1.0
HQ	长6	281	25.6	0.0	5.65	4.04	15.9	0.3

第三节　定向射孔压裂技术

长庆油田低渗透油藏探明储量越来越大,已成为油田持续发展的主要资源之一,主要分布在华庆、姬塬、镇北、合水、志靖、安塞等六大区带,超低渗透油藏物性更差(0.1~0.5mD),单井日产油量一般在2t左右。

2006年,长庆油田在国内外广泛调研的基础上,从最大限度地提高裂缝与油藏的接触面积的理念出发,根据低渗油藏特点,提出了多缝压裂的思路,通过控制射孔方位强制裂缝转向,在同层内从平面上形成两条相互独立的裂缝,扩大人工裂缝系统控制的泄油体积,提高单井产量(图6-21)。与国外的体积压裂理念不谋而合。

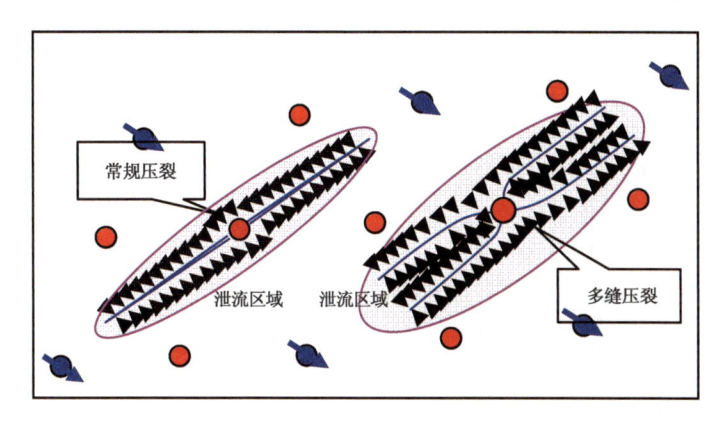

图6-21 定向射孔多缝压裂工艺增产示意图

为实现定向射孔多缝压裂技术,开展大量的数值模拟和物理模拟实验,研究裂缝转向的条件和裂缝间应力干扰影响的规律,优化工艺技术。

一、裂缝转向条件

（一）数值模拟

根据断裂力学理论,建立基于复合应力强度因子的裂缝延伸和转向判据模型(图6-22)。

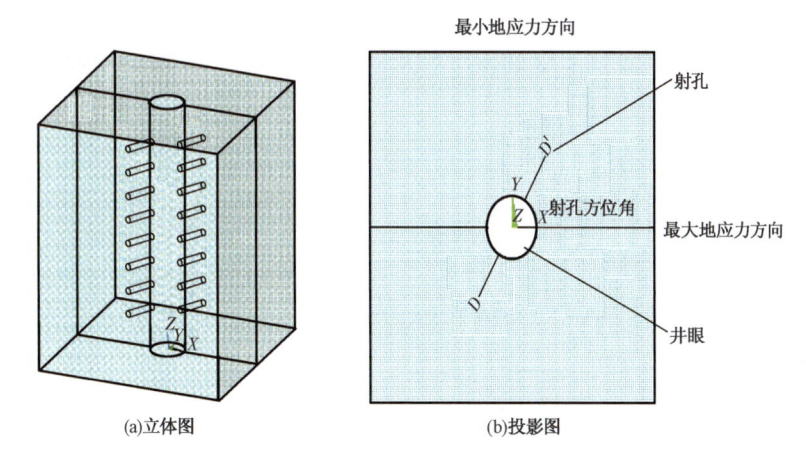

图6-22 定向射孔示意图

由于定向射孔的存在,大大增加了附近区域的应力集中,使射孔起始部位上下端的应力值最大,两个射孔之间的应力分布相对较高,这就使地层破裂后裂缝首先沿着射孔起始部位的上下端起裂,而后沿着各个射孔的小初始裂缝迅速汇合成一条大的垂直初始裂缝(图6-23)。之后,才是裂缝的进一步稳定扩展过程,其形成和汇合的过程相当快,几乎在地层破裂的瞬间完成,而后面的裂缝稳定扩展阶段是压裂施工的主要阶段,裂缝延伸规律也主要体现在裂缝稳定扩展阶段。

根据断裂力学,建立定向射孔水力裂缝的延伸模型,见图 6-24。缝内作用液体压力,对应裂缝延伸压力。

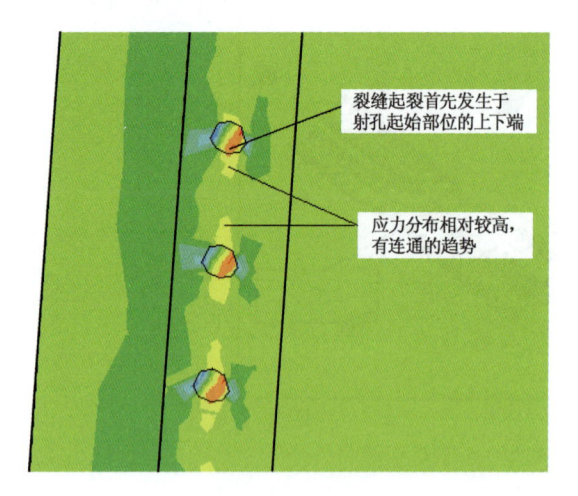

图 6-23　定向射孔裂缝起裂与初始贯通

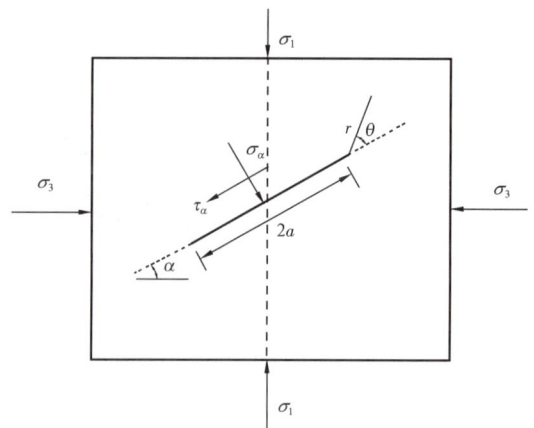

图 6-24　定向射孔模型平面图
σ_1—最大水平主应力;σ_3—最小水平主应力;α—射孔方位角(与最小水平主地应力的夹角);a—射孔长度;θ—裂缝转向角度;r—射孔后裂缝延伸步长;τ_α—剪应力

定向射孔后,在井筒内压的作用下,一般情况沿着垂直方向的多个射孔,形成初始垂向裂纹。

(1)缝内压力分布和复合应力强度因子确定。经过数学推导,得到裂缝面上的正应力和剪应力分别为:

$$\sigma_\alpha = \frac{\sigma_1 + \sigma_3}{2} - \frac{\sigma_1 - \sigma_3}{2}\cos2\alpha \tag{6-1}$$

$$\tau_\alpha = \frac{\sigma_1 - \sigma_3}{2}\sin2\alpha \tag{6-2}$$

根据线弹性断裂力学理论,裂缝尖端的应力强度因子为:

$$K_\mathrm{I} = -\sigma_\alpha\sqrt{\pi a}$$

$$K_\mathrm{II} = \tau_\alpha\sqrt{\pi a} \tag{6-3}$$

图 6-25 为确定任意分布载荷下应力强度因子的局部坐标系,x 为射孔的方向,即裂缝垂向投影方向。

当上下表面均有对称分布力时,其应力强度因子为:

$$K_{\mathrm{I}} = \frac{1}{\sqrt{\pi a}} \int_{-a}^{a} p'(x) \sqrt{\frac{a+x}{a-x}} \mathrm{d}x \tag{6-4}$$

$$K_{\mathrm{II}} = \frac{1}{\sqrt{\pi a}} \int_{-a}^{a} q(x) \sqrt{\frac{a+x}{a-x}} \mathrm{d}x \tag{6-5}$$

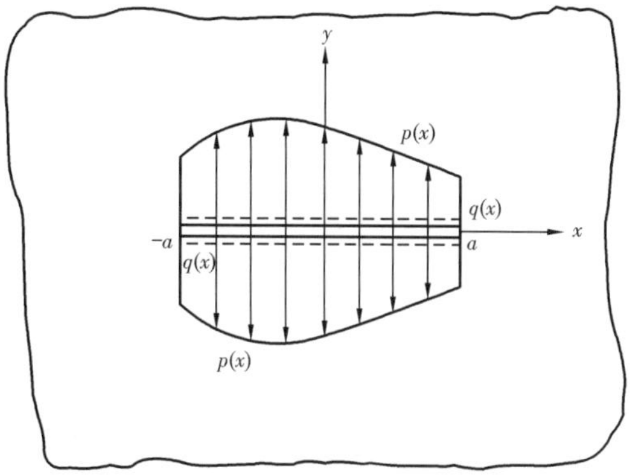

图 6-25　确定任意分布载荷下应力强度因子的局部坐标系

式中　$p'(x)$——作用于裂缝面上的净压力，应该为缝内压力与远场地应力在裂缝面上形成的正应力之差。

缝内压力的分布不是均布载荷，而是由下面方程确定的：

$$-hp_x\frac{\partial w_x}{\partial x} - hw_x\frac{\partial p_x}{\partial x} - 16\mu\frac{q_x^3}{wx^3} = \frac{4}{3}\rho\left[\frac{\partial q_x}{\partial t} + \frac{q_x}{hw_x}\left(2\frac{\partial q_x}{\partial x} - \frac{q_x}{w_x}\frac{\partial w_x}{\partial x}\right)\right] \tag{6-6}$$

缝宽方程：

$$w(x) = \frac{4}{E}K_{\mathrm{IC}}\sqrt{\frac{a^2-x^2}{\pi a}} \tag{6-7}$$

式中　K_{IC}——岩石的断裂韧性。

经过数学推导，得到缝内压力分布函数为：

$$p_x = \frac{8\mu q\sqrt{a}}{3\pi hB^3}\left(\frac{3\pi\arcsin\frac{x}{a}}{\sqrt{a^2-x^2}} + \frac{1.45}{a}\right) + \frac{\rho q\sqrt{a}}{54\pi hBl}\left[\frac{12x\left(2\arcsin\frac{x}{a} - \pi\right)}{\sqrt{a^2-x^2}} - \frac{64}{3} + \frac{20x^2}{a^2}\right]$$

$$- \frac{9a^2\rho q\sqrt{a}}{54\pi hBl}\frac{\pi^2 + 4\left(\arcsin\frac{x}{a}\right)^2 - 4\pi\arcsin\frac{x}{a}}{a^2-x^2} + \frac{C(t)}{\sqrt{a^2-x^2}} \tag{6-8}$$

在裂缝尖端：

$$C(t) = \frac{4\pi\mu q\sqrt{a}}{hB^3} \tag{6-9}$$

$q(x)$为作用于裂缝面上的剪切应力，因而方程(6-4)变为：

$$K_{\mathrm{I}} = \frac{1}{\sqrt{\pi a}}\int_{-a}^{a}\left[p(x) - \left(\frac{\sigma_1+\sigma_3}{2} - \frac{\sigma_1-\sigma_3}{2}\cos2\alpha\right)\right]\sqrt{\frac{a+x}{a-x}}\mathrm{d}x \tag{6-10}$$

（2）裂缝扩展方向角的确定。根据 Erdogan 最大周向应力理论，得到了裂缝尖端应力场的极坐标（图 6-26 和图 6-27）表达式：

$$\sigma_r = \frac{K_\mathrm{I}}{\sqrt{2\pi r}}\cos\frac{\theta}{2}\left(1+\sin^2\frac{\theta}{2}\right)+\frac{K_\mathrm{II}}{\sqrt{2\pi r}}\left[\sin\frac{\theta}{2}\left(1-3\sin^2\frac{\theta}{2}\right)\right] \quad (6-11)$$

$$\sigma_\theta = \frac{K_\mathrm{I}}{\sqrt{2\pi r}}\cos\frac{\theta}{2}\left(\cos^2\frac{\theta}{2}\right)-\frac{K_\mathrm{II}}{\sqrt{2\pi r}}\left[\sin\frac{\theta}{2}3\sin^2\frac{\theta}{2}\right] \quad (6-12)$$

$$\tau_{r\theta} = \frac{K_\mathrm{I}}{\sqrt{2\pi r}}\cos\frac{\theta}{2}\left(\cos\frac{\theta}{2}\sin\frac{\theta}{2}\right)+\frac{K_\mathrm{II}}{\sqrt{2\pi r}}\left[\cos\frac{\theta}{2}\left(1-3\sin^2\frac{\theta}{2}\right)\right] \quad (6-13)$$

$$u_r = \frac{K_\mathrm{I}}{\mu}\sqrt{\frac{r}{2\pi}}\cos\frac{\theta}{2}\left(\beta-\cos^2\frac{\theta}{2}\right)-\frac{K_\mathrm{II}}{\mu}\sqrt{\frac{r}{2\pi}}\sin\frac{\theta}{2}\left(\beta-3\cos^2\frac{\theta}{2}\right) \quad (6-14)$$

$$u_\theta = -\frac{K_\mathrm{I}}{\mu}\sqrt{\frac{r}{2\pi}}\sin\frac{\theta}{2}\left(\beta-\cos^2\frac{\theta}{2}\right)-\frac{K_\mathrm{II}}{\mu}\sqrt{\frac{r}{2\pi}}\cos\frac{\theta}{2}\left(\beta+2-3\cos^2\frac{\theta}{2}\right) \quad (6-15)$$

$$\beta = 2(1-\nu) \quad (6-16)$$

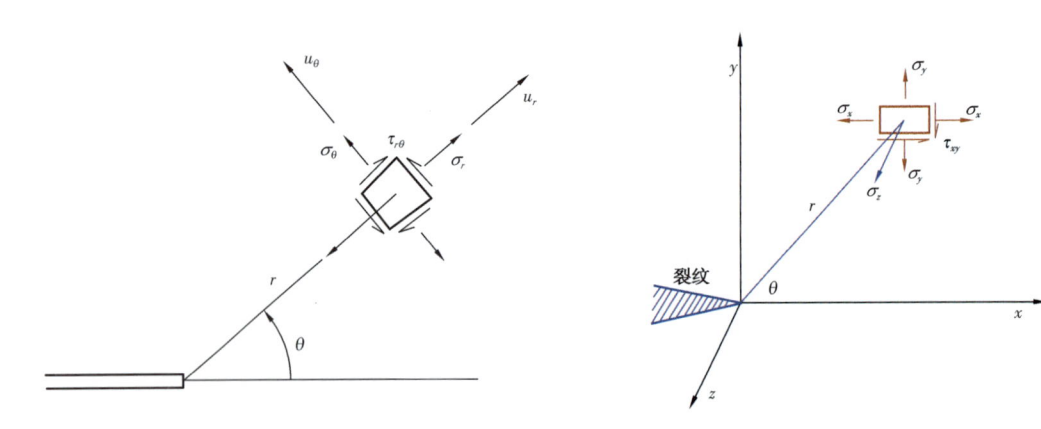

图 6-26　裂尖附近的应力和位移　　　图 6-27　裂尖应力场坐标系

根据最大拉应力的理论,裂纹沿着周向拉应力取得最大值的方向开始扩展。所以对式(6-12)求一阶导数,并令其值为零,得到:

$$\begin{aligned}\frac{\partial \sigma_\theta}{\partial \theta} &= \frac{1}{\sqrt{2\pi r}}\left(-\sin\frac{\theta}{2}\right)\times\frac{1}{2}\times\left(K_\mathrm{I}\cos^2\frac{\theta}{2}-\frac{3}{2}K_\mathrm{II}\sin\theta\right) \\ &\quad + \cos\frac{\theta}{2}\left[K_\mathrm{I}\times 2\times\cos\frac{\theta}{2}\left(-\sin\frac{\theta}{2}\right)\times\frac{1}{2}-\frac{3}{2}K_\mathrm{II}\cos\theta\right] \\ &= -\frac{3}{4}\frac{1}{\sqrt{2\pi r}}\cos\frac{\theta}{2}\left[K_\mathrm{I}\sin\theta+K_\mathrm{II}(3\cos\theta-1)\right] = 0 \quad (6-17)\end{aligned}$$

由式(6-17)可得到:

$$\cos\frac{\theta}{2}\left[K_\mathrm{I}\sin\theta+K_\mathrm{II}(3\cos\theta-1)\right] = 0 \quad (6-18)$$

要使式(6-18)成立,存在两种情况:

$$① \cos\frac{\theta}{2} = 0 \tag{6-19}$$

$$② K_I \sin\theta + K_{II}(3\cos\theta - 1) = 0 \tag{6-20}$$

由式(6-19)得到,$\theta = \pm\pi$,此解在物理上不可能存在,裂缝不可能沿着反方向扩展,故此解没有实际意义。

由式(6-20)得到:

$$K_{II}\left[\frac{K_I}{K_{II}}\sin\theta + (3\cos\theta - 1)\right] = 0 \tag{6-21}$$

对方程(6-21)做进一步的数学变换:

$$\frac{K_I}{K_{II}}\sin\theta + (3\cos\theta - 1) = 0 \tag{6-22}$$

即:

$$\frac{K_I}{K_{II}} \times \frac{2\tan\frac{\theta}{2}}{1 + \tan^2\frac{\theta}{2}} + \left(3 \times \frac{1 - \tan^2\frac{\theta}{2}}{1 + \tan^2\frac{\theta}{2}} - 1\right) = 0 \tag{6-23}$$

整理一下:

$$2\tan^2\frac{\theta}{2} - \frac{K_I}{K_{II}}\tan\frac{\theta}{2} - 1 = 0 \tag{6-24}$$

其解为:

$$\tan\frac{\theta}{2} = \frac{\frac{K_I}{K_{II}} \pm \sqrt{\left(\frac{K_I}{K_{II}}\right)^2 + 8}}{4} \tag{6-25}$$

式(6-25)中的角度绝对值应该小于$\frac{\pi}{2}$,否则裂缝向反方向扩展,因而定向射孔裂缝的延伸方向角最终为:

$$\theta = 2\arctan\left[\frac{\frac{K_I}{K_{II}} - \sqrt{\left(\frac{K_I}{K_{II}}\right)^2 + 8}}{4}\right] \tag{6-26}$$

(3)裂缝扩展模型。前一部分推导了裂缝扩展的方向角,随着压裂液不断地泵入裂缝,裂缝的尺寸逐渐增加。

裂缝尺寸在裂缝的稳定扩展阶段平稳增加,这样指定裂缝向前扩展一个步长,再判断一次裂缝的延伸方向,如此循环直到$\theta_i + \alpha = \frac{\pi}{2}$为止。$\theta_i$为每一个扩展步后下一个扩展步的方向角。

其中,一个需要说明的问题是裂缝扩展的步长应该随着离开井筒的距离增加而逐步减小。

(4)计算结果。

① 随着水平应力差值的减小,最小地应力方向上裂缝延伸距离增加,两者的关系基本上为二次方关系。水平应力差值越小,定向射孔时水力裂缝转向半径越大。

② 随着射孔方位与最大主应力方向的夹角增加,裂缝的转向半径增加(图6-28)。

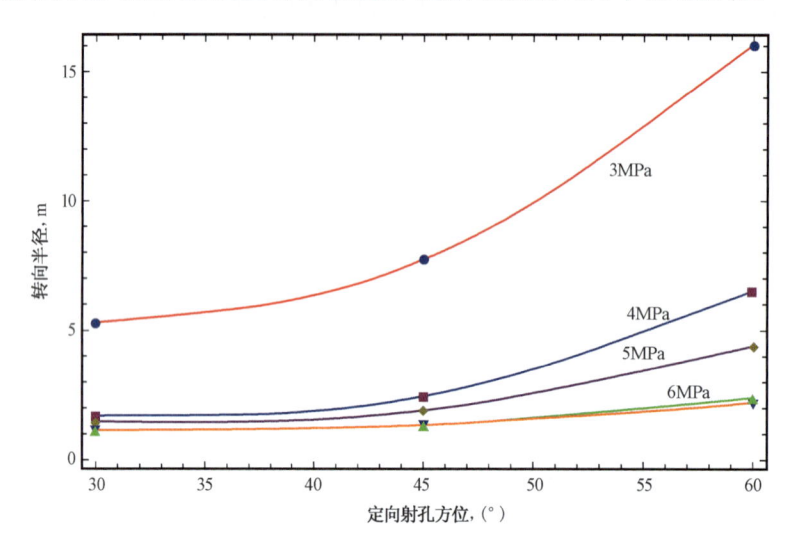

图6-28 射孔方位及应力差对裂缝转向半径的影响

(二)物理模拟实验

为研究射孔方位、水平应力差对裂缝破裂压力、转向半径等参数的影响,开展物理模拟和数值模拟两项研究。模拟地层三向应力、水力压裂,对试件进行注入实验,研究不同射孔方位、水平应力差下裂缝起裂、转向规律。

模拟压裂实验系统由大尺寸真三轴实验架、MTS伺服增压泵、数据采集系统、稳压源、油水隔离器及其他辅助装置组成(图6-29)。

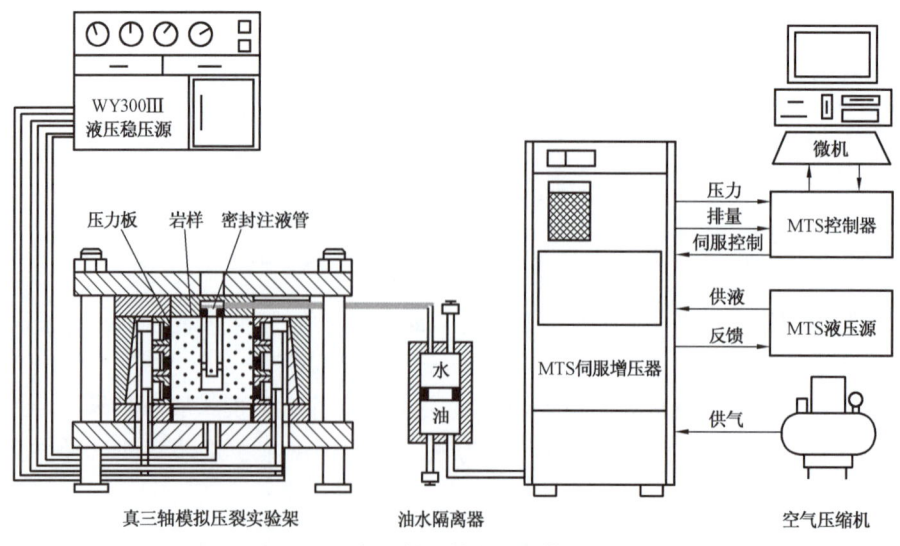

图6-29 定向射孔转向压裂模拟系统图

1. 模拟压裂试件

室内水力压裂实验可采用天然岩样或人工岩样,鉴于天然岩样来源与加工条件所限,本实验采用混凝土试件模拟压裂实验(图 6 – 30)。

图 6 – 30　模拟压裂试件实物图

试样采用水泥和石英砂浇铸而成,加砂按照实验预定的比例 1∶1(体积比),水泥牌号为普通 32.5 号建筑水泥,砂子为筛过的细河砂,水泥试样的基本参数见表 6 – 11。实验采用真三轴压力,模拟地层的真实地应力。

表 6 – 11　混凝土试样的基本参数

弹性模量 E,GPa	15
泊松比 v,无量纲	0.23
单轴抗压强度 σ_c,MPa	48.5
渗透率 K,mD	0.5
孔隙度 ϕ,%	1.85

2. 模拟三向地应力

水力压裂模拟实验要求模拟地层条件,其中最主要的因素之一是地层应力的大小和分布。一般情况下,地层三向主应力互不相等,而且不同层位的水平地应力大小也不同。对于水力压裂来说,三向主应力的相对大小决定着裂缝扩展的方向;而最小水平地应力的大小与分布影响到裂缝的几何形态。在模拟实验中,采用真三轴加载方式能更好地反映地层的实际应力状况(图 6 – 31)。

通过对试件三个方向施加不同的压力来测试三个方向的地应力。同时利用真三轴加载方式,人为地控制裂缝延伸方向,使实验试件尽可能地接近实际油层的受力状况。

3. 物模结果

认识之一:当射孔方位与最大主应力方向呈一定夹角时,裂缝先沿射孔孔眼方向起裂,后转向最大主应力方向(图 6 – 32)。

图 6-31 大尺寸真三轴水力压裂模拟实验架照片

图 6-32 定向射孔转向压裂物理模拟实验照片

认识之二：射孔方位与最大主应力方向夹角越大，转向半径越大；两向地应力差值越小，越有利于裂缝转向；超过 6MPa 裂缝转向困难（图 6-33）。

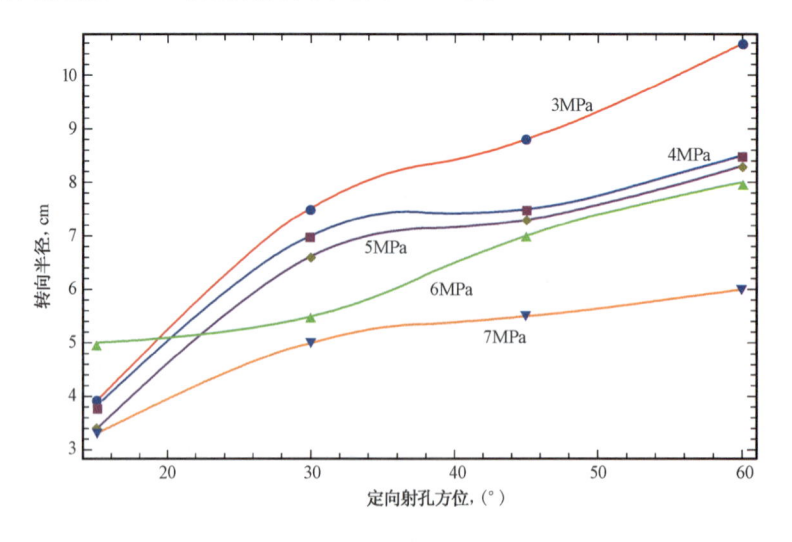

图 6-33 垂向应力 15MPa 时不同应力差下转向半径与射孔方位的关系

认识之三：射孔方位与最大主应力方向夹角越大，破裂压力越大；随应力差增加，破裂压力增加（图6-34）。因此，射孔方位与最大主应力方向夹角初步选择在45°。

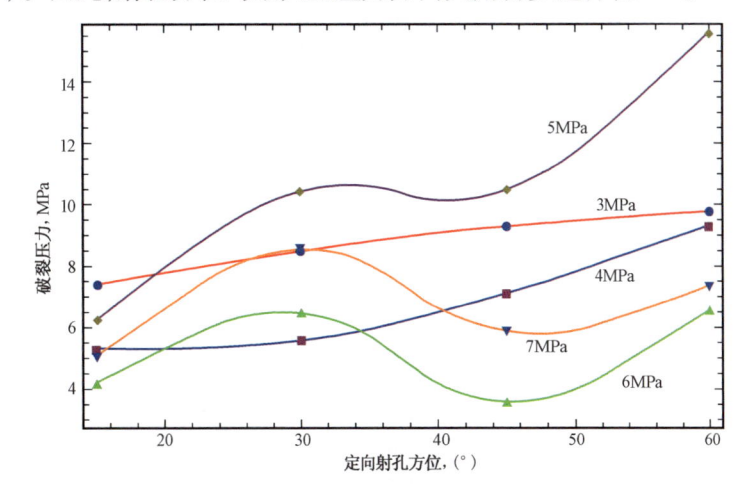

图6-34 垂向应力15MPa时不同应力差下破裂压力与射孔方位的关系

二、裂缝空间干扰

在转向压裂过程中，两条裂缝一般按照先下后上的顺序压裂施工形成。这样，就会出现一个问题，下部裂缝的形成可能会改变应力场在空间的分布，上部裂缝的形成会受到一定程度的影响。显然，其影响的程度受到下部裂缝形成引起的附加应力分布的控制。本部分借助三维有限模拟，研究下部裂缝形成对于空间附加应力场的影响，并分析其规律。

由于三维空间中应力分布不易观察，如图6-35所示，因此需要结合一定的透视或切片手段观察。本部分考察三个正应力在空间的分布。

首先给出三个方向的平面切片表示，再给出圆柱面切片表示，便于观察相同半径距离处、不同角度下的应力分布（图6-36）；最后给出应力的路径表示结果。

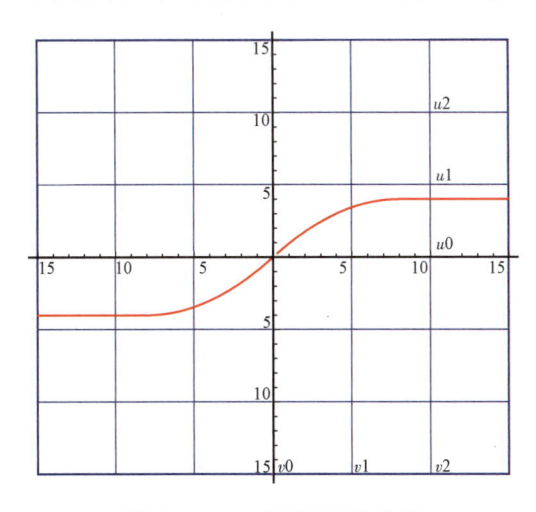

图6-35 三维平面切片位置

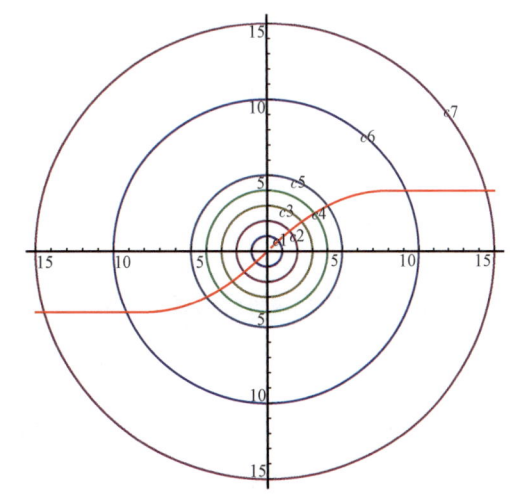

图6-36 三维柱面切片位置

规定缝长方向为 X 轴、缝宽方向为 Y 轴、缝高方向为 Z 轴。同时，数值为负表示应力增加；数值为正表示应力减小；数值为零表示附加应力为零，应力不变化。

从三维柱状应力分布图(图 6-37)可以看出，在裂缝张开的高度范围内，裂缝附近的各个应力分量增加，裂缝壁面上增加幅度等于裂缝净压力；随着离开壁面距离增大，各个应力分量增加的幅度减小。

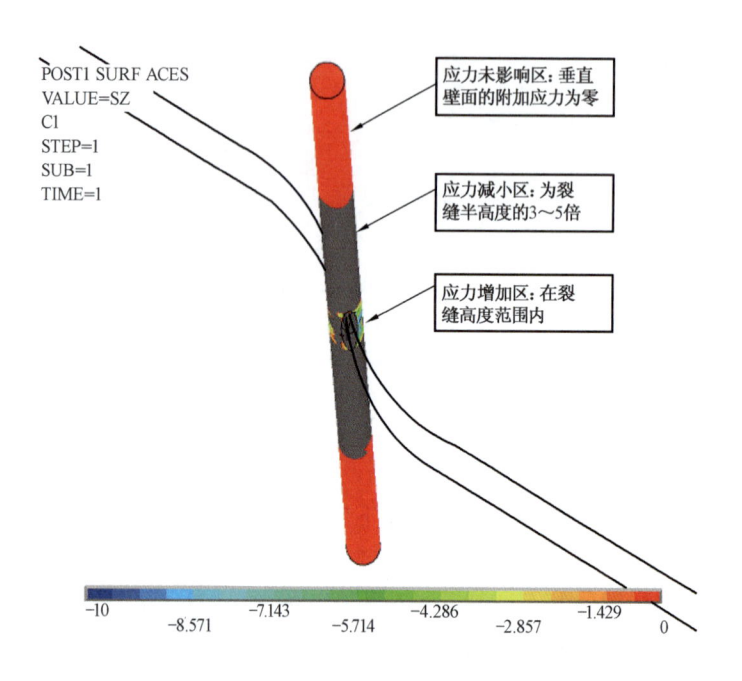

图 6-37 三维柱状应力分布图

在缝高之外的半缝高 3 倍距离以内，附加应力分量减小；减小幅度与离开裂缝壁面的角度有关。半缝高 3 倍距离以外，附加应力基本上趋于零。

三、工艺参数优化

(一)选井选层

通过模拟研究认为，实现有效裂缝转向，水平两向应力差需要小于 5MPa，最终形成选井原则。

优选原则：水平两向应力差≤5MPa，且小于或等于储隔层应力差。

净压力 p_{net} ≥ 水平两向应力差 $\Delta\sigma_{x,y}$，保证裂缝转向。

净压力 p_{net} ≤ 储隔层应力差 $\Delta\sigma_z$，保证裂缝纵向延伸受控。

JY 油田长 8、HQ 油田长 6 油层水平两向应力差相对较小，有利于压裂裂缝转向，优选上述两个区块开展定向射孔多缝压裂(表 6-12 和表 6-13)。

表6-12　JY油田长8地应力测试结果

井号	取心深度 m	σ_H MPa	σ_h MPa	$\sigma_H - \sigma_h$ MPa
G129	2412.07~2412.19	40.80	38.48	2.32
G262	2649.17~2649.32	45.85	42.20	3.65
W470	2082.00~2101.00	37.50	34.43	3.07
L23	2765.00~2790.00	39.45	41.52	2.07
C11	2383.00~2400.00	33.48	37.24	3.76
Y191	2236.00~2248.00	34.84	38.17	3.33

表6-13　HQ油田长6地应力测试结果

井号	取心深度 m	σ_H MPa	σ_h MPa	$\sigma_H - \sigma_h$ MPa
B156	1936.2	36.29	33.46	2.83
B138	2112.0~2116.0	39.35	34.86	4.49
B266-57	2119.8	35.51	30.17	5.34
B266-57	2129.22	34.5	32.09	2.41

(二)定向射孔间距

根据三维有限元计算,模拟第一条裂缝形成后对周围应力场的影响及研究结果,为避免第一条裂缝改变应力场,导致第二条裂缝转向受到影响,或者两条裂缝在近井地带窜通。通过现场试验探索(射孔间距由大到小试验),寻求界限值。结合应力场分析及现场试验,认为射孔段间距8~13m较为合理,工艺成功率保持在80%以上(表6-14)。

表6-14　工艺实现程度分析统计

井号	层位	射孔间距,m	油层段井斜角,(°)	是否形成独立多缝
C13-13	长6	31	13.1	是
Y308-62	长6	22	5	是
B395-55	长6	19	2.9	是
B401-43	长6	19	10	是
B403-36	长6	16	2.7	是
Y303-61	长6	16	44.3	是
J76-50	长8	13	3	是
D211-49	长8	13	3.6	是
J74-51	长8	12	1.7	否
J76-51	长8	12	5.7	是
J76-49	长8	11	2.2	是
D211-51	长8	10	3.9	是

续表

井号	层位	射孔间距,m	油层段井斜角,(°)	是否形成独立多缝
D210-50	长8	10	3.5	是
J78-45	长8	10	1.8	否
B499	长6	10	—	是
L230	长8	10	—	是
H212	长8	9	—	是
H177	长8	9	—	是
Y29-100	长8	8	1.0	是
J73-52	长8	8	1.7	否
J94-45	长8	7.5	2.2	是
D206-64	长8	6	5.4	否
D206-62	长8	6	1.6	否
Y209-102	长8	5	2.2	否

(三)射孔工艺

目前国内仅有两种定向射孔工艺,均需油管传输,而且受到井斜角限制,在长庆油田的适应范围较窄。这是因为常规定向射孔存在较大局限性;油管传输射孔,施工效率低、劳动强度大,1口井射孔需要30h;定方位需要井口转动油管,要求全井最大井斜角小于15°,只有少数开发井满足此条件。

为此,长庆油田研发了新型的定向射孔工艺——电缆传输定向射孔(图6-38)。其工艺如下:

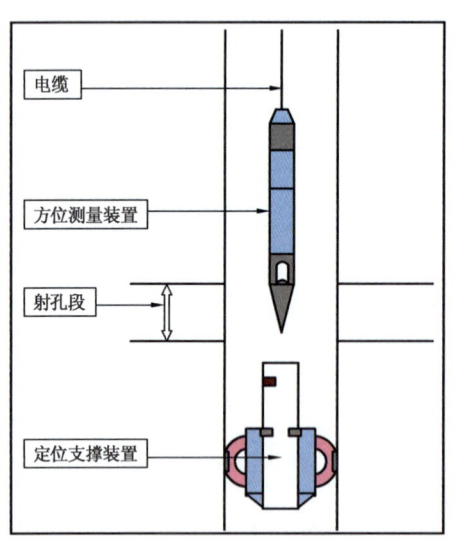

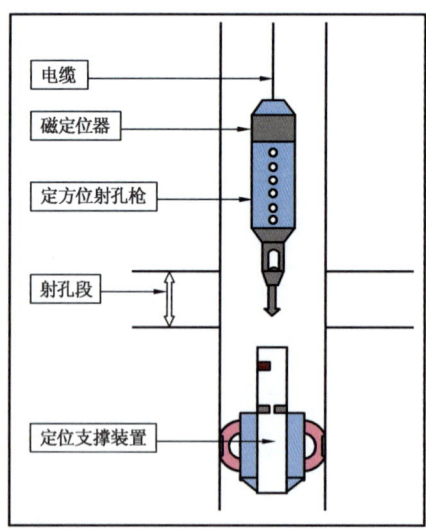

图6-38 电缆传输定向射孔工艺示意图

(1)采用电缆将磁性定位器和投放工具以及定位支撑装置连接下井,定位、点火坐封;
(2)采用电缆将方位测量装置连接下井,确定定位支撑装置键的方位;

(3)地面根据确定定位支撑装置键的方位,调整定方位射孔枪下的导向头;

(4)采用电缆将定方位射孔枪连接下井,当导向头插入定位支撑装置后,射孔枪即对准射孔段,射孔弹即对准要求的方位,点火、射孔;

(5)上起电缆并解锁定位支撑装置,完成施工。

(四)裂缝诊断

通过压力计监测、净压力拟合等手段判断是否形成独立多缝。主要是用间接手段来证实形成的多裂缝。

为了直接观测裂缝的真实形态,又开展了井下微地震裂缝监测。监测结果(图6-39)表明,定向射孔多缝压裂在层内形成独立多缝(图6-40)。

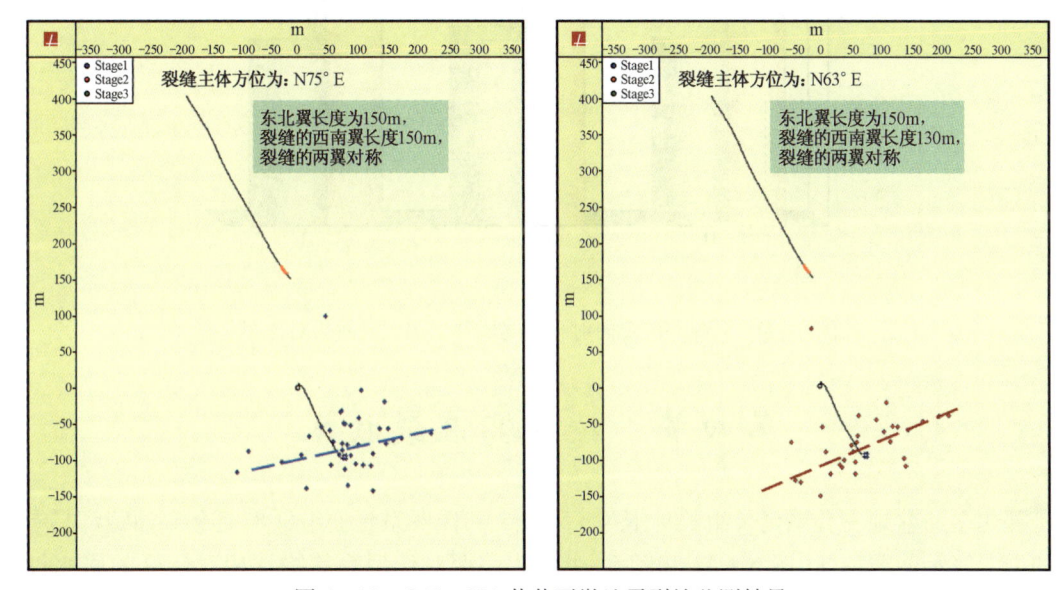

图6-39 G45-201井井下微地震裂缝监测结果

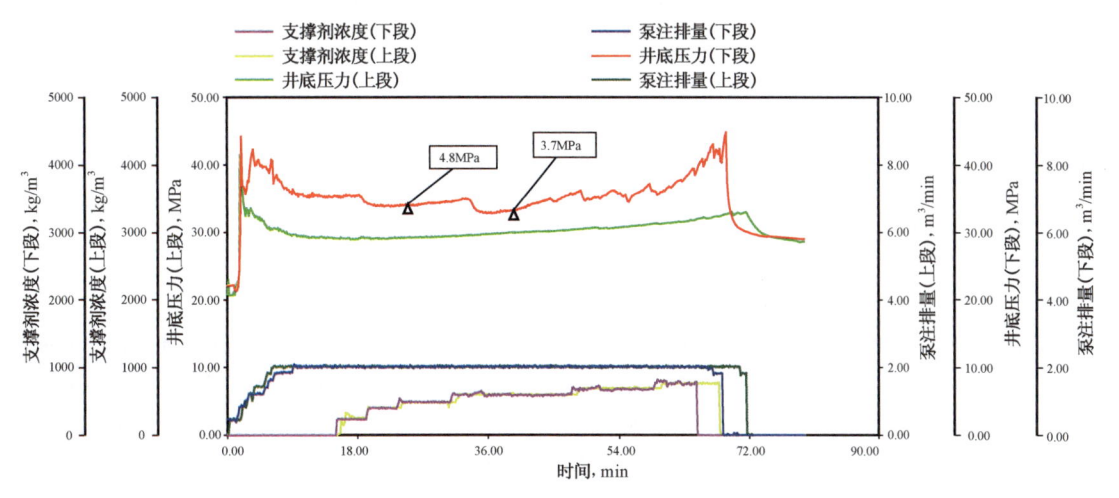

图6-40 G142-148井压裂延伸压力对比

四、实施效果

截至目前,定向射孔多缝压裂技术在 JY 油田、HQ 油田累计试验 72 口井,整体取得较好的试验效果。其中,JY 油田 L38 井区长 8 试验效果显著,相比邻井井均日增油 1.2t(图 6-41)。

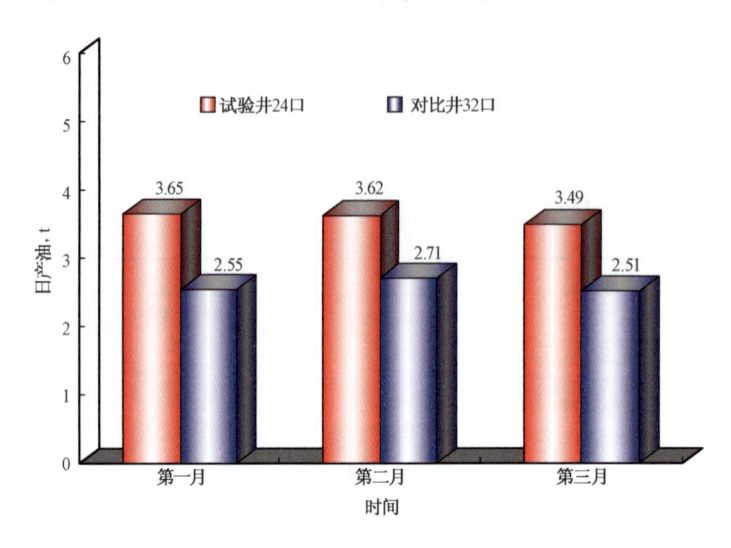

图 6-41　L38 井区定向射孔多缝压裂工艺试验效果对比图

第四节　控缝高压裂技术

鄂尔多斯盆地三叠系延长组长 9、长 4+5、长 2 和侏罗系延安组延 8、延 9 等油藏都具有明显的低渗底水油藏特征(图 6-42 和图 6-43)。前期对侏罗系等物性相对较好的底水油藏(平均渗透率一般在 50mD 以上,并且底水油帽特征明显),通过试验研究,形成"小砂量、小排量、小液量、低砂比"的改造模式,取得较好的应用效果,并成功地开发了马岭、华池等侏罗系底水油藏。

近年新发现的底水油藏,渗透率进一步变低、油水关系更加复杂,从进一步控水增油的角度出发,形成多级注入下沉剂控缝高压裂技术。

一、增产机理

(1)多级注入下沉剂提供的附加应力有利于控制裂缝向下延伸。

多级注入下沉剂控缝高工艺是将下沉剂合理分配后分级加入,保证上级注入下沉剂不压窜底水,同时为下级下沉剂注入提供一定的附加应力,避免了常规下沉剂控缝高工艺下沉剂一次注入液量多、对隔层条件较差的井适应性差的问题,有利于更大程度地控制裂缝高度(图 6-44)。

(2)组合粒径下沉剂形成低渗隔层有利于封堵底水上行。

下沉剂粒径要大于油层孔隙的孔径,同时要求下沉剂能够进入到裂缝底端狭窄处,且遮挡作用较强。从滤失性能测定结果看出,组合粒径下沉剂滤失系数小于单一粒径滤失系数,封堵

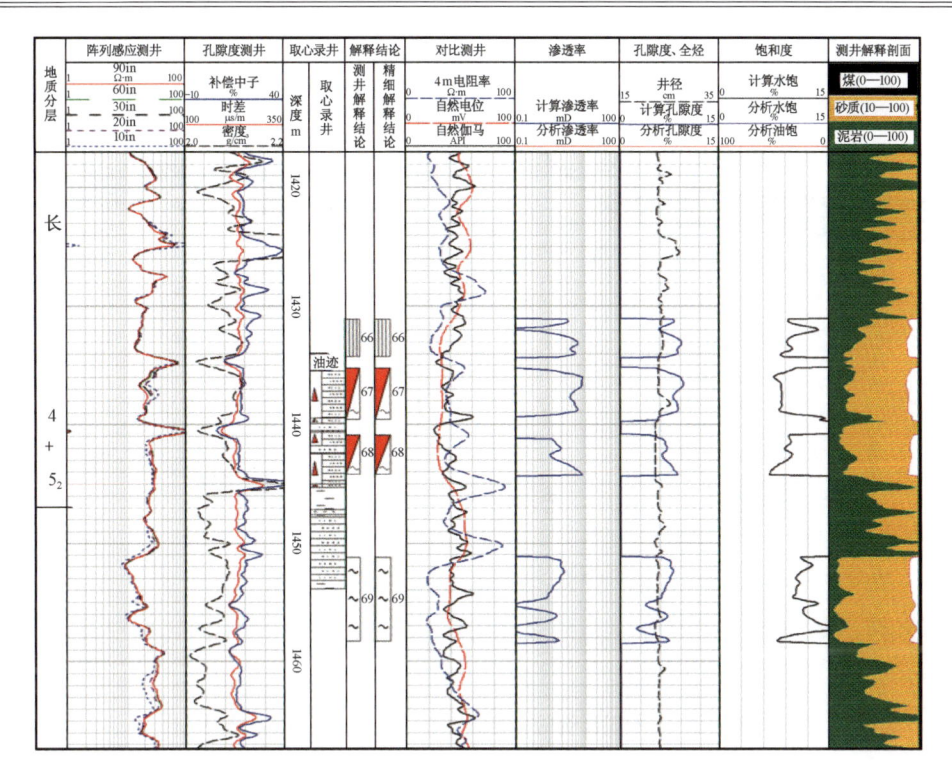

图 6-42 镰 140 井长 4+5 测井解释成果

图 6-43 H122 井长 2 测井解释成果

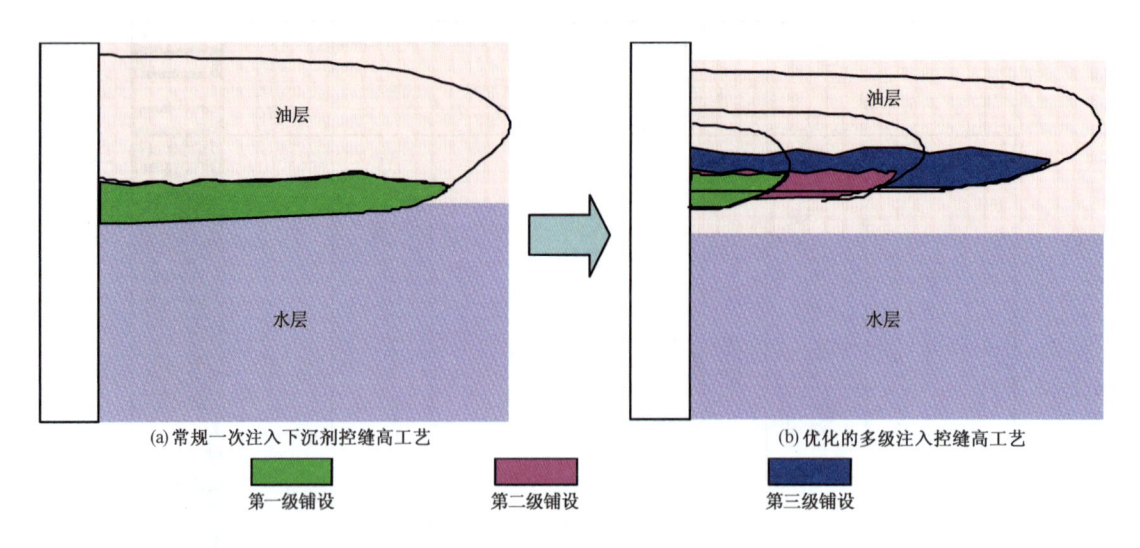

图 6-44 注入下沉剂控缝高工艺

效率好,能够较好地起到阻碍底水上行到裂缝的作用。表 6-15 为不同比例粒径组合下沉剂室内沉降试验结果。

表 6-15 不同比例粒径组合下沉剂室内沉降试验结果

下沉剂类型	70/140 目 粉陶	40/60 目 陶粒	1:1 组合粒径	1:3 组合粒径
初滤失量,$10^{-3}m^3/min$	20.70	47.29	8.43	35.18
滤失系数,$10^{-4}m/min^{1/2}$	7.696	5.542	4.323	5.422

注:$V_{粉陶}:V_{陶粒}=1:1$ 或 1:3,砂比 20%,压差 3.5MPa,温度 55℃,0.3% HPG 基液。

二、影响裂缝垂向延伸因素及工艺参数优化

(一)影响裂缝垂向延伸因素分析

影响人工裂缝的纵向延伸的因素虽然很多,但都集中反映在地层参数、射孔参数、施工参数上。

1. 地层参数对裂缝垂向延伸的影响

在保持其他参数不变的条件下,通过改变下隔层的应力,研究对裂缝垂向延伸规律的影响。结果表明:裂缝向下延伸的高度随着下隔层与储层应力差的增加而减小(图 6-45)。当应力差小于 10MPa 时,减小的幅度较明显;当应力差大于 10MPa 时,减小幅度变缓。

2. 射孔参数对裂缝垂向延伸的影响

在保持其他参数不改变的条件下,通过射孔位置的改变,研究对裂缝垂向延伸规律的影响。由数值模拟结果(图 6-46)可知,射孔位置对裂缝的垂向延伸有一定影响,裂缝穿入下隔层的高度也随着射孔位置的下移而缓慢增加。同样,裂缝穿入上隔层的高度随着射孔位置的上移而缓慢增加。

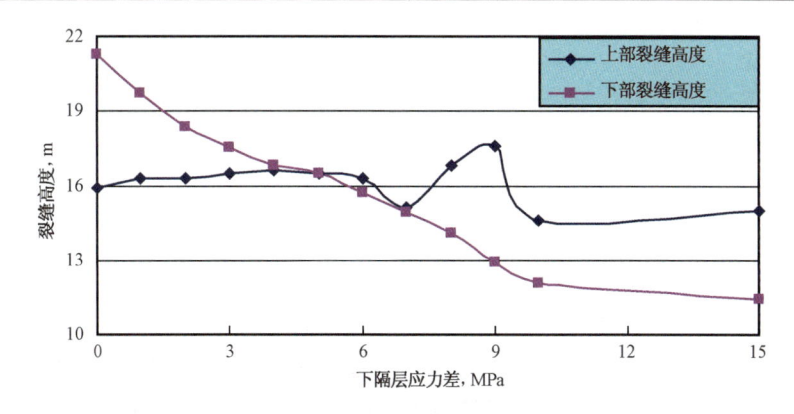

图 6-45 下隔层应力差影响图

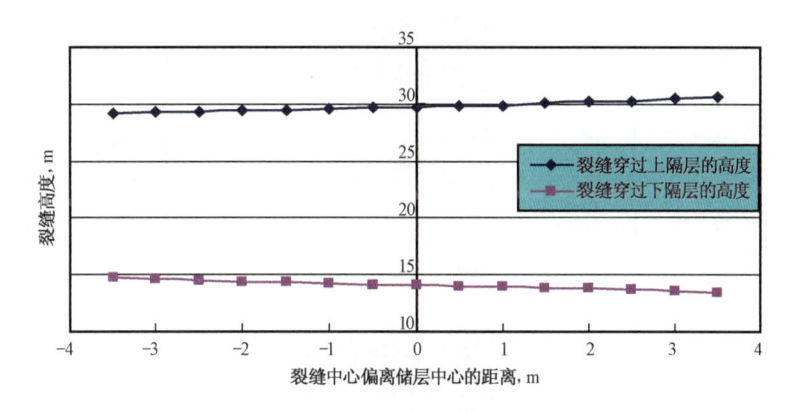

图 6-46 射孔位置影响图

3. 施工排量影响

改变施工排量,其他参数不变。由模拟结果(图 6-47)可知,裂缝向上、向下垂向延伸的高度均随着施工排量的增加而增加。施工排量是影响裂缝垂向延伸的主要参数之一。

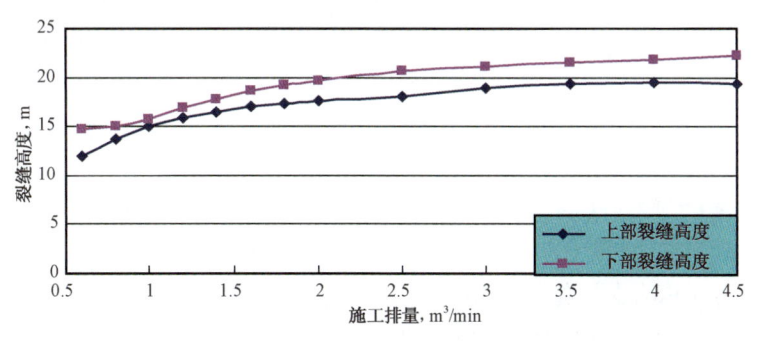

图 6-47 施工排量影响图

(二)工艺参数优化

对于具体的油层,需要优化设计注入级数、各级下沉剂注入量、各级前置液量等。结合鄂尔多斯盆地 HZP 地区长 2 底水油藏特征,采用 Gohfer 仿真三维压裂软件阐述下沉剂注入参数的优化方法。

1. 选井选层

首先需要研究储隔层特征,明确工艺适应条件。如前所述,影响人工裂缝的纵向延伸因素众多,但都集中反映在地应力差、产层和应力遮挡层组合特征和净压力三个特征参数上。选取长庆油田某区块长 2 典型纵向岩性组合剖面,利用测井数据和地应力解释软件,分析纵向水平最小水平主应力差,层间应力差因岩性的不同而有所变化,砂泥岩遮挡层 2.5MPa,泥岩遮挡层 3.5MPa(图 6 – 48)。

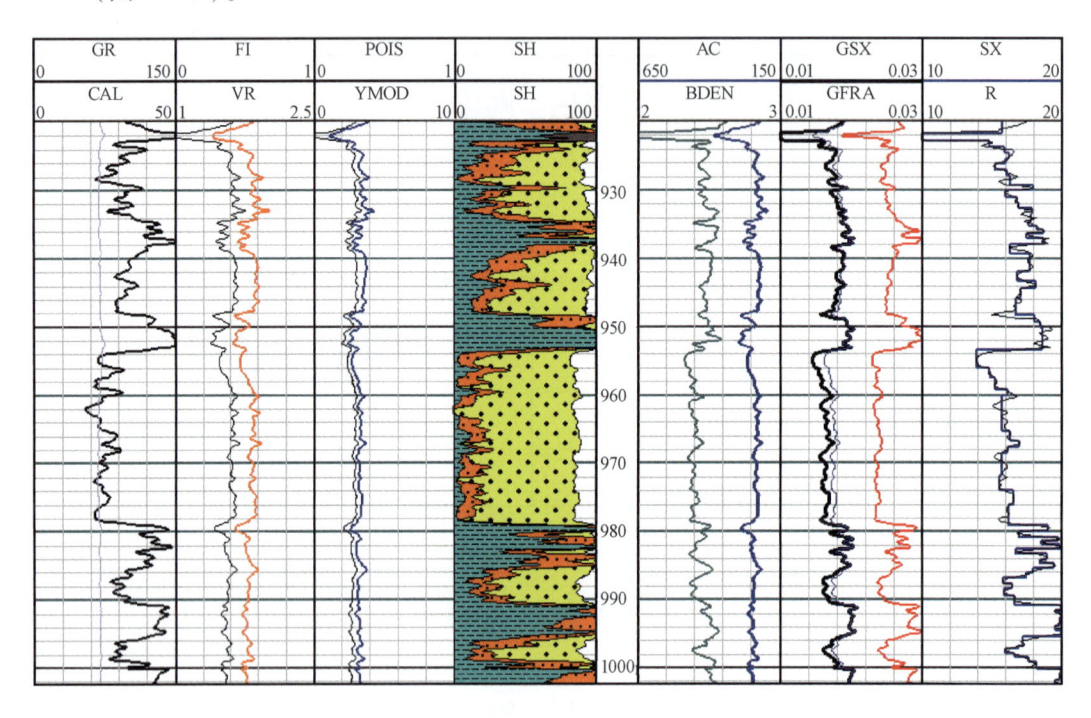

图 6 – 48　长庆油田某区块长 2 典型砂泥岩组合应力解释剖面

其次,对于一个区块来说,其层间应力差、产层和应力遮挡层组合特征是确定的,影响净压力值大小的可控因素就是施工参数。对于底水油藏压裂改造,其施工参数综合考虑了现场设备、井下工具组合等,使其对裂缝高度延伸的影响降到最低限。因此,选取特征参数能够代表区块平均水平的井层,采用区块典型施工参数,进行净压力拟合,结果如图 6 – 49 所示,净压力 2.4MPa。

水力裂缝缝高扩展理论研究表明,当 $p_{net}/\Delta\sigma \geq 0.85$ 时,缝高较难控制;当 $p_{net}/\Delta\sigma \leq 0.85$ 时,缝高可以通过调整施工参数加以控制。由此可知,长庆油田某区块长 2 净压力 p_{net} 与层间应力差 $\Delta\sigma$ 比值为 0.96(砂泥岩应力遮挡层),缝高较难控制,需要采用人工隔层控制。因此,进一步结合产层和应力遮挡层的组合特征,进一步明确该项工艺的适用条件。在产层厚度一定的情况下,以应力遮挡层厚度为变量,利用压裂软件模拟研究了常规加砂压裂砂量为 $7m^3$ 时,夹层厚度与缝高的关系,模拟结果见图 6 – 50。

从模拟结果可以看出,当不采用人工遮挡层控缝高措施时,裂缝纵向延伸突破产层。因此,在施工参数一定情况下,下沉剂控缝高技术适用于长庆油田某区块长 2 应力遮挡层厚度小于 8m 的储层。

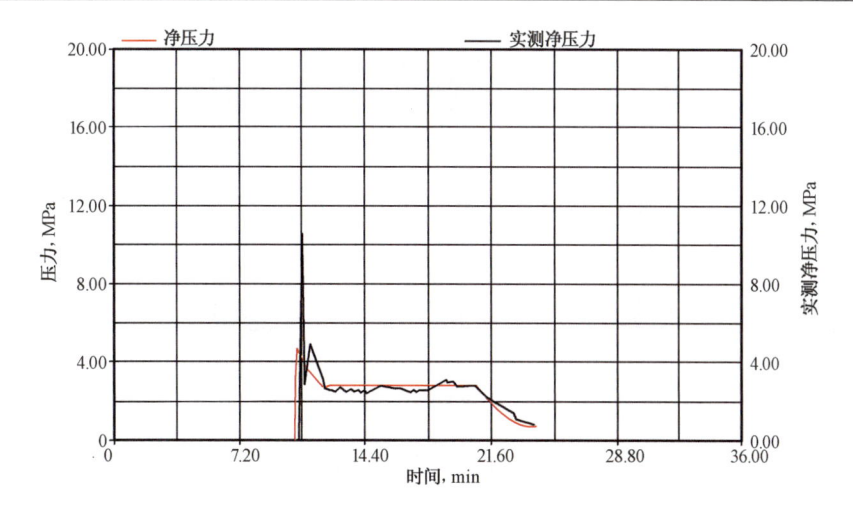

图6-49 长庆油田某区块长2净压力拟合曲线

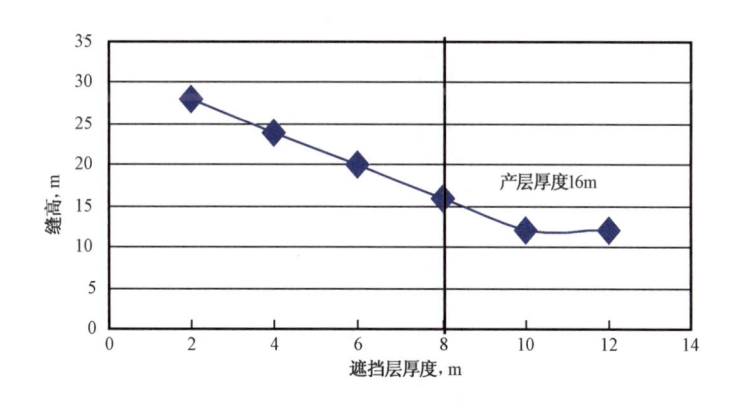

图6-50 遮挡层厚度与缝高的关系曲线(常规加砂压裂)

2. 多级注入工艺参数优化

（1）下沉剂用量优化。下沉剂用量的确定主要考虑第一级下沉剂用量，避免注入第一级下沉剂时就压窜底水，同时为后续下沉剂的加入和裂缝长度延伸提供空间。分别模拟加入 $1m^3$、$2m^3$、$3m^3$、$4m^3$ 下沉剂时裂缝的延伸情况。从模拟结果（图6-51）可以看出，当一次性加入 $4m^3$ 下沉剂时，缝高向下延伸突破产层。因此，第一级下沉剂用量不宜超过 $4m^3$。

（2）级数优化。为了进一步确定下沉剂的注入级数，在应力遮挡层厚度为 4m、5m 的情况下，分别模拟下沉剂注入级数为三级（$1m^3$、$2m^3$、$3m^3$）和两级（$2m^3$、$3m^3$），主压裂加砂 $7m^3$ 时的裂缝延伸情况。

模拟结果（图6-52和图6-53）表明，当遮挡层厚度为 4m 时，两级注入裂缝纵向延伸突破产层，三级注入裂缝延伸控制在产层内；当遮挡层厚度为 5m 时，两、三级注入裂缝延伸控制在产层内。

考虑下沉剂控缝高技术主要适应于遮挡层小于 8m 的情况，确定了下沉剂注入级数。当遮挡层厚度 4~8m 时，选择两级注入；当遮挡层厚度≤4m 时，选择三级注入（表6-16）。

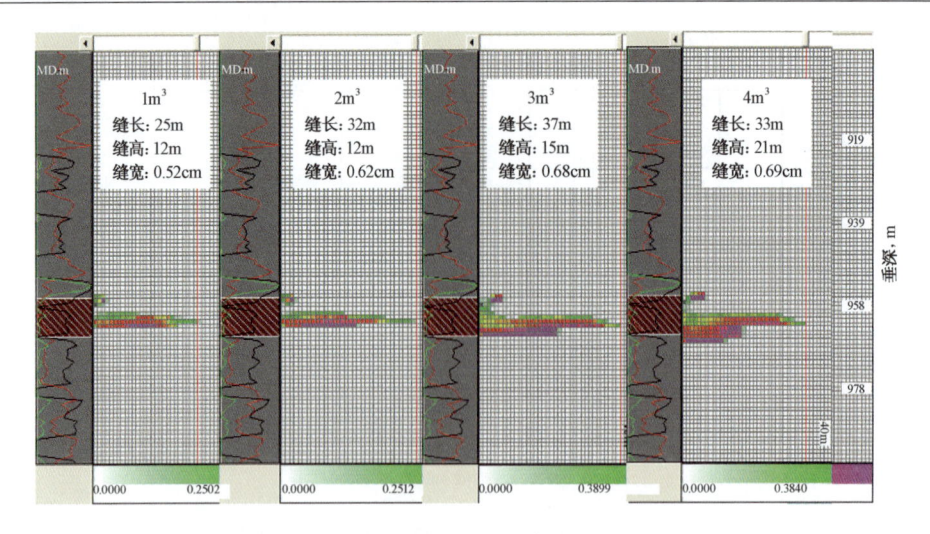

图 6-51　下沉剂加入时裂缝模拟结果图

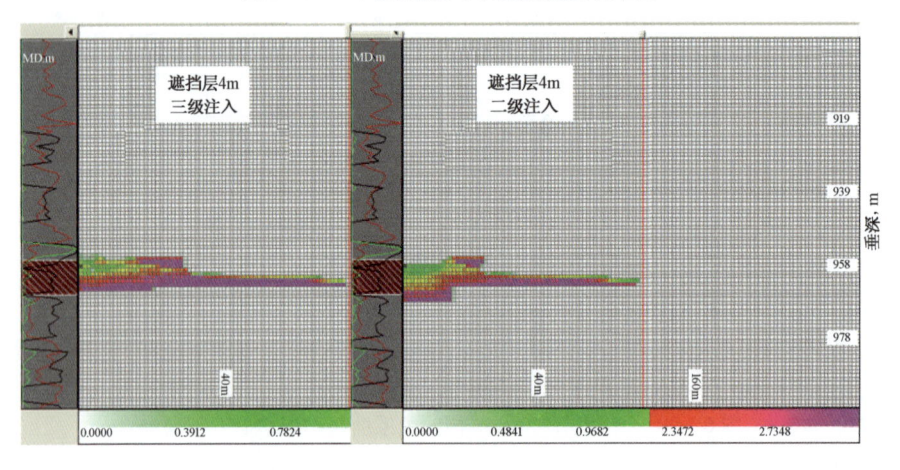

图 6-52　遮挡层 4m 不同级别裂缝模拟结果（主压裂加砂 7m³）

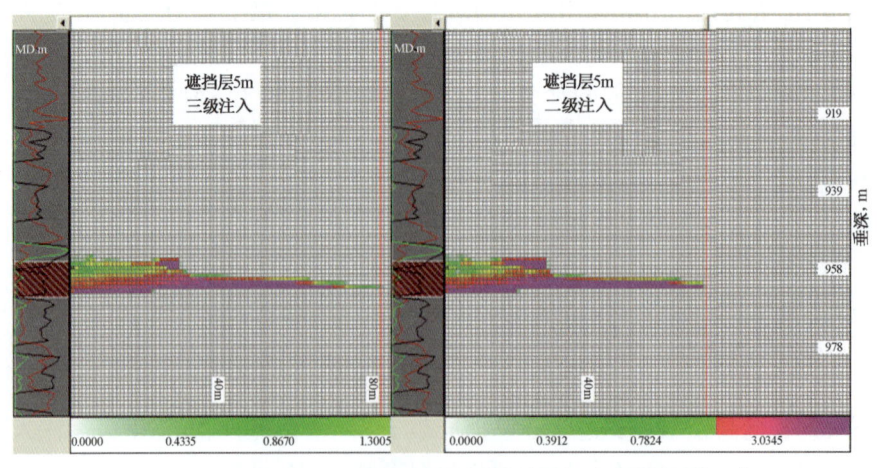

图 6-53　遮挡层 5m 不同级别裂缝模拟结果（主压裂加砂 7m³）

表 6-16　下沉剂控缝高压裂模拟结果

条件	阶段	砂量 m³	缝高 m	缝长 m	平均支撑缝宽 cm
4m³ 三级注入	第一级	1	8	25	0.52
	第二级	2	10	39	0.56
	第三级	3	12	53	0.58
	主压裂	7	15	62	0.74
4m³ 两级注入	第一级	2	8	32	0.58
	第二级	4	10	46	0.60
	主压裂	7	18	54	0.69
5m³ 三级注入	第一级	1	12	25	0.52
	第二级	2	14	39	0.56
	第三级	3	16	53	0.58
	主压裂	7	15	80	0.72
5m³ 两级注入	第一级	2	12	32	0.58
	第二级	4	14	46	0.60
	主压裂	7	15	75	0.73

三、现场应用效果

在继续采用前期控制规模和变排量技术的前提下,通过多级注入、组合粒径下沉剂及低黏压裂液等,更好地控制裂缝纵向延伸,底水油藏改造达到了控水增油的目的。在长庆油田部分区块的长 9、长 2 底水油藏取得较好的应用效果(表 6-17 和表 6-18)。

表 6-17　H39 区块长 9 控缝高试验试油压裂数据

类别	有效厚度 m	测井解释			压裂参数				试排结果	
		电阻率 Ω·m	渗透率 mD	含油饱和度 %	时差 μs/m	砂量 m³	砂比 %	排量 m³/min	产油 m³/d	产水 m³/d
试验井	10.3	13.0	2.9	46.6	229.7	6.2	16.4	1.0	6.75	12.43
对比井	14.1	17.8	2.2	45.9	225.5	12.4	24.8	1.1	5.9	20.5

表 6-18　H39 区块长 9 控缝高试验投产动态数据

类别	投产第一个月				投产第二个月				投产第三个月			
	产液 m³/d	产油 t/d	含水 %	液面 m	产液 m³/d	产油 t/d	含水 %	液面 m	产液 m³/d	产油 t/d	含水 %	液面 m
试验井	12.2	3.8	60.1	1025	12.24	4.31	53.7	1167	11.23	3.98	51.7	1207
对比井	9.98	3.97	46.7	1392	8.17	3.84	38.4	1837	8.44	3.90	37.8	1868

第五节　水平井水力喷砂压裂技术

水平井是提高油气田开发效果的主要方式。对于超低渗透油气藏，分段压裂改造是决定水平井成败的技术关键。"九五"以来，虽然国内各油田都进行过水平井分段改造的尝试，但未能形成主体技术。

近年来，长庆油田在超低渗透油藏进行的水平井分段压裂改造尝试，形成了填砂+液体胶塞分段压裂技术。从试油结果和投产动态分析，除 SP1 和 JP1 井少数井取得明显效果之外，总体上实施效果不明显，主要存在以下三方面的问题。

一是从 SP1、SP2 试油产量来看，多段合求和单段单求产量比较接近，分段改造是否有效存在不确定性(表 6–19)。

表 6–19　SP1 井、SP2 井长 6 压裂改造数据

井号	措施井段 m	射孔段长 m	改造措施	破裂压力 MPa	工作压力 MPa	停泵压力 MPa	试油 油,t/d	试油 水,m³/d	备注
SP1	1606.7~1615.7	9	压裂	不明显	50	28	35.76	0	单求
	1560.2~1569.2	9	压裂	30.8	26.5	8.5	36.98	0	单求
	—	—	—	—	—	—	34.224	0	上两段合求
	1469.0~1478.0	9	压裂	40.1	17.4	—	43.72	0	两段合求
	1432.1~1441.1	9	压裂	41.5	22.9	8			
	—	—	—	—	—	—	45.53	0	全井筒合求
SP2	1700.0~1705	5	压裂	36	27	9.4	5.695	3.1	单求
	1616.0~1621.0	5	压裂	50.1	18.6	13	13.43	0	单求
	—	—	—	—	—	—	7.74	1.9	上两段合求
	1517.0~1522.0	5	压裂	19.8	19.9	9.2	7.82	6	两段合求
	1460.0~1465.0		压裂	43	15.5	34			
	—	—	—	—	—	—	8.67	8.1	全井筒合求

二是 SP3、SP4、SP5、SP6 和 JP1、JP2 等井增产效果不明显，与相邻压裂直井产量相当，没有达到预期的增产目标(图 6–54 和图 6–55)。

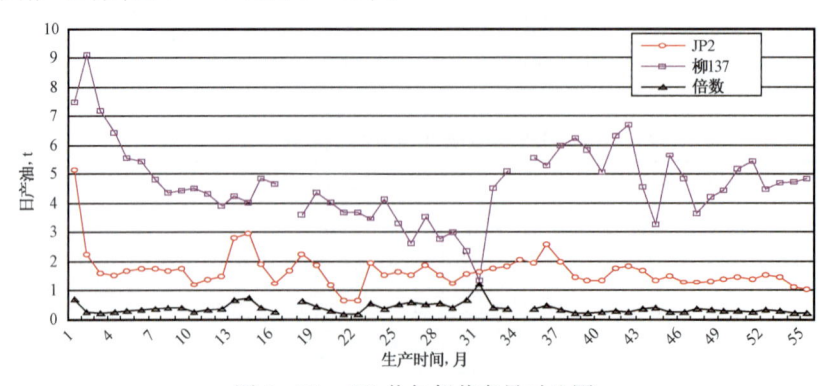

图 6–54　JP2 井与邻井产量对比图

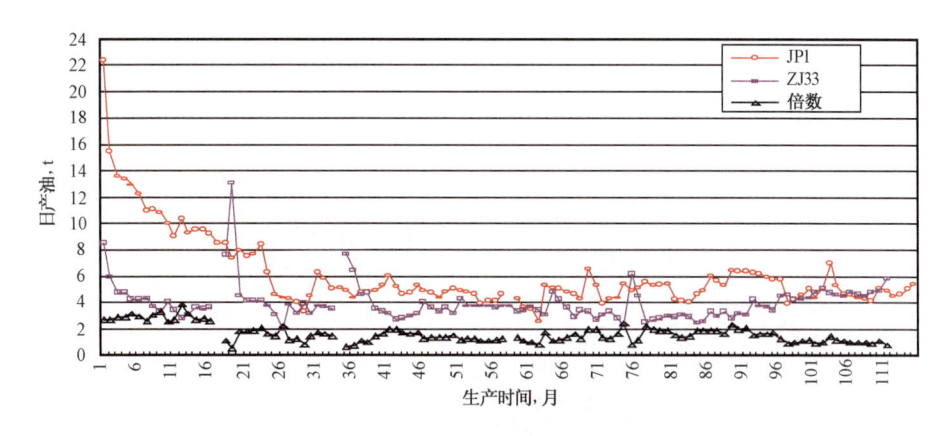

图 6-55 JP1 井与邻井产量对比图

三是采用填砂+液体胶塞分段射孔压裂工艺试油周期长,作业劳动强度大,使入井压裂液滞留时间长,加大了对储层的伤害(表 6-20)。

表 6-20 水平井填砂+液体胶塞分段压裂工艺试油周期

井号	压裂段数	单段砂量,m³	试油周期	时间,d
SP1	4	16~18	1994.10.19—1995.02.24	129
SP2	4	20~30	1995.11.11—1996.05.15	187
SP3	2	17~25	1996.10.28—1996.11.17	21
SP4	2	21~25	1997.03.23—1997.04.08	17
SP6	2	21~28	1997.03.25—1997.04.08	15
JP1	2	25~32	1996.09.11—1996.10.02	22
JP2	3	30~31	2001.08.10—2001.09.25	47

鉴于长庆油田水平井采用填砂+液体胶塞等分段压裂存在工序复杂、施工周期长、对储层伤害大、封隔效果不确定、总体效果不理想的情况,经过分析国内外多项水平井分段压裂技术的理论和大量前期评价,认为水力喷砂压裂工艺集射孔、压裂一体化,适用于多种完井方式,具有自动隔离、作业效率高、施工简易、安全性强等优点,与填砂+液体胶塞分段压裂、机械封隔分段压裂等工艺相比,更适合长庆油田不同类型油气储层的水平井改造。

一、水力喷砂压裂机理

水力喷砂压裂技术是通过高速水射流,射开套管和地层,形成一定深度的喷孔,喷孔内流体动能转化为压能,当压能足够大时,诱生水力裂缝(图 6-56)。由于喷孔内的压力高于环境压力,喷射压裂具有自动隔离的效果。

其理论依据是伯努利原理。

$$\frac{v^2}{2} + \frac{p}{\rho} = C$$

式中 v——流量;
　　　p——液体的局部压力;
　　　ρ——液体的密度;
　　　C——常量。

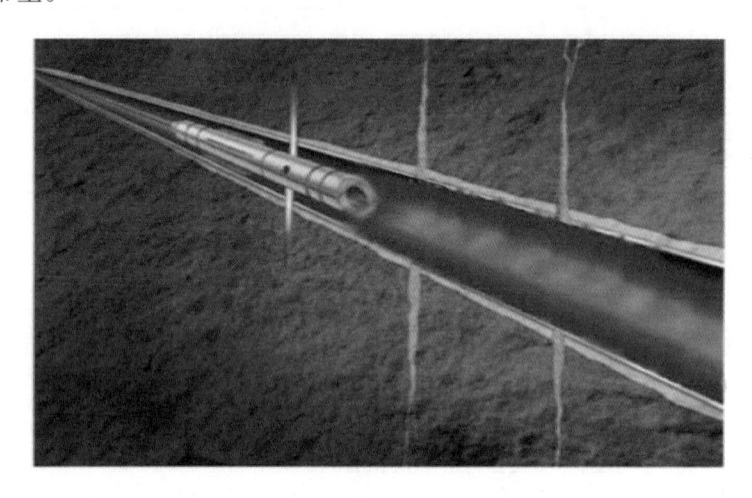

图 6-56　水力喷砂射孔压裂工艺原理示意图

通过分析研究,水力喷砂压裂技术实现分段压裂存在两个关键因素:一是水力喷射孔内压力与射流增压值的定量分析;二是水力喷射的喷孔形态和裂缝起裂规律的认识。为此,开展了水力喷射室内物模实验和大型物模实验研究。

(一)室内物理模拟实验研究

将喷嘴直径、孔深、喷距、喷嘴入口压力、围压和套管壁孔径等六个参数作为研究对象,制定实验参数组合方案,进行室内实验。实验时,工作液经高压泵加压后,通过高压管汇送至喷嘴,然后由喷嘴喷出,经过模拟套管壁孔眼进入模拟射孔孔眼,实现喷射压裂的模拟过程。模拟射孔孔眼由一系列可调短节的中心孔组成,可调短节上安装有压力传感器,可以测量模拟射孔孔眼不同位置的压力,并且可以观察到压力的衰减变化。

实验装置(图 6-57)工作条件如下:

(1)承受围压 5.0~25.0MPa;

(2)入口压力 5.0~40.0MPa;

(3)模拟孔眼最大直径 20~60mm 可调;

(4)模拟孔深 300~800mm 可调;

(5)传感器布置 10~16 个,可同步采集数据,传感器布置间距缩小至 20mm 左右,确保测量精度。

通过 810 个靶件、针对 9 个方面开展的 300 余组水力喷砂室内模拟实验,累计获得 3126 个关键数据,对水力喷砂孔内压力分布、射流增压有了明确的认识,建立了相对完善的实验图版。

(1)测定在目前的施工条件下,水力喷射增压值范围在 4~10MPa,建立了相应的实验图版(图 6-58)。

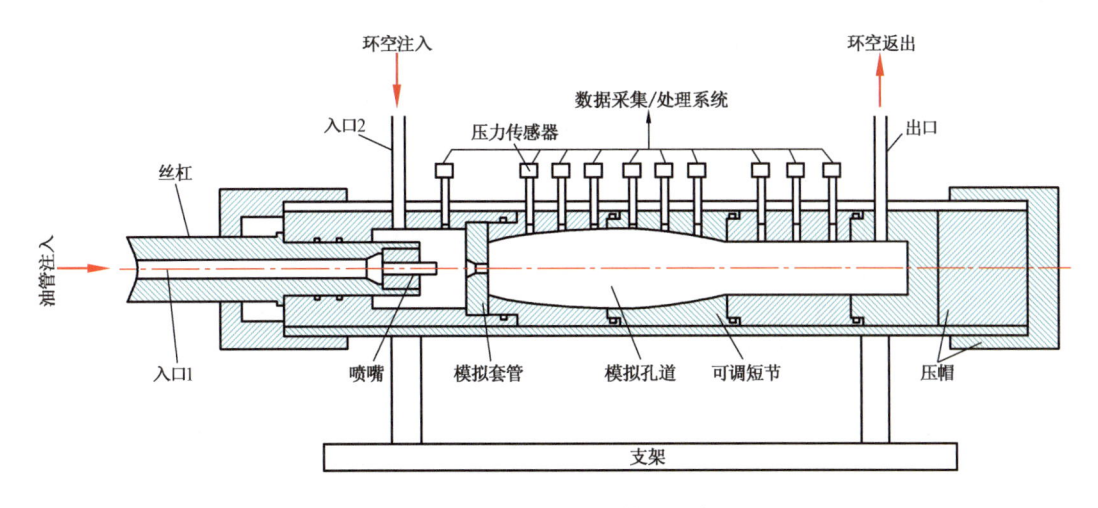

图6-57 水力喷砂压裂物模实验装置图

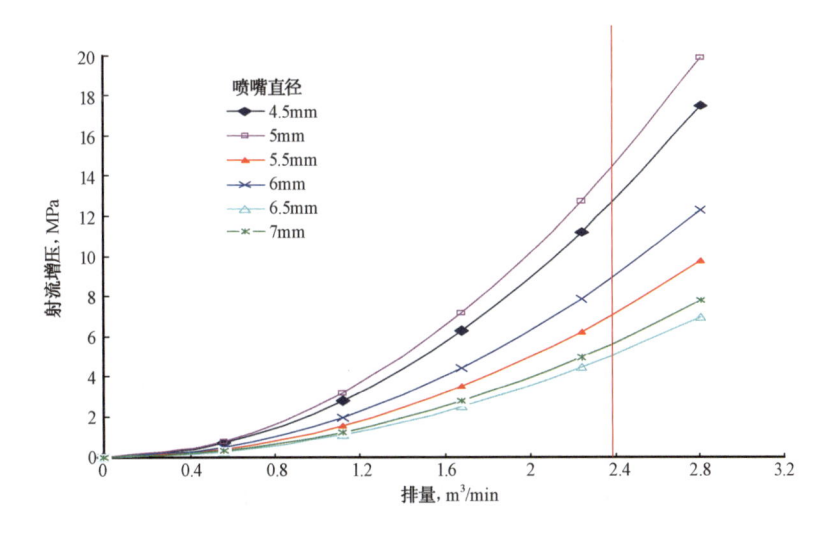

图6-58 水力喷射孔内增压图版

(2)室内首次发现环空低压区,首次模拟加砂压裂过程也发现环空低压区的存在,进一步证实了水力喷砂压裂自动封隔的工艺特点(图6-59)。

(二)水力喷砂压裂1:1大型物模实验

为了进一步获取直观的喷孔直径、喷射深度、喷孔形态等关键参数,优化工艺设计,在国内首次开展与矿场实际接近的1:1大型物模实验(图6-60)。

为保证实验完全模拟矿场实际,实验过程中按照以下要求执行(表6-21):

(1)喷射工具和施工参数与现场施工相符;
(2)套管尺寸、钢级、固井方式、水泥环厚度与目前完井方式一致;
(3)入井材料采用长庆油田实际用料;
(4)压裂机组采用3台2000型泵车。

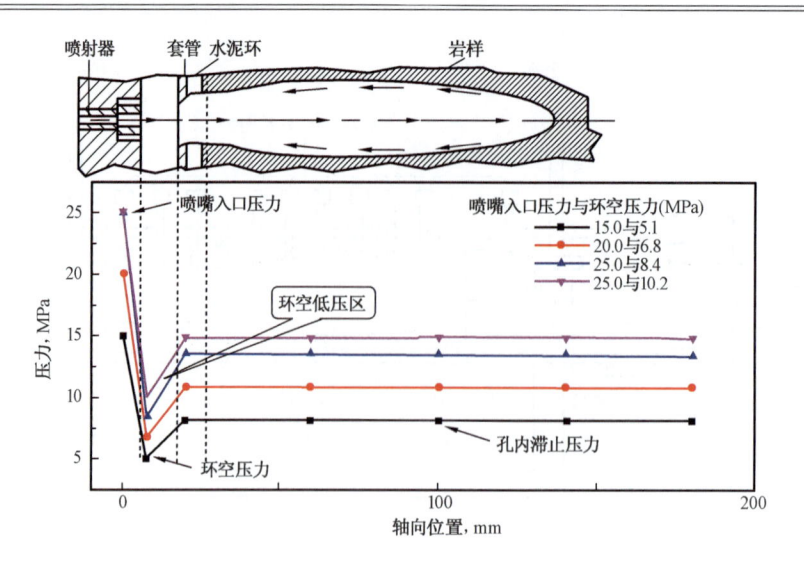

图 6-59 模拟水力喷砂射孔时孔内压力图

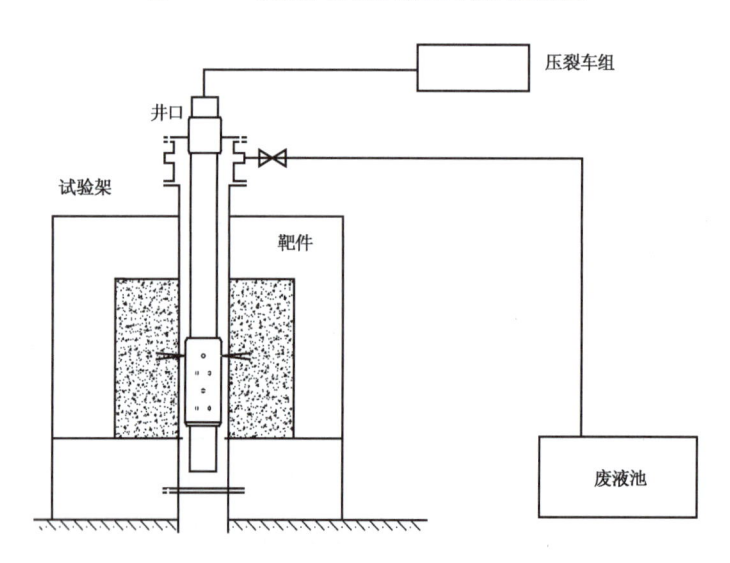

图 6-60 水力喷射 1:1 大型物模实验示意图

表 6-21 实验基础数据

套管:J55-7.72-5½ in	水泥环:厚度 50mm,采用 G 级油基水泥
喷射用砂:20~40 目石英砂	砂浓度:150kg/m³
基液:瓜尔胶浓度 0.4%	井口:350 型
油管承压:50MPa	环空承压:15MPa

通过 3 个储层露头岩样和 6 个水泥靶件的实际矿场条件实验,对喷孔形态的重新认识为水力喷射参数优化提供了重要的研究基础:

(1) 靶件起裂前,水力喷砂射孔形态为准仿锤形,与前期理论认识的椭圆形形态有差别(图 6-61 和图 6-62)。

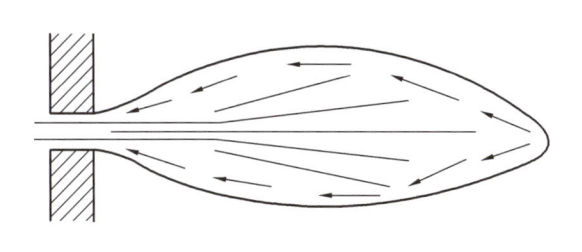

图 6-61　理论喷孔形态

图 6-62　实验获得的准仿锤形喷孔

（2）靶件产生裂缝后，孔眼形状呈剑形孔道，射孔深度成倍增加（图 6-63）。

二、工艺参数优化

针对水平井层间差异大、单井施工段数多、单段加砂量大、段间非均质性强、施工周期长的特点，水力喷砂分段压裂工艺需要通过工艺参数优化，达到裂缝起裂延伸、自动隔离、提高工具性能和施工效率的目的。

（一）喷射排量

通过研究，建立不同喷嘴直径下排量与喷射速度的匹配关系，由此可以确定不同喷嘴需要的喷射排量（图 6-64）。

图 6-63　实验获得的剑形喷孔

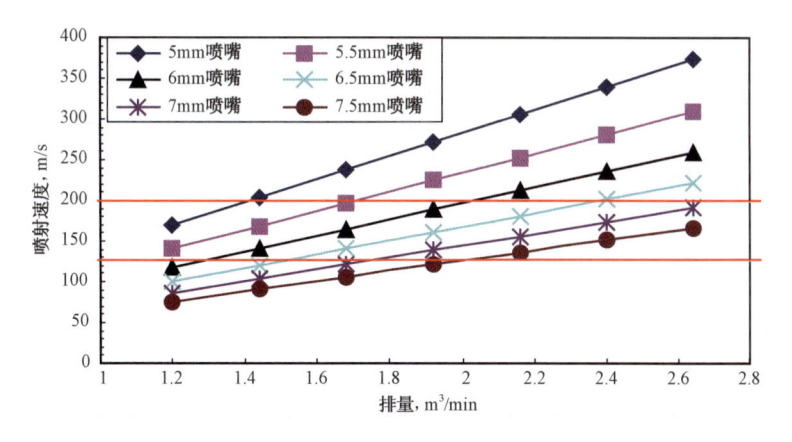

图 6-64　不同喷嘴直径下排量与喷射速度的匹配关系

（二）喷射时间优化

为优化喷射时间，进一步提高水力喷射效率，开展了对不同流速下试件穿透时间的实验研究。

实验中,测定在不同流速条件下,水力喷射射穿不同类型靶件相同长度所需的时间(表6-22)。

表6-22 不同流速下射开定长试件所需的时间数据

喷射速度 m/s	射穿不同试件所需的时间(试件长度相同)				
	1:1水泥石	1:2水泥石	1:3水泥石	砂岩	石灰岩
100		22分15秒	13分40秒	16分43秒	
130	21分45秒	13分21秒	8分38秒	10分12秒	28分42秒
160	10分05秒	7分30秒	6分04秒	6分14秒	14分21秒
190	8分11秒	6分03秒	4分10秒	4分20秒	11分30秒
220	6分31秒	5分18秒	1分40秒	2分03秒	7分50秒
235	0分33秒	0分19秒	0分12秒	0分16秒	2分47秒

注:磨料浓度6%,石英砂,磨料粒径0.3~0.6mm,喷嘴直径3mm,喷嘴材料YG6X,试件规格115mm(N80套管7.72mm+实验岩心)。

对于1:1水泥石、1:2水泥石以及石灰岩,其变化趋势大致相同。首先随着喷射速度增加,所需射穿时间大幅下降,当喷射速度超过160m/s后,下降幅度变为平缓;而当射流速度继续增加,并超过220m/s后,所需的射穿时间又大幅下降。这表明,1:1水泥石、1:2水泥石以及石灰岩在某些物性上(抗压强度或抗拉强度或其他)存在相似。

而对于1:3水泥石和砂岩,两者变化趋势相似,射穿时间随喷射速度一直呈近似直线下降,这表明1:3水泥石和砂岩在某些物性上相近,且当喷射速度超过160m/s后,两者的射穿时间也比较接近。

(三)喷射方式

通过研究,在一定条件下,水力喷射存在着最大射孔深度和最优射孔时间(图6-65)。

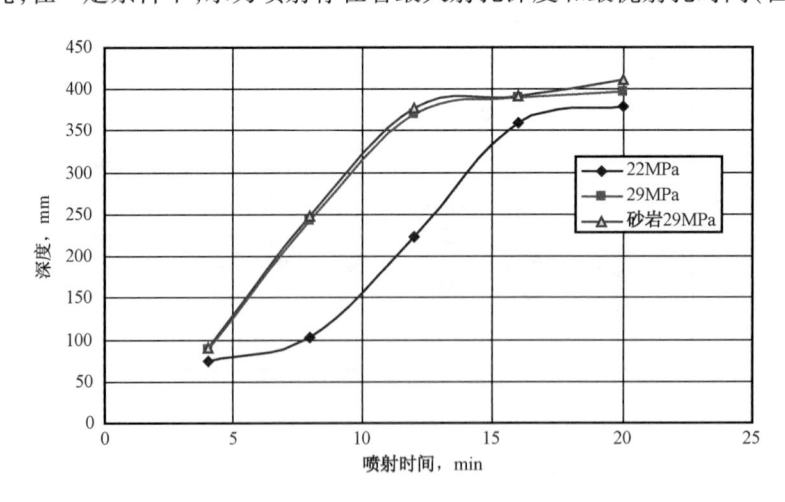

图6-65 喷射深度与喷射时间的关系

为获得足够的喷射孔道,使裂缝起裂更加容易,经优选喷射时间采用阶梯喷射方式,对比线性喷射如下。

线性喷射:排量2.0m³/min,磨料浓度8%,喷射8min。

阶梯喷射:排量1.8m³/min,磨料浓度4%,喷射6min;排量2.0m³/min,磨料浓度6%,喷射6min;排量2.2m³/min,磨料浓度8%,喷射3min。

在现场开展对比试验,阶梯喷射起裂更加容易,同时有利于保护喷嘴(图6-66和图6-67)。

图6-66 线性喷射后喷嘴情况 　　　　图6-67 阶梯喷射后喷嘴情况

(四)磨料优选

1. 磨料类型对喷射效果的影响

采用石英砂和陶粒两种磨料分别在喷射速度220m/s下,测出不同时间的喷射深度,为优选磨料类型提供实验依据。由图6-68可以看出,陶粒的喷射深度比石英砂深一些,但是二者相差不大。分析认为磨料硬度增加,喷射深度增加,但是影响幅度相对较小。

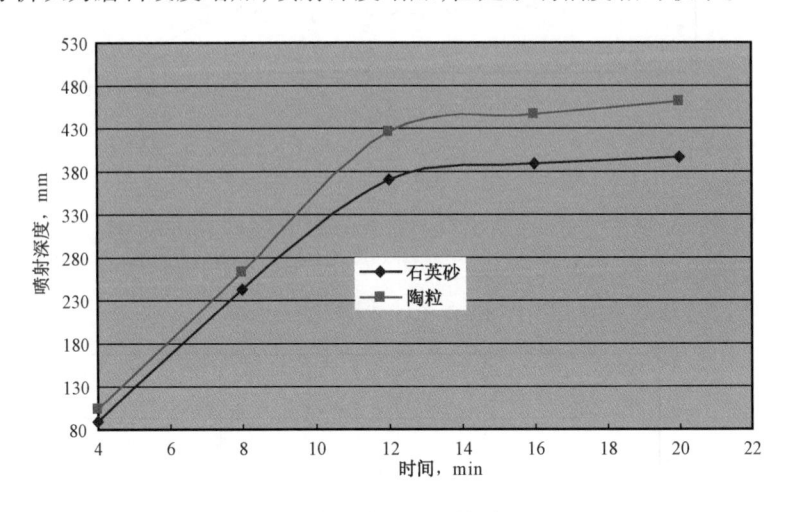

图6-68 磨料类型对喷射效果的影响

2. 磨料浓度对射孔效果的影响实验

在其他条件不变的前提下,通过实验测试不同磨料浓度下的射孔深度,研究磨料浓度对射孔效果的影响。由图6-69可以看出,磨料浓度对喷射效果有一定的影响。随着磨料浓度增加,射孔深度先是缓慢增加,在达到某一峰值后又缓慢下降。三种类型的岩心都在6%~8%达到了最大值,因此可以认为该浓度范围为最佳浓度。

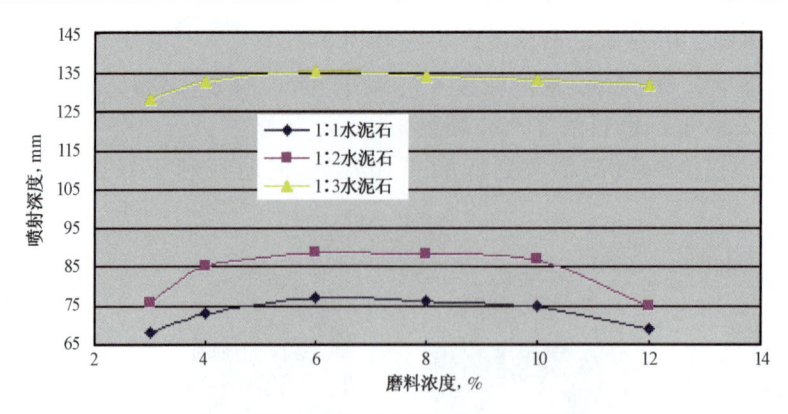

图 6-69　磨料浓度对喷射深度的影响

(五) 裂缝条数的优化

通过在 W420 等区块开展试验,压后效果证明水平井单井产量与改造段数成正相关,提高改造段数,产量有进一步提升的空间(图 6-70)。

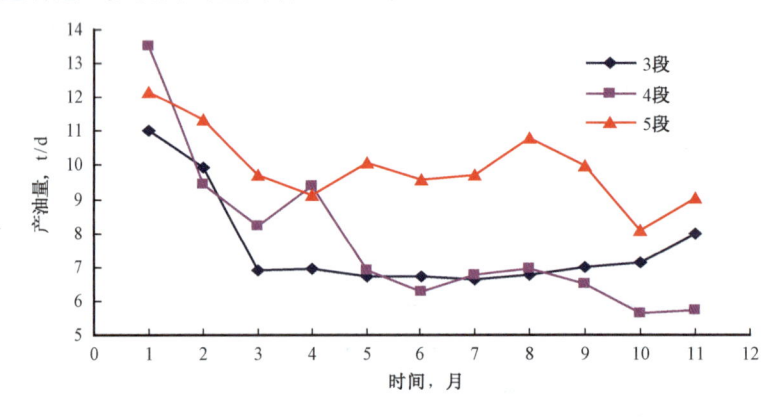

图 6-70　W420 井区改造段数与改造效果对比图

为此,针对 L1 长 8、G52 长 10 等新试验区,采用数值模拟、Stimplan 压裂软件优化等多种研究方法,研究结果表明,随着裂缝条数的增加,累计产量增加,但增幅变缓,在 300~400m 水平段长度下,合理裂缝条数为 6~8 条(图 6-71 和图 6-72)。

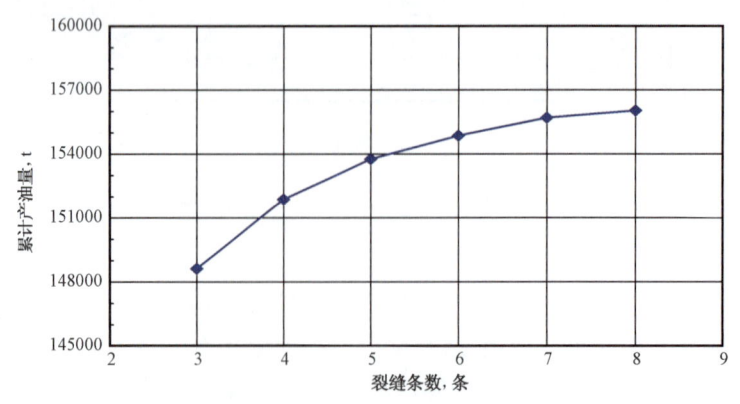

图 6-71　L1 水平井不同裂缝条数的 6 年累计产油量对比(数值模拟)

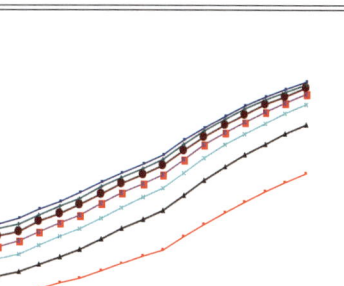

图 6-72　JP8 井裂缝条数与累计产量关系（Stimplan 压裂软件优化）

三、现场试验情况

长庆油田完成水力喷砂压裂试验 79 口井 371 段。水平段长度由 300~400m 提高到 500~800m，压裂段数由 3~5 段增加到 8~10 段，压后增产倍数由初期的 1.7 倍提高到 3 倍以上（图 6-73）。

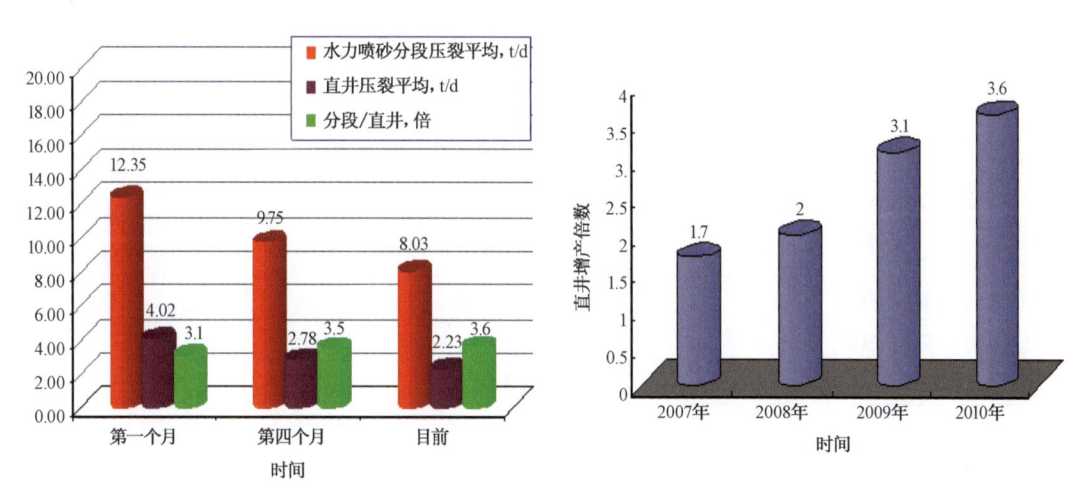

图 6-73　水力喷砂分段压裂与直井分层压裂增产对比

（1）采用井下微地震、零污染示踪剂压裂监测方法，对 13 口水平井进行了裂缝监测，证实了"水力喷射分段压裂工艺"能够实现有效封隔（图 6-74）。

① 形成独立的多条裂缝。
② 监测井封隔有效率达到 97%（表 6-23）。

表 6-23　监测结果统计

监测井数,口	监测段数,段	独立裂缝条数,条	封隔有效率,%
11	36	35	97

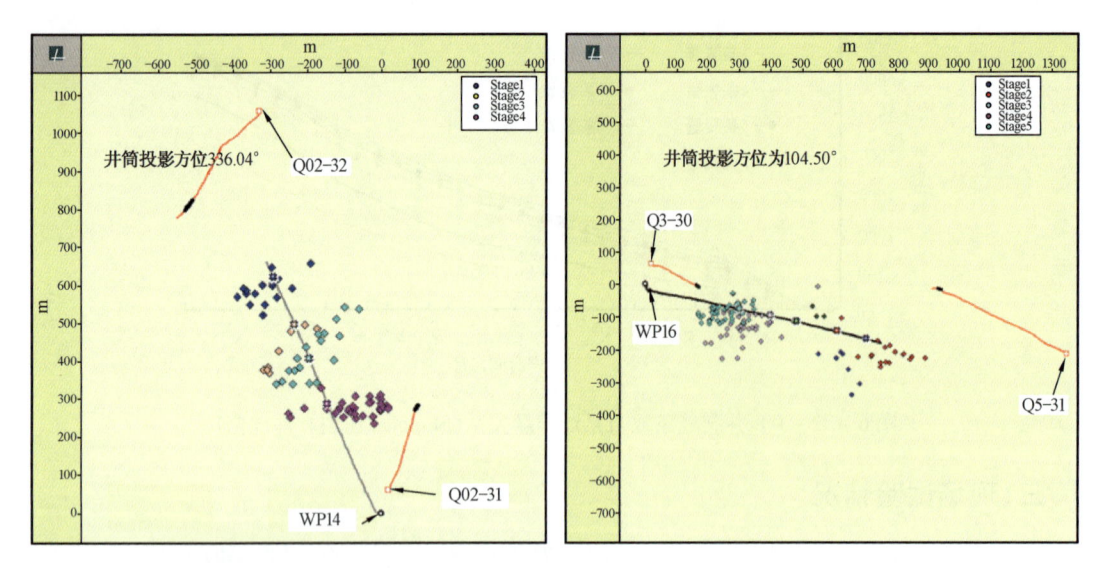

图 6-74 WP14、WP16 井水力喷砂分段压裂井下微地震监测图

（2）在多种措施共同作用下，一趟管柱可连续压裂 4 段，单趟管柱最大加砂量 120m^3，单井分压 20 段，施工周期由每口井 12~14 天下降至 6 天（表 6-24）。

表 6-24 历年施工效率统计

时　间	试验井数 口	一趟管柱施工段数 段	裂缝条数 条/井	施工时间 d/井
2007 年	14	1.7	3~5	11.8
2008 年	21	1.7	3~4	13.8
2009 年增加改造段数前	3	1.8	3~5	8.0
2009 年增加改造段数后	11	3.0	6~8	6.4
2010 年	17	4.0	12~20	6.0

第七章 压裂装备及工具

压裂装备指为水力压裂作业提供动力的地面设备，主要包括作业装备、压裂机组以及配套设备。为满足石油行业越来越多的技术需求，压裂装备向大型化、智能化方向发展，高性能的压裂设备为精细压裂施工提供了可靠的保障。

压裂装备的优选需要根据地层破裂压力、作业规模、工艺类型和作业场地来选择，主要参数包括泵车功率、压力、排量等。由于压裂作业为高压作业，为了保证施工过程安全、高效、受控运行，现场设备的合理布放也非常重要。如图 7-1 所示，在施工方案中需要包括技术参数、安全环保要求等内容。

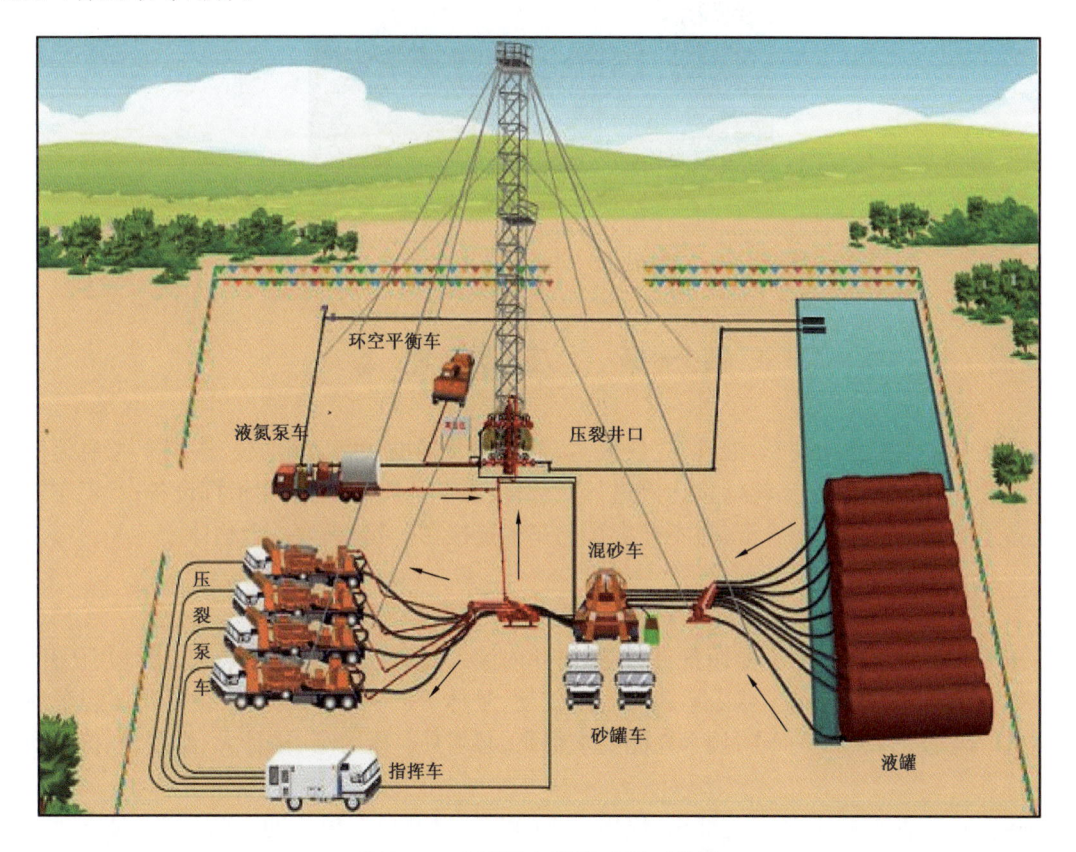

图 7-1 压裂车组装备现场示意图

压裂井口装备是实现压裂作业井安全控制的有效屏障，由高压井口、防喷器组两大部分组成，通常按承压等级优化组合。

压裂工具是指为实现工艺目的配套的井下工具，是压裂技术有机组成部分之一，当前已成为压裂技术进步的重要标志。压裂工具通常包括压裂管柱、压裂专有工具和配套工具等（图7-2）。

图7-2 井口及井下管柱

第一节 压裂装备

压裂装备主要由压裂车、混砂车、仪表车、管汇车及辅助设备等组成。压裂车主要提供高压动力;混砂车将不同类型流体按比例进行混合;仪表车是监控、记录和指挥设备;管汇车及辅助设备主要负责提供地面管汇,将不同类型的车辆连接在一起,成为一个整体。

一、压裂车

压裂车是压裂车组的主要设备,作用是向井内注入高压、大排量的压裂液,将地层压开,把支撑剂挤入裂缝。压裂车主要由运载、动力、传动、泵体等四大件组成。压裂泵是压裂车的工作主机。现场施工对压裂车的技术性能要求很高,必须具有压力高、排量大、耐腐蚀、抗磨损性强等特点。

随着复杂油气藏、超低渗透油田、煤层气田的开发以及公司模式的不断完善,对压裂施工提出了更高的要求。压裂(酸化)设备应具备大功率、大排量和高压力等特点。国内压裂设备制造业经过近50年来的发展,为中国石油工业作出了很大贡献。20世纪80年代,江汉第四石油机械厂引进西方公司的 WRR21500 型压裂车制造技术和 Cooper 公司 OPI 压裂泵制造技术后,在消化吸收的基础上,开发出系列压裂车,缩短了与国外的差距。

随着我国内陆油田的开发,先后开发研制了压力为 50~140MPa 的各型压裂车。为实现超低渗透油田的高产、稳产和提高采收率,江汉第四石油机械厂又开发了 70MPa 和 105MPa,

装机功率为 223.7~1677.8kW 的压裂车。

国内压裂设备制造业虽然经过 50 年的发展,但由于基础工业和配套条件的限制,自动化程度与国外产品还有一定差距。引进美国技术生产的压裂车,配置采用与国外相同的柴油机和传动箱,输出压力相当。由于压裂泵与载重车配置上有差异,总体技术指标与美国产品有一定差距。

国内石油机械厂自 20 世纪 80 年代末引进成套压裂设备制造技术以来,一直致力于成为世界一流的成套压裂设备制造企业。通过多年的设计、制造和自主开发,掌握了系列压裂柱塞泵、压裂泵车、混砂车的核心技术,以及成套压裂机组的制造、配套技术,自主研发了压裂设备自动控制、网络控制等先进技术,可以为油田各种压裂、防砂作业提供完整的成套设备。

压裂泵车按照功率大小(一般为水马力)可分为多个不同的系列。目前,国内石油机械厂有 800 型、1000 型、1800 型、2000 型和 2500 型系列(图 7-3、表 7-1),满足了各种深度、地层和作业工况的油气井压裂及其他改造作业。

图 7-3 国产 2500 型压裂车

表 7-1 国产 2500 型压裂车性能参数

产品型号	YLC105-1860 压裂泵车	YLC105-1860 拖挂式压裂泵车
最高工作压力,MPa(psi)	105(15000)	105(15000)
最大工作排量,L/min(gal/min)	3848(1017)	3848(1017)
柱塞泵型号	3ZB105-1860L	3ZB105-1860H
柱塞泵最大输入功率,kW(hp)	2500(1860)	2500(1860)

美国是主要生产压裂设备的国家,有哈里伯顿、道威尔 & 斯伦贝谢、BJ(BYEONJACK-SON)公司、西方公司、斯图尔特 & 斯蒂纹森(S&S)等公司,还有加拿大的戴尔公司、法国的道威尔公司。由于地缘关系,加拿大公司主要使用美国部件组装,产品性能参数与美国产品接近。哈里伯顿生产的 HQ-2000 型压裂设备代表了当今世界水平。压裂泵为五缸泵,水功率为 1470kW,排量 2496L/min,质量功率比 3.2kg/kW。哈里伯顿采用 HT21000B 或 HT23000B 型增压机组,最大水功率达 3280kW。美国压裂设备制造商依据压裂施工工艺对压裂设备的整体要求,按部件生产商提供的部件参数选购柴油机、压裂泵、传动箱、载重卡车等。除斯图尔特 & 斯蒂纹森公司外,其他美国公司既从事设备制造,又从事工程技术服务。

哈里伯顿生产的 HQ-2000 型压裂设备(图 7-4),相关技术性能见表 7-2。

图 7-4　HQ-2000 型压裂泵车

表 7-2　HQ-2000 型压裂泵车性能参数

挡位	传动比	冲次 次/min	排量,L/min 4in 柱塞	排量,L/min 4½in 柱塞	排量,L/min 5in 柱塞	压力,MPa 4in 柱塞	压力,MPa 4½in 柱塞	压力,MPa 5in 柱塞
1	3.75	79	390	494	610	105	99.4	80.6
2	2.69	111	548	694	857	105	99.4	80.6
3	2.20	135	667	844	1042	105	99.4	80.6
4	1.77	169	835	1057	1305	105	84.6	68.5
5	1.58	189	934	1182	1459	95.7	75.6	61.3
6	1.27	235	1161	1470	2815	77	60.8	49.2
7	1.00	299	1478	1870	2309	60.5	47.8	38.7

(1)承载底盘以肯沃斯 C500K6×4 平头卡车为承载底盘。该型卡车大梁由高强度钢制造,底盘采用双后桥结构,总载量 29013kg,轮距 7.34m,转弯半径小于 18m,离去角和接近角小于 24°,离地间隙大于 260mm,适合在井场凹凸不平的碎石路面上行驶。

肯沃斯 C500K 卡车采用卡特彼勒 3406C 柴油发动机,额定功率 343kW,额定转速 2100r/min,配置 13 挡手控变速器。卡车发动机分动箱(PTO)还驱动液力系统,带动台上散热器风扇和台上发动机启动器液压马达,从而增加台上机组总功率,达到压裂泵单泵输出水功率 1492kW 的设计标准。

(2)台上发动机采用卡特彼勒 3512DITA 柴油机。该型柴油机为涡轮增压中冷,全电子控制 PEEC3 喷油高性能发动机,装有一套底盘发动机提供动力的液压启动系统,可保证柴油机在任何条件下有效、可靠地启动。发动机散热器为水平安装,由底盘发动机提供动力液力驱动散热器风扇,保证台上发动机输出制动功率 1678kW。

(3)台上传动箱采用阿里逊 9885 八速电控液动传动箱。该传动箱额定输入功率

1678kW，最大输入转速2100r/min，传动箱换挡和离合器锁定由哈里伯顿公司设计制造的自动遥控系统(ARC)控制，可保证设备在最佳效能状态下工作，仅用变矩器平稳换挡即可达到最佳功率输出。

（4）压裂泵采用HQ-2000型五缸泵。该型压裂泵质量功率比3.2kg/kW，是目前世界上各种2000型水功率车载式压裂泵中质量功率比最小的，质量也最小，仅4808kg。泵的齿轮减速器为一单一斜齿轮组，表面经渗碳研磨处理。齿轮减速比6.313:1。

HQ-2000型五缸泵是由HT-400型三缸泵发展改进而来的，前者保留了后者的优点，仅对动力端做了较大改进。同时充分考虑了泵零部件的通用性，故两种泵的液力端几乎所有易损件和动力端大部分零部件均具有互换性。

HQ-2000型五缸泵液力端配有五种规格尺寸的柱塞，可根据需要的压力和排量选用。柱塞尺寸有85mm($3\frac{3}{8}$in)、102mm(4in)、114mm($4\frac{1}{2}$in)、127mm(5in)和152mm(6in)。柱塞表面经铬化硼火焰喷涂处理，表面硬度达到65HRC，具有很强的抗腐蚀性和耐磨性。

二、混砂车

混砂车是将压裂液、支撑剂和各种添加剂混合，能实现比例混砂，并能按压裂工艺的要求，有效地向压裂泵车供应不同要求的压裂液。

FBRC100ARC型混砂车配备哈里伯顿公司设计制造的微处理器控制系统(图7-5)，可以准确地对作业用液体添加剂、干粉添加剂及支撑剂等的加入速度和混合罐液面实施比例监测和自动控制。

图7-5 FBRC100ARC型混砂车

台上发动机选用卡特彼勒3208T8V四冲程旋转发动机，额定功率224kW，额定转速2600r/min。发动机装有缸体加热器，以便于发动机在冷天顺利启动。吸排系统包括吸入离心泵和排出离心泵及吸排管汇，吸入泵排量15.9m³/min，关闭压力0.27MPa；排出泵排量

15.9m³/min,关闭压力 0.83MPa。吸排离心泵均由卡车底盘发动机取力液力驱动。吸排管汇主管尺寸 203mm(8in),连接头均为 102mm(4in),吸排接头各 12 个,共 24 个,分别布置在混砂车两侧。哈利伯顿 FBRC100ARC 型混砂车部分性能参数见表 7-3。

表 7-3　FBRC100ARC 型混砂车部分性能参数

外形尺寸(长×宽×高),m	10.94×2.6×4.05
质量,kg	25900
工作环境温度,℃	-40~50
排出压力,MPa	0.7
额定排量,m³/min	15.9
最大输砂速度,kg/min	10909
添加剂输入系统	两种干粉,4 种液体
工作液最大含砂浓度,kg/m³	1820

该型混砂车选用肯沃斯 C500K 双后桥 6×4 重载底盘,轮距 6.8m,选取合理,整车载荷分布均匀,台面通道宽敞,有利于操作员安全操作和检查设备。吸入接头和排出接头布置在混砂车的两侧,各布置 6 个吸入和 6 个排出接头,便于井场作业车的摆放和管汇连接。其双螺旋输砂器既可升降,又可左右摆动,解决了混砂车与运砂、输砂设备的灵活连接问题,还可根据施工要求单螺旋或联合双螺旋工作。

国内石油机械厂生产的 HSC210 型混砂车(图 7-6),技术参数见表 7-4。

图 7-6　国产 HSC210 型混砂车

表 7-4 国产 HSC210 型混砂车性能参数

产品型号	HSC210
砂泵最大清水排量,m³/min	12
最高工作压力,MPa(psi)	0.5(70)
输砂器最大输砂量,kg/min(gal/min)	7456(16440)
三个液体添加剂排量,kg/min(gal/min)	37.8(10),200(53),340(90)
干粉添加剂排量,L/min(gal/min)	102(27)
混合罐容积,m³(bbl)	1.5(9.4)
整机外形尺寸,mm(in)	11207×2500×4000(441×99×158)
质量,kg(lb)	25000(55115)

三、仪表车

压裂仪器车(图 7-7)是成套压裂机组实现联机作业的核心监控设备,能够实时采集、显示、记录压裂作业的全过程,集中控制数台泵车,可分析、处理压裂作业数据见表 7-5。

图 7-7 仪表车

表7-5　FARCVAN-Ⅱ型仪表车性能参数

外形尺寸(长×宽×高),m	10.33×2.5×3.85
质量,kg	11750
远控操作距离,m	50
最大可控制压裂车数量,台	10
自动远控项目	自动排量控制、自动压力控制、超压停车控制
监测项目	发动机工作状态、压裂车工作状态、传动器工作状态、故障显示、单泵机组的排量、压力显示
采集、存储项目	油压、套压、纯液体、携砂液排量、干粉添加剂、液体添加剂排量、N_2/CO_2排量、工作液含砂浓度
供电系统	自带液压驱动发电机一台,动力由台下引擎驱动

四、管汇车

管汇车主要是便于压裂泵车、混砂车以及井口之间的连接,主要由装载底盘、随车液吊、高低压管汇及配件、高压管件架等组成。压裂管汇车是在油田各压裂、防砂作业中用于运载和吊装大量管汇的专用设备,主要由汽车底盘、液压吊臂、橇架、高低压管汇系统以及液压系统组成(图7-8),性能参数见表7-6。

图7-8　压裂管汇车

表7-6　压裂管汇车性能参数

产品型号	GHC105
最高工作压力,MPa(psi)	105(15000)
可配用车数	10台压裂车
高压中心管汇尺寸,in	3(多种压力配置的高压管汇和活动弯头)
低压管汇	4in,12个(低压管件盒)
汽车吊臂最大起重量,kgf(lbf)	6300(13860)(各种随车吊规格及配置)
汽车底盘	北奔2530/6×6,BENZ314A,VOLVO,KENWORTH,拖车,橇装车
整机外形尺寸,mm(in)	10000×2500×3700(393.7×98.4×145.7)
可选增配项目	车载增压泵及灌注系统

五、其他配套设备

压裂施工过程中,除以上主要设备外,还有相关配套设备,包括环空平衡车、输砂车、连续混配车、液氮泵车和连续油管车等。根据不同工艺需要,可以选取其中设备进行配套,以安全、高效地完成现场施工作业。

(一)环空平衡车

一般而言,环空平衡车就是洗井车(图7-9)。主要作用就是在压裂施工过程中,若油管压力很高,利用洗井车从环空泵入一定的平衡压力,降低油管和压裂管柱的内外压差,从而保护压裂管柱和油管,保证压裂施工正常进行。同时,当压裂施工过程中出现砂堵等异常现象、需要立即洗井时,环空平衡车又起着洗井的作用。常用平衡车性能参数见表7-7。

图7-9 环空平衡车

表7-7 常用国产环空平衡车性能参数

产品型号	XJC35-12	XJC35-15
最大工作压力,MPa(psi)	35(5000)	35(5000)
最大排量,L/min(gal/min)	1200(317)	1500(396)
柱塞泵型号	3ZB265	3ZB265
底盘	斯太尔6×4底盘	斯太尔6×4底盘
外形尺寸(长×宽×高),mm(in)	8755×2500×2900 (345×99×114)	9243×2500×3450 (364×99×136)
质量,kg(lb)	14700(32400)	17920(39506)

(二)连续混配车

连续混配车(图7-10)可以在压裂施工的同时,根据压裂液配方,实时配液,然后压裂,这样在压裂施工时,不需提前进行压裂液的配制和准备,将配液与压裂施工联作,从而大大缩短作业施工时间、降低现场作业强度、避免材料浪费、防止液体变质和环境污染等问题。通过对瓜尔胶粉颗粒表面进行活性处理,连续混配车可以在同样搅拌速度和时间下,其溶胀速度比普通羟丙基瓜尔胶提高30%以上,3min内可达到最终黏度的90%。目前,连续混配车适用地层不受限制,但受混配设备技术条件限制,施工排量不宜超过$4.5\text{m}^3/\text{min}$。连续混配车性能及配置参数见表7-8。

图7-10 连续混配车

表7-8 连续混配车性能及配置参数

工作参数	配 置
吸入工作流量:$1.5\sim3.5\text{m}^3/\text{min}$; 配液浓度:$0.2\%\sim0.6\%$(粉水质量比); 出口黏度:基本上消除"水包粉",混配均匀,快速提高出口黏度,出口黏度均匀	混合器:高能恒压混合器; 清水泵:IS125-100-250,$260\text{m}^3/\text{h}$,$p=0.8\text{MPa}$; 传输泵:RS5×6,$240\text{m}^3/\text{h}$,$p=0.3\text{MPa}$; 发送泵:RS5×6,$240\text{m}^3/\text{h}$,$p=0.3\text{MPa}$; 混合罐:6m^3,不锈钢; 水合罐:8m^3,不锈钢; 储粉罐:2.5m^3,不锈钢; 液添泵:柱塞泵,$10\sim40\text{L/min}$,1个;$20\sim100\text{L/min}$,1个

连续混配车具有以下特点:

(1)混配能量高,解决了以往压裂液混配时混合不均匀,压裂液中存在"水包粉"的问题。

(2)出口黏度高,不仅可以实现批量混配,还可将混配车的出口与混砂车的吸入口相连,混配车直接向混砂车供压裂液,实现现配现用、现配现压裂。

(3)粉料的计量采用失重法,计量精准,投料连续均匀。实现了连续均匀地加料,加料精度达±1%,配比精度达到±2%。

(4)设备全自动控制,所有的操作均可在计算机中操作,自动化程度高。

(三)液氮泵车

液氮泵车用于配合水力压裂设备,完成液氮伴注压裂施工(图7-11和表7-9)。

图7-11 国产液氮泵车

表7-9 国产液氮泵车性能参数

技术参数	配 置
最高工作压力80MPa(11600psi),最大工作排量118gal/min(440L/min);最高氮气排出温度10~30℃	北方奔驰底盘ND1314D47J,轴距:1500+4750+1450; 发动机CAT C27,1100 BHP/2100r/min; 传动箱ALLISON S8610; 三缸液氮泵:ACD 3-SLS; 灌注离心泵:2in,X3in,X6in 低温液氮离心泵; 蒸发器:ADFV-800-10,直接燃烧式; 液氮罐:7m³

Hydra rig公司生产的360000SCFH型热回收式液氮泵车相关性能参数如下:

(1)选用奔驰4144K8×6底盘,长×宽×高=10.34m×2.44m×4.06m;

(2)在压力为103.4MPa的工况下,最大排量为244L/min;

(3)液氮罐体容积为7.57m³,工作压力为0.32MPa,每日蒸发率0.8%。

(四)输砂车

输砂车是负责运输压裂施工所需支撑剂,由承载重、动力强的专用车辆组成(图7-12)。

图7-12 输砂车

国产 ZYT5251TSS 型输砂车相关性能参数见表 7-10。

表 7-10 输砂车相关性能参数

外形尺寸(长×宽×高),m	7.7×2.5×3.2
有效容积,m³	7.5
装载介质	陶粒、石英砂
装砂口直径/卸砂口直径,mm	600/250
供砂能力	最大45°,石英砂(20~40目)0.4~0.9m³/min; 陶粒(20~40目)0.6~1m³/min

(五)连续油管作业机

连续油管起源于第二次世界大战期间,自20世纪60年代开始用于石油工业。世界首台连续油管作业设备制造于1962年,2007年初约有1535台,主要分布在北美、南美和欧洲等地。国外连续油管作业已涉及钻井、完井、试油、采油、修井和集输等多个作业领域。国内正处在引进和应用试验阶段。

连续油管作业机的设备可以固定在卡车底盘上、拖车上或橇座上。因此,可以分为三种类型:车载式连续油管作业机、拖车式连续油管作业机和橇装式连续油管作业机(图7-13)。

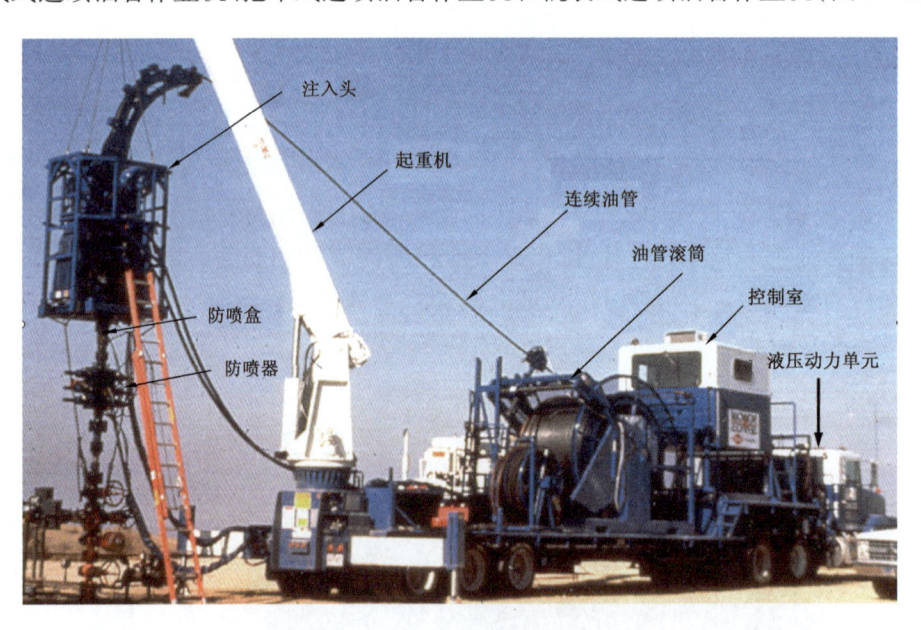

图 7-13 车载连续油管作业机组成

设备固定在卡车底盘上为车载式连续油管作业机。这种连续油管作业机车身较短(12m左右),容纳的连续油管长度小,一般小直径连续油管多采用此类型。

设备固定在拖车底盘上,即为拖车式连续油管作业机。这种连续油管作业机车身较长(20m左右),容纳的连续油管长度大,一般大直径连续油管多采用此类型。

设备固定在橇座上,即为橇装式连续油管作业机。这种连续油管作业机主要用于海上油田,作业时橇座固定在船上或平台上即可。

不管是什么类型的连续油管作业机,基本设备都是相同的。主要包括液压动力单元、控制室、连续油管滚筒、连续油管、起重机、注入头、井控设备。

1. 控制室

控制室为操作人员提供监控注入头、滚筒、防喷器等设备的场所。配置所有必需的操作控制开关和仪表。目前常见的控制室均为液压式控制方式,中控室内布满各种液压阀件,噪声比较大,而且有油污的存在(表7-11)。目前,最新型的控制室是荷兰 ASEP 公司生产的电气化控制室,该控制室大量采用电子元器件替代传统的液压控制阀,控制室内清洁、无油污、噪声小,具有可视化显示屏幕,控制也更为精确。

表7-11 常用控制室参数对比

项 目	S&S	HYDRA RIG	ASEP
外形尺寸(长×宽×高),m	1.4×2.2×2.3	1.5×2.4×2.3	1.22×2.44×2.59
显示方式	机械指针表盘	机械指针表盘	液晶屏幕
控制方式	液压控制阀	液压控制阀	电子元件控制
操作方式	机械手柄	机械手柄	电子按扭、触摸屏

2. 滚筒

由筒芯和边凸缘组成,滚筒的转动由液压马达控制。液压马达的作用是在连续油管起下时,在油管上保持一定的拉力,使其紧绕在滚筒上。滚筒前上方装有排管器和计数器。

滚筒所能缠绕连续油管的长度和直径的大小,主要取决于滚筒的外径、宽度、滚筒筒芯的直径、运输设备及公路的承载能力要求等。

如何能够在以上种种限制条件下,使滚筒容量最大,是世界上各大连续油管作业机生产商研发的重点之一。目前,最新型的滚筒装置(表7-12)具有可升降机构,即滚筒相对于卡车(拖车)底盘可以升降,对于有限高要求的路段,可以将滚筒下降到限高指标之下,卡车再通过;遇到路面情况不好的山路或泥泞的小路,将滚筒升至最高,以保持最大的离地间隙。这样就有效地解决了道路对滚筒凸缘外径尺寸的限制,可使滚筒凸缘外径在道路限高条件下达到最大,进而使滚筒容量达到最大。

表7-12 连续油管滚筒性能参数对比

项 目	S&S	HYDRA RIG	ASEP
滚筒形式	配置滚筒快速更换系统	更换式(DID)滚筒设计	升降式滚筒设计
滚筒心轴直径,in	80	80	81
滚筒宽度,in	69	72	70
滚筒容量及油管质量	1½ in×5200m(17.4t)	1½ in×5400m(18t)	1½ in×7640m(25.5t)
	1¾ in×4100m(18t)	1¾ in×4200m(18.4t)	1¾ in×5570m(24.5t)
	2in×3135m(18.3t)	2in×3212m(18.8t)	2in×4260m(24.9t)
	2⅜ in×2237m(15.2t)	2⅜ in×2292m(15.5t)	2⅜ in×3040m(20.6t)

3. 注入头

主要功能是提供井筒中起下连续油管所需的动力和牵引力。注入头是连续油管作业机的重要设备之一,其作用和常规井下作业中的通井机类似。常用注入头性能参数如表7-13所示。

表7-13 常用注入头性能参数

项目	S&S	HYDRA RIG	ASEP
注入头尺寸(长×宽×高),m	1.32×1.32×2.44	1.27×1.32×2.44	1.5×1.5×1.2
注入头质量,t	3.86	4.23	5
最大提升力,kN	352.8	352.8	352.8
最大下推力,kN	176.4	176.4	176.4
起下速度,m/min	1~61	1~61	1~60
夹紧方式	4组液缸	3组液缸	2组液缸

随着连续油管外径的不断增大和长度的不断增加,对注入头提升能力的要求也越来越高,美国S&S(Stewart & Stevenson)公司最新型的注入头D200提升能力可以达到907kN,下推力达到454kN,可以满足连续油管钻井的要求。

4. 连续油管

连续油管是一种高强度高韧性管材。目前,世界上应用的连续油管主要是高强度低合金碳素钢。正是由于连续油管材料的不断进步和生产工艺的不断提高,才使制造大直径连续油管成为可能,目前已出现外径达到168.27mm的连续油管。连续油管的快速发展,使其应用范围也快速扩展,从最初主要用于修井作业扩展到目前的钻井、完井、试油、采油(气)、修井和集输等,几乎涉及石油开采的方方面面。连续油管规范及性能参数见表7-14。

表7-14 连续油管规范及性能参数

外径 mm	壁厚 mm	内径 mm	单位长度质量 kg/m	最大载荷 kN	屈服强度 MPa	爆破极限 MPa
38.1	2.413	33.27	2.212	128		58.5
38.1	2.591	32.92	2.265	135.8		62.4
38.1	2.769	32.55	2.409	144.8		66.9
38.1	3.175	31.75	2.732	162.7		76.5
44.45	2.769	38.92	2.842	170.8		57.3
44.45	3.175	38.1	3.259	192.1		65
44.45	3.404	37.64	3.442	207.1		70.6
44.45	3.962	36.53	3.959	236.5		81.6
50.8	2.769	45.263	3.275	205.7	482.3	62.1
50.8	3.175	44.45	3.725	233.7	482.3	72.3
50.8	3.404	43.993	3.975	249.4	482.3	77.9

续表

外径 mm	壁厚 mm	内径 mm	单位长度质量 kg/m	最大载荷 kN	屈服强度 MPa	爆破极限 MPa
50.8	3.962	42.875	4.572	287	482.3	92.1
50.8	2.769	45.263	3.275	235	591.2	69.9
50.8	3.175	44.45	3.725	267.1	551.2	81.3
50.8	3.962	42.875	4.572	327.9	551.2	103.7
50.8	4.775	41.25	5.414	388.3	551.2	127.2
50.8	5.156	40.488	5.798	415.8	551.2	138.5
60.3	2.769	54.788	3.927	246.3	481.3	51.9
60.3	3.175	53.975	4.47	280.5	481.3	60.3
60.3	3.404	53.518	4.773	299.5	481.3	65
60.3	3.962	52.4	5.502	345.3	482.3	76.8
60.3	4.775	50.775	6.535	410	482.3	94.2
60.3	5.156	50.013	7.008	439.8	482.3	102.4
60.3	2.769	54.788	3.926	281.5	551.2	58.4
60.3	3.175	53.975	4.47	320.6	551.2	67.9
60.3	3.404	53.518	4.773	342.3	551.2	73.2
60.3	3.962	52.4	5.502	394.6	551.2	86.4
60.3	4.775	50.775	6.535	468.7	551.2	105.9
60.3	5.156	50.013	7.008	502.6	551.2	118.2

5. 液压动力单元

动力部分主要为作业机和各部件提供动力源。大多数连续油管作业机的动力部分都是柴油机和水力泵。动力装置除在设备运行时提供液压动力外，还装有储能设备，能在发动机停机后，在一定限度操作压力下控制设备，保证施工安全。

6. 起重机

起重机常用在将注入头吊装到井口防喷器的顶部，保持注入头悬吊状态，直至作业结束，再吊卸注入头。起重机可以安装在连续油管卡车底盘上，也可以由施工方单独提供一台车载起重机在连续油管作业时使用。起重机性能参数如表7-15所示。

表7-15 起重机性能参数

起重臂最大长度,m	11.58
最大起重量,t	18
旋转角度,(°)	360

7. 井控设备

井控设备是连续油管作业不可缺少的功能和安全设备。油气井作业所需井口压力控制设备的结构,很大程度上取决于作业类型和预料作业可能遇到的"最恶劣"作业条件。井控设备参数如表 7-16 所示。

表 7-16 井控设备参数

配备设备	四闸防喷器、侧门防喷盒
工作压力,MPa	69
内通径,in(mm)	4.06(103.12)

连续油管作业与其他同类作业最根本的区别在于可以实现不压井作业,这也是连续油管作业最大的优势所在。连续油管作业的另外一个优势就是效率高,节省时间,因为它不需要反复上卸扣。正因为具有以上两大其他作业方式无法比拟的优势,所以近年来连续油管的发展非常迅速,应用领域几乎涉及油田开发的各个方面。

连续油管随着钢材性能和制造工艺水平的不断提升,应用的领域也不断拓展,正在向着管径更大、长度更长的方向发展。这就要求连续油管作业机能够适应大管径和大长度连续油管作业的需要。为此,连续油管作业制造商进行了一系列深入细致的改进研究,包括采用下沉式滚筒设计、采用四驱式连续油管注入头、采用控制更为先进的电气化控制室等。当然,在连续油管现场对接方面也做了不少工作。

第二节 压裂井口及防喷设备

压裂施工时,井口设备主要由压裂井口、防喷器等组成(图 7-14)。压裂井口是地面高压管汇与井下管柱的连接装置;防喷器是在压裂施工过程中起下钻作业时,预防井控等事故发生,根据工艺和地质情况确定是否配备以及配备何种型号的防喷器。

一、压裂井口

(一)井口型号表示方法

目前压裂井口现场都采用采油树井口或采气树井口进行施工,其型号表示方法如下:

(1)采油树井口型号表示方法:KY 最大工作压力/公称通径。例如 KY35/65 井口表示该井口为采油井口,承压 35MPa,公称通径 65mm。

(2)采气树井口型号表示方法:KQ 最大工作压力/公称通径。KQ70/65 井口表

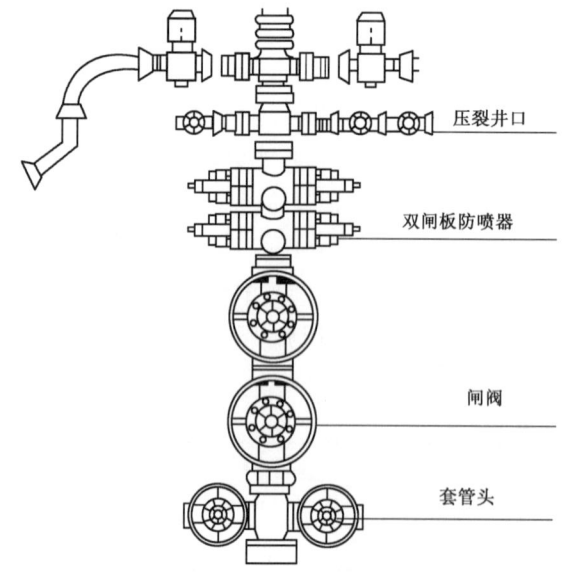

图 7-14 压裂施工井口设备组成示意图

示该井口为采气井口,承压70MPa,公称通径65mm。

(二)常用压裂井口

压裂井口是压裂施工中需要配备的重要设备之一,主要起以下作用。

(1)枢纽功能:地面连接高压管汇,下接井内管柱。

(2)悬挂功能:悬挂井内管柱,使管柱在井筒内处于合理位置。

(3)承受高压功能:施工中承受压裂管柱内外高压液体上顶力。

(4)输导功能:完善的闸阀系统,能有效地注液、排液。

由于压裂井口承压高,工艺适应性强,既要满足压裂施工要求,又要满足压后测试求产的要求,还要适用不同尺寸管柱以及满足分层或合层压裂。此外,压裂井口还需要能及时处理压裂施工过程中发生的井下故障,如活动管柱等。因此,对于施工压力较低的井,常规采油井口以 KY35/65 为主;而对于施工压力较高的井,现场以 KQ70/65 为主;对于施工压力特别高的井,甚至采用 KQ105/65 井口才能满足承受高压的要求。KY35/65 以及 KQ105/65 井口结构组成如图 7-15 和图 7-16 所示,KQ70/65 与 KQ105/65 井口结构基本一致。常用压裂井口性能参数见表 7-17。

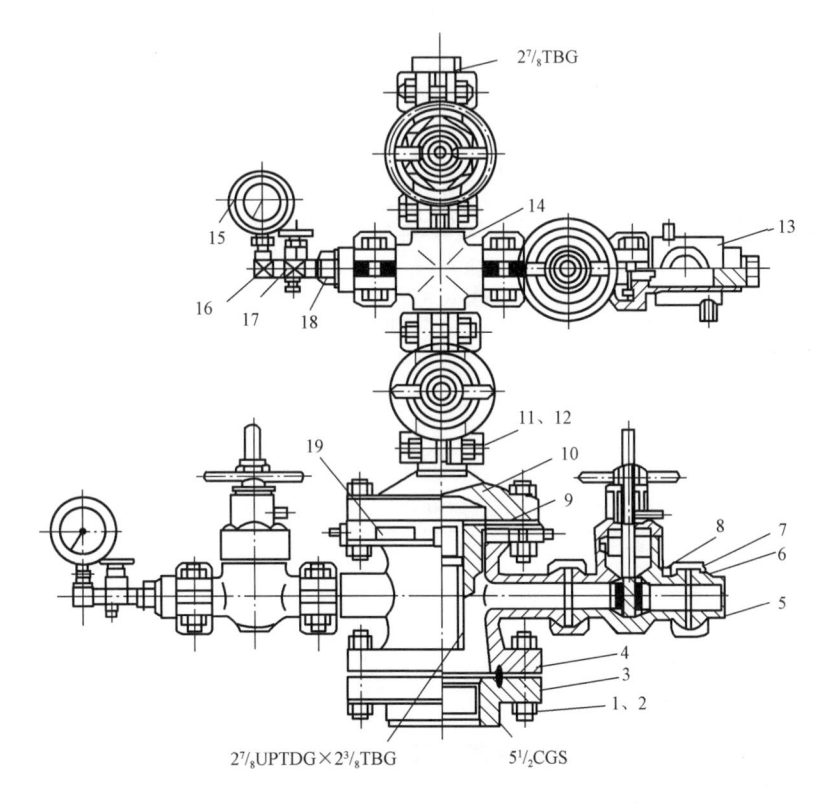

图 7-15 KY35/65 井口结构示意图

1—螺母;2,12—双头螺母;3—套管法兰;4—锥座式油管头;5—卡箍短节;6—钢圈;
7—卡箍;8—闸阀;9—钢圈;10—油管头上法兰;11—螺母;13—节流器;
14—小四通;15—压力表;16—接头;17—压力表截止阀;18—接头;19—铭牌

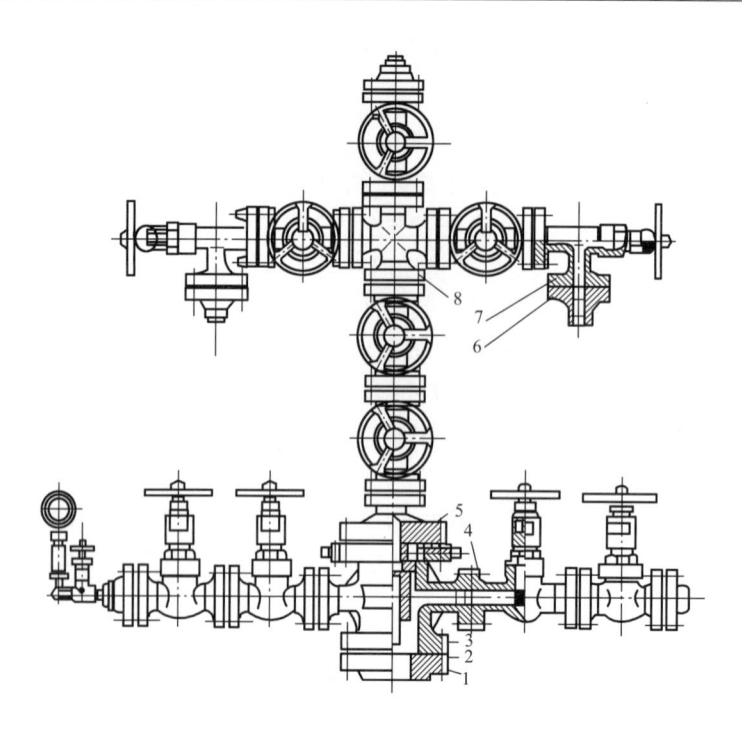

图 7-16　KQ70/65 及 KQ105/65 井口结构示意图

1—底法兰;2—钢圈;3—油管头;4—闸阀;5—上法兰;6—法兰接头;7—节流器(针阀);8—四通

表 7-17　常用压裂井口性能参数

参　　数	型　　号		
	KY35/65	KQ70/65	KQ105/65
工作压力,MPa	35	70	105
密封压力,MPa	35	70	105
强度试压,MPa	70	105	157.5
大四通垂直通径,mm	211	160	160
闸阀类型	楔式闸阀	平板闸阀	平板闸阀

二、防喷设备

防喷器是用于试油、修井、完井等作业过程中关闭井口的设备,可以防止井喷事故发生。它将全封和半封两种功能合为一体,具有结构简单、易操作、耐压高等特点,是油田常用的防止井喷的安全密封井口装置。因此,为了保障压裂施工过程的安全进行,避免井喷等事故发生,在井口需要配备防喷器。

按照控制方式可以分为手动和液压控制。按照功能可以分为环形防喷器、闸板防喷器、手动防喷器和四通。

(一)防喷器型号及表示方法

(1)防喷器表示方法为:防喷器代号　通径代号—额定工作压力。

(2) 防喷器代号如表 7-18 所示,通径代号如表 7-19 所示。

表 7-18 防喷器型号及代号

防喷器类别	防喷器型号	代号
环形防喷器	球形胶芯类	FH
	锥形胶芯类	FHZ
	双环形防喷器	2FH
闸板防喷器	单闸板防喷器	FZ
	双闸板防喷器	2 FZ
	三闸板防喷器	3 FZ
手动防喷器	手动半全封闸板防喷器	SBQFZ
	手动全封闸板防喷器	SQFZ

表 7-19 防喷器通径代号及对应公称尺寸

通径代号	10	18	23	28	35	43	48	53	54	68	76
公称尺寸,mm	103.2	179.4	228.6	279.4	346.1	425.4	476.2	527	539.8	679.5	762.2

例如某防喷器型号为 2FZ 35-21,表示该防喷器为双闸板防喷器,通径代号 35,公称通径 346.1mm,额定工作压力 21MPa。

(二) 常用防喷器

1. 环形防喷器

环形防喷器(图 7-17)具有以下作用:

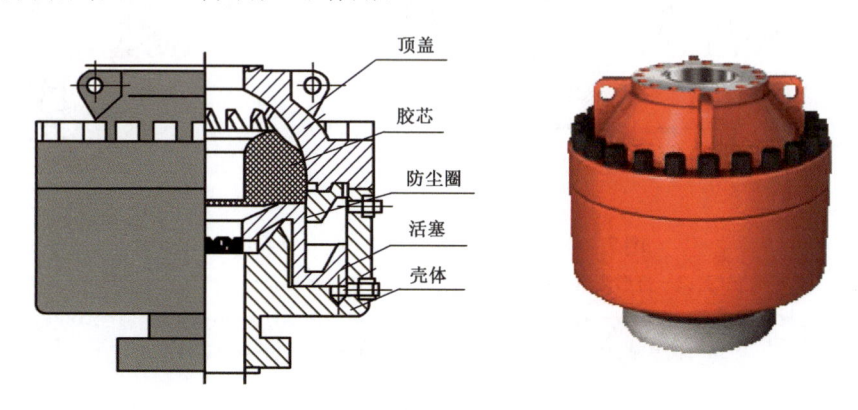

图 7-17 环形防喷器

(1) 当井内无管柱时可以全封井口。
(2) 当井内有管柱、钢丝绳、电缆时,可以封闭环形空间;对于井口悬挂不同尺寸、不同断面的工具都能实现良好的密封。

(3)环形防喷器在封闭具有18°坡度接头的对焊管柱时,可强行起下管柱作业(又称不压井起下管柱作业)。

环形防喷器按照其密封胶芯的形状可分为锥形胶芯环形防喷器、球形胶芯环形防喷器、组合环形防喷器、旋转防喷器和筒状环形防喷器。

环形防喷器常用型号:FH54-14、FH53-21、FH23-21、FH35-70/105、FH35-35/70、FH35-35、FH35-21、FH28-70/105、FH28-35/70、FH28-35、FH28-21、FH18-35/105、FH18-35/70、FH18-35。

2. 闸板防喷器

闸板防喷器具有以下作用:

(1)当井内无管柱时,可以全封闸板全封井口。

(2)当井内有管柱时,可以封闭相应尺寸管柱与井筒形成的环形空间。

(3)特殊情况下可通过壳体旁侧法兰出口进行循环和节流压井作业。

(4)在特殊情况下可剪断管柱,达到封井的目的。

(5)必要时半封闸板还可以悬挂管柱。

闸板防喷器按照控制动力可以分为手动闸板防喷器和液动闸板防喷器。手动闸板防喷器又可以分为手动电缆闸板防喷器、手动全封闸板防喷器和手动半全封闸板防喷器。液动闸板防喷器按照用途可分为全封、半封、变径和剪切闸板;按照闸板腔室又可以分为单闸板(图7-18)、双闸板(图7-19)和三闸板。

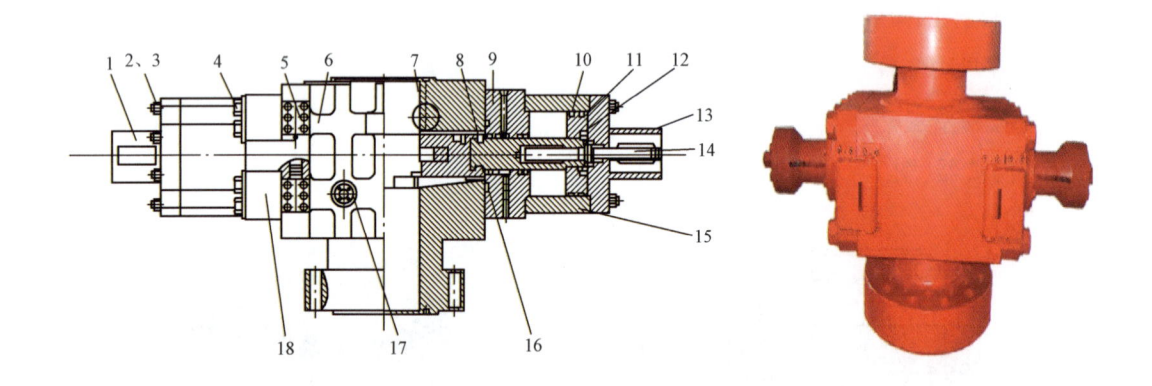

图7-18 单闸板防喷器结构图及实物图
1—左缸盖;2—盖形螺母;3—液缸联结螺栓;4—侧门螺栓;5—铰链座;6—壳体;
7—闸板总成;8—闸板轴;9—右侧门;10—活塞密封圈;11—活塞;12—活塞锁帽;13—右缸盖;
14—锁紧轴;15—液缸;16—侧门密封圈;17—油管座;18—左侧门

闸板防喷器现场常用型号:FZS18-35、2FZ(FZ)18-35、2FZ(FZ)18-70、2FZ(FZ)18-105、2FZ(FZ)28-21、2FZ(FZ)28-35、2FZ(FZ)28-70、2FZ(FZ)28-105、2FZ(FZ)35-35、2FZ(FZ)35-70、2FZ(FZ)35-105、2FZ(FZ)53-21、2FZ(FZ)54-14。

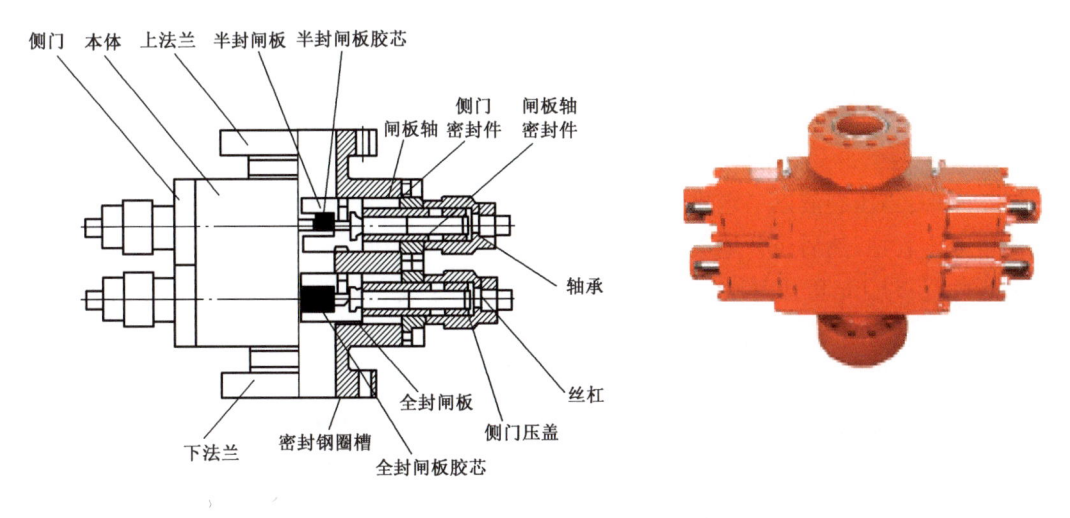

图 7-19　双闸板防喷器结构图及实物图

第三节　常用压裂管柱

压裂管柱主要由油管和井下工具(封隔器、喷砂器等)组成。主要作用:一是为输送压力、流体提供通道;二是按照工艺要求,实现分层或合层压裂施工。

压裂管柱设计时需要考虑如下要求:一是管柱设计时需要进行抗拉强度和抗压强度校核,以满足工艺要求;二是根据强度校核结果确定出对应的油管类型,现场常用钢级为 N80 的 $2\frac{7}{8}$ in 外加厚油管作为压裂油管;三是管柱设计中应对配套工具的尺寸、尾管与人工井底的距离等进行明确说明;四是管柱设计中应表明具体油管类型、长度以及每一个配套工具的设计位置和施工时允许的误差;五是管柱设计中应对管柱上提下放速度、吨位等提出具体要求;六是管柱设计中应对工具使用注意事项、井控安全风险等进行明确要求;六是管柱设计中必须考虑压裂施工对套管强度的影响,特别是井口附近的套管。现场通常是在油层段上方配一个封隔器以保护油层段以上套管。

压裂管柱组配和使用时有以下技术要求:一是压裂管柱必须采用 N80 以上钢级的外加厚油管及短节;二是压裂管柱喷砂器与封隔器直接连接,最下一级封隔器以下尾管长度不小于 8m,管柱底端距井内砂面或人工井底不少于 10m;三是按照施工设计精确配出封隔器卡距、油管长度及下入深度、卡点深度与设计深度误差不大于 0.5m;四是压裂管柱为专用管柱,不得用于替喷、冲砂等作业。

压裂管柱按照分类方式可分为不同压裂管柱,但在相同工艺条件下,管柱结构大同小异。根据地层情况,压裂管柱按照改造层位可分为单(合)层压裂管柱和分层压裂管柱;根据井眼轨迹不同,又可分为直井压裂管柱和水平井压裂管柱。

一、直井压裂管柱

(一)5½in 套管完井压裂管柱

1. 单上封压裂管柱(图7-20)

工作原理:当压裂液以一定排量从油管流过节流喷砂器时,产生压差并使封隔器坐封,水力锚同时锚定管柱;然后压开地层,进行压裂施工。

适应井况:5½in 套管完井,单层或多层合压,适用于浅井施工。

2. 双上封单层压裂管柱(图7-21)

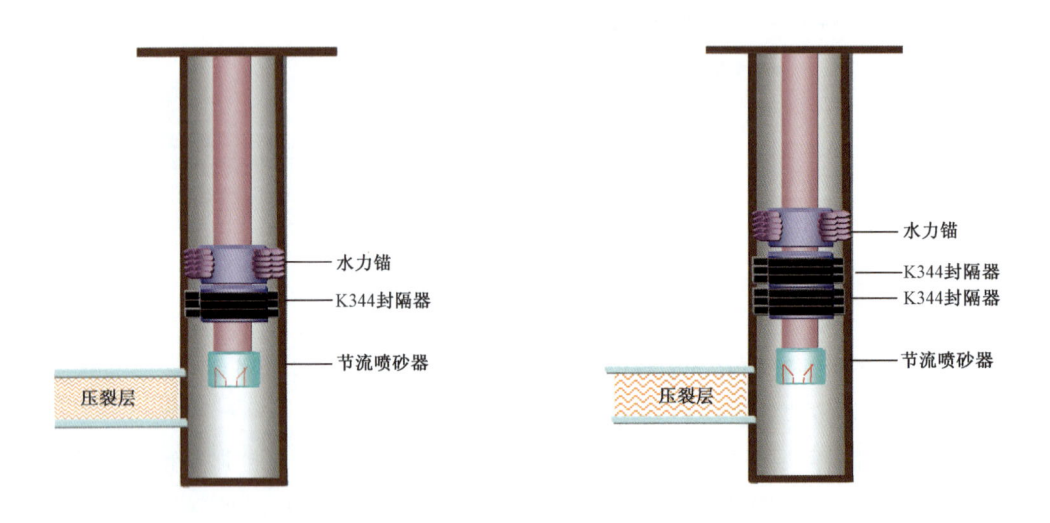

图7-20 单上封压裂管柱

图7-21 双上封单层压裂管柱

当施工压力较高或埋藏较深时,单层压裂管柱在单上封压裂管柱的基础上再加一个封隔器,以提高管柱的可靠性,其工作原理与单上封压裂相同。

适应井况:5½in 套管完井,单层或多层合压,中深井或深井。

3. 三封套压分层压裂管柱(图7-22)

工作原理:开泵,低替,压裂液流过导压喷砂器,三个封隔器同时坐封,然后对第一层施工;然后停泵、放喷、反循环洗井,上提管柱到第二层继续施工。管柱设计三个封隔器是为了防止在施工时发生压窜现象,甚至出现卡管柱的事故。设计时要求下封隔器距离射孔段底界1.5~2.0m;其他封隔器距离射孔段2.0m 以上。

适应井况:5½in 套管完井,两层中间隔层条件差,存在压窜的可能性。

4. 双封选压分层压裂管柱(图7-23)

对于层间隔层条件较好或层间距离较远的油藏,当埋深较浅时,选择双封选压分层压裂管柱。该管柱工作原理很简单,油管泵入流体,通过导压喷砂器,封隔器及水力锚开始启动并实现层间封隔,然后施工第一层;第一层施工结束后,放喷、反循环洗井,上提管柱施工下一层,重复前面步骤,直到所有层段施工完毕。

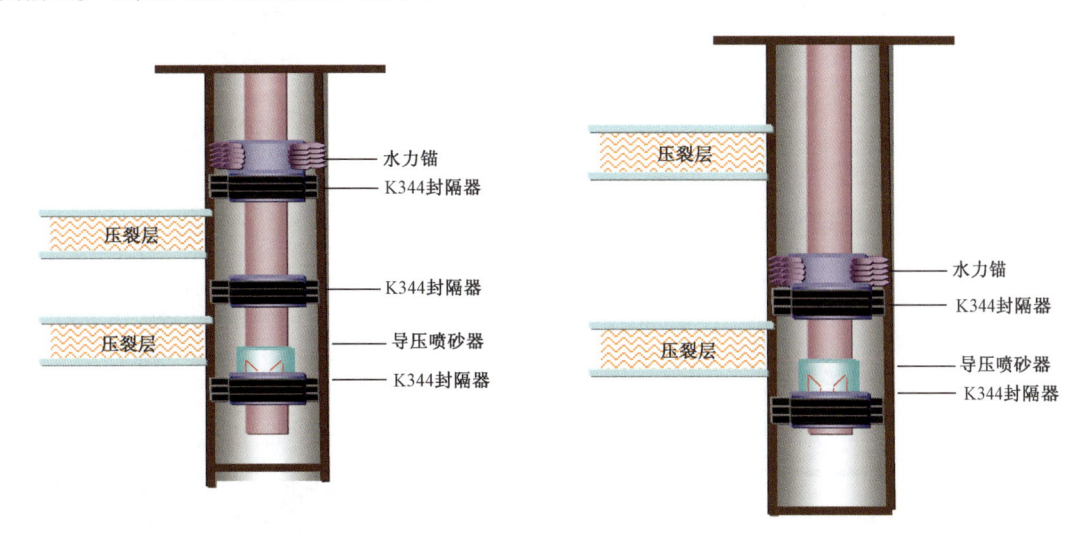

图 7-22　三封套压分层压裂管柱　　　　图 7-23　双封选压分层压裂管柱

适应井况:5½in 套管完井,两层中间具有较好隔层或距离较远(一般两层距离≥20m),且油藏埋深较浅。

5. 三封选压分层压裂管柱(图 7-24)

当油藏埋深较深时,且两层中间具有较好隔层或距离较远(一般两层距离≥20m),则选用三封选压管柱。

适应井况:5½in 套管完井,两层中间具有较好隔层或距离较远(一般两层距离≥20m),且为中深井或深井。

(二)4½in 小套管分层压裂管柱

在分析以往填砂分层压裂和双封选压分层压裂为主的常规分层压裂工艺优点和缺点的基础上,充分考虑 4½in 套管内径与压裂管柱内径的匹配关系及施工风险,采用以下技术思路,实现 4½in 套管分层压裂:对于两层分层压裂井采用不动管柱分层压裂管柱(图7-25);而三层分层压裂井采用不动管柱压裂第一、二层,然后拖动管柱压裂第三层(图 7-26)。

管柱工作原理:按设计一次射开两段或三段油层,下入分层改造管柱,首先改造下层;当下层施工完毕后,然后投球杆(或球)打开定压(滑套)喷砂器,使中间层改造层段连通,并封隔下段改造层,通过封隔器的封隔及定压喷砂器的开启,实现第二层改造。若需压裂第三层,压完中间层后放喷,反冲洗井,上提管柱至合适位置,进行上层改造。最终实现不动管柱压裂改造下层及中间层、上提管柱压裂改造上层的目的。分层改造完成后放喷反冲,换抽汲管柱。

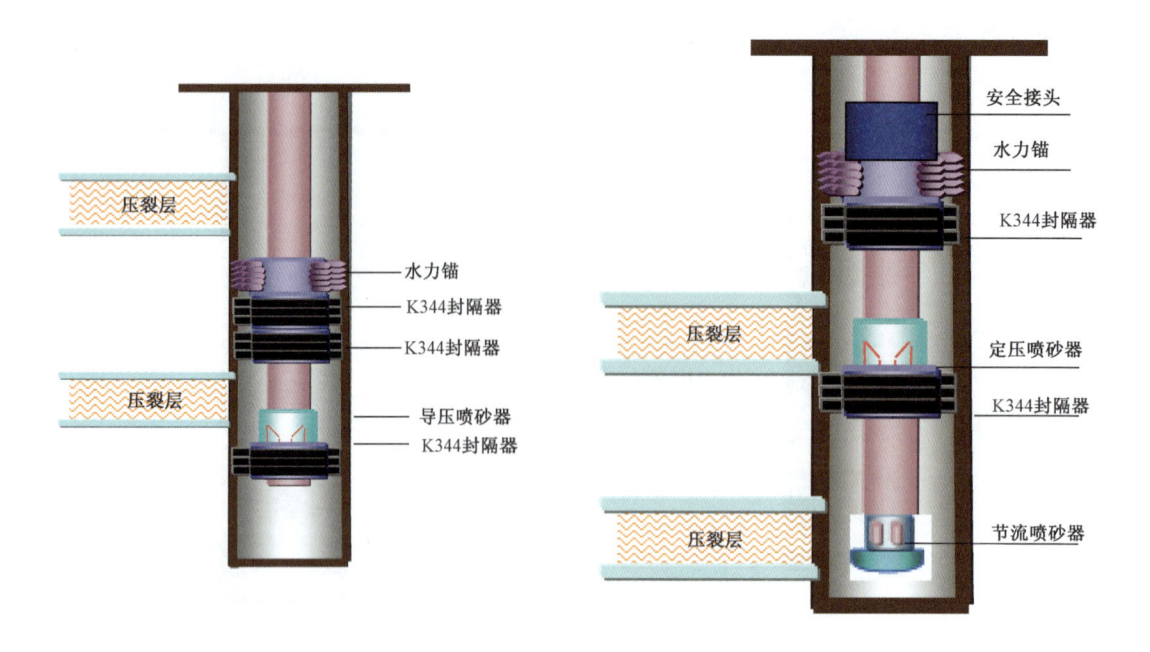

图 7-24　三封选压分层压裂管柱

图 7-25　4½in 套管不动管柱压裂两层管柱

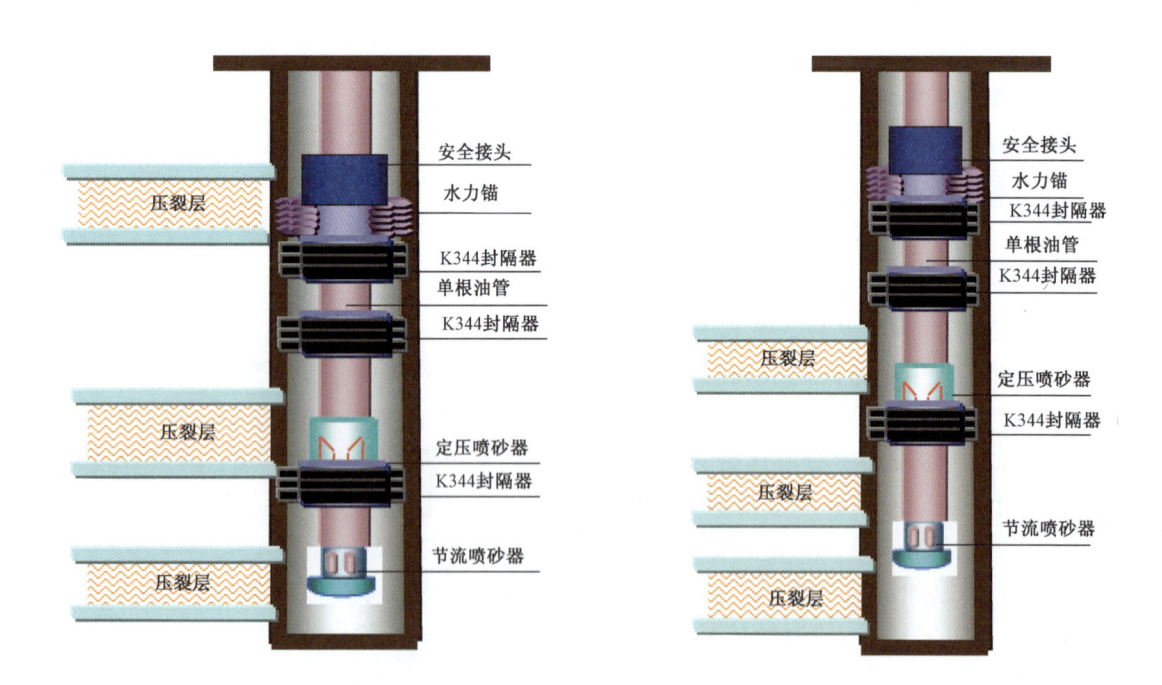

图 7-26　4½in 套管分压三层改造工艺管柱

管柱配套工具主要有安全接头、KDB-95 水力锚、K344-95 封隔器、DYP-92 定压配产器、HTP-90 定压喷砂器、节流喷砂器等。配套工具主要功能如表 7-20 所示。

表7-20 主要配套工具功能

配套工具	功　　能
水力锚	固定管柱,压裂时防止管柱移动
K344封隔器	封隔油套环形空间及隔开上下层
定压喷砂器	连通需改造的油层段
节流喷砂器	实现封隔器的节流坐封,加砂压裂下层的通道
安全接头	特殊情况下管柱丢手,遇卡无法解卡时可起出工具上部管柱

二、水平井水力喷砂射孔分段压裂管柱

具有外径小、施工简单可靠、风险低等优点,特别适合于超低渗透油藏中水平井的分段改造。根据层间封隔方式不同,水平井分段射孔压裂配套工具可分为以下三种管柱。

(一)储层物性较均质的油井水平井管柱

针对储层物性较均质的特点,管柱组合为:上接头+万向节+短节+万向节+偏心定位器+喷射器+单流阀+筛管+堵头。借助于水力喷射的增压作用和流体的自动封隔作用,通过拖动管柱,实现分段射孔压裂(图7-27)。

图7-27 水平段井眼轨迹复杂井管柱结构及配套工具组合

(二)储层非均质性强的油井水平井管柱

针对储层非均质性强的特点,管柱组合为:喷射器+封隔器+单流阀+筛管+堵头。借助于封隔器的机械封隔作用,通过拖动管柱实现分段射孔压裂(图7-28)。该管柱也适合于直井分段压裂施工。与第一种管柱结构相比,封隔方式是靠扩张式小直径封隔器进行封隔,即当进行压裂施工时,喷射器产生节流压差,封隔器坐封,封堵下层,从而实现分层压裂。

图7-28 井眼轨迹比较规则的油井水平井管柱结构

(三)固井质量差的油井水平井及水力喷砂射孔求初产井管柱

(1)对于固井质量差的水平井,管柱组合为:喷射器+单流阀+筛管+堵头。借助于液体胶塞的暂时封隔作用,通过拖动管柱实现分段射孔压裂(图7-29)。

(2)喷砂射孔求初产时,仅需射孔,利用该管柱即可实现分段射孔,然后直接投产。

图7-29 喷砂射孔求初产的管柱结构

第四节 关键压裂工具

一、封隔器

在压裂施工中，根据作业需要，经常需要用封隔器，主要作用在于封隔各种尺寸管柱与井筒之间的环形空间，从而实现分层改造。

封隔器主要按照封隔件(胶筒)实现密封方式分类。

(1)自封式：靠封隔件外径与套管内径的过盈和工作压差实现密封的封隔器。

(2)压缩式：靠轴向力压缩封隔件，使封隔件(胶筒)外径变大实现密封的封隔器。

(3)扩张式：靠径向力与封隔件内腔液压使封隔件外径扩大实现密封的封隔器。

(4)组合式：由自封式、压缩式、扩张式任意组合实现密封的封隔器。

其具体表示方法为：分类代号-支撑方式代号-坐封方式代号-解封方式代号-刚体最大外径-工作温度/工作压差(表7-21~表7-24)。

表7-21 分类代号

分类名称	自封式	压缩式	楔入式	扩张式	组合式
分类代号	Z	Y	X	K	前面分类代号组合表示

表7-22 支撑方式代号

支撑方式名称	尾管支撑	单向卡瓦支撑	无支撑	双向卡瓦支撑	锚瓦支撑
支撑方式代号	1	2	3	4	5

表7-23 坐封方式代号

坐封方式名称	提放管柱坐封	旋转管柱坐封	自封坐封	液压坐封	下专用工具坐封
坐封方式代号	1	2	3	4	5

表7-24 解封方式代号

解封方式名称	提放管柱解封	旋转管柱解封	钻铣解封	液压解封	下专用工具解封
解封方式代号	1	2	3	4	5

例如Y211-114-120/25封隔器，表示该封隔器为压缩式，单向卡瓦支撑固定，提放管柱坐封，提放管柱解封，刚体最大外径为114mm，工作温度120℃，工作压差25MPa。

压裂施工时,油田常用封隔器为K344封隔器(图7-30),坐封、解封简单可靠。该封隔器为扩张式封隔器,无需支撑,其性能参数见表7-25。

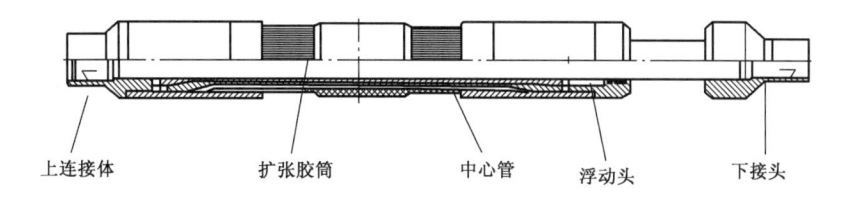

图7-30 K344封隔器结构图

表7-25 K344封隔器系列性能参数

型号	胶筒扩张力 MPa	工作压力 MPa	最大外径 mm	最小内径 mm	长度 mm	连接口型	适应套管 mm
K344-95	0.4~0.7	50/70	95	42	820	2⅞ in NUE	φ99~103
K344-110	0.4~0.7	50/70	110	50	830	2⅞ in EUE	φ121~124
K344-114	0.4~0.7	50/70	114	58	860	2⅞ in EUE	φ121~127
K344-150	0.4~0.7	70	150	62	930	2⅞ in EUE	φ159~162

(1)组成:该封隔器主要由上连接体、扩张胶筒、浮动头、下接头等组成。

(2)坐封:当从中心管加液压1MPa左右时,液压经滤网和下接头上的水眼进入胶筒内腔,迫使胶筒向外扩张紧贴在套管内壁,密封油套环形空间。滤网用来防止大颗粒杂质进入胶筒内腔而影响胶筒的收回。

(3)解封:放掉油管内的压力,胶筒即收回解封。

(4)特点:坐封压力低且可靠,油套压差越大,封隔效果越好;解封容易,放掉油压即可解封;操作方便,可反循环洗井,解封彻底不卡井。

二、水力锚

水力锚用来防止压裂施工时井下工具产生轴向位移,锚定管柱,特别是防止封隔器在坐封后发生位移,造成密封失效。因此,一般封隔器和水力锚是组合使用的,在压裂管柱中,水力锚一般在封隔器上方。水力锚下入井后,当油套产生一定压差时,锚爪自动伸出并锚定在套管内壁上,防止管柱与套管产生相对位移;当油套压差消失时,锚爪在其复位弹簧作用下收回复位,解除管柱锚定。

(1)水力锚的锚爪限位方式分为扶正式(KFZ)、挡板式(KDB)、板簧式(KBH)。一般常用扶正式和挡板式两种。锚牙的复位分为弹簧复位、胶件复位和自由复位三种,常用的是弹簧复位。

(2)组成:水力锚主要由主体、螺钉、锚爪、压板、外弹簧、内弹簧、密封圈等组成(图7-31)。

(3)工作原理:从油管内加液压,锚爪在液压作用下压缩弹簧,并被推向管内壁和卡牢在套管的内壁上,从而起到固定管柱的目的。放掉油管的压力,锚爪在弹簧的作用下退回解卡。为保证泄压后锚爪在弹簧力的作用下完全回缩,在锚爪内采用内径大小不同的两套弹簧,使其回弹性增强,降低锚爪不能回缩导致卡钻的风险。常用水力锚参数如表7-26所示。

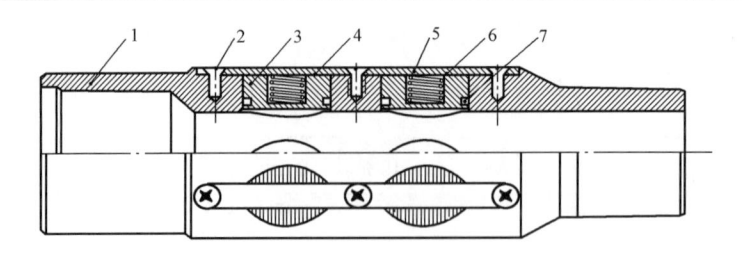

图 7-31 水力锚结构图

1—主体;2—螺钉;3—锚爪;4—压板;5—外弹簧;6—内弹簧;7—密封圈

表 7-26 常用水力锚参数

型 号	KFZ95-42	KDB114-42	KDB148-60
钢体最大外径,mm	95	114	148
钢体内径,mm	42	42	60
工作压差,MPa	60	60	60
工作温度,℃	120	120	120
启动压差,MPa	0.6~1.0		

三、导压喷砂器

在选层压裂、酸化时,坐封上、下封隔器,并且提供流体进入地层通道。

(1)组成:主要由上接头、导压本体、导压内套、滤网、喷嘴等组成(图 7-32)。

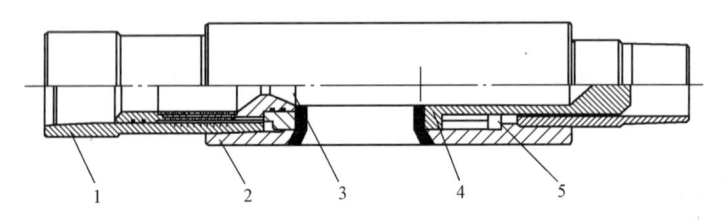

图 7-32 导压喷砂器结构组成

1—上接头;2—导压本体;3—喷嘴;4—导压内套;5—滤网

(2)工作原理:从油管内经上接头泵入高压液体,经喷嘴节流,承压体变向后沿导压本体的侧孔注入地层,产生的压差使上封隔器坐封。同时,高压液体经内外导压体的空隙流向下封隔器,使下封隔器坐封。导压喷砂器的主要技术参数如表 7-27 所示。

表 7-27 KPS-114 导压喷砂器主要技术参数

技术参数	数 值
总长,mm	663
最大外径,mm	114
工作压力,MPa	35
工作温度,℃	90
连接螺纹	2⅞ UPTBG

四、滑套喷砂器

适用于油气井不动管柱分层压裂施工。在压裂下层时处于关闭状态;压上层时打开,且形成一定的节流压差,保证封隔器的可靠坐封。

(1)组成:主要由滑套、滑套节流阀剪钉、内眼管、喷嘴、球座瓦片、上接头、外钢套、下接头等组成(图7-33)。

(2)工作原理:使用时投球,钢球落入滑套导压阀中与滑套连接的球座瓦片上,当加压后,剪断销钉,球座瓦片带动滑套下移,开启出液孔,打开油套连通通道。当滑套随着球座瓦片一起向下移动到一定位置后,球座瓦片散开,使阀体通过直径扩大,坐落在球座瓦片上的钢球可以自由通过阀体掉落到管柱下部。滑套喷砂器主要技术参数如表7-28所示。

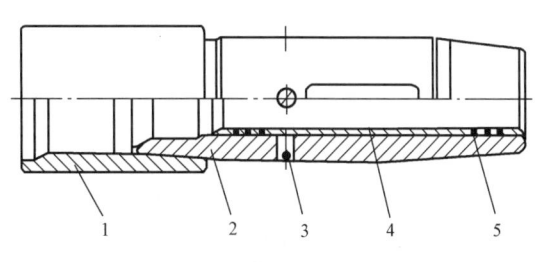

图7-33 滑套喷砂器结构组成
1—上接头;2—喷嘴;3—球座瓦片;4—上接头;5—下接头

表7-28 滑套喷砂器主要技术参数

技术参数	数值
最大外径,mm	114
内通径,mm	42
总长,mm	520
工作压力,MPa	60
工作温度,℃	120
坐封压力,MPa	5~8

五、安全接头

(1)组成:反扣安全接头(图7-34)采用反扣设计,正(右)转可脱开,由上接头和下接头组成,采用T76×5梯形扣设计,为防止漏失,上、下接头之间添加了两个密封圈。

(2)工作原理:反扣安全接头连接在分层压裂管柱的上端,当水力锚以下井下工具在压裂过程中遇卡无法处理时通过正转管柱使管柱脱开,安全起出油管,对井下工具遇卡问题进行进一步处理。

(3)反扣安全接头性能指标:总长285mm,最大外径90mm,最小内径50mm,承压压力50MPa,工作温度120℃,两端螺纹为2 7/8 in TBG。

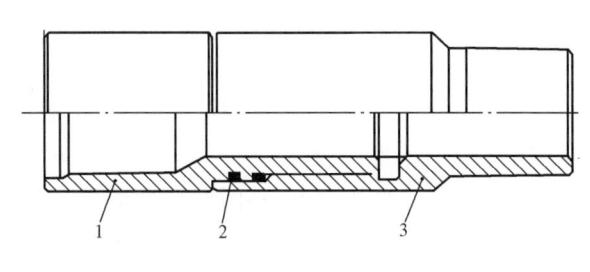

图7-34 反扣安全接头
1—上接头;2—密封圈;3—下接头

第八章 裂缝测试技术

超低渗透油田水力裂缝特征决定了井网的部署、射孔的方位、压裂设计的优化等，对储层改造起着指导性的作用。由储层和水力裂缝参数的特征所决定，与常规油田相比，准确掌握水力裂缝扩展形态对优化低渗透率油田的整体开发更为重要，直接影响着油田的开发效果。

长庆油田油层分布范围大，产建新区多，地应力分布复杂。多年来在地应力和裂缝方位测试方面开展过大量的研究。但受地貌条件、井斜及监测仪器位置的限制，使部分测试技术无法有效应用。近年来，通过各种测试方法的组合，形成适合长庆油田超低渗储层开发的裂缝监测技术。

第一节 裂缝测试方法概述

裂缝特征测试包括裂缝的几何尺寸及方向。但是，要从地下几千米深的地层得到这些信息，并达到工业测试水平，难度很大。目前国内外普遍采用的测试方法有实验室测试和现场测试两种。实验室测试在第二章已详细介绍，其测试裂缝方位的过程相当复杂，测试结果受人为因素和测试手段的影响，不够准确，故重点介绍现场测试方法。现场测试有间接测试和直接测试两种方法。

一、间接测试法

裂缝间接测试方法（表8-1）包括净压力分析法、试井分析法、生产数据拟合分析法三种，分别采用相应的模型，分析和拟合试井和生产过程中的数据，描述裂缝的延伸情况，进行裂缝参数的解释，尤其是可以获得裂缝的长度、宽度和导流能力，但是均不能进行裂缝方位的解释。由于模型的假设条件和物理过程之间的耦合作用，这几种方法解释的结果均没有唯一解，而且解释结果的可信度又依赖于油藏描述的准确性和分析人员的经验。

目前在裂缝间接测试方法中，长庆油田采用较多的是净压力拟合，使用净压力分析法首先要选择裂缝扩展模型，把已知的储层和岩石力学数据输入裂缝扩展模型，根据压裂施工参数，通过拟合和分析压裂过程中的净压力，获得裂缝的长度、高度、宽度和导流能力。由于净压力分析法所采用的裂缝扩展模型都是建立在线弹性断裂力学的基础上，并假设裂缝是在一个平面上延伸，即使有准确的储层和岩石力学输入数据，其结果准确性也受到制约，影响净压力分析法的可信度和准确性。

表 8-1　裂缝间接测试方法

测试方法	可能估计的参数						主要的优点	主要的局限性
	长度	高度	宽度	方位	体积	导流能力		
净压力分析	√	√	√		√	√	可以描述裂缝的延伸情况,进行裂缝高度、长度、宽度解释	结果依赖于模型的假设条件和油藏描述的准确性。需要准确的渗透率与压力。不能确定裂缝方位
试井分析	√					√	可以得到裂缝导流能力、缝长等信息	
生产数据拟合分析	√					√		

二、直接测试法

包括近井地带和远场的两种直接法。近井地带直接法有井温测试、放射性示踪剂法、生产测井、井眼成像测井、井下电视、井径测井;远场直接法有地层微变形法(倾斜仪监测)、井下三分量微地震法、地面微地震法、地面电位法。

放射性示踪剂测试法可以估算水力压裂产生的裂缝在近井段的高度和宽度,不能估计裂缝长度,而且探测深度只有 0.3~0.6m,如果压裂产生的裂缝高度很大、施工排量很低,含有放射性示踪剂的陶粒支撑剂有可能在井眼附近没有运移到裂缝的全部高度,也造成测试的裂缝高度比实际低。

井温测井可以估计井眼较近范围的裂缝高度,通常在压裂前要测井温基线,要求压裂后较短时期内进行井温测井。与放射性示踪剂测试法相类似,井温测井得到的裂缝高度比实际的偏低。井眼成像测井、井下电视成像、井径测井等,对测试井的现场施工条件要求较高,一般不常使用。表 8-2 列举了几种测试方法可能测试的参数、主要优缺点和各自的局限性。

表 8-2　近井地带裂缝直接测试方法

测试方法	可能估计的参数					主要的优点	主要的局限性
	长度	高度	宽度	方位	倾角		
放射性示踪剂		√	√			可以进行裂缝高度、宽度的测试	探测深度只有 0.3~0.6m;测试的裂缝高度比实际的偏低
井温测井		√				可以获得井眼较近范围的裂缝高度	热传导性对测试结果带来误差;要求压裂后较短时期内进行;所测裂缝高度比实际的偏低
井眼成像测井				√	√	可以进行裂缝方位、倾角的测试	只能用于裸眼井
井下电视		√				可以进行裂缝高度的测试	用于套管井有孔眼的部分
井径测井				√		可以进行裂缝方位的测试	只能用于裸眼井,取决于井眼质量

远场直接测试方法在监测项目数目和可靠性方面均是室内测试方法、间接测试方法和近井地带直接测试方法所不能比拟的,所获得的裂缝特性参数可靠程度较高(表8-3)。地面倾斜仪、电位法在裂缝方位、裂缝对称性方面可靠性比较高,而裂缝长度、高度解释结果可靠性比较低。地面微地震法监测位置处于地面,易受地面噪声干扰较多,准确度较低。井下测斜仪技术(包括施工井和邻井)在解释裂缝高度、长度、宽度方面可靠性较高,但是要配合测试。井下微地震对解释裂缝的方位、高度、长度、对称性及裂缝,随时间的延伸情况可靠性均比较高,目前在国外应用比较广泛。

表8-3 远场裂缝直接测试方法

测试方法	可能估计的参数						主要的优点	主要的局限性
	长度	高度	宽度	方位	倾角	对称性		
地面电位	√			√		√	测试方法比较简单	受深度和井身、井场条件限制,不能进行全部裂缝几何尺寸的解释
地面倾斜仪				√	√		裂缝方位、裂缝倾角、水平缝、垂直缝、裂缝转向、裂缝中心位置	不能解释裂缝几何尺寸;受深度限制,测试的清晰度随深度的增加而减小,只能宏观地而不能详细地描述裂缝增长
邻井井下倾斜仪	√	√					能够对裂缝延伸进行实时监测	需要和地面倾斜仪同时使用;监测井与压裂井井底距离受压裂规模和排量影响,随邻井距离的增加裂缝长度和高度测试的清晰度变弱
施工井井下倾斜仪		√	√				不需要邻井	只能用于测试压裂或酸压,而非支撑剂压裂
地面微地震	√			√		√	可以解释裂缝的方位、对称性	如果有多层压裂,不能确定具体压开哪一层
井下三分量微地震	√	√		√		√	可以解释裂缝的方位、高度、长度、对称性及裂缝随时间的延伸情况	监测井若是已射孔的井,要在射孔段以上下桥塞;监测距离受渗透率、岩石性能、压裂规模和排量影响;不适用于高渗透储层

通过以上对比分析,各种测试方法都有自身的优点和局限性。要准确、全面认识压裂裂缝特征,可以采用可靠性强的技术,多种方法交叉应用、相互对比、综合分析。相对于间接测试方法和近井地带直接测试法,远场直接测试法可确定的裂缝参数多,准确度相对较高。长庆油田目前主要采用井下微地震技术、零污染示踪剂、DSI测井等多种方法交叉应用。

第二节 井下微地震裂缝监测技术

微地震技术起源于地震学,是1962年由Biot提出的。通过测量岩石由于注入流体的挤压而产生断裂时的声发射事件,从而确定裂缝的空间位置。使用微地震监测技术进行压裂裂缝测试,是1992年由美国Pinnacle石油技术服务公司首次提出的,1997年开始逐渐被商业化广泛使用(Phillips等,1997;Urbancic等,1999)。到目前已在美国、加拿大和法国应用500多口井次。

井下微地震监测法能够保证实时数据采集的三分量地震检波器,以大级距的排列方式,多级布放在压裂井旁的一个邻近井井底,接收由于压裂导致地下岩石断裂所产生的微地震信号,经过资料处理得到裂缝的空间位置的方法。与其他方法相比,例如倾斜测量、建模法、井径测量等方法,微地震监测法可以提供裂缝方位、高度、长度、不对称性和延伸范围等方面的空间展布,而且准确度较高。应用微地震技术的最大局限是需要在压裂井附近有类似完井深度的邻井,且不适用于孔隙度高、渗透率高和杨氏模量低的储层,在这样的储藏中压裂,裂缝周围不容易激发大量微地震波,产生的微地震能量过低、微地震波衰减过快,因而无法在邻井监测到微地震信号。致密且坚硬的储层进行大规模压裂时,最适合用井下微地震技术进行裂缝监测。

一、技术原理

(一)岩石的张性破裂和断裂力学准则

在压裂施工过程中,地层中产生的裂缝受地应力的控制,岩石破裂是张性破裂(摩尔－库仑理论),即克服地层中最小主应力和岩石抗张强度。破裂时注入井孔中液体的压力为p_f。

$$p_f = 3\sigma_{min} - \sigma_{max} + S_t - p_o \tag{8-1}$$

式中 p_f——地层破裂压力,MPa;

σ_{min}——地层中最小主应力,MPa;

σ_{max}——地层中最大主应力,MPa;

S_t——岩石抗张强度,MPa;

p_o——地层孔隙压力,MPa。

根据弹性力学和断裂力学理论,岩石发生破裂后的井孔流体压力(p_c)可表示为(断裂力学准则):

$$p_c = 3\sigma_{min} - \sigma_{max} + \frac{K_{IC}}{\sqrt{\pi C}} - p_o \tag{8-2}$$

式中 K_{IC}——岩石的断裂韧度,MPa·m$^{0.5}$;

C——压裂初始裂缝长度,m;

p_c——裂缝延伸压力,MPa;

p_o——地层孔隙压力,MPa。

当注入井孔压力(p_f)达到p_c时,在液压作用下,岩石张性破裂(张力屈服),沿最大主应力方位形成一条主裂缝,同时裂缝滤失区周围的岩石发生张裂或错动,形成微裂隙(图8-1)。这些张裂和错动产生的震动信号,类似于地震(振幅很小),以所处地层的速度向四周辐射弹性波——压缩波(纵波:P波)和剪切波(横波:S波),其频率相当高,通常在200~2000Hz变化,能量比较微弱,大约相当于几克到几十克的炸药能量。

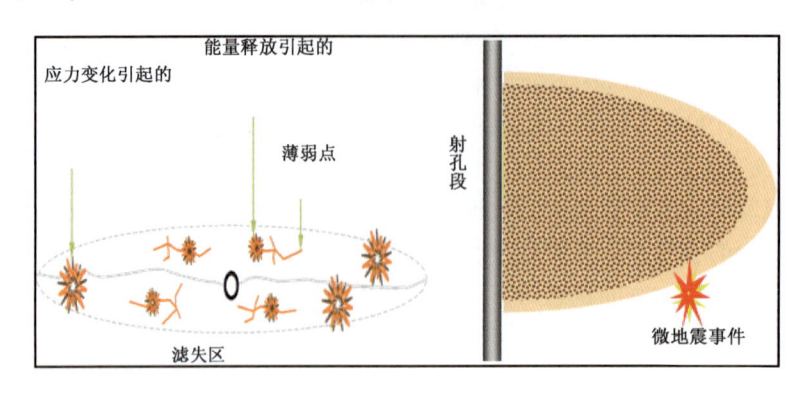

图8-1 压裂作业过程中微地震事件产生示意图

(二)微地震波的运动学

设一个微地震事件位于 O 点,在时间 t_1 时纵波和横波传播到位置 A 处;在时间 t_2 时,纵波和横波传播到 B。处于 B 点的三分量接收器接收到 P 波和 S 波的振动(图8-2),是两个水平分量接收到的信号。

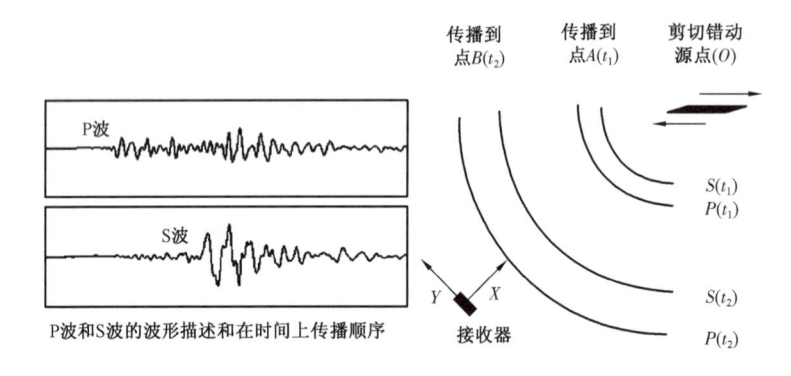

图8-2 微地震事件运动学示意图

高保真度地震响应系统装在井壁推靠的三分量探测系统中,采用标准的正交直方图将地震分量进行三维张量旋转,给出微地震到达的方向和震源到达的时差。如图8-3所示,是三个分量接收到的信号,X、Y 为两个水平分量,Z 为垂直分量。从三个分量的波形数据中分别找出 P 波、S 波进行资料处理,计算微振动的位置和方位,这个微地震事件的空间位置就可以确定。

(三)资料处理

自然界微地震事件(类似于地震震中)的计算方法有和达法、石川法、高桥龙太郎法、双曲线法、圆周法、引中线法、交切法、外心方位角法、等时量板法和方位角法等几种传统方法。前

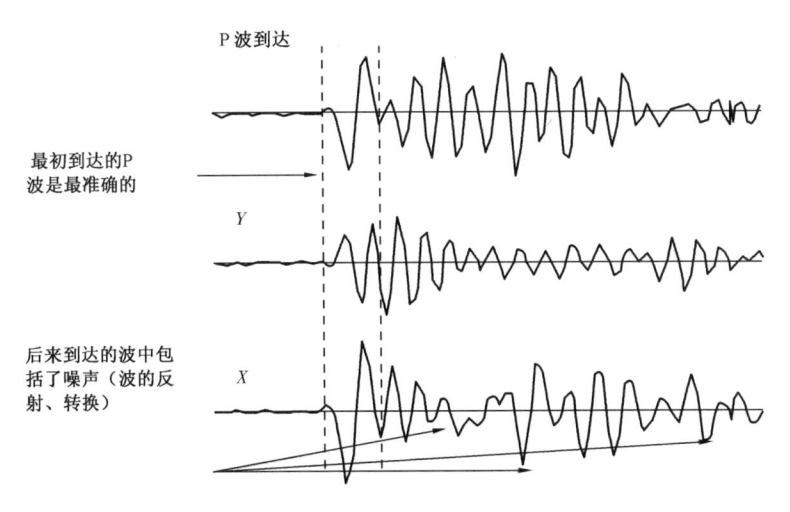

图 8-3 三分量微地震信号示意图

三种都基于射线理论,根据不同接收点的纵、横波到达时求得的距离,以接收点为中心作圆,几个圆的交会处即为微震点;双曲线基于波的时距曲线为双曲线的理论而交会成图;圆周法与第一种类似,以各个接收点的距离为半径作圆,总能作出一个与所有圆相切的圆,这个圆的中心即为微震点;引中线法是以每三个接收点确定一个微震轨迹线,将所有微震轨迹线的交会点确定为微震中心。显然这些方法都比较难适应于接收点几乎位于一条直线上的观测方法。

裂缝方位微地震事件的处理与自然地震的处理不同,主要分为三步:首先,从所有的数据中搜索出微地震事件;然后对所搜索到的事件进行振幅恢复;最后用这个事件的属性计算微振动的位置。其中的难点是识别微地震事件,弄清哪些是微地震事件、哪些是噪声,然后找到这个微地震事件的 P 波到达时间及其质点振动方向,多级接收系统可以有效地完成这一作业。因为微地震事件在多级系统都有反映,且具有一定的规律性,P 波在多级排列上是成像的;而 S 波的识别就比较困难,一般被掩盖在反射波或者其他的转换波之中,一般依据 S 波与 P 波的三个差异来测试:低频、振幅漂移、直角质点振动漂移,同时多级接收是追踪 S 波的必须条件。

(1)微地震事件的距离和高度。如上所述,微地震事件位置的处理需要一个新的方法,第一,接收处于一条线上,不能全部处于一个圆周上;第二,考虑微地震事件的能量很弱,当其到达接收器时,将它简化为平面波。

首先根据 P 波和 S 波随着传输距离的衰减公式来计算微地震事件的高度和距离。假设:v_P 为纵波速度;v_S 为横波速度;r_0 为初始水平距离(震源位置);z_0 为初始高程距离(震源位置);t_0 为初始时间(震源位置)。

震源处的微地震信号距离方程为:

$$F(t) = \int G(w) e^{iwt} dw \qquad (8-3)$$

此处的纵波信号距离方程可改写为:

$$F(t) = W_P \sum_n (v_P^2 t_0^2 - r_0^2 - z_0^2)^2 \qquad (8-4)$$

横波信号距离方程可改写为：

$$F(t) = W_S \sum_n (v_S^2 t_0^2 - r_0^2 - z_0^2)^2 \qquad (8-5)$$

即震源处的弹性波距离方程是：

$$F(0) = W_P \sum_n (v_P^2 t_0^2 - r_0^2 - z_0^2)^2 + W_S \sum_n (v_S^2 t_0^2 - r_0^2 - z_0^2)^2 \qquad (8-6)$$

当震源信号即微地震信号传播到时刻 i 时，弹性波的距离方程可以用以下的方程来表示：

$$F(i) = W_P \sum_n (v_P^2 t_i^2 - r_i^2 - z_i^2)^2 + W_S \sum_n (v_S^2 t_i^2 - r_i^2 - z_i^2)^2 \qquad (8-7)$$

那么，在时刻 i 时弹性波的距离方程就可以用以下的公式表示：

$$\begin{aligned} F = & W_P \sum_n \left[v_P^2 (t_{Pi} - t_0)^2 - (r_i - r_0)^2 - (z_i - z_0)^2 \right]^2 \\ & + W_S \sum_n \left[v_S^2 (t_{Si} - t_0)^2 - (r_i - r_0)^2 - (z_i - z_0)^2 \right]^2 \end{aligned} \qquad (8-8)$$

式中　r_i——i 时刻的水平距离；

　　　z_i——i 时刻的深度；

　　　t_i——i 时刻的时间；

　　　W_P，W_S——加权函数。

F 没有特殊的物理含义，表示 P 波和 S 波在接收点的"能量"与震源点的能量残差的平方和。这个理论是基于最小二乘法修正原理，当 F 最小时，微地震事件的距离和深度最逼近，所对应的这些参数就是最佳值。计算采用对上述方程同时回归，该最小化的结果便是微地震空间与时间坐标(r_{0i}, z_{0i}, t_{0i})。采用 12～18 级接收系统接收，针对每个接收级，都可以得到三个这样的等式，求解这些等式，就可以得到 r_0，z_0，t_0。多级接收可以保证反复几次的最佳逼近，准确求出微地震事件的距离和高度。

(2) 方位角的确定。为了完全在三维空间上确定微地震事件的位置，最后一个必要的参数是方位角（在水平方位）。对于每一个接收级有三个分量（在 X、Y、Z 方向各一个），由于 P 波震动矢量指向传播方向。所以，方位角的计算，通过检查第 1、2 周期的 P 波质点运动，使用定向统计和正交直方图（P 波 X 和 Y 方向振幅交叉图）的方法确定。

设一个水平分量振幅和速度分别为 A_E 和 v_E；另一个水平分量振幅和速度分别为 A_N 和 v_N，那么这个点的震源方位角 α 为：

$$\tan\alpha = \frac{A_E / v_E}{A_N / v_N} \qquad (8-9)$$

正交直方图方法，取每个接收级的水平分量的前一个相位（P 波）的质点振动，两个水平分量（相互垂直）的质点振动图可以放置在一个直角坐标系中，综合多级所得到的方位角，就可以准确地得到这个微地震事件的方位（图 8-4 和图 8-5）。

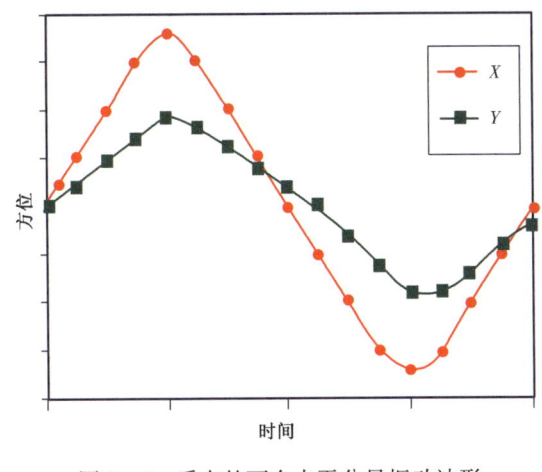

图 8-4　质点的两个水平分量振动波形　　　　图 8-5　波形正交直方图

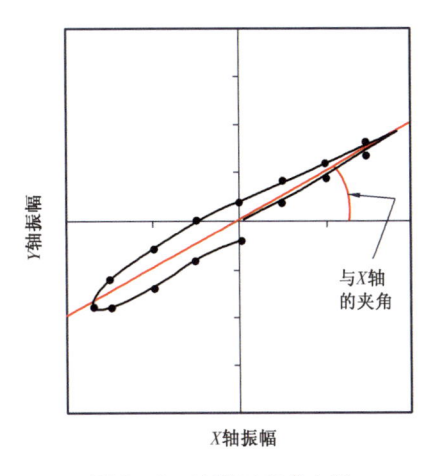

采用标准的正交直方图,将一个地震分量进行三维张量旋转后的显示图,可以给出微地震到达的方向和震源到达的时差(图 8-6),红色为三分量垂直分量接收到的微地震信号;绿色和蓝色为两个水平分量接收到的微地震信号。从三个分量的波形数据中分别找出 P 波、S 波,求出 r_0、z_0、α,这个微地震事件的空间位置就可以确定。确定出所有微地震事件后,根据低能量、高密度的原则,就能确定水力裂缝的方位、高度、长度及对称性等特征参数。

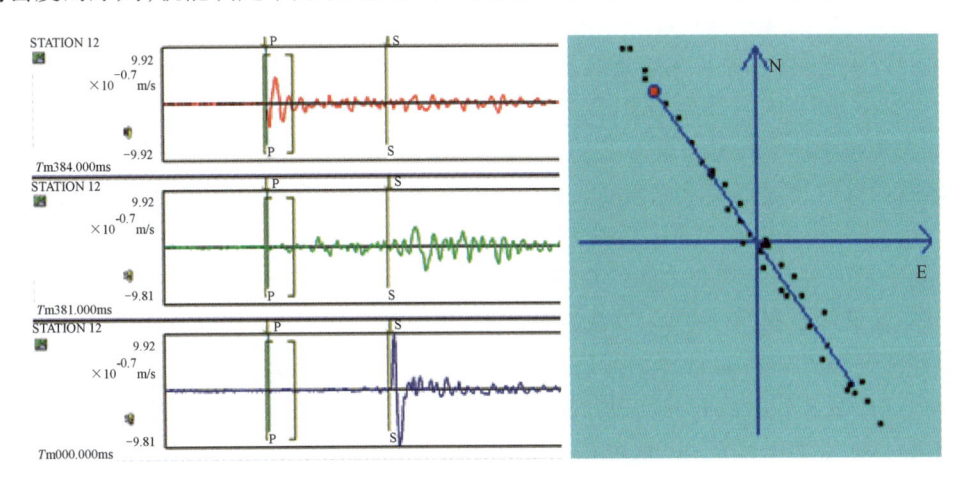

图 8-6　三分量波形分解正交直方图

二、测试要求

井下微地震监测法将三分量地震检波器,以大级距的排列方式,多级布放在压裂井旁的一个或多个邻井的井底。三分量微地震检波器在压裂井的邻井有以下两种放置方式。

一是放置在邻井中的目的层以上,用于邻井已射孔、压裂或生产的情况。这种情况位于顶部的检波器收到的微地震信号通常比较弱;为防止测试井内液体流动造成井内噪声,必须在射孔段之上先下入桥塞封储层,然后方可下入检波器。

二是将检波器放置在邻井目的层周围,这种情况检波器和水力裂缝都位于相同的深度和储层,此时声波传播距离最近,需要穿过的储层最少,属于最佳的观测位置,这种方式用于邻井的目的层未实施射孔和生产的情况。

图 8-7 显示一个由 5 级检波器组成的阵列,在压裂井的邻井井下的两种布局方式:图中左边的邻井已射孔,射孔段以上经过桥塞封堵,检波器阵列放置在该井目的层以上;图中右边的邻井为新井,目的层未射孔,检波器阵列放置在该井目的层周围。

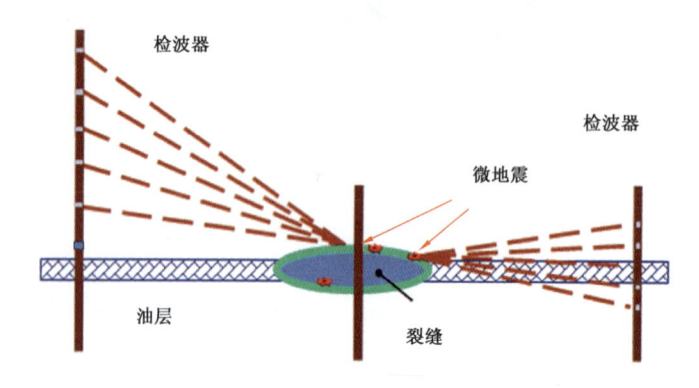

图 8-7 多级检波器系统在邻井的两种放置方式

井下微地震压裂测试使用的三分量检波器系统检波器以多级、变级距的方式,通过普通 7 芯铠装电缆或铠装光缆放置在压裂井的邻井中。与常规电缆数据传输相比,铠装光纤进行数据传输不但传输速度快,并且允许连续记录高频事件,提高了对微小微地震事件的探测能力。目前,长庆油田进行井下微地震压裂测试使用的是光缆,通常为 12 级检波器,采样速率 0.25ms。由于水力压裂微地震测试技术使用的三分量检波器系统非常灵敏,对邻井作业、测试井的地面和井内状况都要求比较高。为保证压裂测试的可靠性,经过多年来压裂测试的经验总结,对长庆油田压裂测试井及邻井有如下要求:

(1)要求监测井与压裂井之间的井底井距小于 300m,井底井温小于 120℃;监测井与压裂井的井口位置最好不在同一井场,以减少噪声。

(2)监测井最大井斜小于 35°,狗腿度每 30m 小于 3°,井筒畅通无阻。

(3)通过压裂井或其他邻井的射孔作为已知震源,定向监测井中的三分量检波器。

(4)测试时,监测井周围 500m 范围内的注水井应提前两小时关井,采油井应在压裂测试施工期间关井。监测井周围 1000m 范围内的钻井施工,在压裂测试施工期间停止钻进。

(5)新井作为监测井时,待监测井检波器下井后,方可在压裂井进行射孔作业,定向三分量检波器。

(6)如果监测井为已经射孔的井,应起出油管、通井、洗井,并在原射孔段之上打桥塞,待打完桥塞、下入检波器后,再对压裂井射孔,定向三分量检波器。

三、技术应用和实例分析

与高渗透油气田相比,准确掌握裂缝长度和方位对超低渗透油气田更重要。如果不用或不考虑注水维持地层压力的话,超低渗透油气藏井网布局的考虑因素应该和低渗透油气藏一致。在这种情况下,井距应该根据裂缝长度确定、排距根据储层渗透率和开采速度确定、井排方向根据裂缝方位确定,图 8-8 代表与裂缝长度和方位匹配的井网布局。如果实际的裂缝长度很小,只有设计的 50%,原来的开发井网就不再适用,图 8-9 显示与裂缝长度不匹配的井网布局。如果实际的裂缝方位与设计相差 45°角,原来的开发井网同样不再适用,图 8-10 显示了与裂缝方位不匹配的井网布局。两种与裂缝不匹配的井网都造成不能采出的、大面积的剩余油气区。

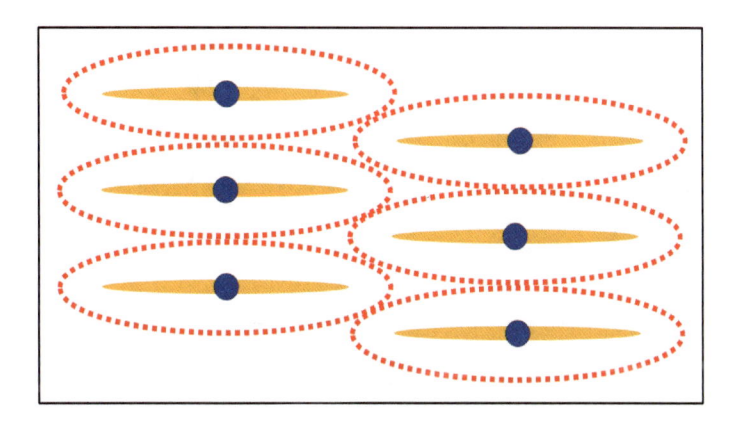

图 8-8 与裂缝长度和方位匹配的井网布局

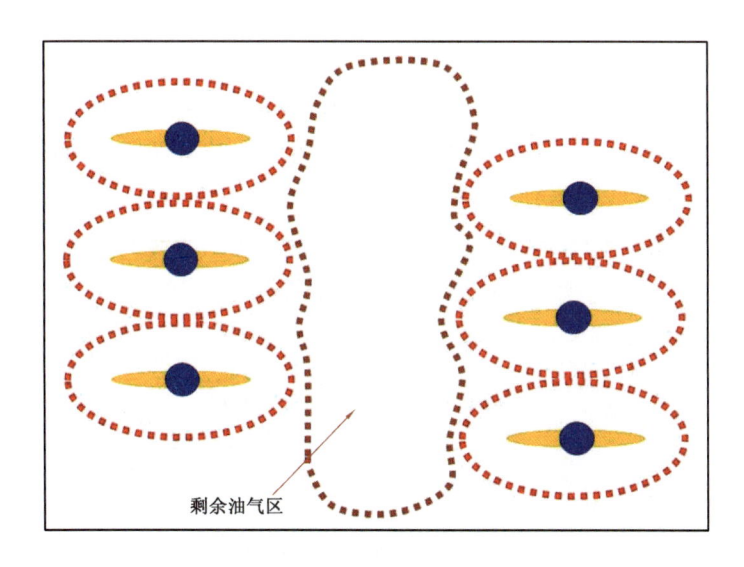

图 8-9 与裂缝长度不匹配的井网布局

微地震压裂监测对这些储层的有效开发和压裂设计优化起着指导性的作用,直接影响油气田开发的经济效益。自 2004 年以来,长庆油田已经在超低渗油藏应用井下微地震技术完成大约 50 口井、100 多段(层)的压裂监测,对超低渗油藏的单井压裂优化设计和油藏整体开发起到了较好的作用。下面举例详细说明裂缝长度和方向对优化超低渗透油气田整体开发的重要性。

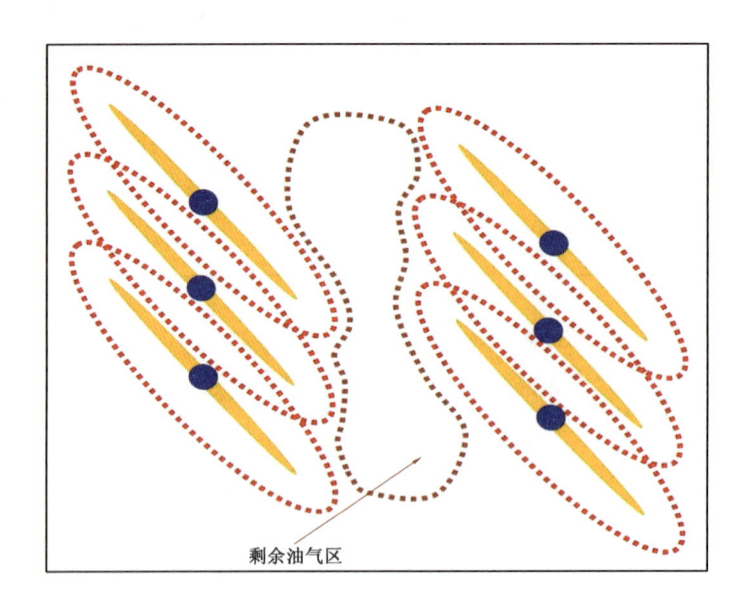

图 8-10 与裂缝方位不匹配的井网布局

应用实例：根据井下微地震裂缝测试技术和设备的要求，在 XF 油田 ZH19 井区开展了井下微地震监测。

(一) 试验井基本情况

根据 GPS 地面定位系统和井眼轨迹数据，压裂井为 B39-44 和 B45-43，位于某区块 G44 井区，监测井分别为 B40-43 和 B44-44。监测井与压裂井井底储层之间的距离为 260m。图 8-11 为压裂井与监测井井底相对位置图。

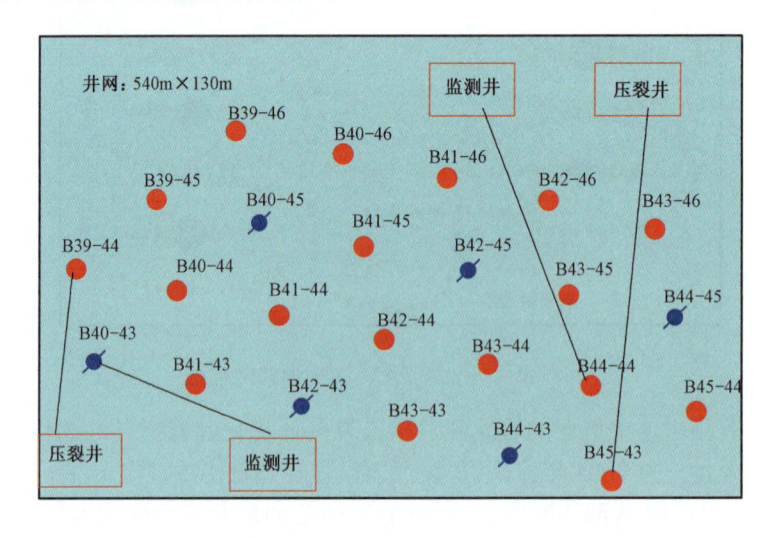

图 8-11 某区块 G44 井区长 4+5 层井网部署图

(二)监测设计

1. 入井工具设计

当布置有线阵列时,比较理想的是在压裂层至少有一个接收仪,其他几个接收仪分别在压裂层上下。观测井一定要安静,接收器必须安放到位,并且直接与套管接触。如果接收器处于自由悬挂状态,接收器将不工作。通常情况下,将一个12级的微地震监测工具串安装到油层附近位置,该工具的顶检波器与底检波器相距83.9m,从光缆头到磁定位的总长度为85.7m。从检波器1到检波器7的所有检波器两两之间采用10m长的单根柔性内连接串联;而从检波器7到检波器12的所有检波器两两之间采用两根短的刚性内连接串联。图8-12是该工具串的一个完整结构图。

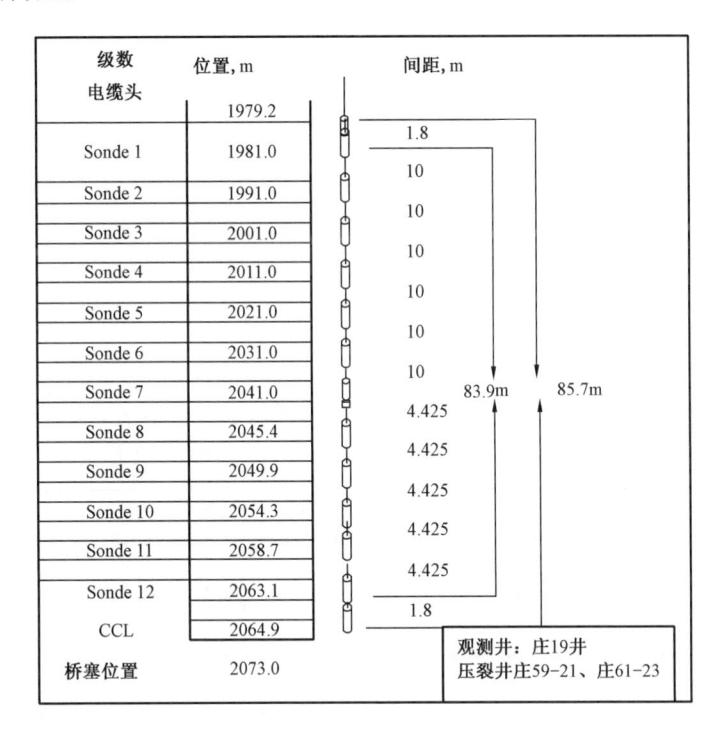

级数	位置,m	间距,m
电缆头	1979.2	1.8
Sonde 1	1981.0	10
Sonde 2	1991.0	10
Sonde 3	2001.0	10
Sonde 4	2011.0	10
Sonde 5	2021.0	10
Sonde 6	2031.0	10
Sonde 7	2041.0	4.425
Sonde 8	2045.4	4.425
Sonde 9	2049.9	4.425
Sonde 10	2054.3	4.425
Sonde 11	2058.7	4.425
Sonde 12	2063.1	1.8
CCL	2064.9	
桥塞位置	2073.0	

观测井:庄19井
压裂井庄59-21、庄61-23

总长度:83.9m / 85.7m

图8-12 ZH19井监测工具入井结构图

2. 井筒液体设计

对于监测井为已射孔及压裂作业,而且已经投产、投注。由于对应的目的层已经处于不安静状态,储层内部流体的任何流动均可能造成噪声信号。因此,在原射孔段以上10m的位置用一个桥塞分隔射孔层段和防止任何射孔井井筒内的液体流动,封堵主要的生产层。所有接收仪安置在压裂层上部层段,桥塞以上井筒内充满淡水或KCl水。同时,进行裂缝监测的地震波检波器非常灵敏,地面的噪声信号有可能传到接收器。为减少井下检波器监测到来自地面的噪声信号,井筒上部的100m保持空井筒。精确计算井筒容积时,需要考虑地震检波器所占的体积。这里有监测工具的长度/直径和光缆的直径数据。一个检波器长1.575m,直径63.5mm,光缆和柔性、刚性内连接的直径为11.7856mm,每一个刚性内连接的长度为1.425m。

对于监测井为未射孔的新井时,仪器串直接下到油层中部位置,井筒上部的 100m 保持空井筒,以减少来自地面的噪声信号,其他井筒内充满淡水或 KCl 水。

3. 现场实施

根据测试要求距压裂井 600m 范围内的所有注水井提前一周停注,所有采油井提前两天停产。

现场具体实施时压裂井射孔前,将检波器按设计下入监测井内,并灌入相应的设计液体。然后对压裂井进行射孔或补孔作业,同时根据压裂井内的射孔信号、射孔位置与检波器的相对距离的位置校准测井纵波速度,从而定位多极三分量,测试背景低频噪声,设置噪声初始水平。最后在压裂施工前、压裂过程中、压裂后一段时间内,连续记录由于压裂造成的微地震事件。测试井的压裂施工情况见表 8-4。

表 8-4 微地震压裂裂缝监测井压裂施工汇总

井号	目的层	射孔段 m	液量 m³	砂量 m³	最大砂比 kg/m³	平均排量 m³/min	最高泵压 MPa	停泵压力 MPa
B39-44	长 4+5	2271.0~2279.0	154	35	580	2.6	32.5	18.3
B45-43	长 4+5	2342.0~2347.0	158	35	760	2	31	9.7

在压裂过程中,B45-43 井监测到 127 个微地震事件,B39-44 井监测到 13 个微地震事件。图 8-13 和图 8-14 为 B45-43 井、B39-44 井压裂过程中在监测井 B44-44 和 B40-43 井中接收到的两个典型事件波列,事件的能量特别弱,不过 P 波和 S 波的波形均比较清晰,可以看出两个事件均来自于仪器中下部位置,这与压裂井的油层位置是吻合的。

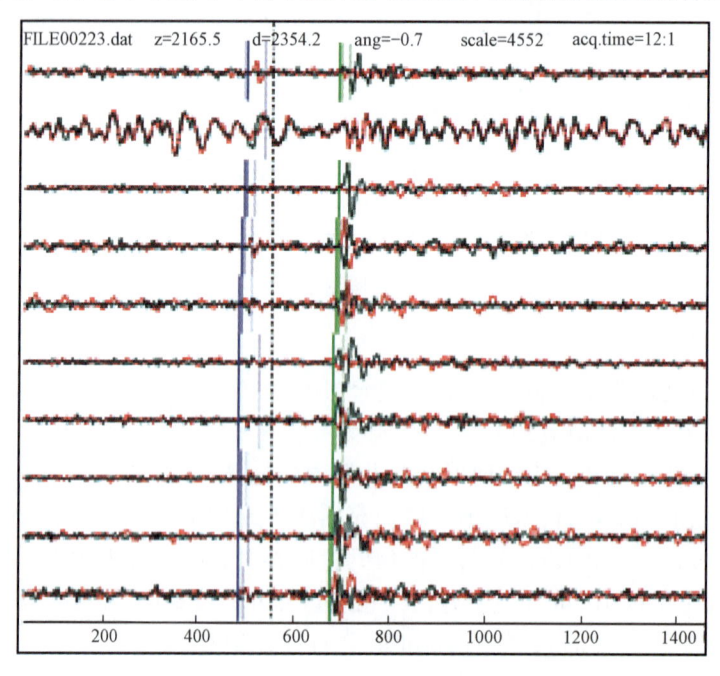

图 8-13 B45-43 井典型的 P 波和 S 波列

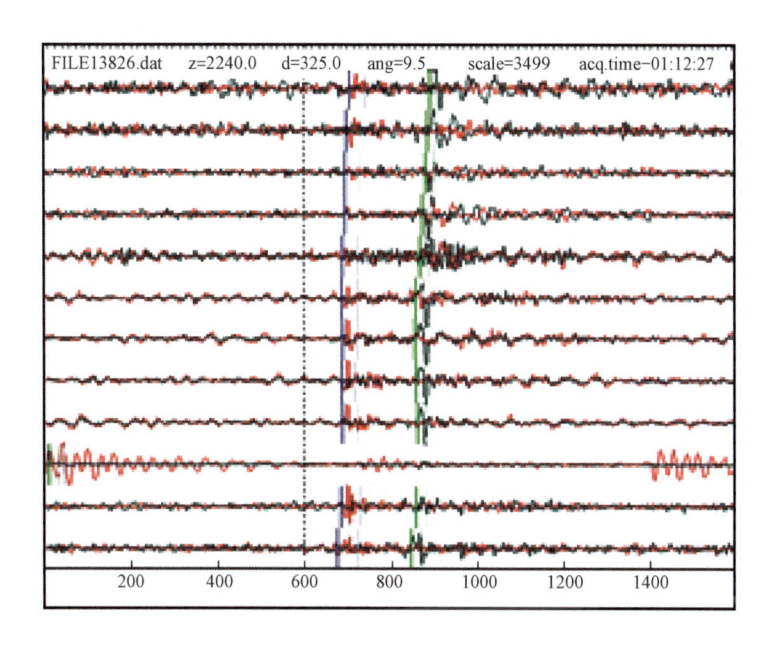

图 8-14 B39-44 井典型的 P 波和 S 波列

4. 测试结果

压裂监测到的数据较好,微地震事件发生位置的误差在两个水平方向为 10~20m,垂直方向为 5m,这主要取决于微地震事件发生的位置与检波器之间的距离和仪器组合。由于监测位置和地层非均质的原因,裂缝有少许的不对称。裂缝测绘结果汇总见表 8-5。

表 8-5 裂缝测绘结果汇总

压裂井	地层	射孔段,m	入地液量 m³	西南翼裂缝半长 m	北东翼裂缝半长 m	裂缝高度 m	裂缝方位 NE
B39-44	长 4+5	2271.0~2279.0	154	126	107	35	80°
B45-43	长 4+5	2342.0~2347.0	158	137	104	27	75°

图 8-15~图 8-17 所示为 B39-44 井压裂作业过程中产生的所有微地震事件解释结果,B39-44 井监测的裂缝方位为 N75°E,裂缝半长 104~137m。在裂缝的两翼共监测到 13 个微地震事件。监测的裂缝高度为 27m,裂缝基本被限制在产层长 4+5 内扩展。

图 8-18~图 8-20 所示为 B45-43 井压裂作业过程中产生的所有微地震事件解释结果,B45-43 井监测的裂缝方位为 N80°E,裂缝半长 107~126m。在裂缝的两翼共监测到 127 个微地震事件,监测的裂缝高度为 35m,裂缝基本被限制在产层长 4+5 内扩展。

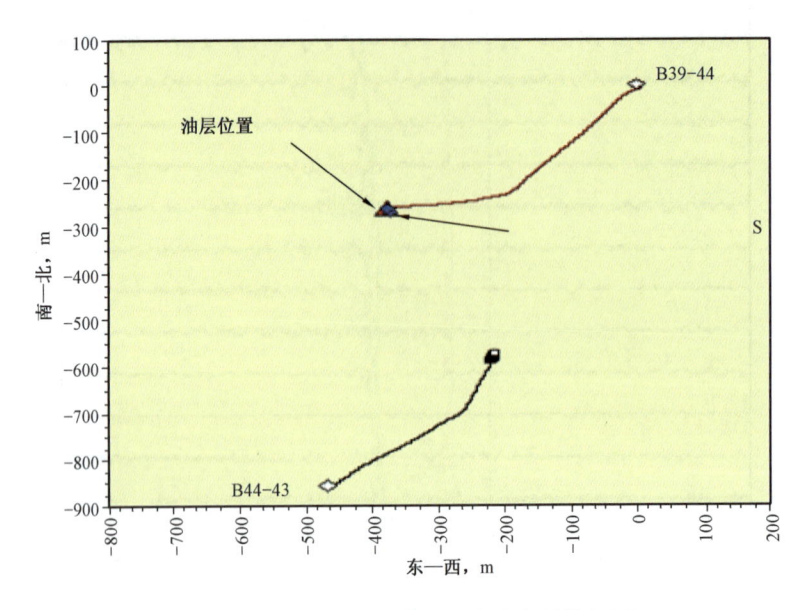

图 8-15　B39-44 井监测的射孔点的俯视图

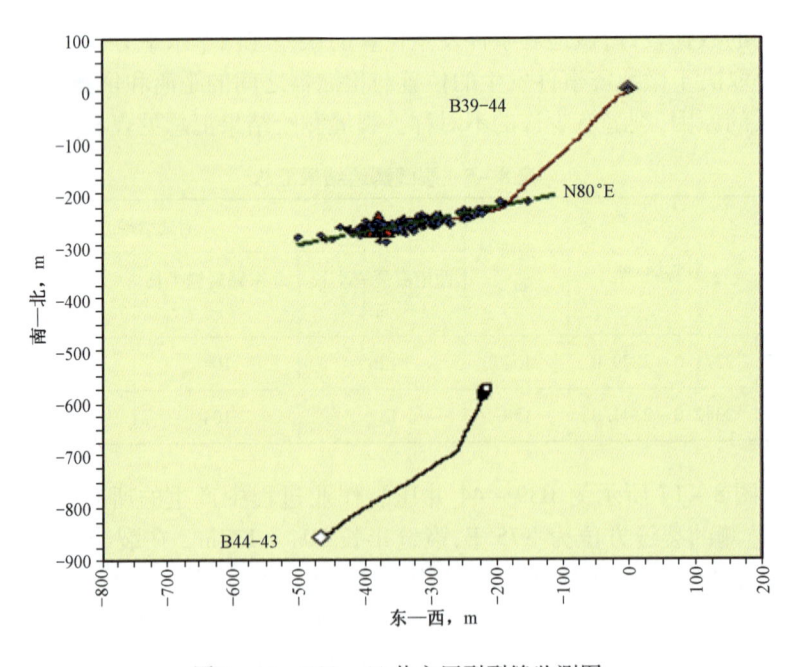

图 8-16　B39-44 井主压裂裂缝监测图

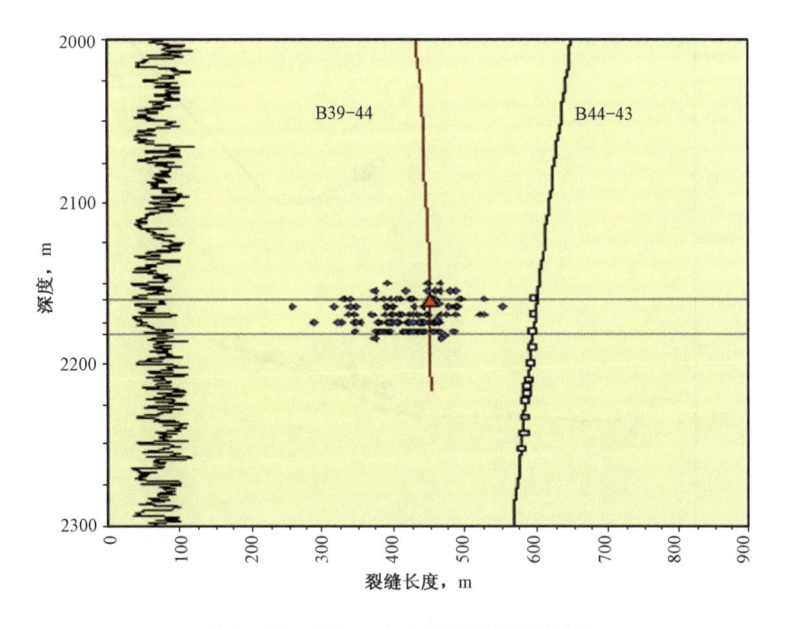

图 8-17　B39-44 主压裂裂缝侧视图

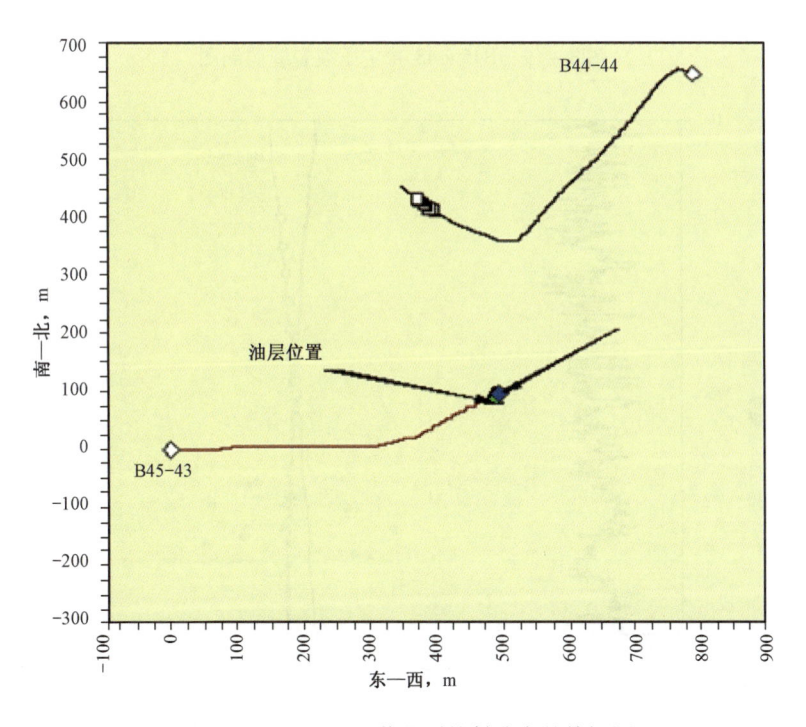

图 8-18　B45-43 井监测的射孔点的俯视图

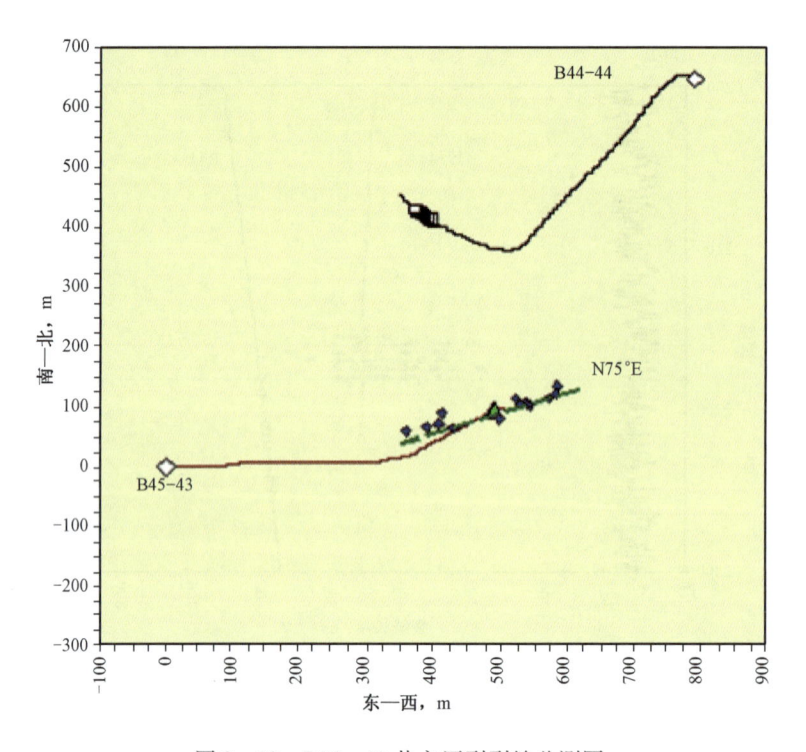

图 8-19　B45-43 井主压裂裂缝监测图

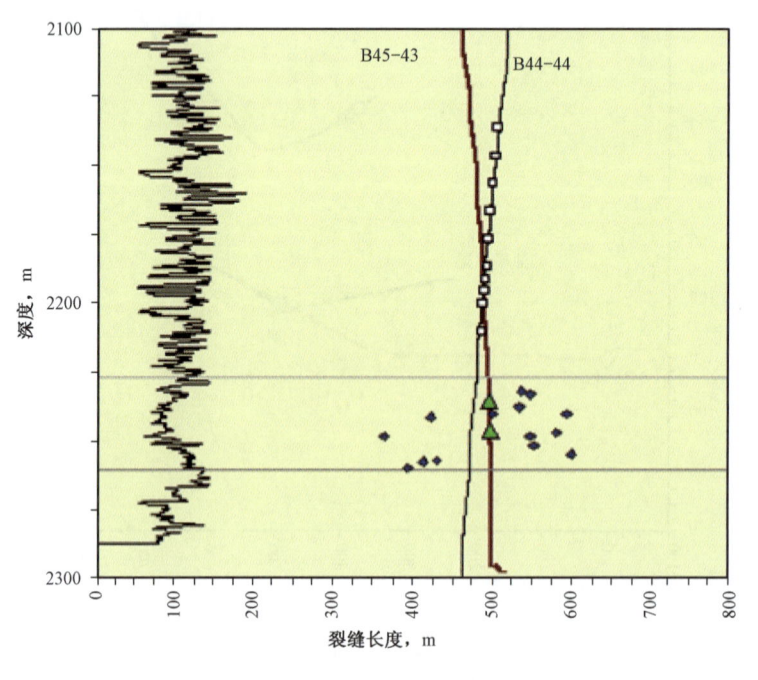

图 8-20　B45-43 井主压裂裂缝侧视图

第三节 示踪剂裂缝监测技术

示踪剂裂缝监测技术属于近井地带裂缝直接测试方法,可以监测水力压裂产生的裂缝在近井段的高度和宽度等,不能估计裂缝长度,而且探测深度只有 0.3~0.6m。长庆油田采用的零污染示踪技术来自于美国岩心公司(CoreLab),主要用于在压裂过程中将三种不同能量级的示踪剂加入压裂液中泵入地层,监测井眼周围支撑剂的分布情况、判识裂缝高度、评价压裂效果等。

一、基本原理

ZeroWash Tracer 采用一种中强度的陶粒支撑剂,并在生产该种支撑剂颗粒时,注入各种非放射性的重金属原材料(氧化锑或铱金属,或氧化钪)。利用标准的空气混合技术将金属盐与黏土充分混合,向混合物中加水制成球状,然后在窑内烘烤,冷却后过筛,按尺寸分级,清洗并抛光以去除微量尘土,然后再次筛分后,送到核反应器中,用中子轰击,激活储存于里面的重金属材料。

示踪成像技术利用一个碘化钠闪烁探测器探测伽马射线的辐射,光电倍增管计量伽马数并发送到井下多频段分析器,后者分选、存储到不同的能量级。共有 512 个能量频道,256 个低能频道和 256 个高能频道。低能频道用内部的镅–241 校准源进行自动增益稳定控制,同时测量用于计算零冲洗示踪剂颗粒相对距离的康普顿下散射。由于示踪剂颗粒和示踪成像测试工具之间的距离和屏蔽程度不同,伽马射线的计数率也不同。计数率的变化为距离的负二次方,也就是说,如果距离变为原来的两倍,测量的计数率将减少到 1/4。知道到示踪剂颗粒的距离和同位素的泵注浓度,就可由示踪剂计数率测定在测试工具检测范围内的被示踪的支撑剂的量。知道井眼周围理论圆柱中支撑剂的数量和圆柱体的尺寸,并且假设支撑剂被限制在一定裂缝内,裂缝宽度和裂缝内支撑剂浓度就可以计算。理论柱体的尺寸由测试工具的垂直分辨率和探测深度决定。探测的深度与所用同位素辐射特性的能量级成比例,因此随所用同位素的种类而变化。

在压裂过程中,即泵入前置液、携砂液前半段和后半段,通过注入三种不同的示踪剂将它们泵入地层。压裂和返排结束后,下监测工具,通过测试系统测量示踪剂放射性强度,从而确定裂缝的高度和宽度。

二、示踪剂注入程序

示踪剂泵注技术已超过 35 年的应用历史,在此期间积累了大量油井增产和效果评价的信息资料。1976 年使用高压注入装置第一次实现示踪剂自动加注。开发高压注入示踪方法的主要原因,是为了减少或消除对下游压裂液混拌设备和泵注设备的污染。但是这种方法仍有很多问题,其中包括:

(1)所有放射性物质必须在工作之前加入高压注入系统,在工作中不能有任何改变。

(2)所需剂量的示踪剂都被加注到高压系统中,一旦在管线布置或是连接中出现错误,在最大的操作压力下,全部的示踪剂都可能泄漏。人们认识到当采用高压操作方法时,任何放射性物质的泄漏都将导致大范围的污染问题。

(3) 高压注入所用的注入泵在连续稳定注入的过程中很不精确。

ProTechnics 公司设计、制造和使用这些精确计量泵和计量设备,这些设备可向单位体积的支撑剂浆体、聚合物、砂砾或水泥中非常精确地添加零冲洗示踪剂颗粒。使用的低压蠕动式容积泵,由肾透析机用的泵改进而成。蠕动泵包含一条柔韧管,管子被一套滚轴逐步挤压。滚轴沿管轴向移动以驱动管中流体。这种泵主要的优点是管内流体不接触泵体,因而泵不会受到污染。流体和所携载的放射性示踪材料完全进入管内,只有管子损坏时才会造成污染。当需要更换泵元件时,没有拆解泵所带来的风险、时间延迟和成本消耗。只需关闭系统,更换管子并重新启动系统即可,此过程通常只需 5min 或更少。由于它的简捷性,此系统易于实现高精度电控制。低压注入消除了高压注入的各种隐患,在注入期间能够更加灵活地改变或增加示踪剂。低压精确计量的主要优点是可以定量地评估裂缝宽度、支撑剂分布、砾石充填的均匀性等一系列指标。通过使用零冲洗示踪剂 ZeroWash®,如液体对流、裂缝扭曲和支撑剂的沉降都可以被详细说明。ProTechnics 公司提供所有注入设备和必需的连接件,包括一个 4in 或 5in 的短节,将注入接头连接到泵设备入口管线上。零冲洗示踪剂裂缝监测的注入规程及应注意事项如下。

(1) 必须遵守以下注入规程:
① 多个注入点作为备用。
② 用阀门隔离放射性注入泵。
③ 每次注入量不超过 30mCi,以减少限制区域内的辐射和潜在的溢出污染。

(2) 注意事项:
① 禁止直接向搅拌器和/或管汇中直接注入,应将泵入口隔离。
② 负责返排的人员应被告知放射性材料已经被使用过了。
③ 所有接触返排流体或支撑剂的人员需用肥皂和水清洗接触部位。
④ 在进食、进水及吸烟之前需彻底清洗双手。
⑤ 避免对流体和支撑剂进行不必要的处理。

(3) 示踪剂注入方案:
分三段注入 3 种不同的放射性示踪剂。注入程序见表 8-6。

表 8-6 示踪剂注入程序

施工阶段	液体类型	排量 m^3/min	液量 m^3	支撑剂浓度 kg/m^3	示踪剂名称	示踪剂浓度 mCi	累计时间 min:s
低替	活性水	0.3~0.5	6.2				
坐封	活性水	0.5~1.6	1.5				
前置液	交联瓜尔胶	1.6	16.0		Sb-124	5	10:13
携砂液	交联瓜尔胶	1.6	8.0	243	Sc-46	5	15:42
	交联瓜尔胶	1.6	12.0	405	Sc-46	5	24:25
	交联瓜尔胶	1.8	23.0	486	Ir-192	15	39:41
	交联瓜尔胶	1.8	14.0	567	Ir-192	10	49:14
	交联瓜尔胶	1.8	10.0	648	Ir-192	10	56:14
顶替液	瓜尔胶基液	1.6	6.0				59:59

三、实例分析

(一)压裂示踪剂测试

压裂示踪测试工具在地面经过校准,然后用钢绳或电缆或连续油管下入井中,在水平井水平段用地面泵循环液体推进测试工具到测试层段。井下的时钟与地面计算机的时钟同步设置。经过预设时间后,工具开始采集井下数据(每个能量频道的伽马数与时间的对应曲线),地面计算机通过解码器存储深度与时间的对应曲线。在工具被重新取出井并将存储数据下载后,合并两个文件(井上与井下)的数据,现场伽马数测井和接箍定位以及光谱图便被绘制(原始图)。测井结束后,可通过互联网把数据以电子邮件发送到数据处理和计算中心。数据中心进行光谱反褶积和更深层次的测井分析。操作简单,携带便捷,整个系统可容易地放入手提箱内。由于不需要运输整套测井设备到现场,作业成本大幅度降低。由于数据在井下就被存储,不受动态范围和数据率的限制(电缆传输式工具的数据必须通过电缆传送到地面),精度和分辨率远远超过模拟信号测试工具。

(二)测试结果

图 8-21 是 Z161-153 井长 8 零污染示踪剂裂缝监测的实例。不同颜色分别表示不同的示踪剂伽马值大小,其中蓝色示踪剂是锑-124;黄色示踪剂是钪-46;红色示踪剂是铱-192。最后注入的示踪剂总是存在于最靠近井筒的地方。依次类推,可能有一条、两条或三条示踪剂曲线。这取决于使用几种示踪剂。图 8-21 显示测井数据、射孔段、地层、井筒、不同示踪剂沿

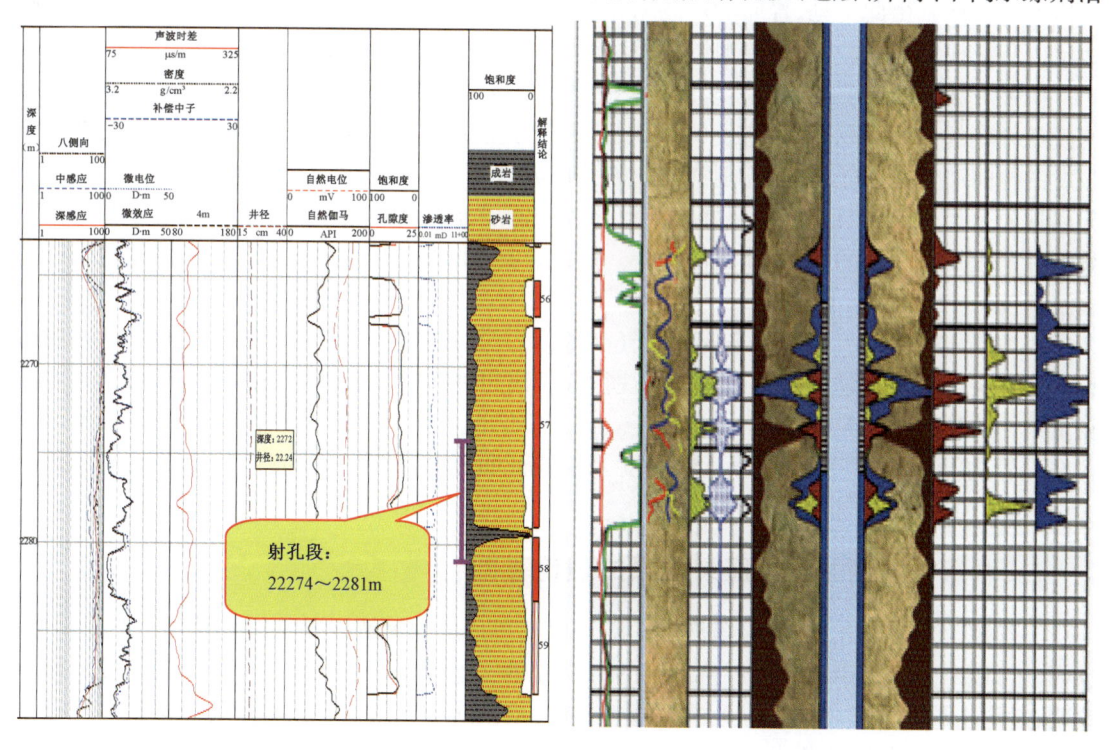

图 8-21 Z161-153 井长 8 综合测井图与示踪剂压裂诊断测试结果示意图

井筒的剖面,一个镜像对称图表示双翼裂缝系统。根据监测解释结果得到裂缝高度为15m左右。

第四节　测井技术在压裂中的应用

压裂设计中的一些关键参数,可通过偶极声波测井资料获取。在压裂设计中,最常用的岩石力学参数来源于声波测井,尤其是可在各种地层条件下提供横波速度的交叉偶极声波测井。交叉偶极声波测井既可以提供压裂设计必需的岩石力学参数,也可以用于确定压裂裂缝垂直高度及裂缝延伸方向。压裂施工完成后,是否产生裂缝、裂缝有多长、裂缝主要延伸方向、是水平裂缝还是垂直裂缝等问题,是评价压裂施工达到目的与否的重要指标,也是分析压裂井是否会与周围的油水井连通,造成水淹、水窜等问题的主要依据。

一、技术原理

普通的声波测井使用单极声波发射器,可向井周发射声波,声脉冲由井内流体折射进入地层时,使井壁周围产生轻微的膨胀,在地层中产生纵波和横波。一部分能量以滑行纵波模式传播,另一部分能量以滑行横波模式传播。因此,在硬地层中可以得到横波和纵波时差。

然而在慢速的固结较差的地层中,由于横波速度小于井内流体声速,横波首波与井中钻井液的流体波一起传播,不能产生临界折射的滑行横波。在这种情况下,使单极声波测井无法得到横波的首波。由此可见,普通的声波测井方法只能在声波传播速度大于流体传播速度的硬地层中测量横波和纵波,而在软地层中无法测量横波。

偶极声波所测的偶极子横波实际上是挠曲波,挠曲波是一种有频散的非对称模式波(相速度随频率的改变而改变,相速度的低频极限值为纯横波的相速度值)。由于交叉偶极方式激发的挠曲波频率很低,井眼周围挠曲波因各向异性而造成的分离现象,与横波地震上的横波分离现象是类似的。对于天然裂缝不发育的致密储层,改造后形成的人工裂缝,应该在偶极声波测井上表现出较强的快、慢横波能量差。因此,可以由偶极波形中弯曲波来计算软地层中的横波慢度。

对地层压裂形成人工裂缝来提高油气产量,是开发超低渗透油气藏最常用的手段。压裂裂缝在储层纵向上的延伸对试油气结果往往起着决定性作用。偶极声波测井一般用于裸眼井测量来评价地层的各向异性、识别气层等。在分析偶极声波测井原理的基础上,将偶极声波测井在套管内测量,检查压裂裂缝延伸高度。实践证明,此方法是一种有效的压裂效果评价方法,在长庆油田取得了良好的应用效果。

二、偶极声波测井评价压裂效果的理论基础

与常规声波测井相比,偶极声波测井除可以获得地层的纵波外,还可获得横波、斯通利波,这样就可以利用偶极声波测井评价地层的各向异性,尤其是裂缝导致的储层各向异性。研究表明,对构造应力或其他因素导致的裂缝性地层,横波速度通常显示出方位各向异性。质点平行于裂缝走向振动、方向沿井轴向上传播的横波速度要快。如果横波造成的质点振动方向与裂缝走向呈一个角度(小于90°),则入射横波分裂成质点平行和垂直于裂缝走向振动、传播方

向沿井轴向上,并以不同速度传播的快横波和慢横波,快、慢横波之间的能量差或速度差反映了地层的裂缝各向异性。

(一)声波对裂缝的响应

理论和实验研究表明,各种波的成分(包括纵波、横波和斯通利波)都对裂缝反映敏感。但是各种波的反映情况不同:纵波的响应比较复杂,受岩性影响大,通常不用于裂缝的识别与评价;横波对储层各向异性反映灵敏,尤其是裂缝或高角度裂缝造成的各向异性,因此,常用横波研究这类高角度裂缝;斯通利波对裂缝、层界面反映敏感,尤其低角度裂缝或水平缝,经常出现反射斯通利波,所以通常用斯通利波研究这类低角度缝。

(二)各向异性评价裂缝

横波分裂现象是地层产生横波方位各向异性的基础,而横波分裂现象往往是由地层裂缝(尤其是垂直缝或高角度缝)引起的,如图 8 – 22 所示。由于压裂后所形成的裂缝多为垂直缝或高角度缝,因此,可以通过对比压前压后储层的各向异性评价裂缝,进而评价压裂效果。

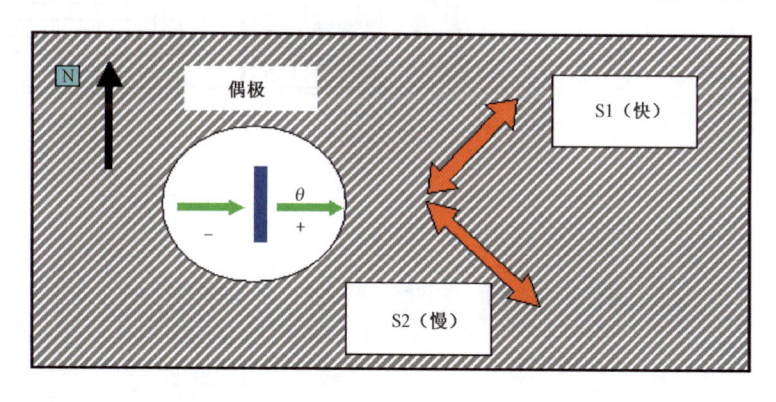

图 8 – 22 横波分裂现象

三、实例分析

(一)裂缝高度分析

长庆油田在一些疑难井中开展利用过套管偶极声波评价压裂效果的试验应用。某探井长 6 钻遇油层 4.2m,油水层 2.0m,平均渗透率 0.3mD,射孔井段在 2003.0 ~ 2006.0m,图 8 – 23 为该井的测井解释结果。压裂改造后日产水 19.9m³,试油结果与测井解释结果不符。为了分析储层出水的原因,利用过套管偶极声波测井评价压裂形成的裂缝高度。

测井结果表明,射孔段并未表现出较强的快、慢横波能量差,而在储层下部泥岩段和水层处能量差较强。测试解释结果说明,储层段并未得到有效改造,压裂时裂缝穿过泥岩,沟通了下部水层,导致试油产水。通过过套管偶极声波测井,搞清了储层出水的原因。

(二)裂缝方位评价

横波在裂缝性地层中存在分裂现象,通过对快慢横波的提取,计算可以得到横波时差的各向异性。因此,分析各向异性结果、结合 STAR 等资料,就可以有效地识别地层中高角度张开裂缝,并通过快横波方位角判别裂缝的走向。如图 8 – 24 所示,图中左边为地层横波时差各向

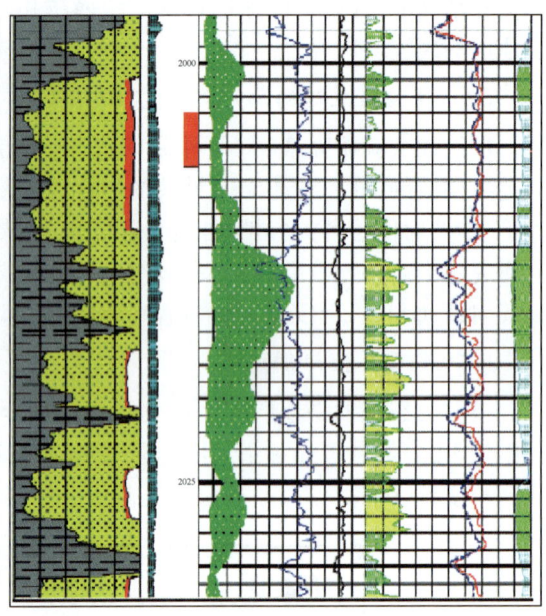

图 8-23 裂缝监测解释结果

异性图,右边为 STAR 测井中的声电成像图。图中横波时差各向异性明显,对应声电成像图上可见高角度裂缝存在。裂缝走向为北西—南东方向。

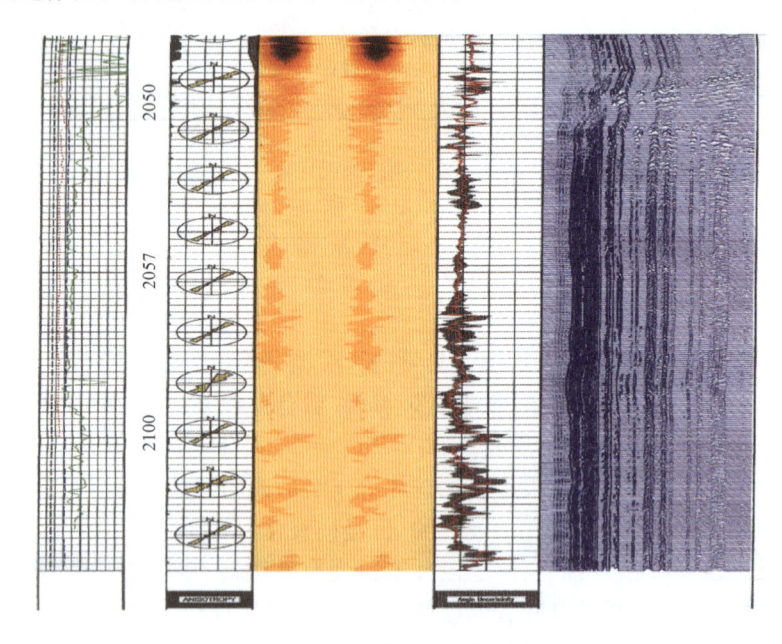

图 8-24 裂缝显示特征图

从各向异性成果图上分析,认为在该区的长 8 储层,岩石致密均匀,水平方向各向同性,地层中裂缝不发育。在长 6—长 7 地层中,天然裂缝不发育,个别井见少量裂缝;应力释放微裂缝稍发育,这是由水平方向应力差异引起的。

(三)地应力分析

某区块储层主要岩性为砂泥岩,岩性较为均匀,地层中裂缝不太发育,只有少数微裂缝存在。在各向异性解释中,地层的横波时差各向异性主要是由水平方向地应力的不均衡及不规则井眼引起的,通过对地层各向异性的分析,可以评价该区地应力状况,长6—长7地层各向异性较长8地层明显。说明在该区长8地层中,水平方向应力较为均衡,而上部则应力欠平衡。根据各向异性地层快横波方位角,可以确定最大(最小)水平地应力的方向。表8-7为该区长6—长8地层最大地应力方向统计表,由表中可以看出,该区长6—长8地层中,上下地层有较好的一致性,该区最大水平主应力方向主要为近北东东—南西西方向,个别井为北西西—南东东方向。

表8-7 长6—长8地层最大水平地应力方向统计

井号 层位	D75-54	D77-49	D81-50	D79-50	X28-16	X120	X103	X167	X189	X105
长6	90°	85°	130°	75°	135°	90°	—	—	—	—
长7	不定	40°	145°	80°	135°	100°	65°	不定	35°	60°
长8	45°	40°	150°	90°	135°	115°	45°	45°	30°	65°

(四)岩石弹性力学参数的确定

常用的岩石力学弹性参数主要有:杨氏模量、泊松比、剪切模量、体积模量、体积压缩系数以及有效应力系数等。根据弹性力学理论,岩石弹性参数可由密度测井资料和偶极子声波测井中的纵、横波时差资料联合计算得到(表8-8)。

表8-8 岩石弹性参数定义及表达式

参数名称	定 义	表 达 式
杨氏模量 E	施加的轴向应力与法向应变之比	$E = \dfrac{\rho_b(3\Delta t_s^2 - 4\Delta t_p^2)}{\Delta t_s^2(\Delta t_s^2 - \Delta t_p^2)} \times \eta$
泊松比 μ	横向应变与纵向应变之比	$\mu = \dfrac{0.5\Delta t_s^2 - \Delta t_p^2}{\Delta t_s^2 - \Delta t_p^2}$
剪切模量 G	施加的应力与切应变之比	$G = \dfrac{E}{2(1+\mu)}$
体积模量 K	静水压力与体积应变之比	$K = \dfrac{E}{3(1-2\mu)}$

表8-9为XF地区部分井长8储层岩石机械特性参数表。由表中可以看出,长8储层岩石泊松比基本在0.23~0.25,杨氏模量在$(3.4~5.6) \times 10^4$MPa,属于中等强度砂岩。人工破裂压力基本在35MPa左右。

表8-9 测井解释岩石力学参数

井号	层段,m	泊松比	杨氏模量,10^4MPa	岩石破裂压力,MPa
X31-35	2068.3~2076.0	0.24	5.6	35.2
D75-54	2069.5~2071.9	0.24	5.0	35.0
D77-49	1969.4~1972.4	0.25	4.7	34.5
D79-50	2023.0~2029.3	0.25	4.7	36.0
D79-50	2035.9~2042.1	0.23	4.8	35.7
D79-50	2042.6~2046.3	0.25	5.0	35.8
D81-50	2001.9~2011.4	0.23	4.2	35.0
X103	2116.3~2125.4	0.25	4.3	37.1
X105	2152.8~2166.3	0.24	4.5	37.7
X120	2169.3~2172.8	0.25	4.6	39.1
X28-16	2136.8~2150.9	0.23	4.0	36.0
X167	2131.3~2146.0	0.24	3.9	37.6
X189	2100.8~2105.9	0.25	4.2	37.9
X189	2109.4~2116.6	0.25	3.4	37.9

第九章　致密油气藏储层改造新技术展望

中国石油自大力实施储量增长高峰期工程以来,超低渗透、特殊岩性储层所占储量在新发现储量中的比重越来越大,以长庆油田苏里格、华庆长6和川中须家河为代表的致密油气藏储量,有效动用的难度大。

苏里格上古生界普遍发育山1、山2、盒8等多套含气层系,纵向上砂体相互叠置,川中须家河从须1到须6,储层同样表现为大面积叠置连片的特征。苏里格东区存在2~5个气层的占79.2%,鄂尔多斯盆地东部纵向上有7~8个含气层段。2007年以来,通过实施超低渗透油藏水平井压裂攻关,形成双封单压分段压裂、水力喷射分段压裂、滑套封隔器分段压裂"三大主体"技术,开展各类现场试验508口井,其中三大主体分段压裂技术现场应用412口井。压后平均单井稳定日产量6.5t,是直井的3.9倍。通过攻关,改变了原来采用限流、填砂分段压裂方式,为超低渗透油藏水平井扩大应用创造了技术条件。

华庆长6砂层厚度大、储层物性差、孔喉细微、非均质性强、整体单井产量低。为提高单井产量,长庆油田引入体积压裂理念,开展水平井多段压裂和定向井多级多缝压裂技术攻关,形成水力喷射多段压裂、定向射孔多缝压裂、前置酸加砂压裂、多级加砂压裂、斜井多段和暂堵多缝压裂新的工艺体系,有效地支撑了长庆油田快速持续高效发展。

近几年来,储层改造技术虽然取得了长足的进步,但是与国外先进水平相比仍有较大的差距。"十二五"规划即将启动,勘探开发的对象仍然以低渗、致密、复杂岩性、超深高压等油气藏为主,对于储层改造工作也将是难得的发展机遇。压裂工艺必须依靠技术创新,不断发展体积压裂技术,提高水平井分段压裂、直井多层压裂技术水平,强力推进储层改造技术上台阶,实现"低效"储量的有效动用。

第一节　体 积 压 裂

要提高超低渗透页岩储层的油气井产能,需形成较大的裂缝网络。微地震裂缝成像结果表明,在许多页岩储层中,均可形成大范围的裂缝网络。对于常规储层和致密砂岩气藏,单一裂缝半长和导流能力是提高产能的主要因素;对于页岩储层,其裂缝为复杂网络结构,仅采用单一裂缝半长和导流能力描述压裂增产效果是不够的,于是引入储层增产体积(SRV,stimulated reservoir volume)概念描述井的产能。

体积压裂(volume stimulation)就是在水平井中进行一系列的大规模的压裂处理。这个概念的提出源于Barnett shale地层。其压裂理念:一是页岩内硅质含量高的层段具有脆性特征,遭受破坏时会产生复杂的缝网;二是体积压裂不同于常规压裂只形成单一裂缝,而是在一定体积内形成裂缝网络(图9-1);三是采用水平井+分段压裂,形成复杂的裂缝网络,增大与储层的接触,有利于页岩中天然气的充分释放(图9-2)。

常规压裂　　　　　　　　　　　　　体积压裂

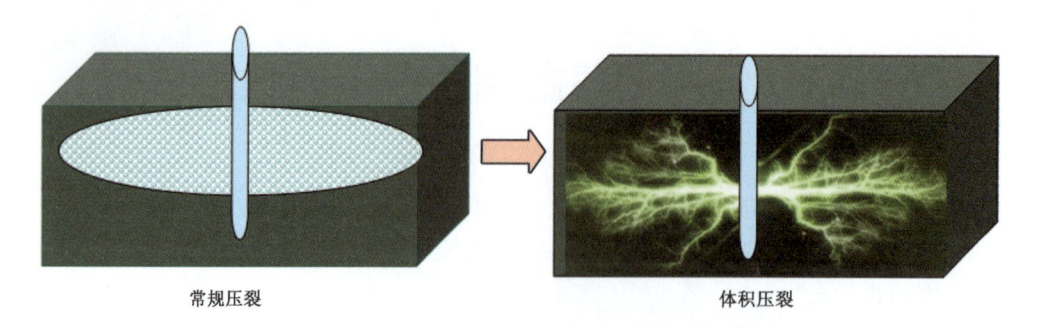

图 9 – 1　直井体积压裂示意图

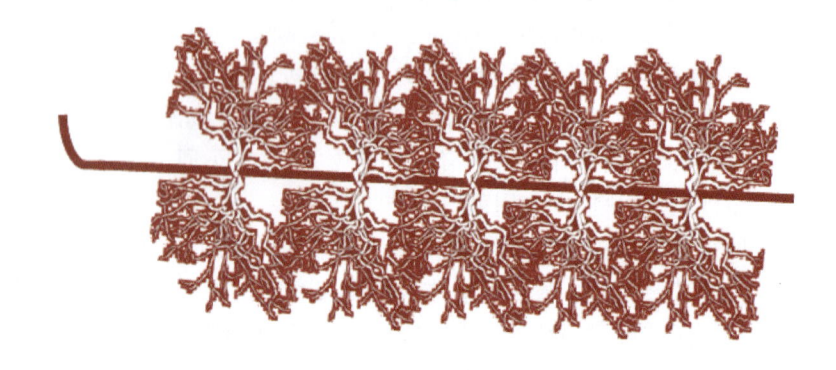

图 9 – 2　水平井体积压裂示意图

国外比较成功的是利用"体积压裂"的理念开发页岩气。通过水平井多段压裂,形成与常规裂缝完全不同的复杂裂缝。

一、国外体积压裂技术理论及实现方式

(一)泄流体积优化方法

压裂井的产量与压裂措施所增加的储层体积直接相关,因而,需要优化裂缝网络体积来提高单井产量。

(1)裂缝网络规模与措施规模有关(图 9 – 3)。
(2)较大的压裂措施规模能产生更大的裂缝网络。
(3)随着裂缝网络规模和复杂程度的增加,储层增产范围也随之增加。

(二)体积压裂的实现方式

国外主要采用水平井开发页岩气,在根据储层增产体积与网络方位优化井位和井距的基础上,通过应用水平井同步压裂技术和水压裂技术,提高储层增产体积(图 9 – 4)。一是井眼方向与裂缝发育方向平行,需要减小井距,才能提高油藏动用程度;二是井眼方向与裂缝发育方向斜交时,可以适当增大水平井布井井距;三是井眼方向与裂缝发育方向垂直,水平井布井井距可达到最大。

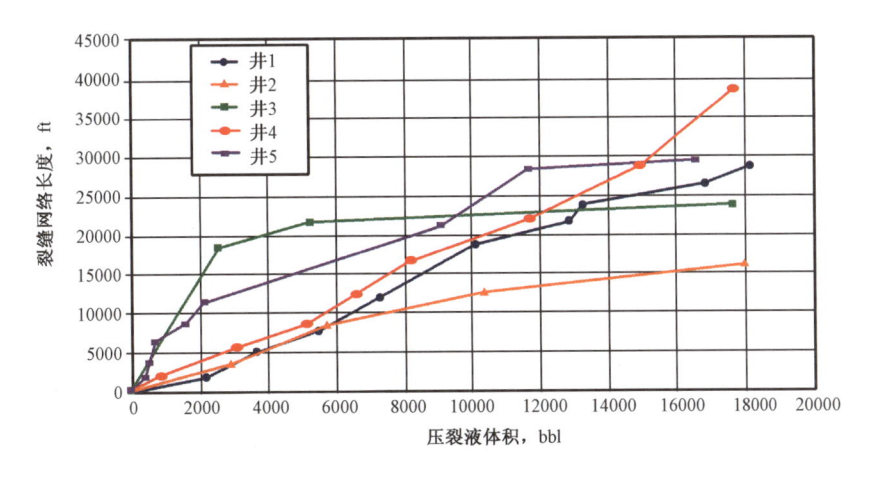

图 9-3　在 Barnett 页岩五口直井中裂缝总长度与压裂液注入量之间的关系

图 9-4　储层增产体积和裂缝网络方位对于分支井方位和井位部署的重要性

1. 应用水平井同步压裂技术提高储层增产体积

俄克拉何马州的 Arkoma 盆地，天然气产层为泥盆系 Woodford 页岩。页岩埋深 1829～2347m，厚度 48.8～54.9m。该区域存在一条东西向的断层裂缝网络以及东北东—西南西向的次级断层裂缝网络。

在该区域，水平井井眼方向为南北向，与最小水平应力方位角的方向近似，使水力压裂裂缝与井筒相垂直（图 9-5）。

为促进井间裂缝网络发育，设计同时对两个或多个相邻的水平井压裂。对 259ha 区域中钻井和完井方法类似的 4 口井实施同步压裂，措施井在压裂后都实施关井，直至连续油管装置到位，将所有隔离塞同时钻出。在增产作业结束后的 24～36h，对所有的井一起返排。然后，对同一项目中的多数井同时投产。

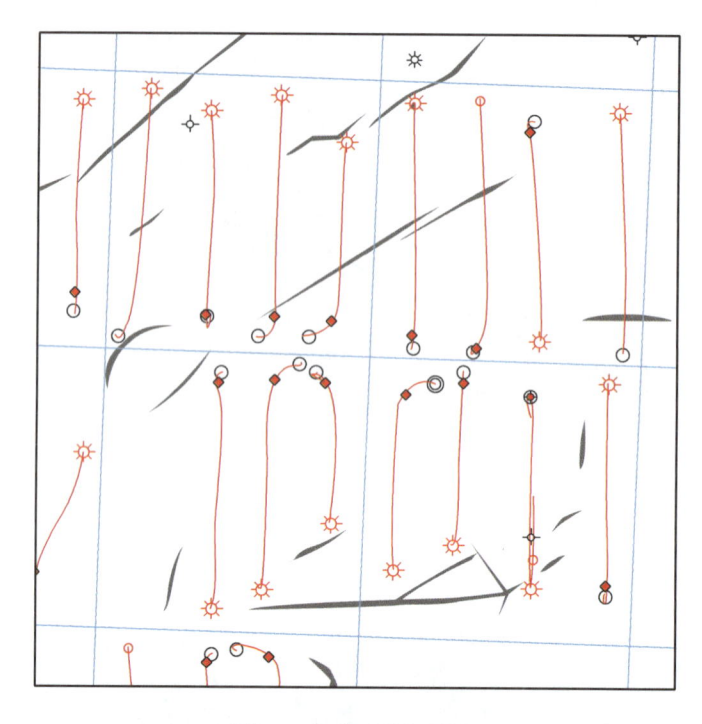

图9-5 水平井部署图

对 A1 井进行 9 级增产处理(图 9-6)。在 A1 完井的同时,A2 和 A3 等井在增产措施后均保持关井状态(图 9-7)。测试结果表明,多数压裂均形成比较复杂的裂缝网络,增加了储层增产体积。

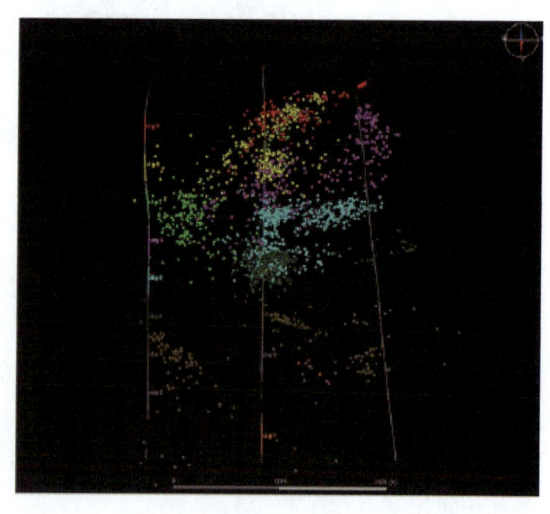

图9-6 A1井产生的微地震事件　　图9-7 A2、A3井同步压裂时产生的微地震事件

同步压裂措施提高了井的初期产量(图 9-8)。根据前 7 天的最高产量显示,其产量比原来单独压裂井的产量高出一倍。早期数据显示,产量有长期提高的可能。

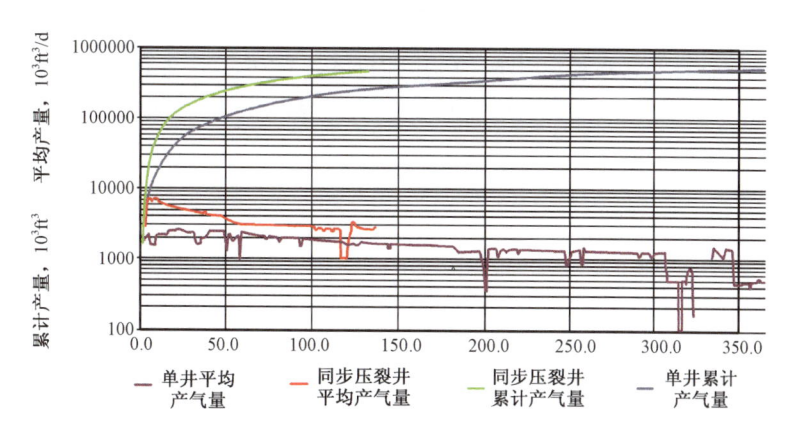

图 9-8 产量对比分析

2. 应用水压裂技术提高储层增产体积

在超低渗透油气藏压裂过程中,以更多液体、更低支撑剂浓度、更高排量泵入以产生足够的人工裂缝和天然裂缝网络,获得工业油流。

水压裂主要分为滑溜水压裂和混合压裂两种工艺类型。

(1)滑溜水:使用淡水或2%的KCl盐水作为主压裂液,主要添加剂为降摩阻剂,其他使用较少的添加剂包括防垢剂、除氧剂、杀菌剂,偶尔也使用表面活性剂。通过滑溜水大排量携带低浓度支撑剂。

(2)混合压裂:含有线性胶或交联凝胶液体段的水压裂称为混合压裂,混合压裂的液体泵注程序中,除滑溜水之外还包括线性胶或(和)交联凝胶液体阶段,以达到提高携带支撑剂能力的目的。

Barnett 页岩位于美国得克萨斯州北部的 Forth Worth 盆地,富含有机质页岩(生油岩),黏土含量较低、石英含量高,储层厚度 60.9~243.8m,原生孔隙度范围仅为4%~6%,属复杂的天然裂缝性储层,原始渗透率 0.0001mD,必须依赖有效的水力压裂,才能实现有经济效益地开采。采用滑溜水压裂,初期产量超过 $1500 \times 10^3 \text{ft}^3/\text{d}$($42475.3 \text{m}^3/\text{d}$),储层增产体积比凝胶压裂提高了3.3倍(图9-9)。

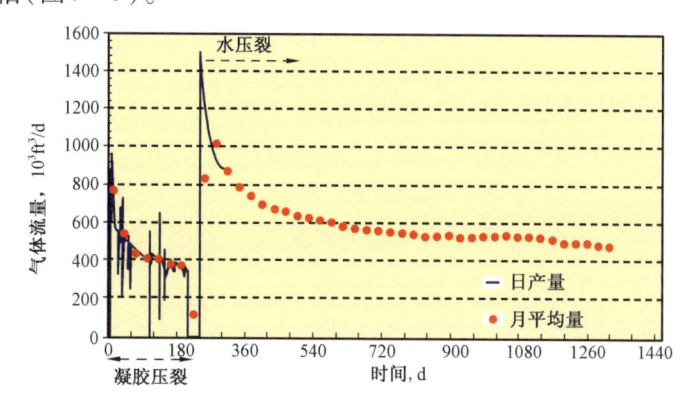

图 9-9 滑溜水压裂初期产量对比图

Taylor砂层位于美国得克萨斯州,主要产气层是上侏罗统棉花谷砂岩储层(CVSs),为三角洲碎屑沉积。由细粒砂岩与粉砂岩组成,孔隙度4%~7%,平均值5%。水饱和度为30%~60%,平均值47%,岩心渗透率0.001~0.010mD。采用混合压裂,初期产量比邻井高出两倍多,水气比下降60%(图9-10)。

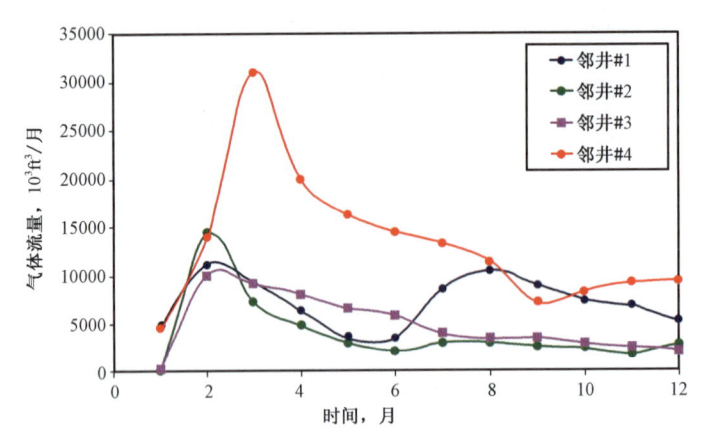

图9-10 混合压裂邻井与新井一年的产量情况

二、长庆油田体积压裂技术

低压、低渗、低丰度是长庆油田的突出特点。由于储层渗透率低,地层向裂缝渗流起控制作用,常规压裂增产幅度有限,因此,需要转变改造思路,实现人工裂缝与油藏最大的接触面积和体积。

长庆油田低渗岩性油气藏与美国页岩气藏有较大差异,实现体积压裂的技术理念也不相同(表9-1)。

表9-1 长庆油田低渗岩性油气藏与美国页岩气藏差异性对比

评价指标	长庆油田低渗岩性油气藏	美国页岩气藏 Barnett
深度,m	2200~3200	1581~2590
厚度,m	20	30~182
TOC,%		4.5
岩性	砂岩	泥岩
脆性,GPa	10~20	>60
天然裂缝	较发育	发育
渗透率,mD	0.1~1	<0.0001
孔隙度,%	8~12	4~5
压力梯度,MPa/100m	0.85	0.97
压裂类型	水平井分簇多段压裂 多缝压裂 水压裂	水平井多段压裂 水压裂

通过前期的研究和分析,对于低渗油藏,水平井分段改造将是较大幅度提高单井产量的主要技术途径之一。近十几年来的攻关与试验,水平井分段压裂技术(图9-11)有了长足发展,尤其是2005年以来,水力喷射压裂工艺的引进试验、消化创新,大幅度提高了作业效率和施工安全性。并通过不断的研究与试验,增产效果也逐年提升。在调研国外体积压裂技术基础上,结合储层低渗、天然微裂缝发育的特征,创新观念,从增加裂缝条数跨越到分簇多段压裂(图9-12),大幅度提高单位面积内裂缝条数,增加裂缝增产体积。

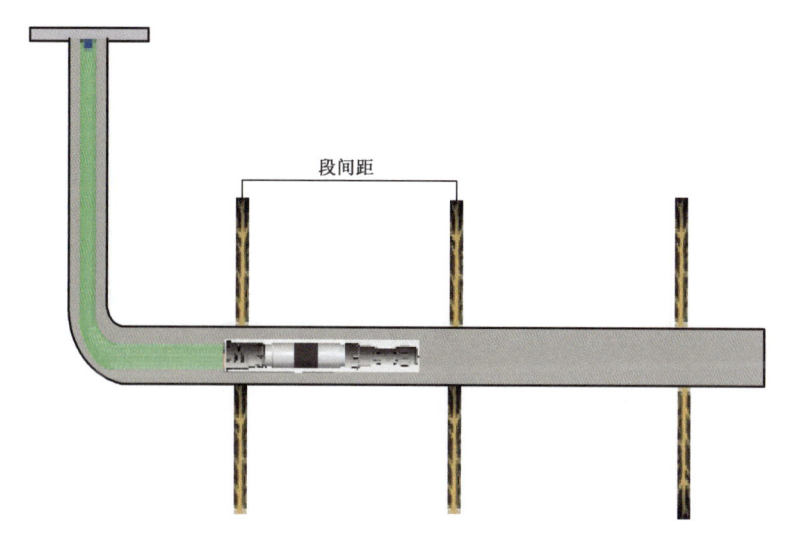

图9-11 传统分段压裂示意图

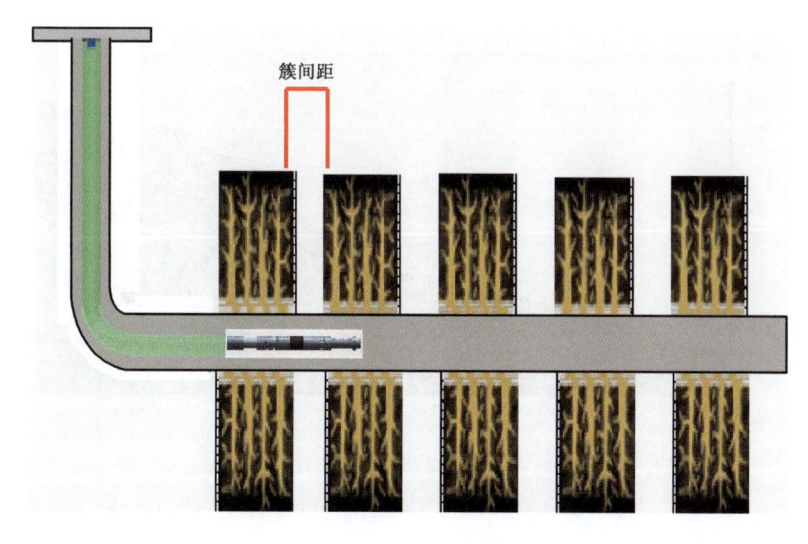

图9-12 水平井分簇多段压裂示意图

目前,长庆油田在 HQ 油田超低渗油藏已完成试验4口井,最高实现了9簇18段压裂施工,3口井压后自喷,试排日产纯油 84.3m³、122.4m³ 和 32.4m³,目前刚投产,初期增产 3.2~4.8 倍,初步实现了超低渗水平井的突破(表9-2)。

表9-2 水平井与对比邻井数据

区块	井号	层位	水平段长 m	油层厚度 m	改造段数	总砂量 m³	试排产量 产油 t/d	试排产量 产水 m³/d	与直井相比增产倍数
ZH73	ZH14	长3	390	299.2	5×2	62	84.3	0	3.2
ZH73	ZH13	长3	360.5	295.8	4×2	47	122.4	0	3.2
ZH73	平均	长3	375.3	297.5	4.5×2	54.5	103.4	0	3.2
B239	QP3	长6	619	429.1	8×2	260	45.0	0	4.8
B239	QP4	长6	626.4	536.8	9×2	217.6	32.4	0	4.8
B239	平均	长6	622.7	483	8.5×2	238.8	38.7	0	4.8

第二节 水平井多段压裂技术

一、国内外水平井多段压裂技术发展及应用情况

近年来,国外非常规气发展势头迅猛,2009年美国天然气年产6240×10⁸m³、非常规气年产2808×10⁸m³(图9-13),在美国页岩气生产井中,有85%的井是采用水平井和多级压裂技术结合的方式开采,增产效果显著(图9-14)。

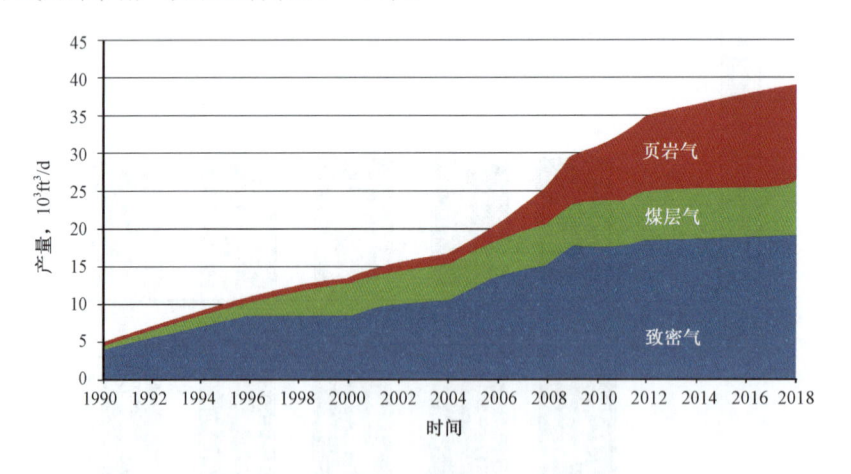

图9-13 美国致密气藏历年产量增加趋势图

多段压裂的特点是可以在同一口井中对不同的产层单独压裂,多段压裂增产效率高,适用于产层较多、水平井段较长的井。在常规油气开发中,多段压裂已经是一个成熟的技术,国内有很多成功应用的实例。针对非常规油气储层,水平井已发展为主要采用丛式布井方式,集中进行多级改造作业以提高作业效率,同时采用并行同步压裂,以提高单井动用储量及产量。

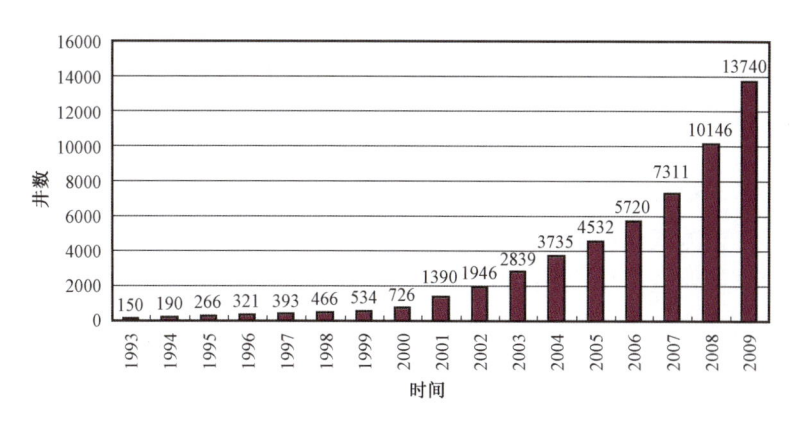

图9-14 美国致密气藏历年水平井应用数量变化图

国外水平井主要采用裸眼完井和套管固井两种方式,对应的改造工艺主要有三大类,包括裸眼封隔器分段压裂、水力喷砂分段压裂、射孔+速钻桥塞分段压裂工艺等(图9-15)。水平段多采用 8½in 井眼,5½in 套管固井,一般水平井改造段数 7~13 段。

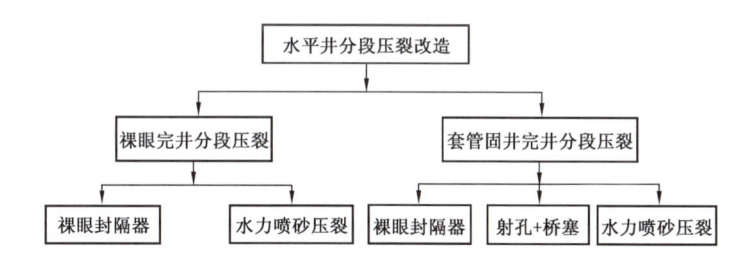

图9-15 国外致密储层水平井改造主体技术

中国石油自 2006 年开展水平井改造技术攻关以来,累计进行油气井分段压裂 508 口井,试验形成双封单卡、滑套封隔器、水力喷射、液体胶塞和裸眼封隔器等 5 项超低渗透水平井分段压裂技术,其中自主研发的水力喷射和裸眼封隔器分段压裂技术在长庆油田苏里格和川中须家河应用 28 口井。

二、长庆油田致密油气藏对水平井多段压裂技术的需求

(一)致密油气藏压裂技术的需求

1. 致密油藏技术需求

长庆油田储层普遍具有"三低"特征,延长组砂岩储层渗透率 0.3~2mD,石油资源丰度 $(20~40) \times 10^4 t/km^2$,单井产量低,油井日产能 2~4t,三叠系主要发育三角洲岩性油藏,目前开发的 AS 油田、JA 油田、JY 油田、HQ 油田及 XF 油田均为延长组油层,储层物性较差,射孔投产几乎无自然产能,必须通过压裂改造才能投产。在 20 世纪 90 年代中期,为探索提高单井产量的方法,研究试验水平井多种分段压裂工艺,试验结果表明对于三叠系长6—长8超低渗透油层不宜采用裸眼+酸洗的完井投产方式,采用套管固井+横向多裂缝模式效果更好,且攻关形成的"填砂+液体胶塞"分段改造试油工艺在封隔有效性及伤害方面存在诸多缺陷,水平井

压后与预计的效果也有相当大的差距。

对分段改造工艺技术全面调研,在跟踪国内外技术进展的基础上,从减少施工风险、降低伤害、提高施工可控性等方面综合考虑,选定水力喷射压裂工艺开展试验。2005年长庆油田引进水平井水力喷砂压裂工艺,开展水力喷射压裂工艺试验,成功实施了两口井6段水力喷射压裂试验。第一口井仅用5天完成4段压裂,施工效率大幅度提高,增产效果明显。水力喷砂分段压裂和其他工艺方式(封隔器、桥塞、填砂、胶塞)相比,集射孔、压裂、隔离多项功能一体化,井下管柱简单、作业效率高,适用于油田水平井套管固井完井方式,由此明确了将油田水平井分段压裂主体技术选为水力喷砂压裂工艺。

2. 致密气藏技术需求

长庆气区以靖边、苏里格为代表的气田,上古生界石盒子组、下古生界马家沟组普遍埋藏深、单层厚度薄、岩性致密,物性差异大,储层孔隙结构复杂,微裂缝发育,非均质性强,气藏压力系数低,多为0.62~0.9,直井自然产能低或无自然产能,需要增产改造后才能投产,气井日产能$(1～4) \times 10^4 m^3$。为了探索提高单井产量的多种途径,长庆油田自2001年开始了水平井改造探索,早期不具备气田水平井压裂能力,水平井钻遇率相对较低,采用筛管完井,酸洗、酸化改造后增产效果不明显,单井产量低。2007—2008年,通过在子洲气田、靖边气田、苏里格气田开展的水平井试验,首次实现了筛管完井下的水平井压裂,压后增产5倍,实现了气田水平井压裂的突破。并通过压前压后产量测试证实水平裸眼段有一定自然产能,为此优选确定了筛管及裸眼完井方式。

考虑到气藏地质特点,为有效降低气藏水平井分段改造井口作业风险,要求气藏分段压裂工艺不用带压上提压裂管柱实现多段改造;由于采用裸眼完井方式,储层埋深相对较大,要求井下工具及管柱简单,下入风险小;而致密气藏压后产量与高渗透气藏相比较低,要求分段压裂工具还要具有低成本的优势;同时致密气藏往往压力系数较低,多段大规模压裂后必须考虑压裂液的快速返排。

总的来说,致密气藏对分段改造技术提高单井产量的核心要求是作业完井管柱一体化、能实现快速作业排液、低作业风险、低成本、高经济性。根据气藏储层对水平井分段压裂的技术需求,选用裸眼封隔器分段压裂及水力喷砂分段压裂技术,可有效满足储层及完井方式(裸眼、套管不固井)的需求,实现提高单井产量的目标。

(二)水平井分段压裂新技术

1. 裸眼封隔器分段压裂技术

(1)技术原理:在双封隔器分段压裂的基础上发展形成的多级封隔器分段压裂技术,作为非固井完井的尾管下入井底,根据需要的压裂级数分层,工具到位后,利用水力方法坐封,压裂施工通过一次连续施工实现多级分压。

(2)具体做法:技术套管下至预计的水平段顶部,注水泥固井封隔,然后换小一级钻头钻完水平井段,再将封隔器、滑套等完井管柱串下入井底设计位置,封隔器胀封即可对地层分段改造。压裂时将不同大小的低密度球送入油管,然后将球泵送到相应的工具配套的球座内,封堵要增产处理的产层,再通过打开滑套就可以处理下一个产层(图9-16)。因为无需固井作业,天然裂缝不会受到固井伤害,并且在泵送作业过程中容易实现增产效果。

图 9 – 16　水平井裸眼封隔器分段压裂示意图

该工艺适用于天然裂缝性碳酸盐岩或硬质砂岩、井壁稳定不坍塌的储层,因使油层或气层直接与井眼相通,省却套管固井或尾管悬挂固井,具有油或气流入井内阻力小和经济的优点。

(3)技术关键:裸眼封隔器是实现裸眼水平井分段的主要工具(图 9 – 17)。在工具下入到设计位置后,通过钻杆内打压,封隔器胶筒端面受到两侧机械挤压而膨胀。裸眼水平井通常使用的是永久式裸眼封隔器。

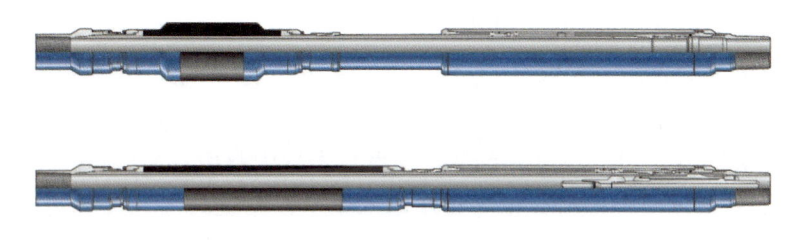

图 9 – 17　水平井裸眼封隔器工具示意图

尾管悬挂封隔器(图 9 – 18)组装在完井管柱串的最上面,在套管内坐封,同时卡瓦张开,起到悬挂、密封和防止井下管柱移动的作用。

图 9 – 18　水平井尾管悬挂封隔器工具示意图

投球开启滑套,即用一个直径与投球滑套相配合的球投入井中,用压裂液或酸液将球送至投球滑套内部的球座位置,球入座后随即憋起高压,剪断固定销钉,内滑套向下滑动,该层段的喷砂通道打开;所投的球同时封闭油管内向下的通道。水平井裸眼封隔器分段压裂滑套工具示意图如图 9 – 19 所示。

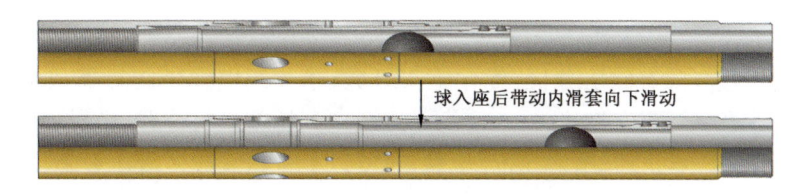

图 9 – 19　水平井裸眼封隔器分段压裂滑套工具示意图

(4)应用实例:国外低渗透气田近年采用裸眼封隔器完井已超过 4000 余口,主要技术服务公司大都拥有专有技术,并注册商标,其原理基本相同。应用比较广泛的主要有以下几种:StageFRAC 水平井分段压裂(斯伦贝谢公司)、Delta StimSleeve 膨胀封隔器分段压裂(哈里伯顿公司)、FracPoint 分段压裂改造(贝克·休斯公司)、DirectStim 封隔器多层压裂技术(BJ 公司)、ZoneSelect 裸眼完井系统(威德福公司)以及膨胀式封隔器分段压裂(加拿大 TAM 石油服务公司)。

其中斯伦贝谢 StageFRAC 裸眼封隔器分段压裂技术全球施工 4000 多井次,最大斜深 7600m,最长水平段 3050m;6in 井眼带 4½in 套管全球施工 1530 口井,在国内水平井应用 9 口井,主要在新疆油田和西南油气田,最大垂直深度 3666m,斜深 4397m,最高压裂段数 5 段。哈里伯顿 Delta StimSleeve 裸眼封隔器分段压裂技术,在国外施工超过 1000 余口井,在国内水平井应用 3 口井,主要在新疆油田。贝克·休斯公司 FracPoint 裸眼封隔器分段压裂技术在国外施工超过 1000 余口井,在长庆油田已应用近 60 口井。

国内也开展了裸眼封隔器分段压裂技术的自主研发工作,并在长庆苏里格气田首先开展现场应用,实现一次分压 10 段、裸眼封隔器耐压 50MPa 的技术指标,今后的发展方向将是系列化以及不断提高压裂级数的关键工具研发。

2. 水力泵送桥塞分段压裂技术

(1)技术原理:水力泵送桥塞分段压裂技术是水平段采用套管固井完井的一种不限制压裂级数的改造技术(图 9-20),在北美水平井开发页岩气中应用较为广泛。主要原理是每一段压裂施工结束后,用液体将带射孔枪的桥塞泵入水平段指定封隔位置,射孔与桥塞封堵联作,逐级下入,逐级压裂,改造后用连续油管钻磨桥塞,合层排液投产。

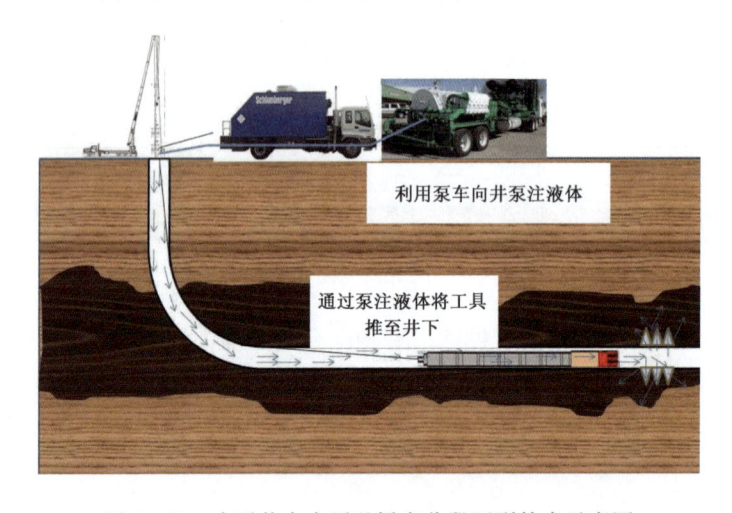

图 9-20 水平井水力泵送桥塞分段压裂技术示意图

(2)主要的工艺步骤有储层分析、优化施工级数;第一级电缆带爬行器或油管传输射孔、压裂;电缆下入桥塞+射孔枪入井;泵入桥塞+射孔枪到桥塞坐封位置、坐封;断开桥塞和射孔枪,上提射孔枪;校深、射孔;起出射孔枪、压裂;重复以上步骤完成多级压裂施工;关井,准备连续油管;钻除桥塞,返排生产。

(3)技术关键:水力桥塞+射孔分段压裂,在美国页岩气水平井开发中应用广泛;在国内以引进技术服务的方式在长庆油田和西南油气田试验 4 口井,其主要关键技术有以下几个方面。

① 可钻式复合桥塞:采用复合材料制成,可高承压差能力,可用于水平井电缆作业,适用于常规的坐封工具及钻磨工具,一个桥塞可在短时间内钻掉。国外贝克·休斯等主要工具公司已形成较为完善的工具系列,并可与射孔枪联作的桥塞国内暂无。

② 电缆分级射孔技术:将多个射孔枪连接在一起,通过控制点火顺序实现依次起爆射孔,从而实现多簇射孔的目的。

③ 电引爆桥塞坐封技术:通过电缆操作引爆桥塞坐封,但同时不使射孔枪起爆是该技术的关键之处。

④ 连续油管钻塞:一般采用连续油管带三牙轮钻头进行钻铣作业,对连续油管设备及作业水平要求较高。

(4)应用实例:美国 Barnett 页岩主要采用水力桥塞+射孔分段压裂技术,2009 年 Barnett 页岩气产量达到 $504 \times 10^8 \mathrm{m}^3$,占美国页岩气产量的 57.4%,水平井水平段长 1000~1500m,每个压裂段长度 100~150m。图 9-21 是对 Barnett 页岩实施 12 级水力泵送桥塞分段压裂增产处理后的微地震方位图,图 9-22 是 Barnett 页岩压后增产产量图。

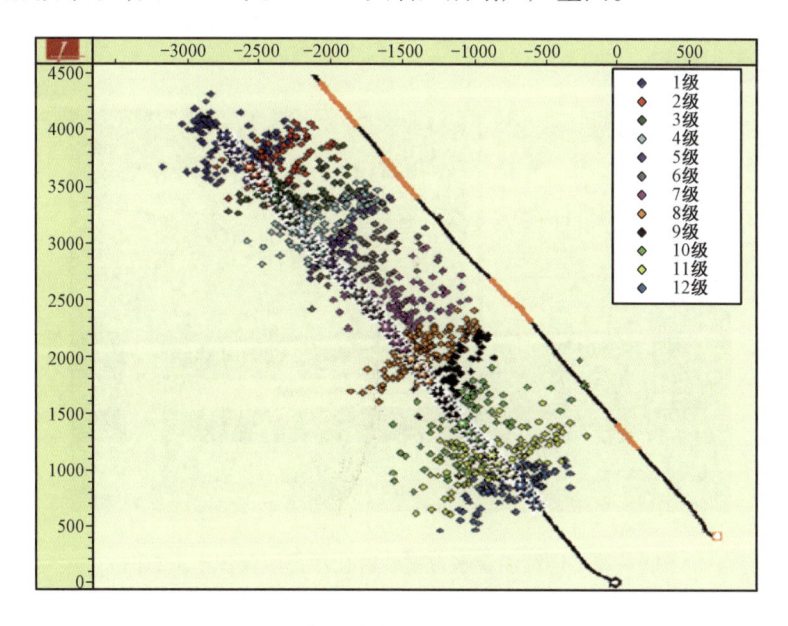

图 9-21 水平井多级压裂裂缝监测结果

国内在西南川中八角场气田,与美国 EOG 能源公司合作区块进行过 3 口井最多 14 段的压裂作业,其中角 64-2H 井第一次压裂 6 段压裂获得日产气 $9 \times 10^4 \mathrm{m}^3$,第二次压裂 8 段压裂获得日产气 $40 \times 10^4 \mathrm{m}^3$,见到了较好的增产效果。

3. 水力喷砂分段压裂技术

(1)技术原理:水力喷砂压裂工艺基于伯努利方程,动能和压能相互转换,流速越高,动能越大,当能量足够大时,便产生高速流体穿透套管、岩石,并在地层中形成孔洞,压开地层。水力喷射技术可以在裸眼、筛管,甚至套管完井的水平井以及石灰岩、砂岩等不同岩性的储层进行分段酸压或加砂压裂,而且施工安全快捷。根据水平井的完井方式,目前主要研究应用较多的主要有套管固井完井连续油管水力喷砂射孔环空压裂技术和裸眼完井条件下水力喷砂滑套

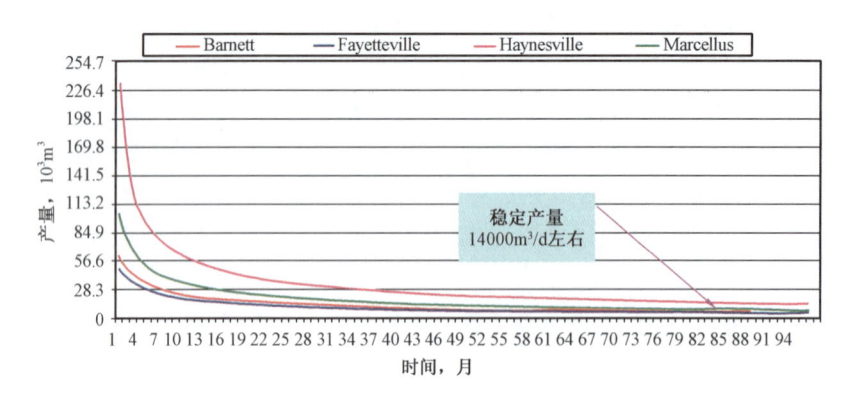

图 9-22　Barnett 页岩气水平井水力泵送桥塞分段压裂投产效果

多级射孔压裂技术。

连续油管水力喷砂射孔环空压裂技术(图 9-23),将连续油管装置与水力喷砂射孔工具结合,实现在套管固井水平井中多段射孔作业,套管注入压裂结束后,填砂塞进行封隔,上提连续油管依次完成多段改造。

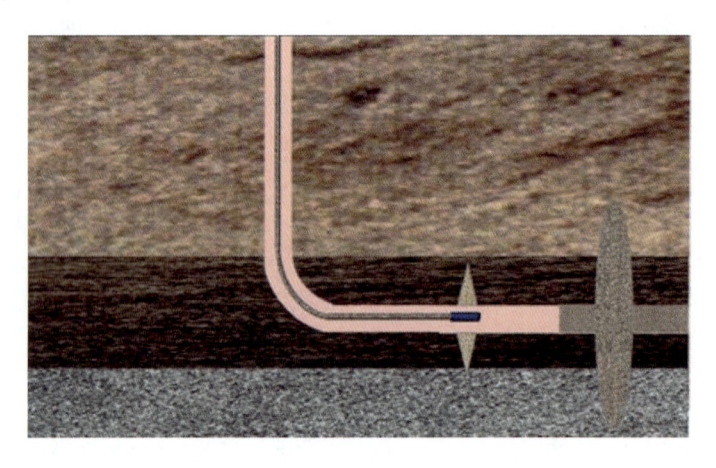

图 9-23　连续油管水力喷砂射孔环空压裂技术示意图

水力喷砂滑套多级压裂技术(图 9-24),采用喷射器+滑套组合设计的方法,实现在裸眼或套管完井的水平井条件下多段压裂。

(2)技术关键:水力喷砂压裂工艺在水平井应用实现多段压裂,在国内外均有广泛应用,其中长庆油田研发的不动管柱水力喷砂分段压裂工艺已实现一次分压 10 段,其主要的技术关键点如下。

① 水力喷射多段压裂管柱:通过将喷射器与多级滑套相结合,实现射孔压裂一体化的多段改造目的。

② 高强度、小直径喷射器:通过喷射器表面喷涂特殊材质,降低液体反溅对喷射器的冲蚀伤害,并在套管和裸眼尺寸有限的条件下优化设计喷射器尺寸,确保各段有效射孔压裂。

③ 新型喷嘴及小级差滑套球座:优化滑套球座级差,解决中心管和滑套尺寸对段数的限制,实现多段的目标。

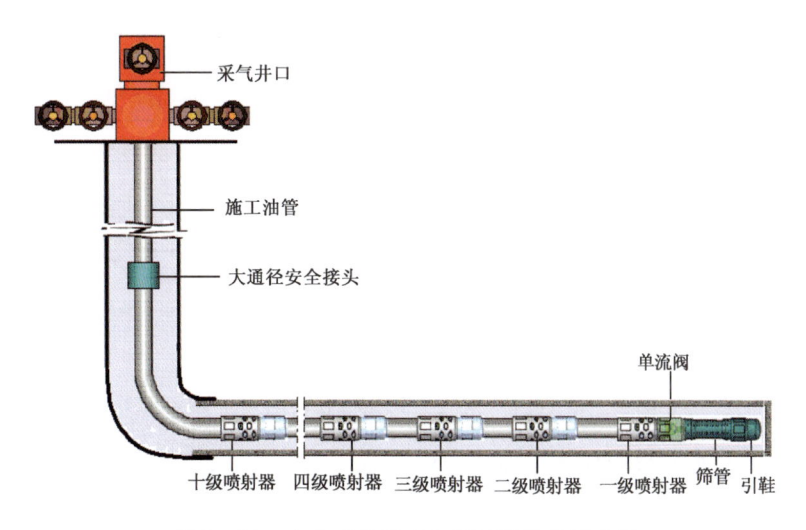

图 9-24　水力喷砂滑套多级压裂技术示意图

（3）应用实例：水力喷砂分段压裂工艺在国内长庆气区、四川气区应用，其中长庆苏里格气田应用 15 口井，最高分压 10 段，单段最大加砂 35m³，单井最大加砂量 230m³，压后平均无阻流量达到 54.2×10⁴m³，平均累计产量 1281×10⁴m³，同同区块Ⅰ类井直井平均投产产量相比，增产 3~5 倍，取得了较好效果。图 9-25 是苏里格气田苏平 14-19-09 井采用不动管柱水力喷砂分段压裂后的增产效果图。

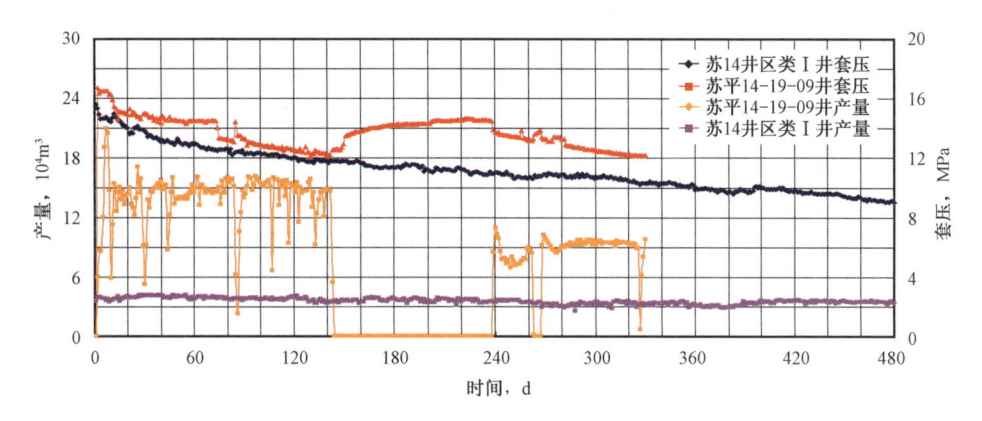

图 9-25　苏平 14-19-09 井采用不动管柱水力喷砂分段压裂后的增产效果图

三、长庆油田水平井分段压裂技术试验启示

（一）油田水平井试验效果及启示

长庆油田水平井分段压裂技术经过三年多的研究和试验，以水力喷射与封隔器联作为主体的油田水平井分段压裂技术已经成型。2006—2009 年进行水力喷砂压裂试验 71 口 325 段，平均单段加砂 23.1m³，主要区块水平井投产后产量达到直井的 3 倍以上（图 9-26）。

通过现场应用，取得以下重要的认识：

（1）水平井改造效果与储层物性、注水见效程度、裂缝方位具有较好相关性；

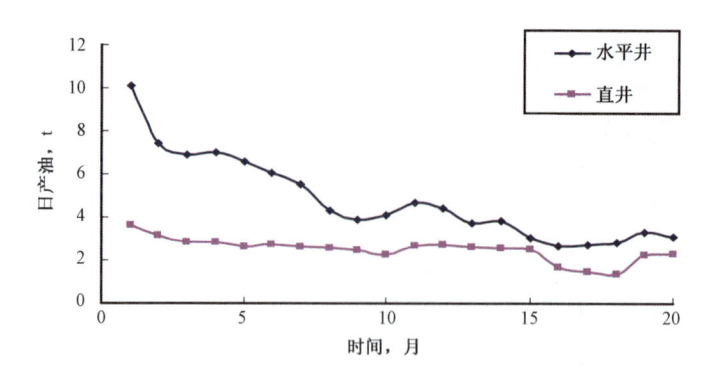

图 9-26　某井区水平井分段压裂后生产动态曲线

（2）超低渗透水平井分段压裂总体表现出改造段数越多、改造效果越好的特点；

（3）随着水平井长度的增加，产量逐渐增加，与现场试验结果较一致；

（4）裂缝组合应考虑与注水的关系，采取不等缝长设计：仿锤形、双仿锤形等；

（5）通过裂缝监测，证实"水力喷砂分段压裂"能够实现有效封隔，监测井封隔有效率达到76%。

(二) 气田水平井试验效果及启示

自2001年在苏里格气田开展水平井试验以来，分段改造技术不断进步，研发了水力喷射压裂技术，实现最高连续分压10段，压后产量明显提高。2009年以来，引进和试验裸眼封隔器分段压裂技术，水平井产量大幅度提高（图9-27）。截至目前，不动管柱水力喷射分段压裂在气田应用19口井，其中一次分压7段5口、10段1口，单段最大加砂35m³，苏里格气田应用平均无阻流量达48.4×10⁴m³/d，取得了较好效果。裸眼封隔器分压57口井平均压裂段数4.9，平均无阻流量52.7×10⁴m³/d。

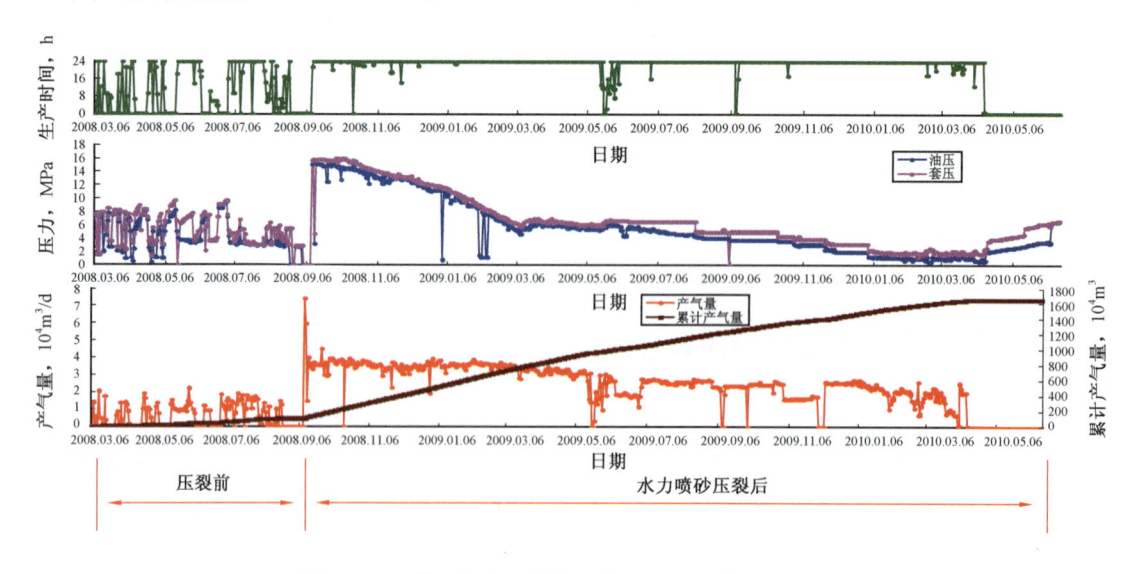

图 9-27　苏里格气田某水平井压裂后生产动态曲线

通过现场应用,取得以下重要的认识:

(1)提高水平井单井产量的主控因素是有效储层段长度和改造段数,而裂缝导流能力增加对低渗气藏水平井的产能影响较小;

(2)裂缝方位对产能的影响分析表明,裂缝与井筒夹角越小,产能下降幅度越大,缝长与缝间距的关系对水平井分段压裂效果也有重要影响。

第三节 直井多层连续分压技术

一、国内外直井多层连续分压技术发展及应用情况

连续分层压裂的目的主要是提高纵向小层的动用程度。国外致密气藏主要发育透镜状砂体,横向上连续性差,但在纵向上呈叠置状,据统计,美国透镜状致密砂岩天然气(如大绿河、皮申斯、犹因他盆地)储量约占致密砂岩气总储量的43%。资料表明:美国本土现有含气盆地113个,其中发现具有致密砂岩气藏的盆地23个,主要分布在西部,特别是落基山地区,该地区致密砂岩储层以白垩系和古近—新近系的砂岩、粉砂岩为主,储层大多呈现纵向砂层多期叠置的特点。

对于这类储层的开发,美国早在1970年就开始探索试验,先后经历了大型水力压裂改造、多井试验、规模开发和技术提升等几个阶段。目前已形成以直井连续多层压裂、低伤害压裂液和裂缝测试评价等一系列较为完善的增产改造技术。美国大绿河盆地Jonah气田,1993年以前采用单层压裂,只压开底部50%,单井日产量$(4 \sim 11) \times 10^4 \mathrm{m}^3$;随着工艺技术的进步,2000年以后,多至10层压裂,单井控制储量增加3~7倍,单井日产量达到$(14 \sim 28) \times 10^4 \mathrm{m}^3$,运用连续油管压裂技术,能够在36h内完成11级水力压裂施工,将施工时间由5周缩短至4天,同时产量增加90%以上。

近年来,国外直井多层压裂改造工艺在常规的桥塞、填砂等分压工艺的基础上,又继续向前发展,主要应用并完善了三项工艺:即连续油管分层压裂、套管滑套分层压裂和快钻桥塞分层压裂等不限级数分层改造工艺。连续油管分层压裂最多达39层(美国),套管滑套分层压裂最大能满足4½in套管,压裂最多达11段,这项技术目前正在向水平井分段压裂发展。直井多层连续分压总体的发展方向是实现不限级数改造、快速高效作业以及降低完井成本及复杂度(图9-28)。

国内直井分层压裂技术,通过近年的研究试验,除常规的桥塞、填砂等分压工艺外,机械封隔分层压裂技术已成熟,形成系列化产品,实现了规模应用。目前,机械工具最多可分压3~4段,并引进试验国外公司的套管滑套完井分层压裂和连续油管射孔分层压裂技术,采用不限压裂改造级数的多层连续分压工艺已成为技术发展的趋势。

二、长庆油田致密油气藏对水平井多段压裂技术的需求

鄂尔多斯盆地砂岩气藏平面上广覆分布,垂向上多层系叠置,资源分布广,气藏埋藏深度2000~4000m,垂向上各类储层交互叠置,孔隙度2%~5%,渗透率0.001~0.5mD,含气饱和度30%~50%。Ⅰ、Ⅱ类储层平均厚度约10m,单层厚度3~5m,Ⅲ、Ⅳ类含气层累计厚度一般

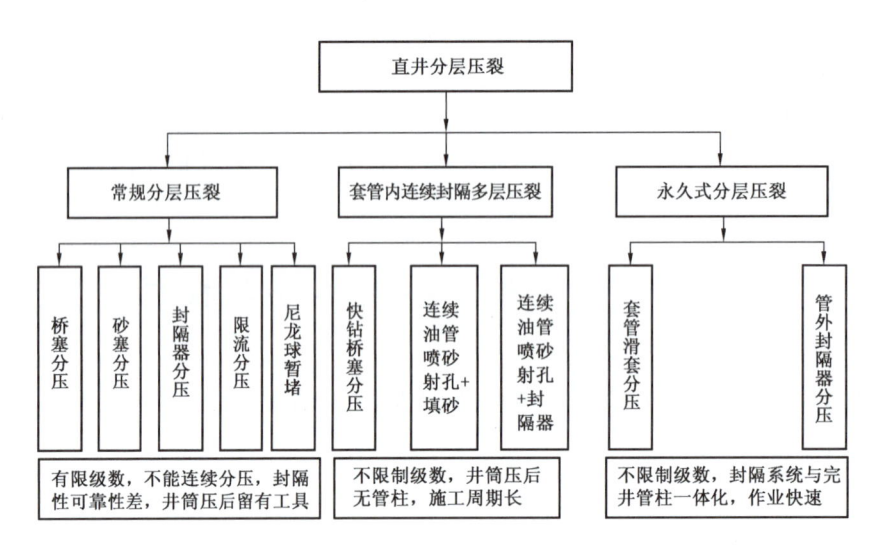

图 9-28 致密储层直井分层改造技术

为 60~80m。气田普遍发育多套含气层系，具有一井多层的特征。

以苏里格东区和鄂尔多斯盆地东部致密气藏为例，在目前有效储层判识标准下，单井发育 3 层以上井比例高达 65.8%（图 9-29）。随着致密气藏由"甜点"式开发向整体开发的转变，致密气评价与识别技术的研究应用以及有效性评价标准的建立，将会对直井连续分压技术要

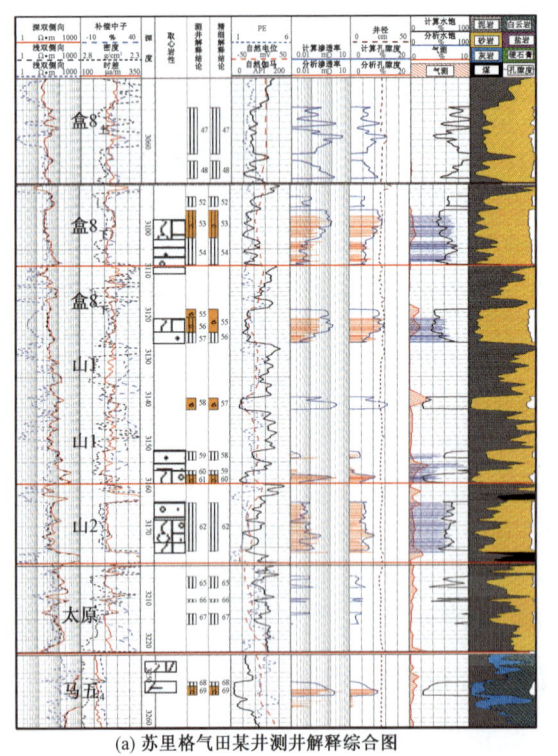

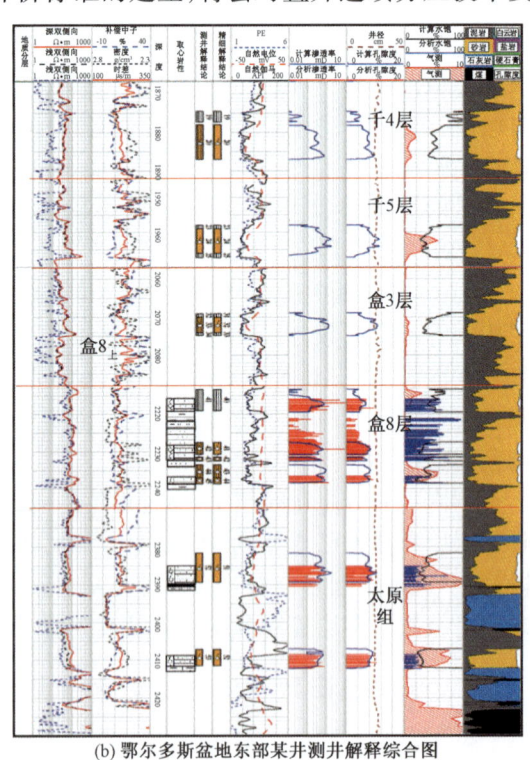

(a) 苏里格气田某井测井解释综合图

(b) 鄂尔多斯盆地东部某井测井解释综合图

图 9-29 长庆油田致密气藏纵向多层测井解释图

求越来越高。目前,国内通过机械工具最多可分压 3~4 段,国外单井一般可压裂 14~22 层段,纵向上含气层系的动用仍然不充分。

从长庆油田致密气藏储层经济有效动用的需求出发,要求直井分层压裂工艺可实现不限制压裂级数,尽可能实现多层压裂;同时致密气藏往往孔喉小、压力系数较低,多层压裂必须能够连续快速完成,以降低对储层的伤害,考虑压裂液的快速返排;而为方便开展多层压后产量评估,需要压后井筒内无钻具或封隔器,以实现后期各层测试及作业。

总的来说,致密气藏对分段改造技术提高单井产量的核心要求,是分层压裂快速连续、层间封隔性好、压后井筒内无工具、低成本高经济性。根据目前国外直井连续分压技术的发展水平,套管滑套完井分层压裂及连续油管分层压裂技术具有较好的应用前景。

(一)直井连续分层压裂新技术

1. 套管滑套分层压裂技术

(1)技术原理:该项技术通过将滑套与套管连接一同下入到目的层段,逐级投入飞镖打开滑套,实现分层压裂,球座通过前一级压裂时压力传递缩径而形成,避免了常规分层压裂工具球座逐级缩径对压裂级数的限制(图 9-30)。

(2)具体做法:完井时与套管一起下入压裂滑套(TAP 阀),压裂时,首先射孔(或采用爆破阀)第一段并压裂,然后投入飞镖(球),打开第二段滑套并封堵已施工层段,同时,施工压力通过导压管线,使上一级 C 环变 O 环,压裂第二段;依次完成多段改造。

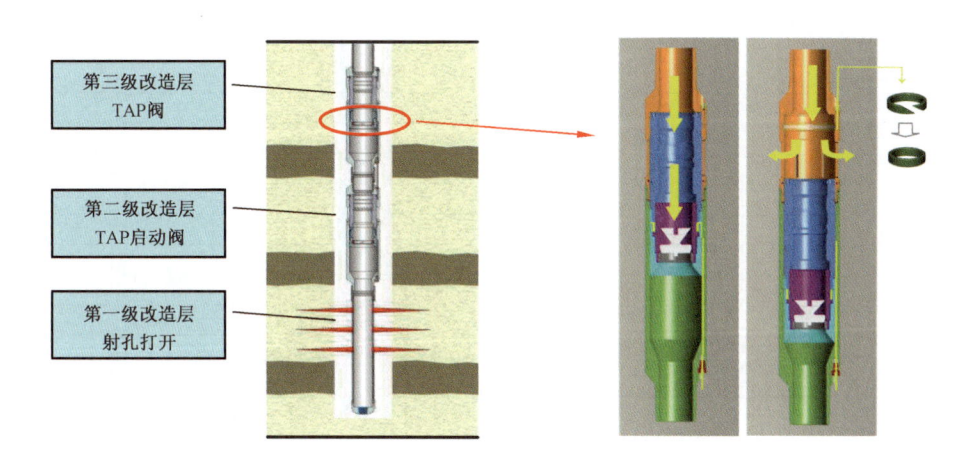

图 9-30 套管滑套分层压裂技术原理示意图

(3)技术关键。

① TAP 阀 C 环缩颈形成球座材料及结构:TAP 阀体通径与套管一致,对分压级数不受限制,在压裂下层时,通过管外液压导管将压力传递至上层 TAP 阀,C 环缩颈形成球座,C 环的材料及结构设计是该工具的关键。

② TAP 阀压裂端口对裂缝的影响:TAP 套管滑套压裂由于没有射孔,采用打开滑套后通过压裂端口直接压开水泥环和地层,因此端口的分布和设计与裂缝起裂直接相关。

③ 配套工具如胶塞、浮箍、飞镖等。

(4)应用实例:TAP 技术 2006 年在美国首次现场试验(SPE221476),实现了 6 级连续压裂。2009 年开始,在长庆气区现场应用 5 口井,最高实现单井分压 9 级,在鄂尔多斯盆地东部试验后,测试表明各层系对试气产量均有贡献,压后单井日产量由$(1 \sim 2) \times 10^4 m^3$ 增加至 $5 \times 10^4 m^3$ 以上,单井产量提高了 2~3 倍(图 9-31)。

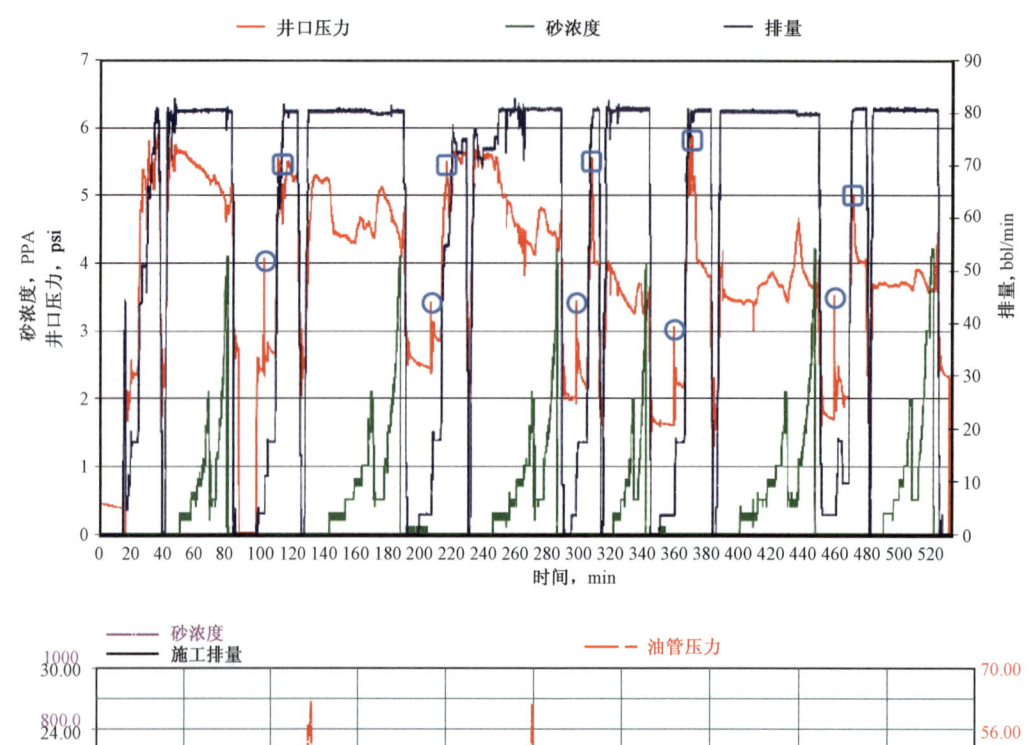

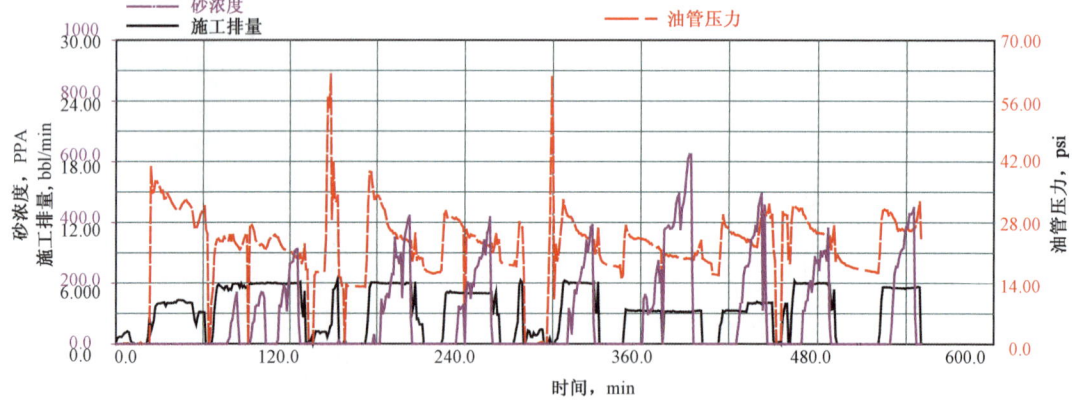

图 9-31 套管滑套分层压裂技术现场压裂曲线图

2. 连续油管分层压裂技术

(1)技术原理:连续油管分层压裂技术目前国外的发展方向主要有如下两个。

① 针对浅井的连续油管+跨隔式封隔器分层压裂,通过较大尺寸的连续油管注入(一般为 2⅞in 或 2⅜in),使用封隔器隔开各压裂层,主要应用在加拿大等一些井深小于 1000m 的多层改造井中。工艺步骤为对全部层位射孔,针对改造层下连续油管及封隔器,通过连续油管向地层注入压裂液,开始压裂措施,结束后反循环,上提到下一个改造层位,坐封压裂,返排压裂液,并投产。

② 连续油管与喷砂射孔技术结合实现多层压裂。利用连续油管下入喷射工具,实现射孔,通过环空进行主压裂,采用砂桥或封隔器进行下层封隔,作业后连续油管冲砂实现高效分层压裂,主要以小直径连续油管为主,应用在3000m左右的深井多层改造中(图9-32)。步骤为下入连续油管串,对第一个目的层射孔,通过连续油管和套管的环空向地层注入压裂液,开始压裂;结束后将加有隔离剂和支撑剂的基液泵入井内,封隔已压层;上提井底钻具组合,对下一层射孔、压裂。

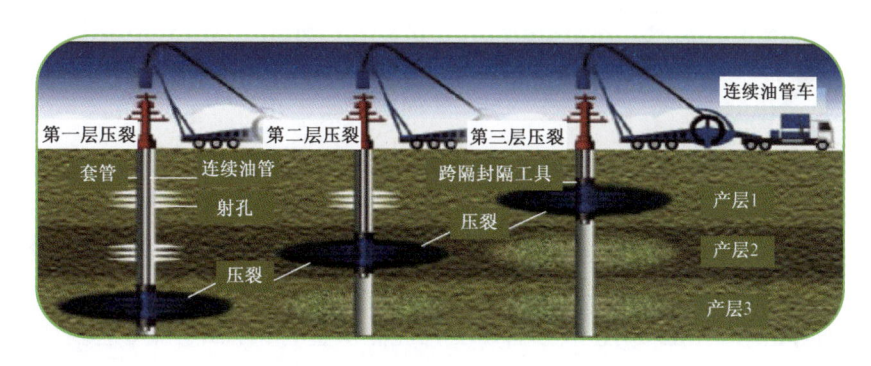

图9-32 连续油管分层压裂技术示意图

(2)技术关键。

① 连续油管井下精确定位工具:是该技术的核心部件,通过对短套管的定位,实现连续油管井下精确定位。目前,国外已发展无线套管接箍定位和机械式套管接箍定位两种技术。

② 连续油管分层压裂封隔工艺:采用填砂或封隔器进行压裂层位间封隔,填砂封割的关键是对现场操作控制要求较高,对于小尺寸井眼控制难度大,带下封隔器的工艺关键是底封工具既要可承受一定压差(目前国外应用最高压差为50MPa),又要确保解封灵活,避免出现连续油管井下复杂情况。

③ 连续油管强度分析设计:连续油管分析设计主要是分析连续油管应力和弯曲、寿命和安全性、连续油管弯曲半径和循环周期,根据井内不同情况选择连续油管直径和壁厚,并模拟作业情况。国外大的作业公司均已开发出了相应的连续油管分析软件,BJ 公司开发和完善该软件前后用了15年,实现了连续油管的安全作业。

(3)应用实例:连续油管+跨隔式封隔器分层压裂技术,在加拿大 Alberta 东南 Medicine Hat 气藏得到广泛应用,该气藏埋深 1000~2000ft(305~610m);岩性为砂岩,采用 2⅞in 连续油管实现多层压裂。美国弗吉尼亚州 Buchanan 县的浅层煤层气煤层深度 457.2~762.0m,也采用该工艺实现单井分压 10~19 段。

连续油管+喷砂射孔+砂塞封隔,在国内四川和长庆现场应用5井28层,最大分压8层,采用封隔器底封工艺在四川现场应用2井13层,最大分压7层,均实现多层改造的目标。

3. 快钻桥塞分层压裂技术

(1)技术原理:该技术是当上一层压裂作业结束后,用电缆同时下入可允许液体自下而上流过的复合桥塞(图9-33)和射孔枪,射孔枪与桥塞联作,桥塞的作用是将压裂层位与上部压裂层位隔开,依次重复实现分层压裂,压后可直接排液生产,也可选择采用连续油管钻掉桥塞再排液生产。

（2）具体做法：下入一个封堵塞，该封堵塞内配一个止回阀。如果层位自动返排，压裂后的连续油管排液作业可取消；若不自动返排，此桥塞可作为正常复合桥塞被洗出。用连续油管装置和井下磨鞋及井下马达组合磨掉复合桥塞一般需要不到1h。但因为需要测试管线、下入井底、洗出支撑剂，一口井磨洗掉桥塞总共约需要24h。

（3）技术关键。

① 电引爆桥塞坐封技术：通过电缆操作引爆桥塞坐封，但同时不使射孔枪起爆是该技术的关键之处。

图9-33 复合桥塞示意图

② 连续油管钻塞：一般采用连续油管带三牙轮钻头进行钻铣作业，对连续油管设备及作业水平要求较高。

（4）应用实例：该项技术在国外已形成常规分层压裂技术，在国内尚无应用。

三、长庆油田直井多层连续分压技术试验启示

针对不同连续分压分层压裂工艺的优缺点、限制条件，结合长庆气区储层埋深、地层压力、层间距以及多薄层特征，重点引进两项多层连续分压先导性工艺试验。

（一）连续油管分层压裂试验效果及启示

2009年，开始在长庆苏里格气田进行连续油管分层压裂现场试验，完成3口井17层现场试验，单井最高分压8层，最快实现一天连续分压4层。从试气结果分析，多层压裂均见到增产效果，压后产气剖面测试表明在高流压条件下，盒$8_下$为主力产层，产量贡献率为83.2%；山$_1$、盒$8_上$为微产层。

通过现场应用，取得以下重要的认识：连续油管精确定位工具是该技术的核心装备，是实现薄层压裂的关键部件；该技术对连续油管设备及操作人员水平有较高要求，一旦设备出现故障或操作不连续，将导致反复冲填砂，严重影响作业进度。

（二）套管滑套完井分层压裂试验效果及启示

自2009年开始在长庆苏里格气田和鄂尔多斯盆地东部完成4口井现场试验，最多一次连续分压9层，盆地东部试验井压后产气剖面测试表明，各层系对试气产量均有贡献，上古生界盒6、盒8、山2、太原组主力层产量占总产量的85%，马家沟组贡献率10%。通过多层系压裂试验，单井日产量达$5×10^4 m^3$以上，与以往试气效果相比，单井产量提高了2~3倍。

针对多层压裂产水气井，成功地实施压后钻飞镖作业和关闭产水层滑套作业，关闭主要产水层段滑套后，该井日产水量从$16.7 m^3$下降到$3.6 m^3$，测试井口日产量从$1.89×10^4 m^3$上升到$5.70×10^4 m^3$。

通过现场应用,取得以下重要的认识:现场应用表明,TAP套管滑套分层压裂技术集成度较高,现场工艺操作简便,作业效率相对较高;套管滑套分压关闭滑套技术对于多层系改造后产水具有较好的效果,可有效降低产水对产量的影响。

第四节 压裂液新技术

一、低渗油藏压裂液技术现状

近年来,随着压裂液技术的不断发展,针对低渗油藏的压裂液体系从水基压裂液到CO_2泡沫压裂液,继而又发展清洁压裂液。高返排、低伤害、低成本、环境友好新型水基压裂液体系一直是超低渗透油气藏压裂液研究的主要任务和发展方向,压裂液实验技术、化学材料技术和工程应用技术的发展,支持和基本满足了压裂工程应用的需要。

国内外发展并得到应用的压裂液新技术,主要有可循环压裂液、醇基压裂液、低分子聚合物压裂液、表面活性剂压裂液、超低浓度瓜尔胶压裂液、生物酶破胶技术。这些技术在长庆油田低渗致密油气藏有均针对性地得到应用(表9-3)。

表9-3 长庆油田低渗致密油气藏压裂液新技术

压裂液新技术	长庆油田压裂液体系
可循环压裂液	低分子瓜尔胶压裂液
表面活性剂压裂液	阴离子表面活性剂压裂液
低分子聚合物压裂液	酸性压裂液
醇基压裂液	多羟基醇压裂液
超低浓度瓜尔胶压裂液	超低浓度羧甲基瓜尔胶压裂液

二、低渗油藏压裂液发展方向

通过现场试验,阴离子表面活性剂压裂液、多羟基醇压裂液效果最为显著,这主要是因为两种体系的低相对分子质量和返排特性所决定的,可作为下一步发展的方向,研究重点是如何进一步地完善其施工性能和降低材料成本。

(一)新型改性瓜尔胶

从目前国内外应用情况来看,对于低渗致密油藏,应用最为广泛的仍然是瓜尔胶或带有取代基团的瓜尔胶大分子体系,如HPG、GHPG。虽然往往在破胶后返排不彻底,对储层渗透率会造成伤害,但是其具有的低廉价格和良好施工性能,也是表面活性剂和多羟基醇压裂液所欠缺的。

鉴于瓜尔胶体系流变学和滤失性质良好,而小分子表面活性剂体系在破胶返排性质方面有独特优势,如果能够对瓜尔胶疏水改性,则可将两者结合,使压裂液的综合性能得到改善。瓜尔胶等多糖类化合物在引入疏水基团也就是疏水改性后仍然保留和 B^{3+}、Ti^{4+}、Zr^{4+} 配位所需的结合位点,而在破胶后形成的低聚体,由于具有表面活性剂的两亲结构,使其易于返排。研究表明,在多糖分子上接枝系列的烷氧基胺类大分子或低聚体,反应过程是瓜尔胶分子首先与氯乙酸在碱性条件下通过半乳糖上的羟甲基形成羧酸的钠盐,然后在硫酸二甲酯的作用下进行甲酯化反应,最后通过生成酰胺的反应引入疏水的烷氧胺基团作为侧链(图9-34),通过改变侧链的长度和组成(表9-4),比较系统地研究了疏水基团的取代程度和疏水基团的尺寸对改性后化合物性质的影响。

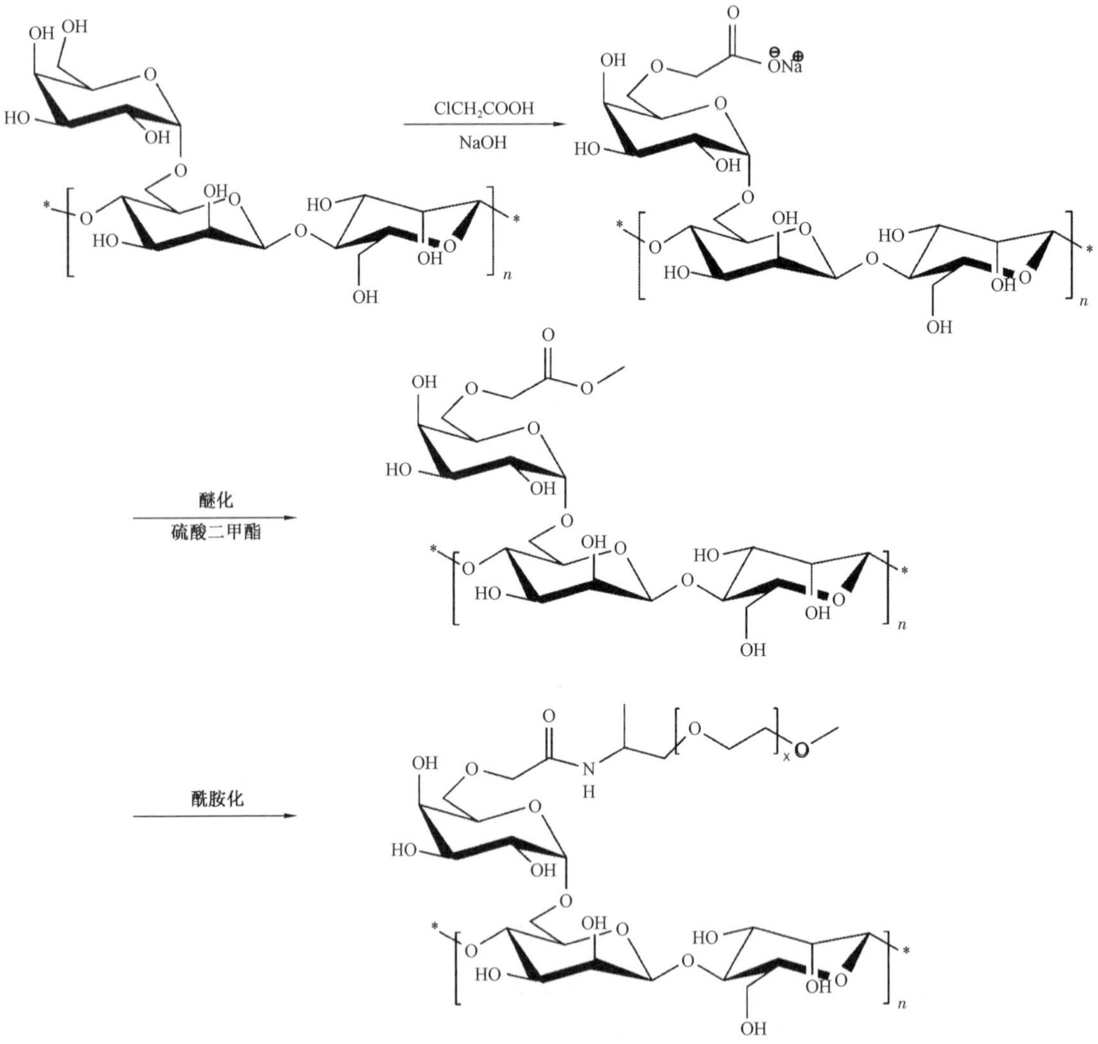

图 9-34　瓜尔胶原粉与聚醚胺合成路线

表 9-4 不同链长与组成的聚醚胺结构

聚醚胺	结　　构	PO/EO y/x	相对分子质量
XTJ-505(M-600)	$CH_3—[OCH_2—CH_2]_x—[OCH_2—CH(CH_3)]_y—NH_2$	9/1	600
Jeffamine M-715	$CH_3—[OCH_2—CH_2]_x—[OCH_2—CH(CH_3)]_y—NH_2$	2/11	715
XTJ-506(M-1000)	$CH_3—[OCH_2—CH_2]_x—[OCH_2—CH(CH_3)]_y—NH_2$	3/19	1000
Surfonamine L-300	$CH_3—[OCH_2—CH_2]_x—[OCH_2—CH(CH_3)]_y—NH_2$	8/58	3000
Surfonamine MNPA-1000(B100)	$C_9H_{19}—C_6H_4—O—[CH_2CH(CH_3)]_{12.5}—OCH_2CH(CH_3)—NH_2$	—	10004
Surfonamine ML-300(B30)	$CH_3(CH_2)_{12}OCH_2CH(CH_3)—OCH_2CH(CH_3)—NH_2$	—	325

通过测试充分溶胀的疏水改性瓜尔胶基液(浓度0.48%)的黏度,发现由于表面活性剂效应使改性后基液的黏度普遍低于同浓度下瓜尔胶的基液黏度,对施工操作是有利的;而使用乳酸锆作为交联剂形成的冻胶,其黏度和强度均高于或与瓜尔胶冻胶相当,具有良好的携砂能力和滤失性能,破胶后破胶液黏度低于 10mPa·s,且破胶后形成的碎片具有类似表面活性剂的作用,易于分散在有机相中,降解碎片的这种低黏度和表面活性剂的性质,使其能够很容易地随着水或油气的流动而排出井筒,降低了对地层的伤害。

由于综合性能良好,价格低廉,流变学性质为人们所熟知,瓜尔胶及其衍生物在过去很长一段时间乃至目前在压裂液体系中扮演着主要角色。这类分子进行化学改性的空间巨大,方式多种多样,通过适当的改性可以在一定程度上弥补其不足。进一步开展瓜尔胶化学改性的新方法和引入新基团后衍生物的构效关系研究,将会有力推动低渗致密油藏压裂液技术的进步。

(二)纳米技术在表面活性剂及多羟基醇压裂液中的应用

最近国外研究表明,在表面活性剂压裂液中加入纳米粒子可以极大地提高体系的黏度,增强体系的携砂和滤失性能。这些微粒为100nm左右,相对分子质量低于500的无机物晶体,在水、油等溶剂中的溶解度很小。由于其粒径小,不会堵塞孔道。这些微粒最显著的特点是具有热电效应,可以根据温度的变化改变晶体表面的电荷,在室温条件下可以延迟胶束之间的交联,而在地层温度下则可以促进胶束间相互结合。测试表明,热电微粒可以使表面活性剂压裂液在低剪切率下的黏度提高10倍左右。

这种基于纳米颗粒与水溶性表面活性剂物理缔合和化学缔合的复合压裂液,被称为刺激-响应性流体,流变性可以根据温度、含盐度和pH值调控。所研究的纳米材料有极高的表面积,其表面积高达 $500m^2/g$,这样高的表面面积表明超过40%的原子在颗粒表面上,使这种材料有极高的吸附和反应能力。长庆油田的研究也表明,当选择的纳米颗粒加入表面活性剂溶液中时,这些纳米颗粒通过电性吸引和表面吸附与表面活性剂胶束缔合或"拟交联"在一起,建立一种非常强的动态网状结构。同时发现这种强的网状结构能够在高温时稳定表面活性剂胶束,同时阻止流体向多孔介质流失。这种独特的纳米颗粒具有保持流体高温稳定性和明显降低流体滤失的降滤失剂功能。

对用表面活性剂流体作业的压裂,内置破胶剂和选定的纳米颗粒加入到表面活性剂流体中。在混合和泵注过程中,内置破胶剂进入表面活性剂胶束的内部,同时纳米颗粒与胶束缔合。当将这种流体体系泵入地层时,纳米颗粒缔合的胶束网状结构形成假滤饼。这样形成的新颖假滤饼将显著地降低流体向地层基质的渗滤,增加流体压开新裂缝的效率。由于内置破胶剂被置于表面活性剂胶束的内部,在假滤饼形成时还留在胶束内部。与交联聚合物流体溶解的氧化破胶剂不同的是,氧化破胶剂很容易在施工中同滤失液一起,滤失进入地层多孔介质中,压开裂缝中留下高浓度的聚合物,对裂缝的延伸造成伤害。

控制滤失的机理是通过纳米颗粒缔合的表面活性剂胶束建立类似交联聚合物的网状结构。它不是通过颗粒搭桥来控制流体滤失。当内置破胶剂扯散了形成假滤饼的表面活性剂胶束,棒状胶束转变成没有黏度的球形结构,假滤饼就转化成表面活性剂和纳米颗粒的小分子。由于纳米颗粒的尺寸小于可采出地层岩石的孔喉尺寸,这些微小的颗粒很容易同生产流体一起返排。表面活性剂胶束破胶后,转变成容易产出的流体。所以,这种流体体系造成的伤害很小。

图 9-35 显示使用和不使用纳米颗粒的表面活性剂流体在 121.1℃ 和 $100s^{-1}$ 剪切速率下的黏度。表面活性剂流体基液使用 $1.56g/m^3 CaCl_2 + CaBr_2 +$ 盐水与 4% 体积分数的表面活性剂。使用 $0.72kg/m^3$ 负载量、30nm 颗粒的表面活性剂流体,能够在 121.1℃ 保持 250mPa·s。没有纳米颗粒稳定剂的情况下,表面活性剂流体的黏度在 80min 内,由 200mPa·s 降到低于 40mPa·s。结果表明纳米颗粒缔合的表面活性剂胶束能稳定流体在高温时的黏度。

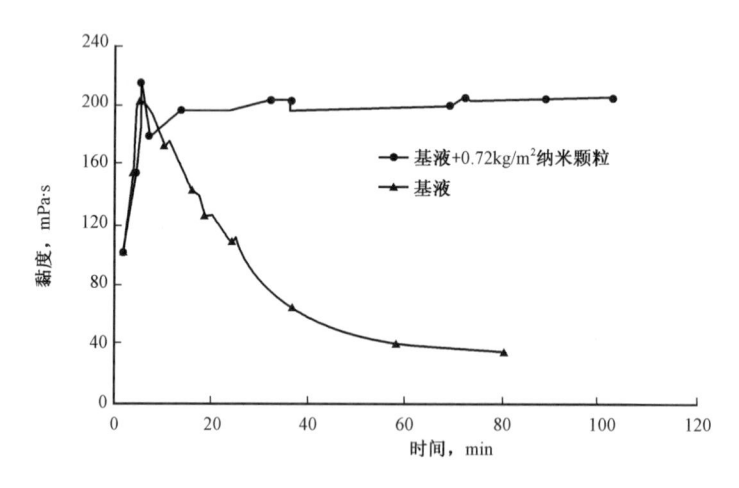

图 9-35 纳米颗粒稳定 VES 流体在 121.1°C 高温的黏度

对使用 $0.72kg/m^2$ 纳米颗粒和 1.5% 内置破胶剂的表面活性剂流体,当表面活性剂流体中的内置破胶剂被激活时,在 121.1℃ 下 6h 后,破胶剂开始破裂表面活性剂胶束。流体黏度如图 9-36 所示那样降低。表面活性剂流体在最初的 6h 稳定后,黏度在 10h 内由 200mPa·s 降到 10mPa·s。图 9-36 也表明 $2.4kg/m^2$ 和 $0.72kg/m^2$ 纳米颗粒没有改变破胶时间。表面活性剂流体的破胶时间只取决于内置破胶剂的含量。

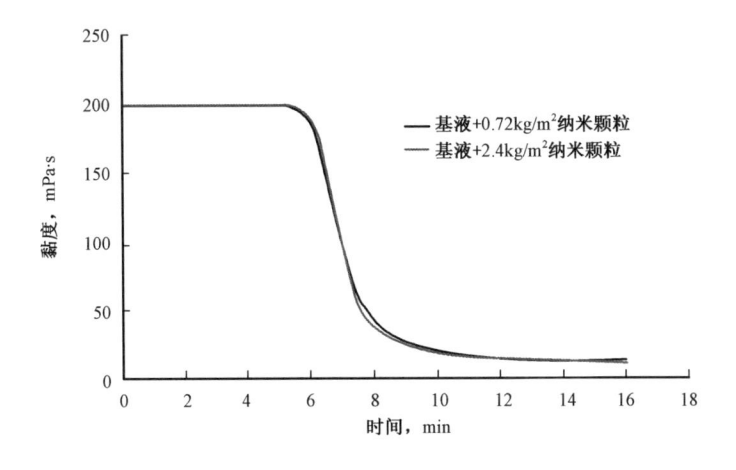

图 9-36 内置破胶剂减小了流体在高温 121.1°C 下的黏度

图 9-37 显示有无纳米颗粒流体的陶粒饼在 2.068kPa 和 400mD 的黏度对比实验数据。基液是 3% 的 KCl + 4.0% 的表面活性剂 + 1% 体积分数内置破胶剂 E405，当假滤饼形成时，滤失即被控制。数据表明，加入 1.8kg/m² 的纳米颗粒，表面活性剂流体的效率明显提高。一张通过纳米材料缔合的表面活性剂胶束在 121.1℃ 400mD 陶粒饼上形成假滤饼。这种新奇的假滤饼流体层包含 1.56g/m³ $CaCl_2$ + $CaBr_2$ + 盐水与 4.0% 体积分数的表面活性剂，2% 体积分数内置破胶剂 E407 和 1.8kg/m² 纳米颗粒。当内置破胶剂破裂表面活性剂胶束，这种假滤饼就扯散成纳米颗粒。图 9-36 的流变数据表明含 2.4kg/m² 纳米颗粒的表面活性剂流体可以很容易地内置破胶剂破胶。

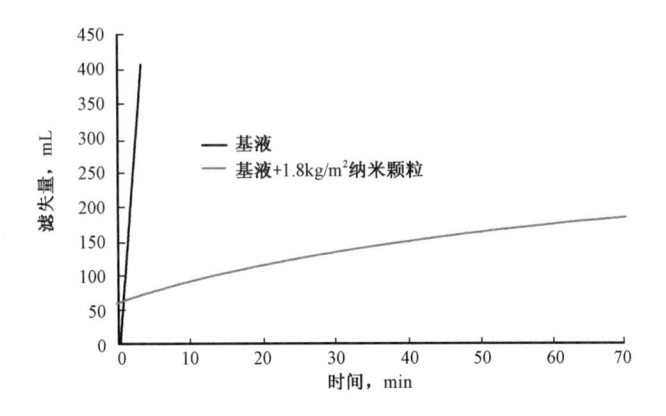

图 9-37 添加纳米颗粒对 VES 流体在 65.6°C 下滤失量的影响

为了验证该流体流入/流出岩心孔隙的容易流动性和不产生伤害，使用 50~500mD 范围的贝雷岩心做岩心伤害试验，实验结果表明纳米颗粒非常小，很容易随 VES 流体进入/进出孔隙喉道。但是，对于低渗致密油藏，还需开展更多的试验评价这种纳米流体，如低渗岩心伤害试验、导流能力实验，优化纳米颗粒加入量和控制流体滤失性。

第五节 致密油藏开发前景展望

鄂尔多斯盆地致密油藏资源潜力大,目前已成功开发了特低渗、超低渗透油藏,为致密油藏开发积累了一定经验。但现有改造工艺技术不能满足鄂尔多斯盆地致密油层体积压裂需要,面临以下难点:

一是鄂尔多斯盆地低压致密油藏体积压裂模式需要探索。"体积压裂"作为致密油层改造的主体方向已得到认可,但目前没有较为成熟的设计模型和有效的裂缝监测手段;如采用补充能量开发方式,无成熟技术及经验可供借鉴,需要研究裂缝参数与井网的适配性,探索广义的体积压裂模式。

二是国外水平井多采用电缆射孔、水力泵送式桥塞隔离、连续油管钻塞等完成分段多簇压裂改造。国内目前只有水力喷砂分段多簇压裂技术具备体积压裂的要求,但参数优化水平、改造段数(簇数)、施工效率、设备能力与国外相差较大,需要开展工艺技术、关键工具研发和配套设备改进。

三是国外采用"工厂化"作业模式,提高了"体积压裂"的施工效率、降低了其作业成本。面对鄂尔多斯盆地黄土塬沟壑纵横的特殊地理环境,需要优化作业模式研究,配套相关大型设备。

为了实现致密油藏资源的有效动用,以"体积压裂"为理念,重点解决以下问题:

(1)岩石力学特性评价及研究(图9-38,图9-39)。长7致密砂岩、砂泥岩互层、油页岩与常规开发的长6、长8在岩石力学特性方面有较大差异:

① 岩屑砂岩储层脆性和剪切破坏条件;
② 不同岩屑含量下岩石力学参数;
③ 岩石脆性实验方法。

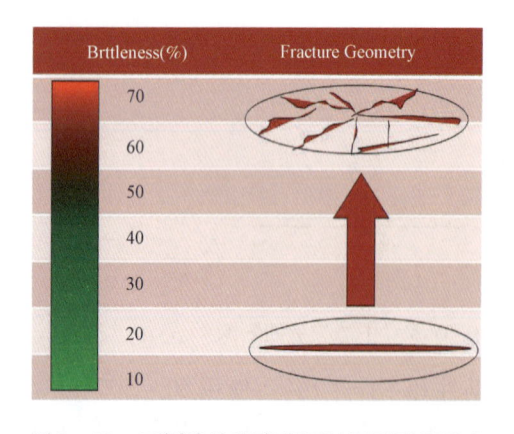

图9-38 不同脆性程度岩石的压裂裂缝形态

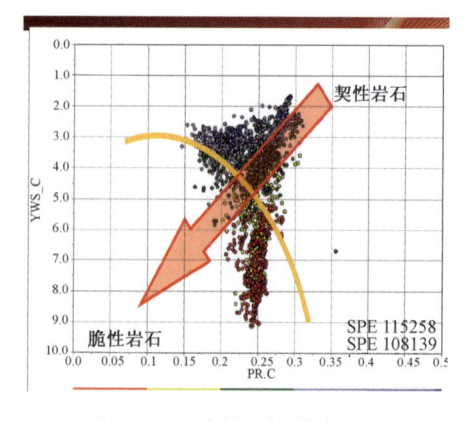

图9-39 脆性指数计算图版

(2)体积压裂优化设计方法(图9-40,图9-41)。开展储层增产体积的计算方法、增产体积与单井产量的关系及体积压裂裂缝参数优化研究,形成体积压裂优化设计方法。

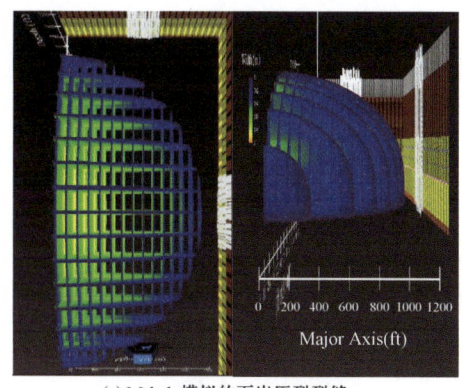

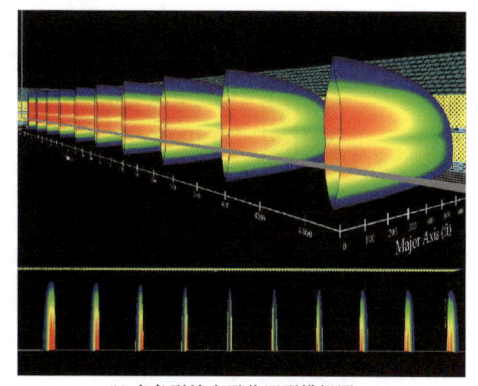

(a) Mshale模拟的页岩压裂裂缝

(b) 多条裂缝水平井压裂模拟图

图 9-40　体积压裂优化设计软件

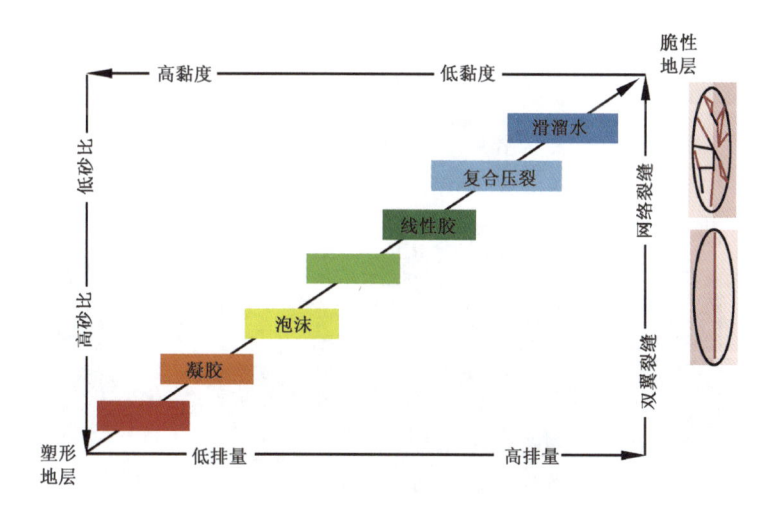

图 9-41　体积压裂优化设计图版

① 需要引进研发适合于非常规油气储层的水平井体积压裂优化设计软件。

国外正在着手编制三维离散压裂缝网模拟软件,国内以常规直井压裂设计软件为主。

② 水平井压裂与混合水压裂结合提高致密气油气储层改造体积。

在直井研究试验的基础上将水平井压裂与混合水压裂相结合,提高陇东长7致密油、高桥、苏里格东区致密气改造效果。

(3)体积压裂工艺(图9-42~图9-44)。开展以直井多缝和水平井分段多簇为核心的体积压裂工艺技术研究与试验,研发制约压裂技术能力的关键工具及材料,突破技术瓶颈,并结合长庆黄土塬地貌特征开展工序优化设计(优化作业模式),同时进行大型设备配套(连续混配、大型输砂装置、压裂液可回收设备)。

(4)裂缝测试与诊断(图9-45,图9-46)。裂缝监测在国外非常规油气藏压裂中占有很重要地位,通过井下微地震和零污染示踪剂裂缝监测,可以确定裂缝方位和展布、计算改造体积,为产量预测、新井布井、压裂设计优化提供依据。体积压裂裂缝监测技术受储层适用性和

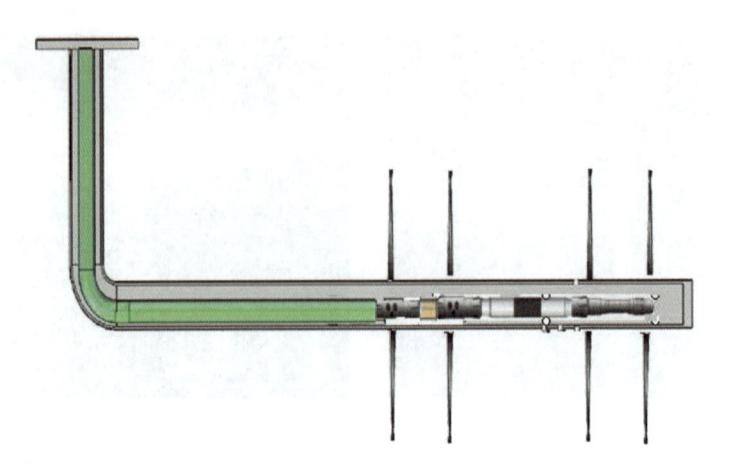

图 9-42　水力喷砂分段多簇压裂技术示意图

图 9-43　连续混配技术示意图

图 9-44　大尺寸连续油管及大型储砂设备

引进费用高的限制,在油气田的应用规模较小。

国外近年又研发了新型测试技术,利用光纤感应器的无源性实现了抗干扰操作及长效可靠性,可更好地获取压裂过程中的裂缝动态变化。

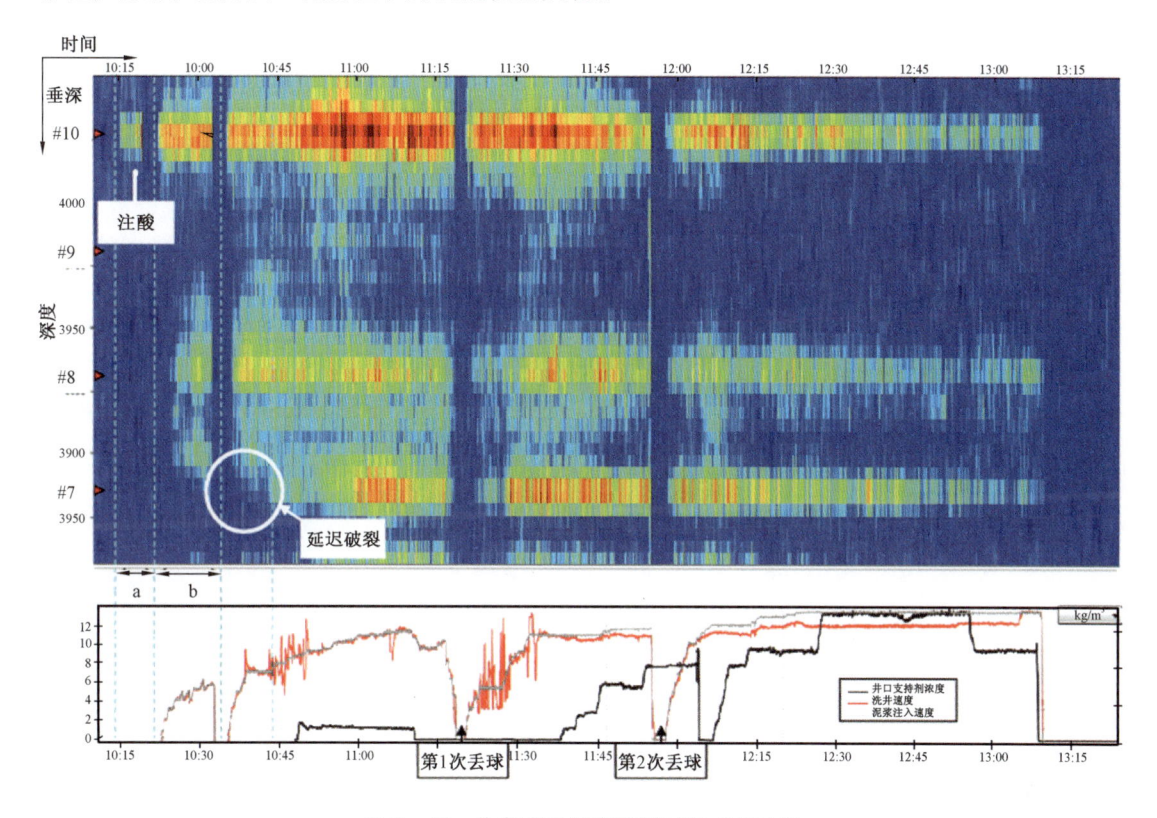

图9-45 分布式光纤声波测试技术(DAS)

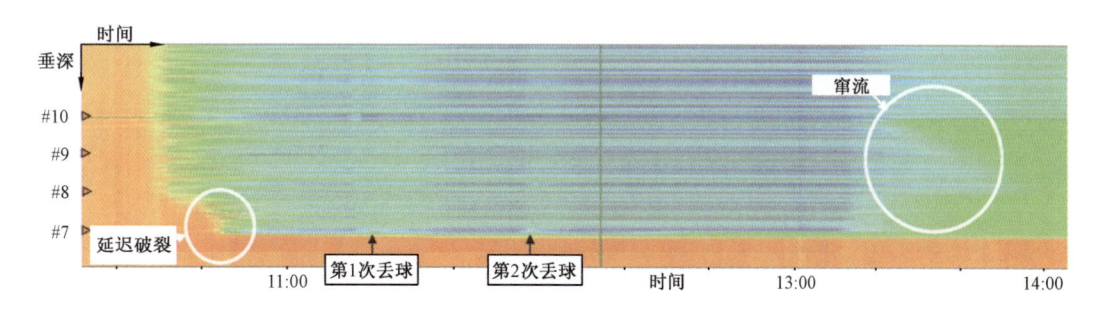

图9-46 分布式光纤温度测试技术(DTS)

通过鄂尔多斯盆地致密油开发试验,预计会形成 5×10^8 t 致密油储量规模,具备年产 $(300\sim500)\times10^4$ t 的建产能力,实现直井单井产量达到 1.0~1.5t/d,水平井单井产量达到直井的 3 倍以上,对于鄂尔多斯盆地和国内类似资源的开发具有重要意义。

参 考 文 献

[1] 米卡尔 J. 埃克诺米德斯,肯尼斯 G. 诺尔特. 张保平译. 油藏增产措施[M]. 第3版. 北京:石油工业出版社,2006.
[2] 法鲁克. 西维. 杨凤丽译. 油层伤害——原理、模拟、评价和防治[M]. 北京:石油工业出版社,2003.
[3] 陈立滇,程杰成. 油田化学新进展[M]. 北京:石油工业出版社,1999:3-8.
[4] 杨世光,贾朝霞,杨林等. 近代化学实验[M]. 北京:石油工业出版社,2004.
[5] 佟曼丽. 聚合反应原理[M]. 成都:成都科技大学出版社,1997.
[6] 李道品. 低渗透油田开发[M]. 北京:石油工业出版社,1999:9-12.
[7] 王鸿勋,张琪. 采油工艺原理[M]. 北京:石油工业出版社,1989:205-207.
[8] 王鸿勋. 水力压裂原理[M]. 北京:石油工业出版社,1985:325-327.
[9] 万仁溥. 采油工程手册[M]. 北京:石油工业出版社,2000:347-349.
[10] 俞绍诚. 压裂酸化工艺技术[M]. 北京:石油工业出版社,1998:286-287.
[11] 《井下作业技术数据手册》编写组. 井下作业技术数据手册[M]. 北京:石油工业出版社,2000.
[12] 王鸿勋,张士诚. 水力压裂设计数值计算方法[M]. 北京:石油工业出版社,1998.
[13] 韩大匡,陈钦雷,闫存章. 油藏数值模拟基础[M]. 北京:石油工业出版社,1993.
[14] 吉德利 J L. 张保平译. 水力压裂技术新进展[M]. 北京:石油工业出版社,1993.
[15] 杨继盛. 采气工艺基础[M]. 北京:石油工业出版社,1992.
[16] 熊湘华. 低压低渗透油气田的低伤害压裂液研究[D]. 南充:西南石油学院博士论文,2003:1-2.
[17] 杨秀夫,刘希圣,陈勉. 国内外水力压裂技术现状及发展趋势[J]. 钻采工艺,1998,21(4):21-25.
[18] 方娅,马卫. 90年代压裂液添加剂的现状及展望[J]. 石油钻探技术,1999,27(3):42-46.
[19] 任占春,张文胜,秦利平. 有机锆交联剂OZ-1应用研究[J]. 油田化学,1997,14(3):274-276.
[20] 崔明月. 高pH值XD、ZW-1硼冻胶压裂液研究与应用[J]. 钻井液与完井液,1994,11(3):44-49.
[21] 卢拥军,杜长虹. 压裂用有机硼络合交联剂[J]. 钻井液与完井液,1995,12(1):50-56.
[22] 朱瑞宜,李健,程树军. 新型微胶囊破胶剂的研制[J]. 油田化学,1997,14(3):271-273.
[23] 王栋,王俊英,王稳桃等. ZYEB胶囊破胶剂的研制[J]. 油田化学,2003,20(3):220-223.
[24] 涂云,牛亚斌,刘璞等. 微胶囊缓释破胶剂的室内研制[J]. 油田化学,1997,14(3):213-217.
[25] 庄银凤,朱仲祺,王艳焰等. 对聚乙烯醇-戊二醛凝胶体系的初步研究[J]. 油田化学,1996,13(3):264-265.
[26] 刘洪升,王俊英,王稳桃等. 高温延迟有机硼交联剂OB-200合成研究[J]. 油田化学,2003,20(2):121-124.
[27] 曹兆麒,杨江朝,高进等. 2000型压裂车组在油田开发中的应用[J]. 石油地质与工程,2008,22(5):106-107.
[28] 李传斌. 2000型压裂机组技术性能评价[J]. 长江大学学报(自然科学版),2008,5(2):77-79.
[29] 高贡林,吴汉川. 从压裂设备发展谈《压裂成套设备》标准的修订[J]. 石油机械,2009,37(7):71-73.
[30] 刘济林. 国内压裂车制造业发展回顾与展望[J]. 石油矿场机械,2004,33(增刊):127-128.
[31] 杨旭. 美国HQ-2000型压裂酸化机组性能评述[J]. 石油机械,2000,28(3):54-56.
[32] 付常赢. 液氮泵注车与SS2000型压裂酸化机组的配套与应用[J]. 内蒙古石油化工,2006,32(2):116-117.
[33] 韩振华. HB-100/70压裂井口装置研制[J]. 石油钻采工艺,1996,18(3):97-98.
[34] 任国富,张华光,付钢旦等. 国外连续油管作业机的最新进展[J]. 石油矿场机械,2009,38(2):97-99.
[35] 蒋廷学,王宝峰. 整体压裂优化方案设计的理论模式[J]. 石油学报,2001,22(5):58-62.
[36] 张士诚,刘永喜. 注水井压裂调剖设计方法研究[J]. 石油大学学报(自然科学版),2000,24(2):54-60.

[37] 张士诚,魏明臻. 大庆油田密井网水平裂缝参数的优选[J]. 石油大学学报(自然科学版),1999, 23(6):36-38.
[38] 王卓飞,张士诚,王鸿勋. 高砂比压裂设计方法[J]. 石油钻采工艺,1992,16(2):49-53.
[39] 杨能宇,张士诚,王鸿勋. 区块整体压裂改造水力裂缝参数对采收率影响的研究[J]. 石油学报,1995, 16(3):70-76.
[40] 李勇明,郭建春,赵金洲等. 压裂气井产能模拟研究[J]. 钻采工艺,2002,25(1):40-43.
[41] 李允,陈军,张烈辉. 一个新的低渗气藏开发数值模拟模型[J]. 天然气工业,2004,24(8):65-68.
[42] 单学军,张士诚,郎兆新等. 水平裂缝五点井网注水井压裂效果分析[J]. 石油天然气学报,2005,27(4):489-492.
[43] 马新仿,樊凤玲,张守良. 低渗气藏水平井压裂裂缝参数优化[J]. 天然气工业,2005,25(9):61-63.
[44] 憨西明,王殿货,任建春等. 压裂液增稠剂[P]. CN:91111287,1993-06-16.
[45] 艾伯特R. 雷德,小理查德D. 罗伊斯. 羧甲基疏水改性的羟乙基纤维素(CMHMHEC)及其在保护性涂料组合物中的应用[P]. CN:88107171,1989-05-10.
[46] 罗建辉,陈桂英,孙广华等. 一种耐温耐盐共聚物增稠剂[P]. CN:98102592,1998-07-06.
[47] 腾学顺. 用于水基聚合物的囊包式破胶剂地层伤害的控制[A]. 杨金华译. 第9届 SPE 油层保护会议论文集[C]. 北京:石油工业出版社,1992:213-216.
[48] 赵静. 正交偶极子阵列声波测井在西峰油田的应用研究[J]. 国外测井技术,2004,19(5):37-40.
[49] Samuel M. Polymer free fluid for hydraulic fracturing[J]. SPE 38622,1997.
[50] Daniel P,Vollmer D J. HEC no longer the preferred polymer[J]. SPE 65398,2001.
[51] Brannon H D. New Delayed borate-crosslinked fluid provides improved fracture conductivity in high-temperature applications[J]. SPE 22838,1991.
[52] Harris P C. Chemistry and rheology of borate crosslinked fluids at temperatures up to 300 ℉ [J]. SPE 24339,1992.
[53] Ephraim A U,Ronald E D. Non-Darcy compressible flow of real gas in propped fracture [J]. SPE 11101,1982.
[54] Cooke C. Conductivity of fracture proppants in multiple-layers[J]. JPT,1973,(9):1101-1103
[55] Maloney D R,Raible C J. Non-darcy gas flow though propped fractures[J]. SPE 16899,1987.
[56] Warpinski N R,Teufel I W. Determination of the effective stress law for permeability and deformation in low-permeability rocks[J]. SPE 20572,1990.
[57] Carl Lukach,Thomas G Majewicz,Albert R Reid et al. Didydroxypropyl mixed ether derivatives of cellulose [P]. US:4523010,1985-06-11.

单位换算表

1ft = 30.48cm

1in = 25.4mm

1ft^2 = 0.093m^2

1in^2 = 6.45cm^2

1ft^3 = 0.028m^3

1in^3 = 16.39cm^3

1lb = 453.59g

1bbl = 0.16m^3

1bar = 10^{5}Pa

1mmHg = 133.32Pa

1atm = 101.33kPa

1psi = 6.89kPa

1℉ = $\dfrac{5}{9}$℃

1cP = 1mPa·s

1hp = 745.7W

1Btu = 1055.056J

1ppm = 1mL/m^3